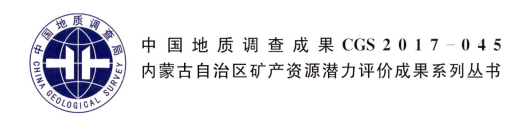

中国地质调查成果 CGS 2017-045

内蒙古自治区矿产资源潜力评价成果系列丛书

内蒙古自治区铜矿资源潜力评价

NEIMENGGU ZIZHIQU TONGKUANG ZIYUAN QIANLI PINGJIA

张 明 许立权 李四娃 等著

中国地质大学出版社
ZHONGGUO DIZHI DAXUE CHUBANSHE

图书在版编目(CIP)数据

内蒙古自治区铜矿资源潜力评价/张明,许立权,李四娃等著. —武汉:中国地质大学出版社,2017.10
(内蒙古自治区矿产资源潜力评价成果系列丛书)
ISBN 978-7-5625-4067-0

Ⅰ. ①内…
Ⅱ. ①张… ②许… ③李…
Ⅲ. ①铜矿资源-资源潜力-资源评价-内蒙古
Ⅳ. ①TD982

中国版本图书馆 CIP 数据核字(2017)第 171400 号

内蒙古自治区铜矿资源潜力评价			张 明 许立权 李四娃 等著
责任编辑:胡珞兰	选题策划:毕克成 刘桂涛		责任校对:张咏梅
出版发行:中国地质大学出版社(武汉市洪山区鲁磨路 388 号)			邮编:430074
电 话:(027)67883511	传 真:(027)67883580		E-mail:cbb @ cug.edu.cn
经 销:全国新华书店			Http://cugp.cug.edu.cn
开本:880 毫米×1230 毫米 1/16		字数:690 千字	印张:21.75
版次:2017 年 10 月第 1 版		印次:2017 年 10 月第 1 次印刷	
印刷:武汉中远印务有限公司		印数:1—900 册	
ISBN 978-7-5625-4067-0			定价:280.00 元

如有印装质量问题请与印刷厂联系调换

《内蒙古自治区矿产资源潜力评价成果》
出版编撰委员会

主　　任：张利平
副 主 任：张　宏　赵保胜　高　华
委　　员：(按姓氏笔画排列)
　　　　　于跃生　乌　恩　王志刚　王博峰　田　力　刘建勋
　　　　　刘海明　宋　华　王文龙　李玉洁　杨文海　李志青
　　　　　陈志勇　杨永宽　武　文　赵文涛　莫若平　赵士宝
　　　　　张　忠　邵积东　褚立国　路宝玲　武　健　黄建勋
　　　　　辛　盛　韩雪峰　邵和明
项目负责：许立权　张　彤　陈志勇
总　　编：宋　华　张　宏
副 总 编：许立权　张　彤　陈志勇　赵文涛　苏美霞　吴之理
　　　　　方　曙　任亦萍　张　青　张　浩　贾金富　陈信民
　　　　　孙月君　杨继贤　田　俊　杜　刚　孟令伟

《内蒙古自治区铜矿资源潜力评价》

主　　编：宋　华　张　宏　张　彤　赵文涛　许立权

副 主 编：赵文涛　苏美霞　吴之理　方　曙　任亦萍　张　青
　　　　　张　浩　贾金富　陈信民　孙月君　田　俊　杨继贤
　　　　　张　强

编写人员：张　明　许立权　李四娃　贺宏云　杨文华　武利文
　　　　　郭灵俊　巩智镇　弓贵兵　闫　洁　徐　国　郭仁旺
　　　　　贾玲珑　罗鹏跃　韩宗庆　韩宏宇

项目负责单位：中国地质调查局　内蒙古自治区国土资源厅

编撰单位：内蒙古自治区国土资源厅

主编单位：内蒙古自治区地质调查院
　　　　　内蒙古自治区煤田地质局
　　　　　内蒙古自治区地质矿产勘查院
　　　　　内蒙古自治区第十地质矿产勘查开发院
　　　　　内蒙古自治区国土资源勘查开发院
　　　　　内蒙古自治区国土资源信息院
　　　　　中化地质矿山总局内蒙古自治区地质勘查院

序

2006年,国土资源部为贯彻落实《国务院关于加强地质工作决定》中提出的"积极开展矿产远景调查评价和综合研究,科学评估区域矿产资源潜力,为科学部署矿产资源勘查提供依据"的精神要求,在全国统一部署了"全国矿产资源潜力评价"项目,"内蒙古自治区矿产资源潜力评价"项目是其子项目之一。

"内蒙古自治区矿产资源潜力评价"项目2006年启动,2013年结束,历时8年,由中国地质调查局和内蒙古自治区政府共同出资完成。为此,内蒙古自治区国土资源厅专门成立了以厅长为组长的项目领导小组和技术委员会,指导监督内蒙古自治区地质调查院、内蒙古自治区地质矿产勘查开发局、内蒙古自治区煤田地质局以及中化地质矿山总局内蒙古自治区地质勘查院等7家地勘单位的各项工作。我作为自治区聘请的国土资源顾问,全程参与了该项目的实施,亲历了内蒙古自治区新老地质工作者对内蒙古自治区地质工作的认真与执着。他们对内蒙古自治区地质的那种探索和不懈追求精神,给我留下了深刻的印象。

为了完成"内蒙古自治区矿产资源潜力评价"项目,先后有270多名地质工作者参与了这项工作,这是继20世纪80年代完成的《内蒙古自治区地质志》《内蒙古自治区矿产总结》之后集区域地质背景、区域成矿规律研究,物探、化探、自然重砂、遥感综合信息研究以及全区矿产预测、数据库建设之大成的又一巨型重大成果。这是内蒙古自治区国土资源厅高度重视、完整的组织保障和坚实的资金支撑的结果,更是内蒙古自治区地质工作者八年辛勤汗水的结晶。

"内蒙古自治区矿产资源潜力评价"项目共完成各类图件万余幅,建立成果数据库数千个,提交结题报告百余份。以板块构造和大陆动力学理论为指导,建立了内蒙古自治区大地构造构架。研究和探讨了内蒙古自治区大地构造演化及其特征,为全区成矿规律的总结和矿产预测奠定了坚实的地质基础。其中提出了"阿拉善地块"归属华北陆块,乌拉山岩群、集宁岩群的时代及其对孔兹岩系归属的认识、索伦山-西拉木伦河断裂厘定为华北板块与西伯利亚板块的界线等,体现了内蒙古自治区地质工作者对内蒙古自治区大地构造演化和地质背景的新认识。项目对内蒙古自治区煤、铁、铝土矿、铜、铅锌、金、钨、锑、稀土、钼、银、锰、镍、磷、硫、萤石、重晶石、菱镁矿等矿种，划分了矿产预测类型；结合全区重力、磁测、化探、遥感、自然重砂资料的研究应用，分别对其资源潜力进行了科学的潜力评价，预测的资源潜力可信度高。这些数据有力地说明了内蒙古自治区地质找矿潜力巨大，寻找国家急需矿产资源，内蒙古自治区大有可为，成为国家矿产资源的后备基地已具备了坚实的地质基础。同时，也极大地鼓舞了内蒙古自治区地质找矿的信心。

"内蒙古自治区矿产资源潜力评价"是内蒙古自治区第一次大规模对全区重要矿产资源现状及潜力进行摸底评价，不仅汇总整理了原1∶20万相关地质资料，还系统整理补充了近年来1∶5万区域地质调查资料和最新获得的矿产、物化探、遥感等资料。期待着"内蒙古自治区矿产资源潜力评价"项目形成的系统的成果资料在今后的基础地质研究、找矿预测研究、矿产勘查部署、农业土壤污染治理、地质环境治理等诸多方面得到广泛应用。

2017年3月

前　言

为了贯彻落实《国务院关于加强地质工作的决定》，"积极开展矿产远景调查和综合研究，加大西部地区矿产资源调查评价力度，科学评估区域矿产资源潜力，为科学部署矿产资源勘查提供依据"的要求和精神，国土资源部部署了全国矿产资源潜力评价工作，并将该项工作纳入国土资源大调查项目。内蒙古自治区矿产资源潜力评价是该计划项目下的一个工作项目，工作起止年限为2007—2013年，项目由内蒙古自治区国土资源厅负责，承担单位为内蒙古自治区地质调查院，参加单位有内蒙古自治区地质矿产勘查开发局、内蒙古自治区地质矿产勘查院、内蒙古自治区第十地质矿产勘查开发院、内蒙古自治区煤田地质局、内蒙古自治区国土资源信息院、中化地质矿山总局内蒙古自治区地质勘查院6家单位。

项目的目标是全面开展内蒙古自治区重要矿产资源潜力预测评价，在现有地质工作程度的基础上，基本摸清内蒙古自治区重要矿产资源"家底"，为矿产资源保障能力和勘查部署决策提供依据。

项目的具体任务为：①在现有地质工作程度的基础上，全面总结内蒙古自治区基础地质调查和矿产勘查工作成果与资料，充分应用现代矿产资源预测评价的理论方法和GIS评价技术，开展本自治区非油气矿产：煤炭、铁、铜、铝、铅、锌、钨、锡、金、锑、稀土、磷、银、铬、锰、镍、钖、钼、硫、萤石、菱镁矿、重晶石等的资源潜力预测评价，估算本自治区有关矿产资源潜力及其空间分布，为研究制定全区矿产资源战略与国民经济中长期规划提供科学依据。②以成矿地质理论为指导，深入开展本自治区范围的区域成矿规律研究，充分利用地质、物探、化探、遥感、自然重砂和矿产勘查等综合成矿信息，圈定成矿远景区和找矿靶区，逐个评价成矿远景区资源潜力，并进行分类排序，编制本自治区成矿规律与预测图，为科学合理地规划和部署矿产勘查工作提供依据。③建立并不断完善本自治区重要矿产资源潜力预测相关数据库，特别是成矿远景区的地学空间数据库、典型矿床数据库，为今后开展矿产勘查的规划部署研究奠定扎实的信息基础。

项目共分为3个阶段实施：第一阶段为2007—2011年3月，2008年完成了全区1∶50万地质图数据库、工作程度数据库、矿产地数据库，及重力、航磁、化探、遥感、自然重砂等基础数据库的更新与维护；2008—2009年开展典型示范区研究；2010年3月，提交了铁、铝两个单矿种资源潜力评价成果；2010年6月编制完成全区1∶25万标准图幅建造构造图、实际材料图，全区1∶50万和1∶150万物探、化探、遥感及自然重砂基础图件；2010—2011年3月完成了铜、铅、锌、金、钨、锑、稀土、磷及煤等矿种的资源潜力评价工作。通过验收后经修改、复核，已将各类报告、图件及数据库向全国项目组和天津地质调查中心进行了汇交。第二阶段2011—2012年，完成银、铬、锰、镍、锡、钼、硫、萤石、菱镁矿、重晶石10个矿种的资源潜力评价工作及各专题成果报告。第三阶段2012年6月—2013年10月，以Ⅲ级成矿区带为单元开展了各专题研究工作，并编写地质背景、成矿规律、矿产预测、重力、磁法、遥感、自然重砂、综合信息专题报告，在各专题报告的基础上，编写内蒙古自治区矿产资源潜力评价总体成果报告及工作报告。2013年6月，完成了各专题汇总报告及图件的编制工作，6月底，由内蒙古自治区国土资源厅组织对各专题综合研究及汇总报告进行了初审，7月全国项目办召开了各专题汇总报告验收会议，项目组提交了各专题综合研究成果，均获得优秀的评价。

内蒙古自治区铜矿资源潜力评价工作为第一阶段工作。项目下设成矿地质背景、成矿规律、矿产预测、物探、化探、遥感、自然重砂应用、综合信息集成5个课题，各课题完成实物工作量见表1。

表1 内蒙古自治区铜矿资源潜力评价各课题完成实物工作量统计表

课题名称		工作内容	单位	数量
成矿地质背景		预测区图件	幅	36
		说明书	份	36
成矿规律		全区性图件	幅	2
		典型矿床图件	幅	36
		预测工作区图件	幅	36
		内蒙古自治区铜矿成矿规律报告	份	1
矿产预测		全区性图件	幅	5
		典型矿床图件	幅	15
		预测工作区图件	幅	38
		内蒙古自治区铜矿预测报告	份	1
物化遥自然重砂	磁法	典型矿床图件	幅	18
		预测工作区图件	幅	76
		全区性图件	幅	16
		内蒙古自治区磁测资料应用综合研究成果报告	份	1
	重力	典型矿床图件	幅	18
		预测工作区图件	幅	54
		全区性图件	幅	16
		内蒙古自治区铜单矿种重力资料应用成果报告	份	1
	化探	全区性图件	幅	14
		典型矿床图件	幅	22
		预测工作区图件	幅	368
		最小预测区图件(面金属量预测)	幅	42
		内蒙古自治区铜矿化探资料应用成果报告	份	1
	遥感	典型矿床图件	幅	72
		预测工作区图件	幅	72
		内蒙古自治区遥感专题单矿种研究报告	份	1
	自然重砂	预测工作区图件	幅	19
		全区性图件	幅	1
		内蒙古自治区自然重砂异常解释与评价报告	份	1
综合信息集成		各专题数据库	个	747
内蒙古自治区铜单矿种成果报告			份	1

除扉页列出的铜矿预测成果主要编写人员外,内蒙古自治区地质调查院张彤负责项目技术指导、组织协调工作,王新亮、刘永慧主要参与内蒙古钼矿典型矿床卡片前期填制工作,王挨顺、贾和义、李新仁主要编写编图说明书,郝先义、郑武军、柳永正编制典型矿床图件,许燕、张婷婷、李扬、胡雯、魏雅玲、李雪娇、安艳丽、佟卉主要完成了相应的数据库建设工作。预测区地质背景图件主要由内蒙古自治区地质矿产勘查院吴之理、内蒙古自治区第十地质矿产勘查院方曙提供,物化探、遥感资料及图件主要由内蒙古自治区地质调查院赵文涛、苏美霞、张青、任依萍、内蒙古自治区国土资源勘查开发院贾金福及内蒙古自治区国土资源信息院张浩等提供,在此一并向以上参与本次工作的人员表示衷心感谢。

目　录

第一章　内蒙古铜矿资源概况	（1）
第二章　内蒙古铜矿床类型	（4）
第一节　铜矿床成因类型及主要成矿特征	（4）
第二节　预测类型、矿床式及预测工作区的划分	（7）
第三章　霍各乞式沉积型铜矿预测成果	（10）
第一节　典型矿床特征	（10）
第二节　预测工作区研究	（19）
第三节　矿产预测	（24）
第四章　查干哈达庙式沉积型铜矿预测成果	（35）
第一节　典型矿床特征	（35）
第二节　预测工作区研究	（41）
第三节　矿产预测	（46）
第五章　白乃庙式沉积型铜矿预测成果	（53）
第一节　典型矿床特征	（53）
第二节　预测工作区研究	（57）
第三节　矿产预测	（62）
第六章　乌努格吐山式侵入岩体型铜矿预测成果	（71）
第一节　典型矿床特征	（71）
第二节　预测工作区研究	（77）
第三节　矿产预测	（82）
第七章　敖脑达巴式侵入岩体型铜矿预测成果	（89）
第一节　典型矿床特征	（89）
第二节　预测工作区研究	（101）
第三节　矿产预测	（107）
第八章　车户沟式侵入岩体型铜矿预测成果	（113）
第一节　典型矿床特征	（113）

第二节　预测工作区研究 ……………………………………………………………………………（116）
　　第三节　矿产预测 ……………………………………………………………………………………（121）

第九章　小南山式侵入岩体型铜矿预测成果 …………………………………………………（131）
　　第一节　典型矿床特征 ………………………………………………………………………………（131）
　　第二节　预测工作区研究 ……………………………………………………………………………（136）
　　第三节　矿产预测 ……………………………………………………………………………………（141）

第十章　珠斯楞式侵入岩体型铜矿预测成果 …………………………………………………（149）
　　第一节　典型矿床特征 ………………………………………………………………………………（149）
　　第二节　预测工作区研究 ……………………………………………………………………………（154）
　　第三节　矿产预测 ……………………………………………………………………………………（157）

第十一章　亚干式侵入岩体型铜矿预测成果 …………………………………………………（166）
　　第一节　典型矿床特征 ………………………………………………………………………………（166）
　　第二节　预测工作区研究 ……………………………………………………………………………（168）
　　第三节　矿产预测 ……………………………………………………………………………………（170）

第十二章　奥尤特式火山岩型铜矿预测成果 …………………………………………………（177）
　　第一节　典型矿床特征 ………………………………………………………………………………（177）
　　第二节　预测工作区研究 ……………………………………………………………………………（181）
　　第三节　矿产预测 ……………………………………………………………………………………（184）

第十三章　小坝梁式火山岩型铜矿预测成果 …………………………………………………（191）
　　第一节　典型矿床特征 ………………………………………………………………………………（191）
　　第二节　预测工作区研究 ……………………………………………………………………………（196）
　　第三节　矿产预测 ……………………………………………………………………………………（199）

第十四章　欧布拉格复合内生型铜矿预测成果 ………………………………………………（207）
　　第一节　典型矿床特征 ………………………………………………………………………………（207）
　　第二节　预测工作区研究 ……………………………………………………………………………（211）
　　第三节　矿产预测 ……………………………………………………………………………………（216）

第十五章　宫胡洞式复合内生型铜矿预测成果 ………………………………………………（223）
　　第一节　典型矿床特征 ………………………………………………………………………………（223）
　　第二节　预测工作区研究 ……………………………………………………………………………（230）
　　第三节　矿产预测 ……………………………………………………………………………………（235）

第十六章　盖沙图式复合内生型铜矿预测成果 ………………………………………………（242）
　　第一节　典型矿床特征 ………………………………………………………………………………（242）
　　第二节　预测工作区研究 ……………………………………………………………………………（246）

第三节　矿产预测 …………………………………………………………………………… (250)

第十七章　罕达盖式复合内生型铜矿预测成果 …………………………………………… (255)

第一节　典型矿床特征 ……………………………………………………………………… (255)
第二节　预测工作区研究 …………………………………………………………………… (264)
第三节　矿产预测 …………………………………………………………………………… (268)

第十八章　白马石沟式复合内生型铜矿预测成果 ………………………………………… (273)

第一节　典型矿床特征 ……………………………………………………………………… (273)
第二节　预测工作区研究 …………………………………………………………………… (277)
第三节　矿产预测 …………………………………………………………………………… (281)

第十九章　布敦花式复合内生型铜矿预测成果 …………………………………………… (286)

第一节　典型矿床特征 ……………………………………………………………………… (286)
第二节　预测工作区研究 …………………………………………………………………… (292)
第三节　矿产预测 …………………………………………………………………………… (296)

第二十章　道伦达坝式复合内生型铜矿预测成果 ………………………………………… (304)

第一节　典型矿床特征 ……………………………………………………………………… (304)
第二节　预测工作区研究 …………………………………………………………………… (308)
第三节　矿产预测 …………………………………………………………………………… (312)

第二十一章　内蒙古自治区铜单矿种资源总量潜力分析 ………………………………… (318)

第一节　铜单矿种估算资源量与资源现状对比 …………………………………………… (318)
第二节　预测资源量潜力分析 ……………………………………………………………… (319)
第三节　内蒙古自治区铜矿勘查工作部署建议 …………………………………………… (321)

结　论 ……………………………………………………………………………………………… (332)

主要参考文献 …………………………………………………………………………………… (333)

第一章　内蒙古铜矿资源概况

至2009年底，内蒙古自治区铜矿上表单元(指内蒙古自治区矿产资源储量表，2010年，下同)为144个，除49个共生上表单元和42个伴生上表单元外，以铜为主矿产的铜矿产地53处。全区累计查明铜金属资源储量为670.78×10^4t，其中基础储量327.30×10^4t，资源量343.48×10^4t，基础储量和资源量分别占全区查明资源总量的48.8%、51.2%。全区铜金属保有资源储量为623.52×10^4t，居全国第四位。其中，基础储量289.94×10^4t、资源量333.58×10^4t，基础储量和资源量分别占全区铜金属保有资源储量的46.5%、53.5%。

除共伴生上表单元，全区以铜为主矿产的53处矿产地中，查明资源储量规模达大型的有2处，保有铜金属资源储量为225.43×10^4t；达中型的有5处，保有铜金属资源储量为101.74×10^4t。大中型矿产地数量合计仅占全区铜矿产地的13.2%，但铜金属保有资源储量合计占全区保有资源储量的52.5%。

全区铜矿产资源主要分布于呼伦贝尔市、巴彦淖尔市、赤峰市、锡林郭勒盟和乌兰察布市，5个盟市储量合计占全区铜金属保有资源储量的96%。其中，呼伦贝尔市(主要有乌努格吐山大型铜钼矿等)铜金属保有资源储量为198.69×10^4t，占全区的32%；巴彦淖尔市(主要有霍各乞铜多金属一号大型矿等)铜金属保有资源储量为195.57×10^4t，占全区的31%；赤峰市铜金属保有资源储量为107.82×10^4t，占全区的17%；锡林郭勒盟(主要有道伦达坝中型铜多金属矿等)铜金属保有资源储量为57.51×10^4t，占全区的9%；乌兰察布市(主要有白乃庙中型铜矿等)铜金属保有资源储量为37.19×10^4t，占全区的6%。

一、时空分布规律

内蒙古自治区铜矿床分布广泛，至2009年全区已探明储量的铜矿床有109个。其中，大型矿床2个、中型5个。多数为共生和伴生矿床，独立铜矿床很少，且多为热液型小型矿床、矿点及矿化点。空间上，大、中型铜矿床主要分布在得尔布干、大兴安岭中南段、达茂旗—白乃庙和狼山4个地区，这些地区同时也是贵金属和多金属矿集中分布区，构成了全区最重要的矿床密集区。时间上，全区铜矿床的形成主要在中新元古代、晚古生代及三叠纪至早白垩世。中新元古代形成的铜矿床集中分布在华北陆块北缘西段，三叠纪至早白垩世形成的铜矿床主要集中分布在得尔布干、大兴安岭中南段。

二、控矿因素

1. 构造对成矿的控制作用

矿床的形成过程中，成矿流体的运移和成矿物质的沉淀、定位空间及其形成的保存条件都与构造息息相关，因此构造是成矿控制地质因素中的首要因素。

(1)不同的成矿构造环境，产生不同类型的矿产。中新元古代，在太古宙—古元古代陆块边缘的裂陷槽或裂谷带内形成与海相基性—中酸性火山喷发活动相关的海底喷流-沉积型铁铜铅锌矿床和沉积型铜矿床；晚古生代华北陆块基底构造活化，中酸性岩浆侵位，形成矽卡岩型铁铜矿床；中生代滨西太平洋活动大陆边缘构造环境形成了大兴安岭火山岩浆构造带，并形成与陆相中酸性火山岩-侵入岩相关的斑岩型矽卡岩型、热液型铜矿床。

（2）区域性深断裂构造带对成矿的控制作用。区域性深断裂构造带均为超壳断裂,有的甚至切穿了岩石圈,所以它们是地幔物质上涌的通道。而与其有成生联系的次断裂或裂隙构造带往往是成矿物质沉淀定位的空间。另一方面,这些深断裂构造带具有活动时间长的特点,所以在其一侧或两旁常分布形成不同时代的矿床。例如:小南山、克布铜镍矿来源于上地幔;华北板块北缘深断裂带两侧分布不同时代形成的铁、铜、镍、铅、锌、金、萤石等矿床。大兴安岭弧盆系中北北东向中生代多期复活断裂为印支-燕山期热液型铜多金属矿形成提供了运移通道和就位空间。

2. 地层对成矿的控制作用

成岩过程中直接成矿,霍各乞铜矿床、白乃庙铜矿床、查干哈达庙和别鲁乌图铜矿床等都是在地层岩石形成的同时成矿物质大量富集而形成的。

3. 岩浆岩对成矿的控制作用

小坝梁铜金矿床、奥尤特铜矿床分别与海相及陆相火山喷发活动有直接关系;乌努格吐山铜矿、车户沟铜矿、敖脑达巴铜矿和小南山铜镍矿床主要受岩浆岩成分控制,燕山期浅成斑岩体及中元古代基性—超基性岩是其含矿母岩。

三、内蒙古主要成矿区带铜矿成矿谱系

本次针对内蒙古自治区范围内华北陆块北缘华北成矿省及大兴安岭弧盆系大兴安岭成矿省进行区域矿床成矿谱系探讨,它是华北陆块北缘陆块区和天山-兴安造山系两个不同构造单元的邻接部位及叠加于其上的中—新生代滨太平洋构造-岩浆活动区。内蒙古主要铜矿产地均分布于上述研究范围内。前者地理上西起内蒙古狼山,东至赤峰南部,北界大致在乌拉特后旗—白云鄂博—苏尼特右旗—翁牛特旗—通辽一线,南侧大致以临河—包头—呼和浩特—多伦一线为界,面积约 $30\times10^4 km^2$。后者地理上西起阿拉善盟东部,东至通辽—乌兰浩特—呼伦贝尔一线,北界为中蒙边界,南侧大致以乌拉特后旗—白云鄂博—苏尼特右旗—翁牛特旗—通辽一线为界,面积约 $55\times10^4 km^2$。

内蒙古华北成矿省及大兴安岭成矿省与铜有关的矿床成矿谱系图见图 1-1。

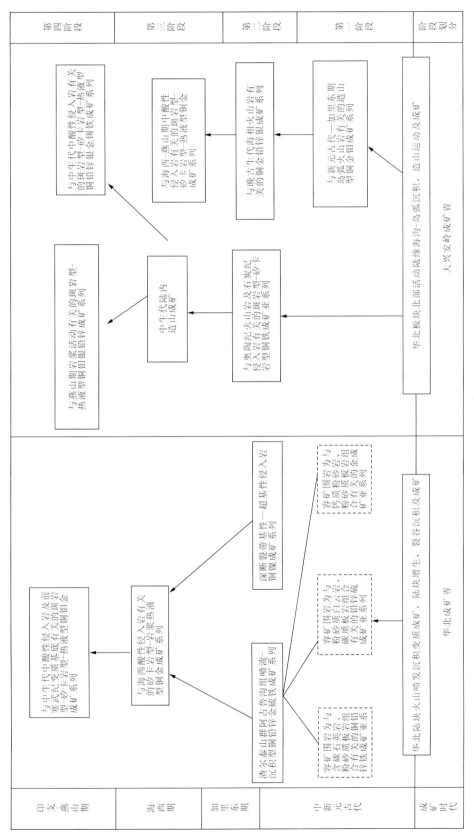

图 1-1 内蒙古华北成矿省及大兴安岭成矿省与铜有关的矿床成矿谱系图

第二章 内蒙古铜矿床类型

第一节 铜矿床成因类型及主要成矿特征

内蒙古铜矿床分布广泛,至2009年全区已探明储量的铜矿床有109个。其中,大型矿床2个、中型5个,多数为共生和伴生矿床,独立铜矿床很少。空间上,大中型铜矿床主要分布在得尔布干、大兴安岭中南段、达茂旗—白乃庙及狼山4个地区,这些地区同时也是贵金属和多金属矿集中分布区。时间上,全区铜矿床的形成主要在中新元古代、晚古生代及三叠纪至早白垩世。中新元古代形成的铜矿床集中分布在华北陆块北缘西段,三叠纪至早白垩世形成的铜矿床主要集中分布在得尔布干、大兴安岭中南段。

内蒙古铜矿床成因类型较多,有斑岩型、喷流-沉积改造型、火山-次火山岩型、热液型、矽卡岩型以及与超基性岩有关的铜镍硫化物型6种类型。其中以斑岩型、喷流-沉积改造型、火山-次火山热液型及热液型为主要类型,其他成因类型多为小型矿床、矿点及矿化点。

一、沉积型铜矿

沉积型铜矿是区内重要的铜矿床类型,其查明铜资源储量占全区铜矿石总量的31%。矿床形成的时代为中元古代及海西晚期。主要分布在华北陆块北缘及其北缘增生带上,赋存在中元古界渣尔泰山群阿古鲁沟组中,地理位置上主要分布在狼山—渣尔泰山地区。主要有霍各乞铜多金属矿、东升庙铅锌铜硫矿和炭窑口铜锌矿等。

1. 霍各乞式沉积型铜矿

该铜矿主要分布在狼山-渣尔泰山中元古代裂陷槽内。含矿岩系为渣尔泰山群阿古鲁沟组碳质板岩、砂岩,矿体呈似层状(板状)产出。矿石中有用元素主要有铜、铅、锌,可综合利用银、铟、镉、铁、硫。金属矿物主要有铜矿、方铅矿、铁闪锌矿、磁黄铁矿、黄铁矿、磁铁矿。次要矿物有方黄铜矿、斑铜矿、毒砂和其他氧化物。矿石构造主要有条带状构造、细脉-网脉状构造、斑杂-团块状构造,另外还有块状构造、花纹状构造、角砾状构造。矿石结构有变晶结构、交代结构、固溶体分离结构、文象结构、塑性变形结构等。

2. 白乃庙式沉积型铜矿

该铜矿位于温都尔庙俯冲增生杂岩带上,赋矿围岩为新元古界白乃庙组岛弧火山-沉积岩系,受区域变质作用底部形成绿片岩建造,其原岩为海底喷发的基性—中酸性火山熔岩、凝灰岩夹正常沉积的碎屑岩和碳酸盐岩。

主矿体呈似层状较稳定产出,一般走向为东西向,倾向南,倾角一般为45°~65°。Ⅱ-1矿体长160m,厚0.87~18.41m,矿体最大控制斜深760m,垂深570m,还有延伸趋势。矿石类型有花岗闪长斑岩型铜矿石(钼矿石)、绿片岩型铜矿石(钼矿石)。绿片岩型矿石结构有晶粒状结构、交代溶蚀结构,矿石构造主要为条带状构造、浸染状构造、脉状构造。花岗闪长斑岩型矿石结构有半自形晶粒状、他形晶粒结构、包含结构、交代结构、压碎结构，主要构造为浸染状、细脉浸染状、脉状、片状。矿石矿物为黄铜矿、黄铁矿、辉钼矿。矿床成因类型为海相火山沉积+斑岩型复成因矿床。

此外，还有分布于温都尔庙俯冲增生杂岩带上，赋存于下石炭统本巴图组中的查干哈达庙式沉积型铜矿。

二、斑岩型铜矿

斑岩型铜矿床主要有乌努格吐山式铜钼矿、车户沟式铜钼矿和敖脑达巴式铜矿床。华北陆块及大兴安岭弧盆系均有分布，这类矿床主要形成于中生代，此处主要介绍乌努格吐山式铜钼矿。

大地构造上位于额尔古纳岛弧，矿区位于北东向的额尔古纳-呼伦深断裂的西侧。该类型矿床的形成与早侏罗世火山-侵入活动有关，与次火山斑岩体关系密切。主矿体主要赋存在斑岩体的内接触带，受围绕斑岩体的环状断裂控制。在剖面上矿体向北西倾斜，铜矿体向下分支。南矿带矿体形态不规则，以钼为主。矿带为一长环形，总体倾向北西，倾角从东向西由 $85°$ 到 $75°$，南、北两个转折端均内倾，倾角为 $60°$，北矿段环形中部有宽达 900m 的无矿核部，南矿段环形中部有宽达 $150\sim850$m 的无矿核部。整个矿带呈哑铃状、不规则状、似层状。矿石矿物主要有黄铜矿、辉铜矿、黝铜矿、辉钼矿、黄铁矿、闪锌矿、磁铁矿和方铜矿等。

此外，还有分布于大兴安岭弧盆系锡林浩特岩浆弧中晚侏罗世浅成石英斑岩体中的敖脑达巴式斑岩型铜矿床和冀北大陆边缘岩浆弧中侏罗世—白垩纪正长斑岩体中的车户沟式斑岩型铜矿床。

三、接触交代-热液型铜矿床

该类型包括接触交代(矽卡岩)型铜矿床和热液型铜矿床，是全区分布最为广泛的一种成因类型。这类铁矿床成矿时代以古生代和中生代为主。

1. 接触交代(矽卡岩)型铜矿床

矿体主要产于中酸性或酸性中浅成侵入体和碳酸盐岩或火山-沉积岩系围岩的接触带矽卡岩或附近围岩中，近矿围岩碱质交代现象显著。一般呈透镜状、似层状或不规则状产出。

除大兴安岭外，在华北陆块北缘也有分布。主要有罕达盖铁铜矿、宫胡洞铜矿和盖沙图铜矿。

根据矿床所处大地构造环境及与成矿有关的侵入体岩性组合，可大致划分为：

(1) 与海西期中性侵入体有关的矽卡岩铜矿(罕达盖铁铜矿)，位于扎兰屯-多宝山岛弧，成矿岩体为海西期石英二长闪长岩，围岩为下奥陶统多宝山组含大理岩的各类火山-沉积建造，矿体赋存于石炭纪石英二长闪长岩与奥陶系多宝山组外接触带的矽卡岩中。铜矿体均呈透镜状、脉状、不规则囊状赋存于矽卡岩中。矿层顶板为大理岩，底板为安山岩，与围岩界线清晰，呈透镜状、脉状产出，矿体走向延长为 100m，倾向延伸为 145m，厚 7.65m，矿体产状为 $335°\angle 35°$，铜品位 $0.34\%\sim 2.19\%$，平均品位为 0.9%。矿石结构主要为半自形粒状结构、粒状变晶结构、碎裂结构、交代残留结构。矿石构造主要为块状构造、浸染状构造、细脉浸染状构造。矿石矿物成分主要为磁铁矿、黄铜矿、黄铁矿、赤铁矿，另见少量磁黄铁矿、辉钼矿、闪锌矿。

(2) 与海西期中酸性侵入岩有关的铜矿，包括盖沙图铜矿、宫胡洞铜矿。

盖沙图铜矿位于狼山-白云鄂博裂谷，成矿岩体为二叠纪花岗闪长岩及二长花岗岩，围岩为渣尔泰山群增隆昌组，矿体位于岩体内外接触带，走向 $NE50°\sim 60°$，倾角 $65°\sim 70°$，与围岩产状一致，矿体呈透镜状。矿石矿物有黄铜矿、磁黄铁矿、方铅矿和闪锌矿；矿石结构为浸染状结构、脉状结构，矿石构造为条带状构造和角砾状构造。围岩蚀变类型有透辉石化、透闪石-阳起石化、孔雀石化，铜平均品位为 0.87%。

宫胡洞式铜矿位于温都尔庙俯冲增生杂岩带和狼山-白云鄂博裂谷过渡带上,矿体赋存于白云鄂博群呼吉尔图组与二叠纪斑状黑云母花岗岩内外接触带中。矿体产状与围岩基本一致,走向 NE50°~70°,倾向北西,倾角 65°~80°。呈透镜状、似层状,沿走向或倾向有分叉及尖灭或膨胀收缩现象。矿石矿物有黄铜矿、斑铜矿、闪锌矿、辉钼矿、黄铁矿、磁黄铁矿,矿石结构为自形晶、半自形晶和他形粒状、雨滴状、乳滴状结构。矿石构造有浸染状、细脉浸染状,铜平均品位为 0.99%。

与矽卡岩铜矿床有关的岩浆岩存在着较明显的成矿专属性,随着成矿岩体酸度的变化,石英二长闪长岩到花岗闪长岩和花岗岩,铜矿伴生的金属元素组合相应依次发生变化,从银、金-铅到锌-钼。

2. 热液型铜矿床

热液型铜矿床对围岩基本无或有一定的选择性,主要受不同时代侵入岩及断裂构造控制。成矿时代为海西期、印支期及燕山期。空间上主要有:分布在锡林浩特岩浆弧上的布敦花中低温热液型铜矿床、道伦达坝中高温热液型铜矿床;内蒙古西部红石山裂谷上的珠斯楞中高温热液型铜矿床、哈布其特岩浆弧上的欧布拉格中低温热液型铜矿床;内蒙古中东部温都尔庙俯冲增生杂岩带上的白马石沟中温热液型铜矿床。

(1)布敦花热液型铜矿床:围岩地层为下二叠统寿山沟组、中侏罗统万宝组和晚侏罗世黑云母花岗闪长斑岩。赋矿围岩主要为角岩化的变质砂岩、板岩、黑云母角岩以及闪长玢岩等。矿体以不规则弯曲的脉状为主,在大脉旁侧围岩中有广泛的网脉状矿化。矿脉自南向北近于左列雁行排列。矿石矿物有黄铜矿、磁黄铁矿、闪锌矿、方铅矿、毒砂、斜方砷铁矿、黄铁矿等。区内广泛发育一套高温到中低温的蚀变,包括钾长石化、黑云母化、电气石化、硅化、绢云母化、绿泥石化、碳酸盐化、高岭土化等。矿石含铜品位一般 0.3%~0.5%。

(2)道伦达坝铜矿:矿区地层主要为上二叠统林西组,岩石类型主要是粉砂质板岩、粉砂质泥岩、粉砂岩及细粒长石石英杂岩夹少量泥质胶结的中—细粒长石石英砂岩。岩浆岩主要为印支期黑云母花岗岩,受区域构造控制,多呈 50°左右延伸,侵入到砂板岩,呈岩基状产出,在接触带处有云英岩化、角岩化等围岩蚀变。构造上位于米生庙-阿拉腾郭勒复背斜北东段南东翼的挤压破碎带内,褶皱及断裂构造极为发育,其中,汗白音乌拉背斜及北东向成矿前断裂是矿区内主要的控矿和容矿构造,直接控制矿区矿体的形态和分布。走向 NE20°~67°,倾角 5°~60°,倾向北西或南东。矿体形态为脉状,具有膨胀收缩、分支复合、尖灭再现特征,矿体受北东向褶皱和北北东向断裂构造控制。矿石矿物有磁黄铁矿、黄铜矿、黑钨矿、毒砂、自然银,矿石结构为交代熔蚀、他形粒状、半自形晶粒结构,矿石构造有脉状、网脉状、交错脉状、团斑状、条带状、浸染状、团块状构造。林西组的砂板岩是矿体的直接围岩,近矿围岩蚀变可见硅化、黄铁绢云岩化、碳酸盐化、绿泥石化、高岭土化、钾长石化、云英岩化、萤石化和电气石化。

(3)珠斯楞热液型铜矿床:出露地层以泥盆系为主,主要为中泥盆统伊克乌苏组、卧驼山组,侵入岩主要为海西中期花岗闪长岩、斜长花岗岩及海西晚期二长花岗岩。海西中期花岗闪长岩侵入于泥盆纪粉砂岩、钙质粉砂岩中,矿区构造以北西向断裂为主,北东向构造次之,平移断裂多为北西向和东西向,规模一般较小。矿体与北西-南东向构造关系密切,是主要的控矿构造。区内褶皱规模小,与主构造线方向一致。北西向分布,倾向 NE20°~40°,倾角 59°~74°。矿体呈脉状、不规则状或透镜状,矿体厚 1.83~15.42m。主要矿物有黄铜矿、闪锌矿、方铅矿,脉石矿物有绿泥石、绿帘石、石英、钾长石、角闪石、绢云母及少量的石英。矿石结构多为半自形—他形晶结构,部分呈固溶体结构、包含结构。矿石构造以浸染状、斑点状构造为主,偶见团块状、网脉状。蚀变类型主要为青磐岩化。矿体的赋矿岩石为蚀变闪长玢岩、蚀变花岗闪长岩、蚀变花岗斑岩和强蚀变的长石石英砂岩。铜平均品位为 0.63%。

四、火山岩型铜矿

本区包括与陆相火山-次火山活动有关的铜矿床及与海相火山活动有关的块状硫化物型铜矿床。

1. 陆相火山岩型铜矿床

在全区此类铜矿床主要有奥尤特铜矿，位于扎兰屯-多宝山岛弧上，矿床规模为小型，成矿时代为晚侏罗世。赋矿围岩为上侏罗统玛尼吐组中性火山熔岩-碎屑岩建造。矿体呈细脉型、浸染型、斑杂型、蜂窝型和角砾型。矿石矿物主要为蓝铜矿、孔雀石、褐铁矿、赤铜矿、黑铜矿、辉铜矿，铜氧化矿平均品位一般1%～3%，最高11.77%，硫化矿品位0.47%～0.66%。

2. 海相火山岩型铜矿床

此类铜矿床主要有小坝梁铜金矿，大地构造上位于扎兰屯-多宝山岛弧，赋矿围岩为下二叠统格根敖包组安山质凝灰岩、石英角斑岩、凝灰质砂岩、凝灰质粉砂岩及少量的粗安岩。矿体呈透镜状、似层状，总体走向呈近东西向，倾向南，倾角62°～83°，剖面上呈楔状或漏斗状。矿石矿物主要为黄铜矿，围岩蚀变有绿泥石化、绢云母化、次闪石化、硅化、碳酸盐化、青磐岩化，其中以绿泥石化为主。铜平均品位1.05%。

五、与基性—超基性侵入杂岩体有关的岩浆熔离型铜矿床

该类铜矿床多分布于基性—超基性岩体内，矿体多呈脉状或囊状。全区此类矿床主要有狼山-白云鄂博裂谷中的小南山式铜镍矿。成矿时代为中新元古代，矿床规模为小型。

小南山铜镍矿大地构造上位于狼山-白云鄂博裂谷，主要赋矿围岩为白云鄂博群哈拉霍圪特组石英岩、泥灰岩及变质砂岩，含矿侵入体为辉长岩。矿体陡倾斜，不规则，走向NW325°，倾角60°～80°，呈脉状、透镜状产出。辉长岩底部为辉长岩型矿体，外接触带为泥灰岩型矿体。矿石矿物主要有黄铜矿、磁黄铁矿、黄铜矿、蓝辉铜矿、紫硫镍铁矿。矿石品位为镍0.636%、铜0.458%。矿石结构有交代结构、他形粒状结构、假象交代结构和残晶结构；矿石构造有细脉浸染状构造、斑点状构造、网脉状构造、块状及角砾状构造。围岩蚀变表现为次闪石化、绿泥石化、钠黝帘石化、绢云母化。

第二节 预测类型、矿床式及预测工作区的划分

根据《重要矿产预测类型划分方案》(陈毓川等，2010)，内蒙古自治区铜矿共划分了18个矿产预测类型，确定4种预测方法类型。根据矿产预测类型及预测方法类型共划分了19个预测工作区(图2-1，表2-1)。

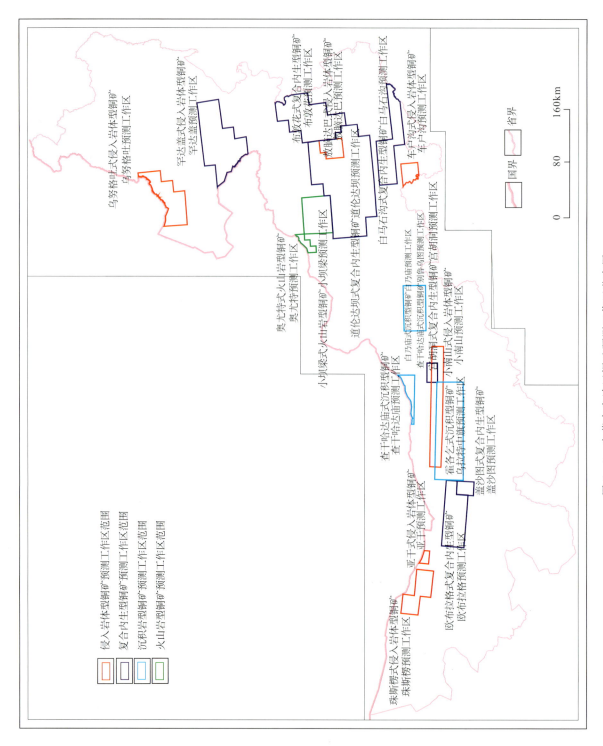

图 2-1 内蒙古自治区铜矿预测工作区分布图

表2-1 内蒙古自治区铜矿预测类型及预测方法类型划分一览表

预测方法类型	矿床式及矿产预测类型	预测工作区
侵入岩体型	乌努格吐式侵入岩体型铜钼矿	乌努格吐预测工作区
	小南山式侵入岩体型铜矿	小南山预测工作区
	珠斯楞式侵入岩体型铜矿	珠斯楞预测工作区
	敖脑达巴式侵入岩体型铜矿	敖脑达巴预测工作区
	车户沟式侵入岩体型铜矿	车户沟预测工作区
	亚干式侵入岩体型铜矿	亚干预测工作区
复合内生型	欧布拉格式复合内生型铜矿	欧布拉格预测工作区
	布敦花式复合内生型铜矿	布敦花预测工作区
	罕达盖式复合内生型铜矿	罕达盖预测工作区
	盖沙图式复合内生型铜矿	盖沙图预测工作区
	白马石沟式复合内生型铜矿	白马石沟预测工作区
	宫胡洞式复合内生型铜矿	宫胡洞预测工作区
	道伦达坝式复合内生型铜矿	道伦达坝预测工作区
沉积(变质)型	霍各乞式沉积型铜矿	乌拉特中旗预测工作区
	查干哈达庙式沉积型铜矿	查干哈达庙预测工作区
		别鲁乌图预测工作区
	白乃庙式沉积型铜矿	白乃庙预测工作区
火山岩型	奥尤特式火山岩型铜矿	奥尤特预测工作区
	小坝梁式火山岩型铜金矿	小坝梁预测工作区

第三章 霍各乞式沉积型铜矿预测成果

第一节 典型矿床特征

一、典型矿床及成矿模式

(一)矿床特征

1. 矿区地质

霍各乞式沉积型铜矿位于狼山后山地区,行政区划隶属巴彦淖尔市乌拉特后旗巴音宝力格镇。地质构造单元属于狼山-阴山陆块狼山-白云鄂博裂谷。成矿区带划分属滨太平洋成矿域(叠加在古亚洲成矿域之上)、华北陆块成矿省,华北陆块北缘西段金、铁、铌、稀土、铜、铅、锌、银、镍、铂、钨、石墨、白云母成矿带,乌拉特中旗铅、锌、金、铁、铜、铂、镍成矿亚带(Ⅲ级)。

地层:矿区内出露地层为中—新元古界渣尔泰山群刘鸿湾组和阿古鲁沟组,从上到下为:青白口系刘鸿湾组,主要出露于矿区的北部,总厚500m,不含矿,总体走向NE50°~60°,倾向南东,倾角40°~80°。分两个岩性段:上段中厚层石英岩夹薄板状石英岩;下段石英片岩、片状石英岩类,与下伏阿古鲁沟组整合接触。阿古鲁沟组(Jxa),分3个段,一段上部为黑云母石英片岩类、红柱石二云母石英片岩及含碳云母石英片岩夹角闪片岩;下部为碳质千枚岩、碳质千枚状片岩、碳质板岩夹钙质绿泥石片岩、绿泥石英片岩及结晶灰岩透镜体,总体厚度大于320m,不含矿。二段为碳质板岩、碳质千枚岩、碳质条带状石英岩、含碳石英岩、黑色石英岩,及透闪石岩、透辉石岩及其相互过渡岩类(原岩为泥灰岩),厚100~150m,是铜、铅矿床的赋存层位。三段为二云母石英片岩、碳质二云母石英片岩、碳质千枚状石英片岩,厚度大于360m,不含矿。岩石均经历了绿片岩相-低角闪岩相的区域变质作用。

岩浆岩:岩浆岩在矿区分布普遍,占20%~25%,岩浆活动具有多期性、多相性及产状多样性,其中以元古宙和海西期岩浆活动最为强烈。

火山岩:元古宙绿片岩系及角闪片岩,原岩恢复为中—基性火山岩:①绿片岩系包括钙质绿泥石片岩、绿泥石片岩,主要分布于矿区北部增龙昌组下部层位中,呈层状产出;②角闪片岩分布于矿区中部阿古鲁沟组上部层位中,呈顺层产出,与地层同褶曲。

侵入岩:加里东期角闪岩(φo)在矿区零星出露,主要分布于矿区背斜的核部一带,呈岩株及岩脉产出,与围岩呈不整合侵入接触。海西期花岗岩呈大规模岩基产出,岩基主体出露于矿区北部外围及西南部,在矿区内主要出露岩基的边部,脉岩为闪长岩脉、闪长玢岩脉、花岗斑岩脉、花岗岩脉、细晶岩脉及石英脉等。闪长玢岩脉在与矿体切穿部位边部有磁黄铁矿化、黄铜矿化,铜有时可达工业要求,其他脉岩无矿化现象。

断裂构造:有成矿期断裂——深断裂,是控矿构造;成矿期后断裂——逆斜断层、横断层、裂隙构造,是成矿后构造。褶皱构造:总体表现为继承了原始沉积的古地理格局,即背斜核部为古隆起部位,向斜核部为古凹陷位置。裂隙构造:十分发育,与矿体有关的主要是层内裂隙及层间滑动裂隙构造。

矿区内一个显著的特点为:断裂控制褶皱,后期构造叠加,并将前期构造进行改造。

2. 矿床地质

霍各乞喷流-沉积型铜多金属矿床的矿床自然岩石组合（主要含矿建造）包括：①赋存铜矿体的（条带）石英岩层；②赋存铅（锌）矿体的透辉透闪石岩层；③赋存磁铁矿体的透辉透闪石岩层；④赋存铅锌矿体的碳质板岩层。渣尔泰山群边缘或内部的近东西向（或后期经改造呈北东东向）展布的同生断裂为控矿构造。成矿地质体就是阿古鲁沟组二段，即碳质板岩、石英岩夹泥灰岩组合（图3-1）。

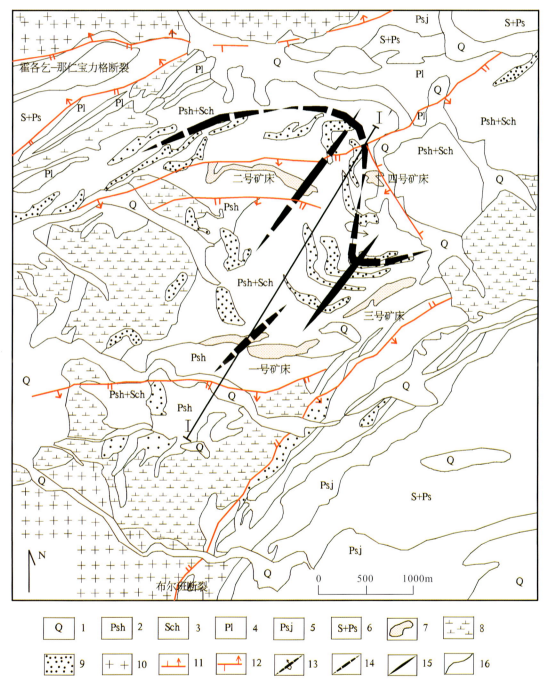

图3-1 霍各乞铜多金属矿田地质图（北京西蒙公司，2009）

1. 第四系；2. 黑云石英片岩；3. 二云石英片岩；4. 绿泥石英片岩；5. 绢云石英片岩；6. 石英岩；7. 矿床；8. 闪长岩；9. 角闪石岩；10. 花岗岩；11. 正断层；12. 逆断层；13. 倒转向斜；14. 向形；15. 背形；16. 地质界线

一号、二号、三号、四号4个矿床中所有的矿体都赋存在长和宽均约3.5km的似矩形范围内。一号矿床的规模是矿田内最大的,其铜和铅锌的资源量均可达大型规模,铁矿石资源量则达中型;二号矿床内的铁矿石资源量达大型,铜和铅锌则为中型规模;三号和四号矿床探矿工程量较少,铁、铅锌矿暂属中小型。综合矿田其他数据,确定矿田的主体构造为倒转向斜。

霍各乞矿区共有4个矿床,其中二号、四号矿床位于倒转背斜的北翼,一号、三号矿床位于南翼,一号矿床位于矿区南部;三号为一号的东延部分,居矿区的东部,两者相距400m;二号在矿区北部,距一号矿床约1700m。由于绝大部分储量集中在一号矿床(铜90.4%,铅77.6%,锌90.5%),下面以一号矿床为例加以叙述。其余矿床的地质特征与一号矿床相似。

一号矿床全长1500m,走向NE70°~80°,倾向南东,倾角70°,矿床的顶板为二云母石英片岩,底板为黑云母石英片岩,局部为千枚岩。含矿围岩为与顶底板呈整合接触的层状-透镜状的碳质片(板)岩、条带状碳质石英岩和透辉透闪石化灰岩,含矿层共厚91m。

一号矿床共有19个矿体(铜3个、铅锌4个、铁12个),分别赋存在4个含矿亚层中,亚层由下向上叙述如下(图3-2)。

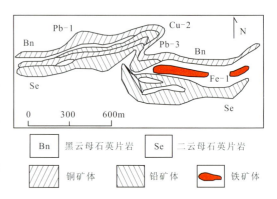

图3-2 霍各乞铜矿1号矿床(矿段) 1914m标高平面图

一号矿床主要矿体共有6个,其中铜矿体3个(Cu-1、Cu-2、Cu-3)、铅锌矿体2个(Pb-1、Pb-3)、铁矿体1个(Fe-1)。

Cu-1矿体:赋存在矿床西段的上条带状石英岩中,呈似层状(板状)产出,长750m,平均厚23.7m,铜品位1.45%,铜金属量占一号矿床铜总储量的51%左右。矿体形态整齐,在矿体东段垂深300m处厚36m,品位较高,以此为中心向四周均匀变薄,向两侧品位变贫。200m垂深以上部位品位较高(图3-3)。

Cu-6矿体:分布于矿床东段的上条带状石英岩及下伏的透辉石透闪石化灰岩的上部,以上条带状石英岩中的矿体为主,全长600m,平均厚27.5m,铜品位1.07%,铜金属量占一号矿床铜总储量的43%。矿体产状稳定,形态规整。

Cu-2矿体:主要分布在矿床西段下条带状石英岩中,在上覆透辉石透闪石化灰岩的底部亦有分布。矿体全长500m,平均厚11.50m,形态复杂,厚度变化大,在石英岩中矿体大体呈似层状,在蚀变灰岩中呈小透镜体、分支状和脉状体。与成矿有关的蚀变主要为硅化,有两种形式:一为不规则脉状,脉壁或脉端分布有黄铜矿;二为团块状,黄铜矿呈浸染状、斑杂状分布于石英颗粒间。与矿体接触处有10m左右的云母化带,绢云母化稍晚于硅化,与铅锌矿化关系密切。叶绿泥石化和金云母化与矿化也有较密切的关系。

矿石中有用元素主要有铜、铅、锌,可综合利用银、铟、铁、硫。金属矿物主要有黄铜矿、方铅矿、铁闪锌矿、磁黄铁矿、黄铁矿、磁铁矿。次要矿物有方黄铜矿、斑铜矿、毒砂和其他氧化物。主要矿物生成顺序为黄铁矿→磁黄铁矿→黄铜矿→铁闪锌矿→方铅矿。

主要矿石自然组合有:黄铜矿型、黄铜矿-磁黄铁矿型、黄铜矿-方铅矿-铁闪锌矿-磁黄型、方铅矿-铁闪锌矿-磁黄铁矿-黄铁矿型、磁黄铁矿-磁铁矿型、方铅矿-铁闪锌矿-磁黄铁矿型、磁铁矿型。

矿石构造主要是:①条带状构造。金属硫化物沿云母石英片岩片理、条带状石英岩的透辉石-透闪石条带或碳质条带分布,界线清晰,条带宽一般2~3cm。此类构造系区域变质过程中,由成矿物质沿顺层片理和第一期轴面劈理充填交代而成。②细脉-网脉状构造。金属硫化物沿岩石的细小裂隙、脉石矿物颗粒间隙或解理分布。③斑杂-团块状构造。黄铜矿、方铅矿、铁闪锌矿、磁黄铁矿等呈斑杂或团块状分布,为主要矿石构造类型。④浸染状构造。金属矿物呈稀疏浸染到稠密浸染状,是含矿的变质热液顺着片理和第一期轴面理,再沿岩石粒间活动充填交代的结果。另外还有块状构造、花纹状构造、角砾状构造。

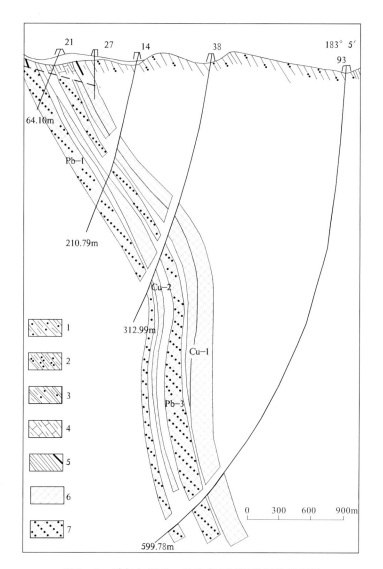

图 3-3 霍各乞铜矿一号矿床（矿段）勘探线剖面图

1. 黑云母石英片岩；2. 二云母石英片岩；3. 含铜条带状石英岩；4. 含铅锌透辉透闪石化灰岩；5. 含铅锌碳质板岩；6. 铜矿体；7. 铅锌矿体

矿石结构：①变晶结构。其中有自形变晶结构、半自形变晶结构、他形变晶结构、共边界变晶结构。②交代结构。其中有交代残余结构、交代溶蚀结构、交代骸晶结构。③固溶体分离结构。其中有乳滴状结构，黄铜矿在磁黄铁矿中，磁黄铁矿或黄铁矿在铁闪锌矿中呈乳滴状分布。④文象结构。磁铁矿与透辉石组成文象状，方黄铜矿在黄铁矿中组成条纹、格状结构。⑤塑性变形结构。具有交代特征的假象黄铁矿沿磁黄铁矿{001}解理分布，因受外力作用而发生塑性变形。假象黄铁矿系由磁黄铁矿转化而来，在弯解理中充填有黄铜矿。方铅矿3组解理造成的黑三角形空穴规则地排列成弯曲状，反映解理受后期作用发生了弯曲。

上述典型的构造和结构，都是在区域变质条件下改造和再造的结果。

3. 矿床成因及成矿时代

渣尔泰山群1:20万区调置于元古宙，1:5万区调时（内蒙古自治区第一区调队，1984）将渣尔泰山群时代定为中元古代，同位素资料显示其上限为1450 ± 500Ma，下限为1850 ± 500Ma。在甲生盘和三片沟采自阿古鲁沟组中铅同位素平均值为1600Ma。1975年,贵阳地球化学研究所对固阳地区书记沟组黑云母片岩中黑云母进行U-Pb法测年,获得1875～1037Ma的年龄值。内蒙古自治区地质研究队(1985)在白音布拉沟阿古鲁沟组灰岩中测得全岩^{207}Pb/^{206}Pb年龄值为1456Ma。内蒙古自治区第一区域地质研究院(1994)1∶5万区调时在侵入书记沟组的黑云母花岗岩中获得锆石U-Pb法年龄为1665±3Ma。

因此,成矿时代为中—新元古代,矿床成因类型为喷流-沉积(变质)型铜矿床。

(二)矿床成矿模式

根据霍各乞铜多金属矿床的成因类型、成矿特征及成矿地质背景,初步建立该矿床成矿模式(图3-4)。

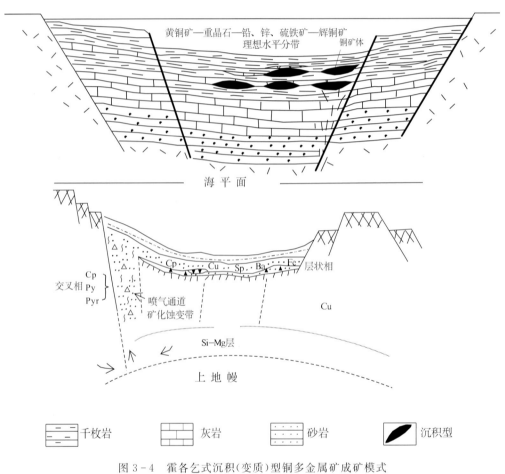

图3-4 霍各乞式沉积(变质)型铜多金属矿成矿模式
Cp. 黄铜矿;Py. 黄铁矿;Pyr. 磁黄铁矿

二、典型矿床地球物理特征

1. 矿床所在位置航磁特征

1∶1万地磁ΔZ平面等值线图(图3-5)显示,在低缓的负磁场背景中,出现非常明显的正磁异常,走向为北西向,为长条带状,多个峰值,极值达5600nT。根据垂向一阶导数推断,异常很可能由3个主异常体组成,沿北西向分布。较强的磁异常表明铜矿与磁铁矿伴生。

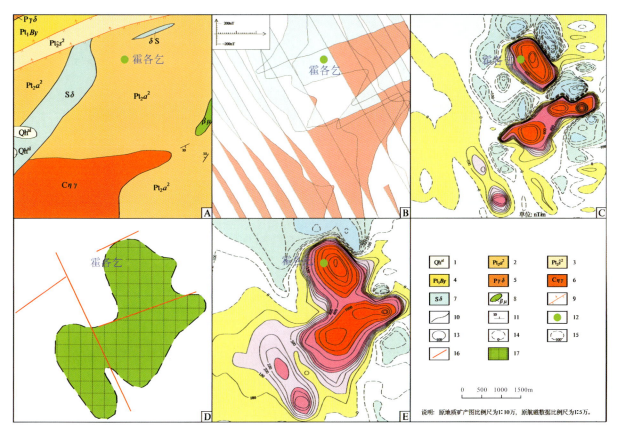

图 3-5　霍各乞铜多金属矿地质航磁异常剖析图

A. 地质矿产图；B. 航磁 ΔT 剖面平面图；C. 航磁 ΔT 化极垂向一阶导数等值线平面图；D. 磁法推断地质构造图；E. 航磁 ΔT 化极等值线平面图。1. 第四纪冲积层：砂砾石；2. 中元古界阿古鲁沟组：大理岩夹碳质板岩、含碳结晶灰岩；3. 中元古界书记沟组：石英岩、石英片岩；4. 古元古界宝音图群：含石榴石片岩；5. 二叠纪花岗闪长岩；6. 石炭纪二长花岗岩；7. 志留纪石英闪长岩；8. 辉绿玢岩；9. 实测逆断层倾向；10. 实测地质界线；11. 地层产状；12. 喷流沉积型铜矿矿床位置；13. 正等值线及注记；14. 零等值线及注记；15. 负等值线及注记；16. 磁法推测断层；17. 磁法推断磁铁矿矿化体

1∶5 万航磁平面等值线图显示，磁场出现非常明显的两个正磁异常：一个走向为北西向，形态近似椭圆形；另一个走向为北东东向，为长条带状，极值达 1400nT 以上。异常有多个峰值，根据垂向一阶导数推断，异常很可能由 3 个异常体组成。

2. 矿床所在区域重力特征

1∶20 万剩余重力异常图显示：重力正负异常呈条带状交错出现，走向近北东，南、北两侧为负重力异常。矿床位于北东向的局部重力高异常西南相对平稳的布格重力异常区，Δg 为 $(-164\sim-162)\times 10^{-5}\text{m/s}^2$。铜矿床以北的局部重力高异常中有两个异常中心，最大值：$\Delta g_{max}=-137\times 10^{-5}\text{m/s}^2$；在铜矿床东南的局部重力低走向亦为北东向，异常最小值：$\Delta g_{min}=-175\times 10^{-5}\text{m/s}^2$，异常幅度约 $10\times 10^{-5}\text{m/s}^2$。重力高低异常间存在明显的梯级带，与断裂构造有关。在剩余异常图上铜矿床处在零值线偏正异常一侧，等值线分布稀疏且宽缓。在矿区南、北两侧分布有北东向带状展布的剩余重力正异常和负异常带。结合地质资料推断低值正异常是元古宙基底隆起的反映，负异常是由酸性侵入岩引起。

三、典型矿床地球化学特征

霍各乞铜矿床附近形成了 Cu、Pb、Zn、Ag、As、Cr、Co、Sn 组合异常，内带矿体附近主要为 Ag、As 组合异常，中带为 Cu、Pb、Zn 组合异常，外带零星分布着 Cr、Co、Sn 组合异常（图 3-6）。

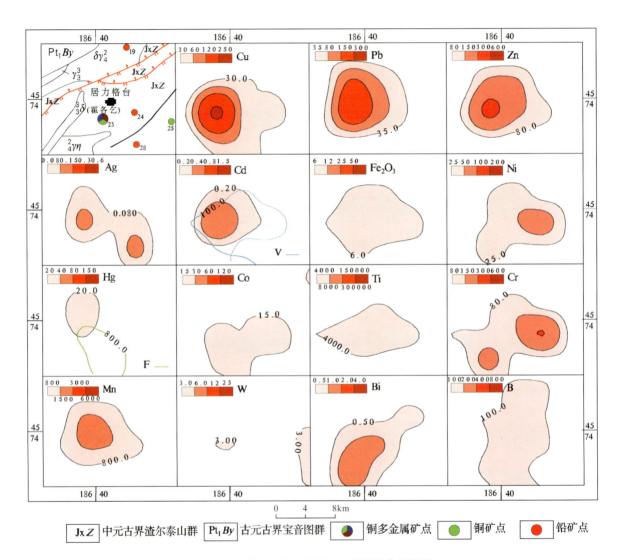

图 3-6　霍各乞铜多金属矿区化探异常剖析图

四、典型矿床预测模型

根据典型矿床成矿要素和矿区化探、地磁数据以及区域重力数据，确定典型矿床预测要素，编制典型矿床预测要素图及典型矿床预测模型图（图 3-7、图 3-8）。以典型矿床成矿要素图为基础，综合研究重力、航磁、化探、遥感、自然重砂等综合致矿信息，总结典型矿床预测要素表（表 3-1）。

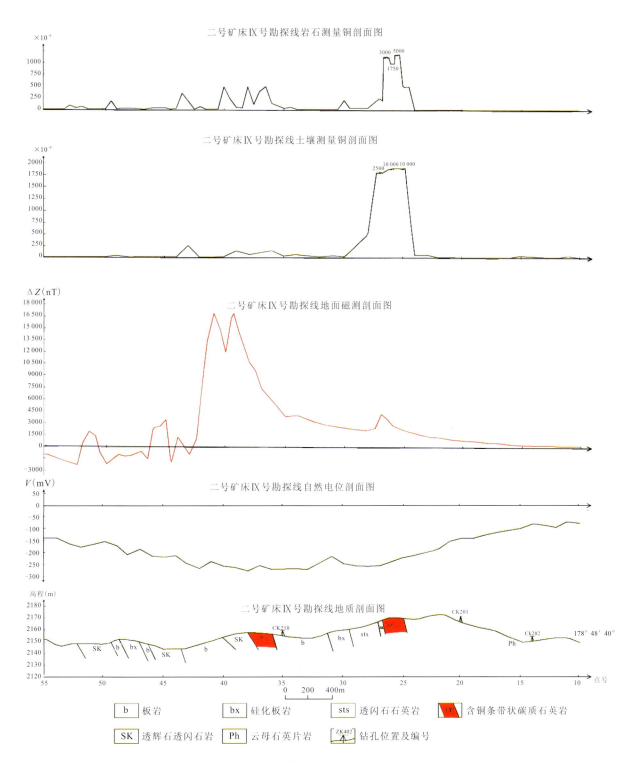

图 3-7 典型矿床(霍各乞二号矿床)地质-物探预测模型

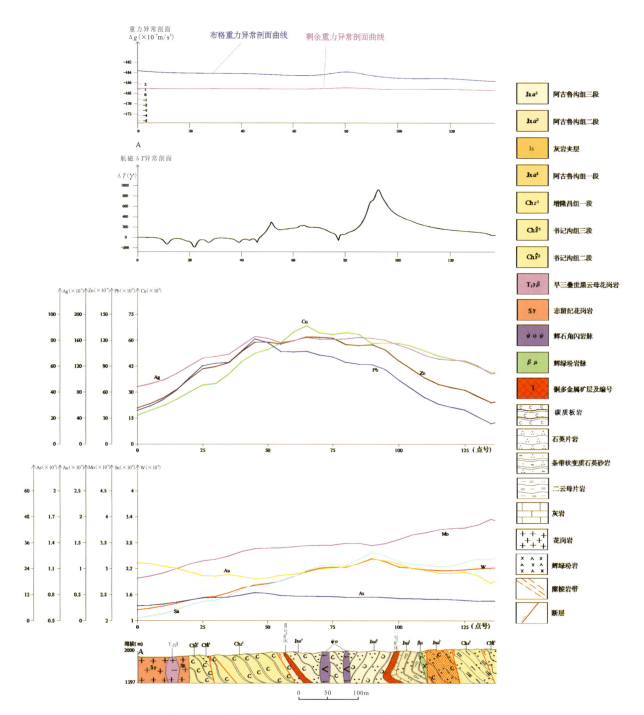

图3-8 典型矿床(霍各乞一号矿床)地质-化探预测模型(采样介质土壤残积层)

表3-1 内蒙古霍各乞式沉积型铜多金属矿典型矿床预测要素表

预测要素		描述内容			要素类别
储量		铜金属量:286 273.44t	平均品位	铜 1.39%	
特征描述		与海相沉积变质岩有关的沉积型铜矿床			
地质环境	成矿环境	华北陆块北缘西段金、铁、铌、稀土、铜、铅、锌、银、镍、铂、钨、石墨、白云母成矿带,乌拉特中旗铅、锌、金、铁、铜、铂、镍成矿亚带(Ⅲ级),霍各乞铜、铁、铅、锌矿集区			必要
	成矿时代	中—新元古代			必要
	构造背景	华北陆块北缘狼山-渣尔泰山中元古代裂谷			必要
矿床特征	矿体形态	薄层状、似层状、透镜状,矿体倾向南东			重要
	岩石类型	主要为条带状变质石英岩、石英岩			必要
	岩石结构、构造	微细粒粒状变晶结构、鳞片变晶结构,纹层状构造、片状构造			次要
	矿物组合	以黄铜矿为主,磁黄铁矿、黄铁矿次之,方铅矿微量			次要
	结构构造	结构:他形晶粒状结构、交代残余结构、充填结构、共边结构; 构造:条带状构造、浸染状构造、脉状构造和块状构造			次要
	蚀变特征	硅化、电气石化、透辉透闪石化和白云母化、阳起石化、绿泥石化、碳酸盐化			重要
	控矿条件	严格受中—新元古界狼山群二岩组控制,同时受褶皱及层间构造控制			必要
地球物理特征	重力异常	重力异常低背景区,剩余重力异常值$(-1\sim1)\times10^{-5}$ m/s²			重要
	磁法异常	低缓负磁异常中的局部正磁异常区,异常区异常强,异常值100～1800nT			次要
地球化学特征		铜铅锌异常Ⅲ级浓度分带,异常值$(18\sim278.8)\times10^{-6}$			必要

第二节 预测工作区研究

一、区域地质特征

1. 成矿地质背景

预测区大地构造位置属华北陆块区狼山-阴山陆块的狼山-白云鄂博裂谷、色尔腾山-太仆寺旗古岩浆弧及固阳-兴和陆核区;按板块构造属华北板块北缘隆起带。成矿区带属滨太平洋成矿域(叠加在古亚洲成矿域之上)(Ⅰ级)华北成矿省(Ⅱ级),华北陆块北缘西段金、铁、铌、稀土、铜、铅、锌、银、镍、铂、钨、石墨、白云母成矿带(Ⅲ),白云鄂博-商都金、铁、铌、稀土、铜、镍成矿亚带和霍各乞-东升庙铜、铁、铅、锌、硫成矿亚带(Ⅳ)。

预测区内出露的主要地层有零星分布于东图边的古太古界兴和岩群,岩性组合由基性火山岩喷溢为主,逐渐向中酸性火山岩夹基性火山岩-陆源碎屑岩过渡,且不含碳酸盐岩,经历了地壳深部区域麻粒岩相变质作用及混合岩化作用;中太古界乌拉山岩群哈达门沟岩组、桃儿湾岩组为中太古代陆壳增厚阶段的产物,发生了角闪岩相到麻粒岩相变质作用;新太古界色尔腾山岩群为陆内裂解阶段形成的火山-沉积变质岩系,发生了低角闪岩相-高绿片岩相变质;古元古界宝音图岩群为陆缘增生地体,岩性组合为石英片岩、二云片岩、变粒岩及片麻岩。中新元古界白云鄂博群、渣尔泰山群等古陆基底之上的第一个稳定沉积盖层,为陆缘裂陷盆地或裂谷沉积环境沉积岩系,变质程度达绿片岩相。震旦纪—早古生代地层有震旦系什那干群,寒武系老孤山组、色麻沟组,奥陶系山黑拉组、二哈公组、乌兰花组和白彦花组等克拉通盆地相稳定滨浅海相砂砾岩及碳酸盐岩建造。上古生界为内陆湖沼相沉积及陆相火山喷发-沉积岩系中上二叠统大红山组。中新生代为内陆河湖相石拐群(五当沟组、长汉沟组)、李三沟组及固阳组,晚期局部有陆相基性—酸性火山喷发,有白垩系白女羊盘组和上新统宝格达乌拉组坳陷盆地红层沉积。

本预测区内与霍各乞式沉积型铜矿有关的地层为渣尔泰山群阿古鲁沟组,总体为下部暗色板岩、碳质粉砂质板岩夹片理化含铜石英岩,上部为泥质结晶灰岩,底界以黑灰色绢云板岩与增龙昌组硅化灰岩平行不整合分界,上界以含碳质板岩、深灰色结晶灰岩与刘鸿湾组石英岩平行不整合接触。

阿古鲁沟组包括3个段:一段岩性组合为黑色、灰黑色千枚状碳质砂质板岩,千枚状碳质粉砂质板岩,灰黑色碳质板岩,深灰色红柱石碳质硅质板岩,灰色石墨石英岩,绢云石墨片岩,石墨白云石大理岩夹绿泥石英片岩,千枚岩等;二段岩性组合为浅黄色、深灰色、灰色片理化含碳质微细晶灰岩,深灰色薄层状白云石大理岩,碳质泥灰岩,灰黑色碳质透闪石白云片岩夹碳质板岩结晶灰岩、二云石英片岩;三段岩性组合为灰黑色、灰色含碳质石英方解石片岩,灰绿色长石二云石英片岩,灰黑色千枚状碳质板岩夹灰色片理化含碳质砂质结晶灰岩与灰黑色碳质绢云方解石石英千枚岩和石墨片岩等。与成矿关系最为密切的是二段。

侵入岩:区内变质深成体及变质侵入岩发育,太古宙为麻粒岩相-角闪岩相紫苏花岗闪长质片麻岩、英云闪长质片麻岩-石英二长闪长质片麻岩-花岗闪长质片麻岩-花岗质片麻岩,多经历了麻粒岩相-角闪岩相变质,属TTG岩系。新太古代变质花岗岩与色尔腾山岩群形成花岗-绿岩带。

古—中太古代变质侵入岩为变基性侵入岩,岩石类型有变苏长岩、辉石橄榄岩、辉长苏长岩等,新太古代—古元古代亦有大量中酸性变质侵入岩,岩性有闪长岩、石英闪长岩、英云闪长岩-花岗闪长岩及花岗岩,多具片麻状构造,侵入前寒武纪变质地层。晚古生代侵入岩多为闪长岩-二长岩-花岗闪长岩,多为I型花岗岩,形成构造环境多为大陆边缘。

中生代早期三叠纪花岗岩类为后碰撞S型花岗岩系列。

侏罗纪—白垩纪花岗岩是晚古生代末期—中生代初期陆内造山作用的产物,I型花岗岩类多为与晚侏罗世区域性逆冲推覆构造挤压机制有关。

白垩纪为碱长花岗岩,成因类型属A型花岗岩,多与剥离断层构造伸展机制有关。

构造上预测区主体部分位于川井-化德-赤峰大断裂带以南,大青山山前断裂以北。区域构造线方向总体为北东东向或近东西向,狼山一带主构造线为北东向,上述主断裂构造对本区岩浆活动、地层空间分布及成矿均有明显的控制作用。

2. 区域成矿模式

预测工作区区域成矿模式见图3-9。

二、区域地球物理特征

1. 磁法

狼山—渣尔泰山地区霍各乞式沉积型铜矿预测区范围:东经105°25′—110°15′,北纬40°20′—41°35′。预测区磁异常值范围在-2880~5300nT之间,其中预测区中东部以0~100nT磁异常为背景,中部地区南北局部磁异常低;东部以正负相间磁异常为主,异常轴向为北东东向和东西向。

预测区西部以-100~0nT为磁异常背景,局部磁异常高,磁异常高值区形态较规则,以近椭圆状和带状为主,异常轴向北东向。霍各乞铜矿区位于预测区西部,处在一正负伴生异常区。该异常航磁ΔT等值线图上表现为南正北负伴生磁异常,幅值变化范围为-1000~1800nT,梯度变化较大,异常走向总体为北东向。

狼山—渣尔泰山地区磁法推断地质构造图显示,断裂走向与磁异常轴向一致,主要以北东向为主,

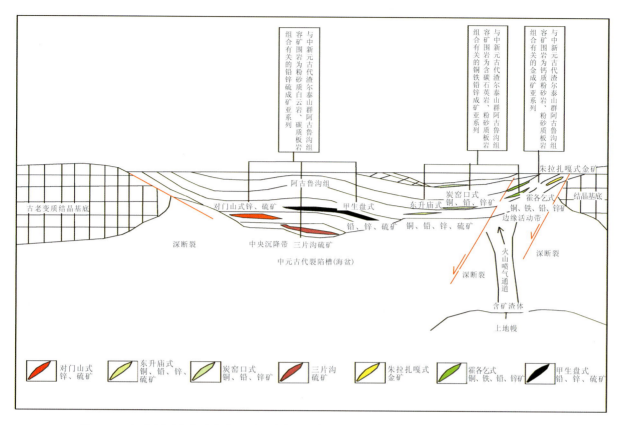

图 3-9　与中新元古代渣尔泰山群阿古鲁沟组有关的铜多金属矿床成矿系列区域成矿模式

磁场标志主要为磁异常梯度变化带和不同磁场区分界线，预测区西部近椭圆状异常和带状磁异常主要由变质岩及岩浆岩引起，按磁异常轴方向排列；预测区东部磁异常由岩浆岩和火山岩地层引起。

狼山-渣尔泰山预测区工作磁法共推断断裂 10 条，变质岩地层 18 个，火山岩地层 2 个，侵入岩体 24 个。

2. 重力

预测区重力场总体反映中部重力高，东、西部重力低的特点，中部区域重力高异常带贯穿全区，$\Delta g_{max}=-115\times10^{-5}\,\text{m/s}^2$，大致以对门山铅锌矿为界，其西为北东走向，其东为近东西走向。推断区域重力高带与太古宇和元古宇有关。

在区域重力高异常带上叠加许多等轴状和条带状的局部重力低异常，规模比较大的主要有乌拉特后旗西和西斗铺北，最低值分别达到 $-180\times10^{-5}\,\text{m/s}^2$ 和 $-230\times10^{-5}\,\text{m/s}^2$。推断前者是中—新生代盆地和中—酸性岩体的复合反映，后者是中—新生代盆地的表现，其余小规模的局部重力低异常是中—酸性岩体的表现。

霍各乞海相火山喷流沉积型铜矿床位于北东向局部重力低异常的西南相对平稳的布格重力异常区，Δg 为 $(-164\sim-162)\times10^{-5}\,\text{m/s}^2$。铜矿床东北的局部重力低，走向北东，异常最小值：$\Delta g_{min}=-179\times10^{-5}\,\text{m/s}^2$，异常幅度约 $10\times10^{-5}\,\text{m/s}^2$，由两个异常中心构成。根据地表地质资料分析，推断该重力低异常带是由沿较大的断裂破碎带中充填的中—酸性岩体所致。

在该异常区截取两条重力剖面进行 2D 反演计算，计算结果见内蒙古自治区铜矿预测区剖析图册。预测工作区内重力共推断解释断裂构造 80 条，中—酸性岩体 11 个，地层单元 14 个，中—新生代盆地 9 个。

三、区域地球化学特征

区域上分布有 Cu、Au、Pb、Cd、W、As 等元素组成的高背景区带，在高背景区带中有以 Cu、Au、Ag、Zn、W、Mo、As、Sb 为主的多元素局部异常。预测区内共有 104 个 Ag 异常、51 个 As 异常、142 个 Au 异常、48 个 Cd 异常、68 个 Cu 异常、64 个 Mo 异常、56 个 Pb 异常、47 个 Sb 异常、62 个 W 异常、61 个 Zn 异常。

从三道桥—乌加河一带、大佘太—固阳县一带 Ag 呈高背景分布；区内西南部 As 元素呈北东向带状高背景分布，As 异常呈串珠状分布，大佘太北 230km 处有规模较大的 As 元素局部异常，有明显的浓度分带和浓集中心；预测区内西南部、中西部大佘太以北存在规模较大的 Cd 局部异常，并具有明显的浓度分带和浓集中心；区域上分布有 Cu 的高背景区带，在高背景区带中 Cu 元素局部异常呈北东或东西向展布；Mo、Sb、W 呈区域上的低异常分布，仅在霍各乞矿区及其西南方、西部固阳县存在 Mo、Sb、W 异常，大佘太以北等局部地区还存在 Mo、Sb 异常；预测区内中西部分布有 Pb 的高背景区带，在高背景区带中有规模较大的 Pb 异常，并呈北东向展布，东部出现局部 Pb 异常，具有明显的浓度分带和浓集中心；区域内西北部 Zn 呈低背景分布，东南部呈高背景分布，高背景中有 Zn 局部异常。

规模较大的 Cu 的局部异常上，Au、Ag、Pb、Zn、W、Mo、As、Sb、Cd 等主要成矿元素及伴生元素具有明显的浓度分带和浓集中心，并在空间上相互重叠或套合。

预测区上元素异常套合较好的编号为 AS1、AS2、AS3，异常元素为 Cu、Pb、Zn、Ag、Cd，Cu 元素浓集中心明显，Pb、Zn、Ag、Cd 分布在 Cu 的异常区。

总体上预测区化探异常表现为沿隆起区近东西向展布，元素富集从东到西表现为以铅锌为主、铜为辅，到以铜为主、铅锌为辅，矿床从申兔沟铅锌铜矿到霍各乞铜铅锌矿，其中包含甲生盘、东升庙等 7 处成型矿床，总体呈喷流-沉积型矿床的元素分带分布。

四、区域遥感影像及解译特征

预测工作区内解译出一条巨型线型构造，即华北陆块北缘断裂带，该断裂带在预测区北部边缘呈近东西向展布；构造在该区域显示明显的断续东西向延伸特点，线性构造两侧地层体较复杂，并且是两套地层单元的分界线。影纹穿过山脊、沟谷断续东西向分布；显现较古老线型构造的特点。其次为北东与北西走向，主构造线压性和张性相间搭配为主，两构造组成本地区的菱形块状构造格架。在两组构造之中形成次级千米级的小构造，而且多数为张性或张扭性小构造，这种构造多数为储矿构造。

本预测工作区内的环形构造比较发育，共圈出 37 个环形构造。环形构造在预测区内为东侧分布密集、西侧分布较少；东北、中部密集，相反方向零散；从遥感影像上来看，呈山区密集、平原零星的特点。

本预测工作区内共解译出色调异常 62 处，它们在遥感图像上均显示为深色色调异常，呈细条带状分布；它们在遥感图像上均显示为亮色色调异常。从空间分布上来看，区内的色调异常明显与断裂构造及环形构造有关，在北东向断裂带上及北东向断裂带与其他方向断裂交会部位以及环形构造集中区，色调异常呈不规则状分布。

本区内小型断裂构造发育，多为大型、中型断裂带的次一级构造，走向以北东向为主，其次为北东东向，局部为近东西向、近南北向及北西向。构造线以直线、波状曲线居多。小规模断裂构造形成与交会及多期构造叠加改造后，往往为铁、铜、铅、锌多金属矿形成容矿通道及成矿条件，为多金属有利成矿地段。

由岩浆侵入、火山喷发和构造旋扭等作用引起的，在遥感图像显示出环状影像特征的地质体称为环要素。一般情况下，花岗岩类侵入体和火山机构引起的环形影像时代愈新，标志愈明显。构造型环形影像则具多边多角形，发育在多组构造的交切部位。环要素代表构造岩浆的有利部位，是遥感找矿解译研究的主要内容。

与本预测工作区中的羟基异常、铁染异常吻合的矿床有：甲生盘铁多金属矿，王成沟铁矿，霍各乞铜多金属矿、炭窑口铜多金属矿和对门山锌、硫矿。

五、区域重砂异常特征

霍各乞铜矿预测工作区共圈出3处铜矿自然重砂异常，均为Ⅲ级异常。利用拐点法确定背景值及异常下限。测区成矿类型为霍各乞式喷流沉积铜矿，铜矿主要分布在条带碳质石英岩、云母石英片岩、碳质板岩及灰岩中。围岩蚀变中的硅化、绢云母化、透辉石化和透闪石化与矿化关系密切，尤其硅化与铜矿化关系更密切。

六、区域预测模型

根据预测工作区区域成矿要素和航磁、重力、遥感及自然重砂，建立了本预测工作区的区域预测要素，并编制预测工作区预测要素图和预测模型图。

区域预测要素图以区域成矿要素图为基础，综合研究重力、航磁、化探、遥感、自然重砂等综合致矿信息，总结区域预测要素表(表3-2)，并将综合信息各专题异常曲线或区全部叠加在成矿要素图上，在表达时可以出单独预测要素，如航磁的预测要素图。

表3-2 霍各乞铜多金属矿乌拉特后旗预测工作区预测要素表

区域成矿要素		描述内容	要素分级
区域成矿地质环境	大地构造单元	华北陆块区狼山-阴山陆核(北缘隆起带)	重要
	主要控矿构造	狼山、阴山山前深大断裂及中新元古代南东东向裂陷带	次要
	主要赋矿地层	中元古界蓟县系阿古鲁沟组	重要
	控矿沉积建造	浅海陆棚沉积体系碳质粉砂岩-泥岩建造、含碳石英砂岩建造	重要
	区域变质作用及建造	绿片岩相-低角闪岩相的区域变质作用，板岩-千枚岩建造、石英片岩建造	次要
区域成矿特征	区域成矿类型及成矿期	中元古代海相沉积型(铜、铅、锌、硫铁)	重要
	含矿建造	碳质粉砂岩-泥岩建造、含碳石英砂岩建造	重要
	含矿构造	层内裂隙构造及层间滑动裂隙	次要
	矿石建造	黄铜矿-辉铜矿矿石建造	次要
	围岩蚀变	硅化、电气石化、透辉石透闪石化	重要
	矿床式	霍各乞式(喷流沉积型)	重要
	矿点	同类型铜矿(化)点18个	重要
地球物理、地球化学、遥感特征	化探	铜异常Ⅲ级浓度分带，异常值$(18\sim278.8)\times10^{-6}$	重要
	重力	重力异常低背景区，剩余重力异常值$(-1\sim1)\times10^{-5}m/s^2$，重力异常梯级带，剩余重力异常值$(9\sim19)\times10^5m/s^2$	次要
	航磁	低缓负磁异常中的局部正磁异常区，异常区异常强，异常值$100\sim1800nT$	重要
	遥感	Ⅰ级遥感铁染及羟基异常	次要

预测模型图的编制，以地质剖面图为基础，叠加区域化探、航磁及重力剖面图而形成，简要表示预测要素内容及其相互关系，以及时空展布特征(图3-10)。

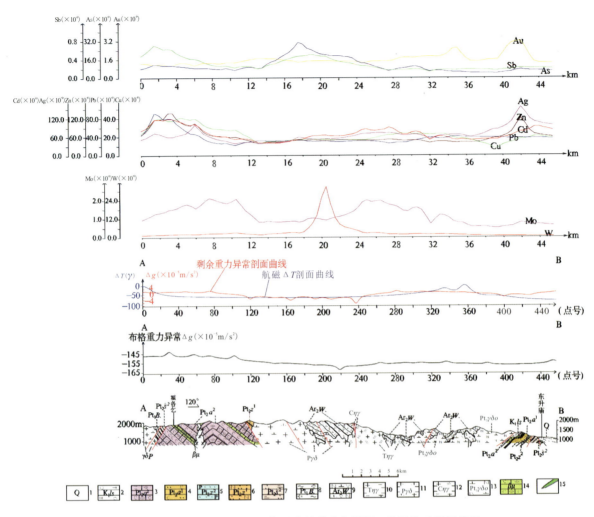

图 3-10 霍各乞沉积型铜矿乌拉特中旗预测工作区找矿预测模型

1. 第四系;2. 李三沟组:灰白色、灰绿色砂砾岩,砂岩,砂质泥岩;3. 阿古鲁沟组二段:碳质细晶灰岩;4. 阿古鲁沟组一段:千枚状碳质粉砂质板岩;5. 增隆昌组二段:硅质条带状结晶灰岩;6. 增隆昌组一段:变质长石石英砂岩;7. 书记沟组二段:石英岩、绢云石英片岩;8. 宝音图岩群:绿泥片岩、石英片岩、蓝晶二云片岩、石英岩、大理岩;9. 乌拉山岩群:角闪(黑云)斜长片麻岩、矽线石榴片麻岩、斜长角闪岩、石墨片麻岩、磁铁石英岩、大理岩、变粒岩;10. 三叠纪二长花岗岩;11. 二叠纪花岗闪长岩;12. 石炭纪二长花岗岩;13. 新元古代石英花岗闪长岩;14. 辉绿玢岩脉;15. 矿体

第三节 矿产预测

一、综合地质信息定位预测

1. 变量提取及优选

根据典型矿床及预测工作区研究成果,进行综合信息预测要素提取。本次选择网格单元法作为预测单元,预测底图比例尺为 1∶10 万,利用规则网格单元作为预测单元,网格单元大小为 1.0km×1.0km。

地质体(阿古鲁沟组)、同沉积断层、遥感异常及重砂异常要素进行单元赋值时采用区的存在标志;化探、剩余重力、航磁化极则求起始值的加权平均值,在变量二值化时利用异常范围值人工输入变化区间。

2. 最小预测区圈定及优选

本次利用证据权重法,采用 1.0km×1.0km 规则网格单元,在 MRAS2.0 下,利用有模型预测方法进行预测区的圈定与优选。然后在 MapGIS 下,根据优选结果圈定成为不规则形状(图 3-11)。

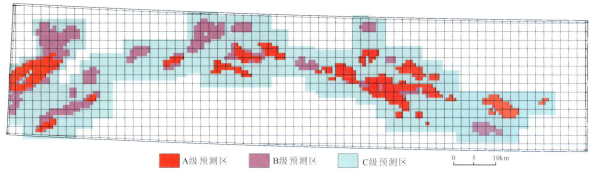

图 3-11 霍各乞沉积型铜矿预测工作区预测单元图

3. 最小预测区圈定结果及地质评价

最终圈定 25 个最小预测区,其中 A 级区 5 个、B 级区 6 个、C 级区 14 个(图 3-12,表 3-3)。乌拉特后旗预测工作区预测底图精度为 1:10 万,并根据成矿有利度[含矿地质体、控矿构造、矿(化)点、找矿线索及物化探异常]、地理交通及开发条件和其他相关条件,将工作区内最小预测区级别分为 A、B、C 三个等级(图 3-11,表 3-3)。各级别面积分布合理,且已知矿床(点)分布在 A 级预测区内,说明预测区优选分级原则较为合理;最小预测区圈定结果表明,预测区总体与区域成矿地质背景和物化探异常等吻合程度较好。各最小预测区成矿条件及找矿潜力见表 3-4。

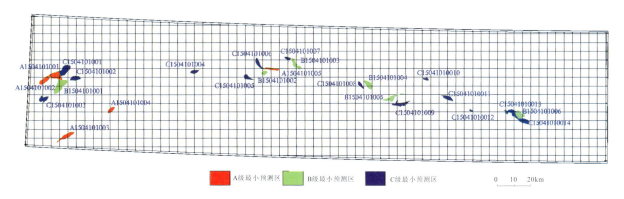

图 3-12 霍各乞式沉积型铜矿乌拉特中旗预测工作区最小预测区圈定结果

二、综合信息地质体积法估算资源量

1. 典型矿床深部及外围资源量估算

查明的资源量、体重及铜品位依据均来源于中国有色金属工业总公司内蒙古自治区地质勘查局第一队于 1992 年 6 月编写的《内蒙古自治区乌拉特后旗霍各乞铜多金属矿区一号矿床 3~16 线(1630m 标高以上)勘探地质报告》及内蒙古自治区国土资源厅 2010 年 5 月编制的《内蒙古自治区矿产资源储量表》。矿床面积的确定是根据 1:1 万霍各乞铜矿矿区地形地质图,各个矿体组成的包络面面积(表 3-5,图 3-13,图 3-14)。该矿区矿体绝大多数为地表露头矿,矿体延深依据主矿体勘探线剖面图(图 3-15),具体数据见表 3-5。

表3-3 霍各乞铜矿预测工作区最小预测区圈定结果及资源量估算成果表

最小预测区编号	最小预测区名称	$S_{预}$ (km²)	$H_{预}$ (m)	Ks	K(t/m³)	α	$Z_{预}$ (t)	资源量级别
A1504101001	霍各乞	24.21	1235	0.88		1.00	501 788.00	334-1
A1504101002	乌布其力	16.48	1000	0.80		0.80	664 473.60	334-1
A1504101003	炭窑口	17.7	800	0.60		0.80	428 198.40	334-1
A1504101004	东升庙	9.56	600	0.20		0.60	43 364.16	334-1
A1504101005	乌兰霍勒托南	9.63	500	0.40		0.50	60 669.00	334-2
B1504101001	嘎顺	32.73	900	0.60		0.50	556 737.30	334-2
B1504101002	巴音乌兰南	5.89	200	0.10		0.40	2968.56	334-2
B1504101003	拉格沙尔	13.55	400	0.20		0.30	20 487.60	334-2
B1504101004	台路沟	14.94	600	0.30		0.40	67 767.84	334-2
B1504101005	脑自更	14.98	500	0.40		0.50	94 374.00	334-2
B1504101006	大南沟	15.97	900	0.30		0.50	135 824.90	334-2
C1504101001	宗哈尔陶勒盖东	25.81	800	0.50		0.60	390 247.20	334-3
C1504101002	乌苏台南	13.52	300	0.20	0.000 063	0.30	15 331.68	334-3
C1504101003	哈善牙台音高勒	13.67	700	0.30		0.40	72 341.64	334-3
C1504101004	乌兰呼都格	8.49	600	0.50		0.50	80 230.50	334-3
C1504101005	罕乌拉道班	9.63	300	0.25		0.40	18 200.70	334-3
C1504101006	巴音乌兰	10.94	400	0.15		0.35	14 473.62	334-3
C1504101007	阿拉坦呼硕东	5.31	300	0.10		0.20	2007.18	334-3
C1504101008	小崩浑	6.89	400	0.15		0.35	9115.47	334-3
C1504101009	倒拉胡图	17.74	600	0.70		0.55	258 170.20	334-3
C1504101010	伊和敖包村	4.41	300	0.10		0.25	2083.73	334-3
C1504101011	煤窑沟	11.45	700	0.10		0.20	10 098.90	334-3
C1504101012	永吉成村	2.36	500	0.15		0.40	4460.40	334-3
C1504101013	黑土坡村	18.85	500	0.25		0.35	51 955.31	334-3
C1504101014	前康图沟	15.68	800	0.20		0.30	47 416.32	334-3

表3-4 霍各乞沉积型铜矿最小预测区成矿条件及找矿潜力表

编号	名称	综合信息特征
A1504101001	霍各乞	该最小预测区出露的地层为阿古鲁沟组二段浅黄色、深灰色、灰色片理化含碳质微细晶灰岩,深灰色薄层状白云石大理岩,碳质泥灰岩,灰黑色碳质透闪石白云片岩,夹碳质板岩结晶灰岩、二云石英片岩。侵入岩为志留纪闪长岩;区内有北东东向断层2条,霍各乞铜矿位于该区。区内航磁化极为低背景下的高正磁异常,异常值100～2000nT,剩余重力异常为重力低,异常值$(-2～1)×10^{-5}$ m/s²;铜异常Ⅲ级浓度分带明显,铜元素化探异常值$(28～278.8)×10^{-6}$

续表 3-4

编号	名称	综合信息特征
A1504101002	乌布其力	该最小预测区出露的地层为阿古鲁沟组二段浅黄色、深灰色、灰色片理化含碳质微细晶灰岩,深灰色薄层状白云石大理岩,碳质泥灰岩,灰黑色碳质透闪石白云片岩,夹碳质板岩结晶灰岩、二云石英片岩;区内有北东向断层1条。区内航磁化极为低背景下的正磁异常,异常值0~400nT,剩余重力异常为重力低,异常值$(0~1)\times10^{-5}$ m/s^2;铜异常Ⅲ级浓度分带明显,铜元素异常值$(18~42)\times10^{-6}$
A1504101003	炭窑口	该最小预测区出露的地层为阿古鲁沟组一、二、三段及增龙昌组碎屑岩和碳酸盐岩。侵入岩为石炭纪二长花岗岩;区内有北东东向及北北东向断层数条,炭窑口铜矿位于该区。区内航磁化极为低背景下的正磁异常,异常值100~400nT;位于重力异常梯度带上,剩余重力异常为重力高,异常值$(8~19)\times10^{-5}$ m/s^2;铜异常Ⅲ级浓度分带明显,铜元素化探异常值$(18~115.4)\times10^{-6}$
A1504101004	东升庙	该最小预测区出露的地层为中元古界阿古鲁沟组、增龙昌组、书记沟组及中下侏罗统五当沟组。区内有北东向断层2条,东升庙铅锌硫矿位于该区,共生铜矿资源量约43 073t。区内航磁化极为低背景下的高正磁异常,异常值100~1000nT,位于重力异常梯度带上,剩余重力异常为重力高,异常值$(10~18)\times10^{-5}$ m/s^2;铜异常浓度分带不明显,铜元素化探异常值$(8~18)\times10^{-6}$
A1504101005	乌兰霍勒托南	该最小预测区出露的地层为阿古鲁沟组一、二段。侵入岩为中元古代辉长岩及三叠纪斑状二长花岗岩;区内有近东西向断层2条,沉积型铜矿点1个。区内航磁化极为正磁异常,异常值100nT,剩余重力异常为重力高,异常值$(15~18)\times10^{-5}$ m/s^2;铜异常Ⅲ级浓度分带明显,铜元素化探异常值$(34~42)\times10^{-6}$
B1504101001	嘎顺	该最小预测区出露的地层为阿古鲁沟组二段浅黄色、深灰色、灰色片理化含碳质微细晶灰岩,深灰色薄层状白云石大理岩,碳质泥灰岩,灰黑色碳质透闪石白云片岩,夹碳质板岩结晶灰岩、二云石英片岩及增龙昌组。侵入岩为志留纪闪长岩;区内有北东东向断层1条,铜矿点3个。区内航磁化极为低正负磁异常,异常值-100~100nT,剩余重力异常为重力低,异常值$(-2~0)\times10^{-5}$ m/s^2;铜异常Ⅲ级浓度分带明显,铜元素化探异常值$(18~38.2)\times10^{-6}$
B1504101002	巴音乌兰南	该最小预测区出露的地层为阿古鲁沟组一段,侵入岩为晚三叠世斑状黑云母二长花岗岩;矽卡岩化强烈,有铜矿点1个。区内航磁化极为低缓正磁异常,异常值100nT,剩余重力异常为重力高,异常值$(18~22)\times10^{-5}$ m/s^2;铜异常Ⅲ级浓度分带明显,铜元素化探异常值$(18~58)\times10^{-6}$
B1504101003	拉格沙尔	该最小预测区出露的地层为阿古鲁沟组一段灰黑色、灰色含碳质石英方解石片岩,灰绿色长石二云石英片岩,灰黑色千枚状碳质板岩,夹灰色片理化含碳质砂质结晶灰岩与灰黑色碳质绢云方解石英千枚岩和石墨片岩等。侵入岩为二叠纪闪长玢岩;区内有北西向断层1条,铜矿点1个。区内航磁化极为低缓正磁异常,异常值100nT,剩余重力异常为重力高,异常值$(10~20)\times10^{-5}$ m/s^2;铜异常Ⅲ级浓度分带明显,铜元素化探异常值$(18~23)\times10^{-6}$
B1504101004	台路沟	该最小预测区出露的地层为阿古鲁沟组一、二段及增龙昌组。侵入岩为志留纪闪长岩;该预测区内有北西向断层1条。区内有铜矿点1个。区内航磁化极为低正负磁异常,异常值-100~100nT,剩余重力异常为重力高,异常值$(2~8)\times10^{-5}$ m/s^2;铜异常Ⅲ级浓度分带明显,铜元素化探异常值$(22~42)\times10^{-6}$

续表 3-4

编号	名称	综合信息特征
B1504101005	脑自更	该最小预测区出露的地层为阿古鲁沟组二、三段及下白垩统固阳组。该预测区内有北西及北东向断层各1条,沉积型铜铅锌矿点1个。区内航磁化极为低缓正磁异常,异常值0~100nT,剩余重力异常为重力梯度带,异常值$(-4\sim15)\times10^{-5}m/s^2$;铜异常Ⅲ级浓度分带明显,铜元素化探异常值$(36\sim42)\times10^{-6}$
B1504101006	大南沟	该最小预测区出露的地层为阿古鲁沟组一、二段及增龙昌组。侵入岩为二叠纪闪长玢岩;该预测区内有北西向断层1条,铜矿点1个。区内航磁化极为低缓正磁异常,异常值0~100nT,剩余重力异常为重力高,异常值$(7\sim10)\times10^{-5}m/s^2$;铜异常Ⅲ级浓度分带明显,铜元素化探异常值$(22\sim44)\times10^{-6}$
C1504101001	宗哈尔陶勒盖东	该最小预测区出露的地层为阿古鲁沟组二段及古元古代宝音图岩群片岩。该预测区内有北东向断层2条。区内航磁化极为低缓正负磁异常交接带,异常值-100~150nT,剩余重力异常为重力低,异常值$(0\sim1)\times10^{-5}m/s^2$;铜异常Ⅲ级浓度分带明显,铜元素化探异常值$(18\sim52.55)\times10^{-6}$
C1504101002	乌苏台南	该最小预测区出露的地层为阿古鲁沟组二段及增龙昌组等。该预测区内有北东向断层1条。区内航磁化极为低缓正负磁异常,异常值-150~100nT,剩余重力异常为重力低,异常值0;铜异常Ⅲ级浓度分带明显,异常值$(18\sim29.2)\times10^{-6}$
C1504101003	哈善牙台音高勒	该最小预测区出露的地层为阿古鲁沟组二段及增龙昌组。该预测区内有北东向断层1条。区内航磁化极为低缓正负磁异常过渡带,异常值-100~100nT,剩余重力异常为重力低,异常值$(-1\sim1)\times10^{-5}m/s^2$;铜异常Ⅲ级浓度分带明显,异常值$(18\sim50.6)\times10^{-6}$
C1504101004	乌兰呼都格	该最小预测区出露的地层为阿古鲁沟组一、二段。该预测区内有北东向及近东西向断层各2条。区内航磁化极为高正磁异常,异常值250~1000nT,剩余重力异常为重力高,异常值$(15\sim20)\times10^{-5}m/s^2$;铜异常Ⅲ级浓度分带明显,铜元素化探异常值$(34\sim53)\times10^{-6}$
C1504101005	罕乌拉道班	该最小预测区出露的地层为阿古鲁沟组一、二段及中下侏罗统五当沟组。侵入岩为中元古代辉长岩;区内有北西向逆断层1条。区内航磁化极为低缓正磁异常,异常值0~150nT,剩余重力异常为重力高,异常值$(15\sim26)\times10^{-5}m/s^2$;铜异常Ⅲ级浓度分带明显,铜元素化探异常值$(18\sim48)\times10^{-6}$
C1504101006	巴音乌兰	该最小预测区出露的地层为阿古鲁沟组一、二段及第四系。侵入岩为中元古代辉长岩及二叠纪闪长岩。区内有北北西向断层2条,北北东向正断层1条。区内航磁化极为低缓正磁异常,异常值0~100nT,剩余重力异常为重力高,异常值$(9\sim22)\times10^{-5}m/s^2$;铜异常Ⅲ级浓度分带明显,铜元素化探异常值$42\times10^{-6}$
C1504101007	阿拉坦呼硕东	该最小预测区出露的地层为阿古鲁沟组一段及中下侏罗统五当沟组。侵入岩为中元古代辉长岩;区内有北西西向断层1条。区内航磁化极为低缓正磁异常,异常值0~100nT,剩余重力异常为重力高,异常值$(10\sim18)\times10^{-5}m/s^2$;铜异常Ⅲ级浓度分带明显,铜元素化探异常值$(18\sim42)\times10^{-6}$

续表 3-4

编号	名称	综合信息特征
C1504101008	小崩淖	该最小预测区出露的地层为阿古鲁沟组二、三段。侵入岩为三叠纪斑状黑云母二长花岗岩;区内角岩化普遍。区内航磁化极为低缓正负磁异常过渡带,异常值$-100\sim100$nT,剩余重力异常为重力高,异常值$(6\sim9)\times10^{-5}$m/s^2;铜异常Ⅲ级浓度分带明显,铜元素化探异常值$(22\sim42)\times10^{-6}$
C1504101009	倒拉胡图	该最小预测区出露的地层为阿古鲁沟组一、二及三段。区内东西向断层被北北东向平移断层错断。区内航磁化极为低缓正负磁异常,异常值$-100\sim100$nT,剩余重力异常为重力低,异常值$(-1\sim5)\times10^{-5}$m/s^2;铜异常Ⅲ级浓度分带明显,铜元素化探异常值$(34\sim42)\times10^{-6}$
C1504101010	伊和敖包村	该最小预测区出露的地层为阿古鲁沟组一段。侵入岩为二叠纪闪长岩;区内有近东西向断层1条。区内航磁化极为低缓正磁异常,异常值$0\sim100$nT,剩余重力异常为重力低,异常值$(0\sim2)\times10^{-5}$m/s^2;铜异常明显,异常值$(22\sim31)\times10^{-6}$
C1504101011	煤窑沟	该最小预测区出露的地层为阿古鲁沟组一段。侵入岩为石炭纪二长花岗岩;区内断裂构造发育,有北西向及北东向断层4条。区内航磁化极为低缓正磁异常,异常值$0\sim100$nT,剩余重力异常为平缓重力梯度带,异常值$(-1\sim2)\times10^{-5}$m/s^2;铜异常Ⅱ级浓度分带明显,铜元素化探异常值$(22\sim34)\times10^{-6}$
C1504101012	永吉成村	该最小预测区出露的地层为阿古鲁沟组二、三段及书记沟组。区内断裂构造发育,有北西向逆断层2条。区内航磁化极为低缓正磁异常,异常值$0\sim100$nT,剩余重力异常为正负重力异常过渡带,异常值$(-1\sim3)\times10^{-5}$m/s^2;铜异常Ⅱ级浓度分带明显,铜元素化探异常值$(22\sim34)\times10^{-6}$
C1504101013	黑土坡村	该最小预测区出露的地层为阿古鲁沟组一、二、三段。区内有北东向断层1条。区内航磁化极为低缓正磁异常,异常值$0\sim100$nT,剩余重力异常为重力高,异常值$(2\sim10)\times10^{-5}$m/s^2;异常Ⅱ级浓度分带明显,铜异常值$(22\sim37)\times10^{-6}$
C1504101014	前康图沟	该最小预测区出露的地层为阿古鲁沟组一、二、三段。侵入岩为二叠纪斑状花岗闪长岩;区内有北西向逆断层1条。区内航磁化极为低缓正磁异常,异常值$0\sim100$nT,剩余重力异常为重力高,异常值$(3\sim8)\times10^{-5}$m/s^2;铜异常Ⅱ级浓度分带明显,铜化探异常值$(34\sim46)\times10^{-6}$

表 3-5 霍各乞铜矿典型矿床深部及外围资源量估算一览表

典型矿床		深部及外围		
已查明资源量(t)	729 243	深部	面积(m^2)	113 719
面积(m^2)	1 137 197		深度(m)	590
深度(m)	645	外围	面积(m^2)	210 233
品位(%)	1.39		深度(m)	1235
比重(t/m^3)	3.40	预测资源量(t)		930 583.6
体积含矿率(t/m^3)	0.001	典型矿床资源总量(t)		1 659 827

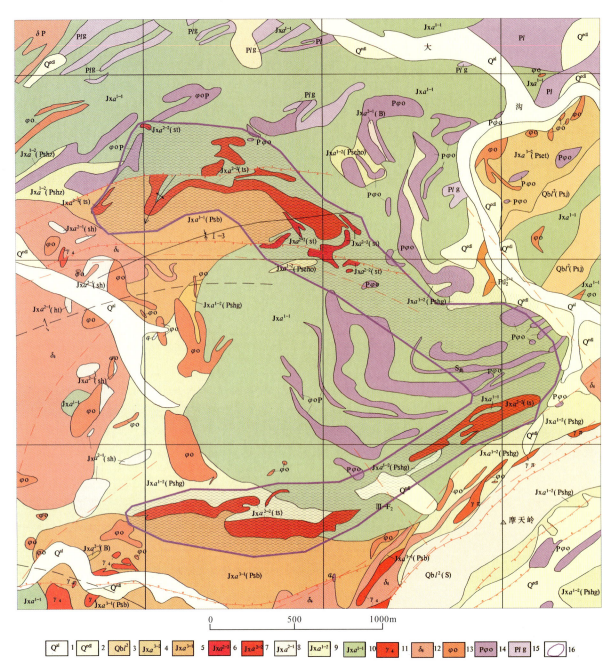

图 3-13 霍各乞典型矿床总面积圈定方法及依据图

1. 河床冲积物；2. 残坡积物、风化物；3. 绢云母石英片岩；4. 含碳二云母石英片岩；5. 白云母石英片岩；6. 条带状石英岩；7. 透辉石透闪石岩；8. 黑色石英岩；9. 钙质黑云母石英片岩；10. 灰质板岩、灰岩、千枚岩；11. 花岗岩；12. 闪长岩；13. 角闪岩；14. 片状角闪岩；15. 钙质绿泥石片岩；16. 矿体聚集区边界范围

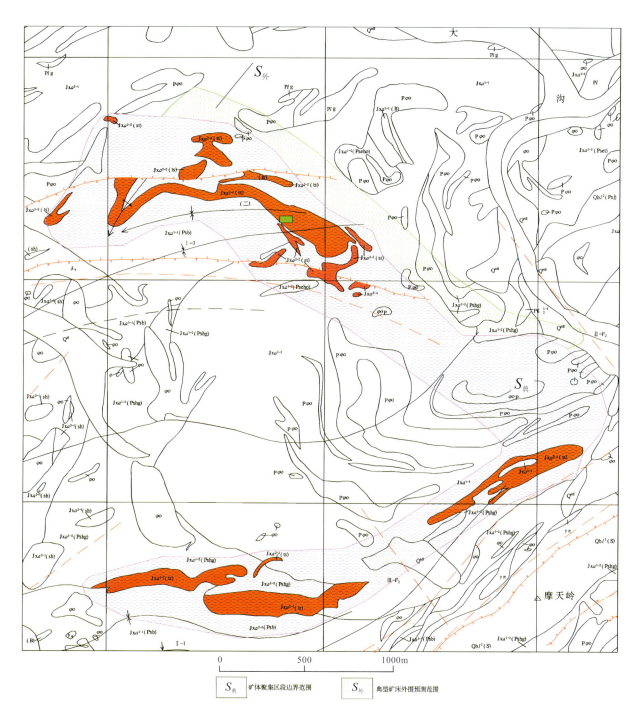

图 3-14 霍各乞铜矿典型矿床地区含矿地质体面积圈定方法及依据图
(图例说明同图 3-13)

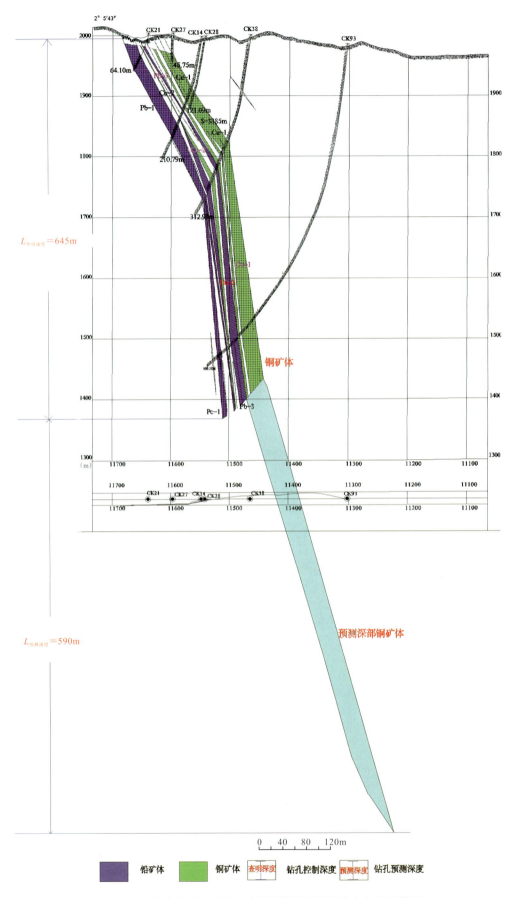

图 3-15 霍各乞铜矿典型矿床深部资源量延深确定方法及依据

2. 模型区的确定、资源量及估算参数

模型区为典型矿床所在的最小预测区。霍各乞典型矿床查明资源量729 243t,按本次预测技术要求计算模型区资源总量为1 659 827t。模型区内无其他已知矿点存在,则模型区资源总量=典型矿床资源总量,模型区面积为依托MRAS软件采用少模型工程神经网络法优选后圈定,延深根据典型矿床最大预测深度确定。由于模型区内含矿地质体边界可以确切圈定,但其面积与模型区面积不一致,由模型区含地质体面积/模型区总面积得出,模型区含矿地质体面积参数为0.88。由此计算含矿地质体含矿系数(表3-6)。

表3-6 霍各乞铜矿模型区预测资源量及其估算参数表

编号	名称	模型区资源总量(t)	模型区面积(km^2)	延深(m)	含矿地质体面积(km^2)	含矿地质体面积参数	含矿地质体含矿系数
A1504101001	霍各乞	930 583.6	24.21	1235	21.3	0.88	0.000 063

3. 最小预测区预测资源量

霍各乞铜矿预测工作区最小预测区资源量定量估算采用地质体积法进行估算。

1)估算参数的确定

最小预测区面积是依据综合地质信息定位优选的结果;延深的确定是在研究最小预测区含矿地质体地质特征、含矿地质体的形成深度、断裂特征、矿化类型的基础上,并对比典型矿床特征的基础上综合确定的;相似系数的确定,主要依据MRAS生成的成矿概率及与模型区的比值,参照最小预测区地质体出露情况、化探和重砂异常规模及分布,物探解译隐伏岩体分布信息等进行修正。

2)最小预测区预测资源量估算结果

求得最小预测区资源量。本次预测资源总量为3 552 786.1t,其中不包括预测工作区已查明资源总量1 157 441t(霍各乞铜矿及炭窑口铜矿),详见表3-3。

4. 预测工作区资源总量成果汇总

霍各乞铜矿预测工作区地质体积法预测资源量,依据资源量级别划分标准,根据现有资料的精度,可划分为334-1、334-2和334-3三个资源量精度级别;根据各最小预测区内含矿地质体、物化探异常及相似系数特征,预测延深参数均在2000m以浅。

根据矿产潜力评价预测资源量汇总标准,霍各乞铜矿乌拉特后旗预测工作区按精度、预测深度、可利用性、可信度统计分析结果见表3-7。

表3-7 霍各乞铜矿预测工作区预测资源量估算汇总表

按预测深度			按精度		
500m以浅	1000m以浅	2000m以浅	334-1	334-2	334-3
2 184 475.1	3 457 304.3	3 552 786.3	1 637 824.2	938 829.2	976 132.9
合计:3 552 786.3			合计:3 552 786.3		
按可利用性		按可信度		
可利用	暂不可利用	≥0.75	≥0.5	≥0.25
1 331 986.25	2 220 799.93	1 166 261.6	2 800 377.53	3 552 786.3
合计:3 552 786.3		合计:3 552 786.3		

注:表中预测资源量单位均为t。

三、预测工作区共伴生矿种预测资源汇总

1. 典型矿床共伴生矿种资源量

霍各乞铜多金属矿共、伴生铅锌矿查明资源量属大型矿。在进行主矿种铜典型矿床外围及深部资源量预测的同时,对共、伴生的铅锌矿进行资源量预测。

霍各乞铜多金属矿床已查明铜资源量为1 158 039t,铅资源量为1 351 850t,锌资源量为1 386 383t。据主矿种资源量预测结果,模型区典型矿床外围及深部铜预测资源量为501 788t。

根据模型区伴生矿种预测资源量=伴生矿种已探明资源量×(主矿种预测资源量÷主矿种已探明资源量)。

霍各乞铜多金属矿共伴生铅矿预测资源量=1 351 850(铅查明资源量)×[501 788(铜预测资源量)÷1 158 039(铜已探明资源量)]=585 768(t)

霍各乞铜多金属矿共伴生锌矿预测资源量=1 386 383(锌查明资源量)×[501 788(铜预测资源量)÷1 158 039(铜已探明资源量)]=600 731(t)

2. 最小预测区共伴生矿预测资源量估算参数

乌拉特中旗预测工作区炭窑口最小预测区中有已知炭窑口铜多金属矿,其共伴生铅锌矿。其中,该最小预测区铜查明资源量为478 894t,预测资源量为428 198t,铅、锌查明资源量分别为43 206t和1 862 344t,铅、锌预测资源量按下列公式计算:

最小预测区伴生矿种预测资源量=主矿种预测资源量×伴生矿种资源量系数

伴生矿种资源量系数=伴生矿种已探明资源量/主矿种已探明资源量

由此,

炭窑口最小预测区共伴生铅预测资源量=428 198(铜预测资源量)×[43 206(铅查明资源量)÷478 894(铜已探明资源量)]=38 632(t)

炭窑口最小预测区共伴生锌预测资源量=428 198(铜预测资源量)×[1 862 344(锌查明资源量)÷478 894(铜已探明资源量)]=1 665 197(t)

综上,本预测工作区共伴生铅预测资源总量=585 768+38 632=624 400(t),锌预测资源总量=600 731+1 665 197=2 265 928(t)

3. 最小预测区共伴生矿种预测资源量估算结果

乌拉特中旗预测工作区共伴生铅锌矿产预测资源量按预测深度、精度及可利用性汇总结果见表3-8。

表3-8 霍各乞式铜矿乌拉特中旗预测工作区共伴生铅锌预测资源量汇总表(单位:t)

预测工作区编号	预测工作区名称	按预测深度及精度					
		500m以浅		1000m以浅		2000m以浅	
		334-1					
		铅	锌	铅	锌	铅	锌
1504101001	乌拉特中旗	269 346	1630 875	512 938	2 151 629	624 400	2 265 928
		可利用				暂不可利用	
		铅		锌		铅	锌
		624 400		2 265 928		—	—

第四章 查干哈达庙式沉积型铜矿预测成果

第一节 典型矿床特征

一、典型矿床及成矿模式

(一)矿床特征

1. 矿区地质

查干哈达庙铜矿床位于内蒙古自治区达茂旗境内。地理坐标:东经110°22′30″—110°28′30″,北纬42°23′30″—42°26′00″。

地层:矿区主要出露上石炭统本巴图组一段(C_2bb^1),根据其岩性组合特征可为三部分:下部为灰紫色、灰白色流纹质熔结含角砾岩屑晶屑凝灰岩、流纹质晶屑凝灰岩、流纹质凝灰岩、凝灰质板岩及硅质岩,夹有结晶灰岩透镜体。岩层走向北东,倾向南东,倾角40°~60°。铜矿体赋存于该岩层中。中部为灰白色、青灰色条带状结晶灰岩,夹有含锰矿的生物碎屑结晶灰岩。上部为灰紫色、灰白色流纹质凝灰岩,含砾变质粗砂岩,局部夹有结晶灰岩和少量的绿泥石化安山岩。铜矿体赋存于上石炭统本巴图组一段下部流纹质凝灰岩、凝灰质板岩及硅质岩及硅质岩中(图4-1)。

本矿床赋矿岩层中,具有特征的岩石组合,即硅质岩、含铁硅质岩(碧玉岩)、萤石、重晶石矿等热液沉积岩。

地表可见灰黄色层纹状硅质岩,与黄钾铁矾、铁帽型硫化物氧化带共存。坑道中可见层纹状含铁硅质岩、碧玉岩。

岩矿石薄片鉴定结果表明,赋矿岩层及矿层中存在萤石、重晶石。局部萤石含量为15%~40%,重晶石20%~50%。黄铁矿、黄铜矿等硫化物与萤石、重晶石呈明显的带状相间分布。

虽然目前尚未查清萤石、重晶石矿层的厚度及其分布范围,但萤石、重晶石与黄铁矿、黄铜矿等硫化物共存的事实是存在的。

构造特征:本区褶皱构造由一系列小的背斜、向斜组成哲斯敖包复向斜,向斜轴向近东西,矿区位于查干哈达庙褶皱束东侧的乌磴背斜之东侧,与含矿层位上石炭统本巴图组一段呈断层接触。

岩浆岩特征:区内岩浆活动主要以海西晚期的第一次岩浆侵入为主,岩性为超基性岩、蚀变辉长岩及细粒闪长岩,脉岩有钠长斑岩脉、闪长玢岩脉及石英脉。

2. 矿床地质

在全矿区共圈出铜矿(化)体15个。Cu1~Cu7矿(化)体有一定规模,通过工程揭露,圈出4个铜矿体,其中Cu6矿体规模最大,为该矿床的主矿体。

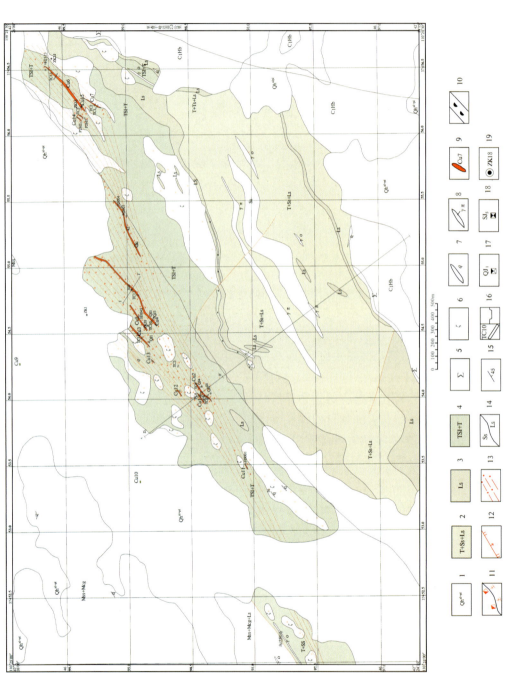

图 4-1 内蒙古自治区达茂旗查干哈达庙铜矿区地形地质图（东矿段）（据兰端祥,2001 资料修编）

1.第四纪冲洪积;2.木巴图组一段流纹质凝灰岩、变质含砾粗砂岩夹凝灰岩;3.木巴图组一段青灰色结晶灰岩夹生物碎屑结晶灰岩（含锰矿层）;4.木巴图组一段灰白色凝灰质板岩、灰紫色流纹质屑凝灰岩、流纹质含角砾岩屑晶屑格结凝灰岩、局部夹有结晶灰岩透镜体;5.超基性岩;6.次（变）安（斑）岩;7.石英脉;8.花岗斑岩脉;9.铜矿化体及编号;10.含锰矿化层;11.褐铁矿化、高岭土化;12.逆断层及产状、性质不明断层;13.糜棱岩化带;14.地质界线、岩性界线;15.岩层产状位置;16.探槽及位置;17.浅井的位置及编号;18.竖井的位置及编号;19.钻孔的位置及编号

Cu6 矿体：地表见黄钾铁矾、铁帽型硫化物氧化带，属铜矿化体（图 4-2），长 475m，宽 5～11.45m；矿化体呈层状、似层状、大透镜状；产状 125°∠43°～47°，与地层产状一致。铜品位在 0.013%～0.10% 之间，金品位在 $(0.12～0.77)×10^{-6}$ 之间，银品位在 $(4～35.6)×10^{-6}$ 之间。

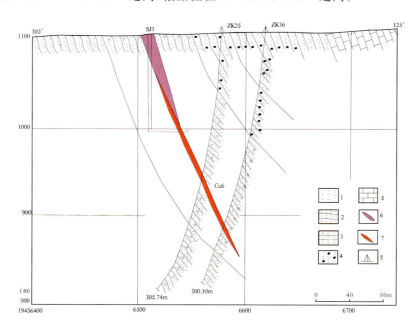

图 4-2　查干哈达庙铜矿区 40 号勘探线剖面图

1. 灰白色流纹质凝灰岩；2. 灰白色凝灰质板岩；3. 灰白色高岭土化蚀变凝灰岩；4. 灰白色、灰紫色流纹质晶屑凝灰岩；5. 大理岩；6. 铜矿化体；7. 铜矿体；8. 钻孔及编号

24 号勘探线 ZK18 见两矿层，第一层矿为 95.23～96.28m，假厚 1m，铜品位为 0.65%；第二层矿为 121.42～122.75m，假厚 1.33m，铜品位为 2.32%。

40 号勘探线 ZK25 钻孔，156.41～164.06m，为铜矿体，假厚 7.65m，铜平均品位 0.97%；ZK36 钻孔，216.79～224.79m，为铜矿体，累计假厚 8.00m，铜平均品位 0.85%。

从 40 号勘探线钻探工程和穿脉工程可见，矿体水平厚度 5～5.54m，沿倾向已连续控制矿体 100m。矿体向深部仍有延深。

平面图和剖面图均显示，矿体呈层状、似层状、大透镜状，倾向和倾角均与地层一致，具有与地层整合产出特征。

矿石结构：黄铁矿以自形、半自形粒状结构为主，黄铜矿、闪锌矿、方铅矿等其他硫化物以他形粒状结构为主。矿石构造：矿石具有浸染状、稠密浸染状、块状构造、条带状、纹层状及层状构造。

矿物生成顺序为：黄铁矿→闪锌矿→黄铜矿→方铅矿。

黄铁矿呈砂糖状，黄铜矿及闪锌矿呈他形粒状，三者呈近似平行的条带分布，构成条带状、层纹状及层状构造，同时矿石具有自形—半自形粗粒黄铁矿与自形—半自形细粒黄铁矿平行分布的特点并形成韵律层，表现出沉积条带及层纹构造特征。

矿石矿物：原生矿石矿物主要为黄铁矿、黄铜矿，局部黄铁矿达 60%，黄铜矿达 25%，次为斑铜矿、辉铜矿、闪锌矿、方铅矿，局部闪锌矿、方铅矿含量较高，达 10%～15%。脉石矿物主要为绢云母、石英、萤石、重晶石及碳酸盐。矿石化学成分：主成矿元素为 Cu，伴生有益元素为 Au、S、Pb、Zn。

矿石工业类型：均为原生硫化物矿石，矿石工业类型为黄铁矿型铜矿石。

围岩蚀变：类型有褐铁矿化、高岭土化及硅化，分布于矿体两侧。

褐铁矿化：是矿化带中的主要蚀变类型，地表呈铁帽出露，是硫化物次生变化的产物，褐铁矿呈肾状及土状构造。矿物成分为褐铁矿、石英、黄铁矿、孔雀石、蓝铜矿及少量重晶石组成。褐铁矿占 80%，与铜矿化关系密切。

高岭土化：发生在凝灰质板岩及凝灰岩中。蚀变范围较大，可能为成矿期蚀变。

硅化：发生在凝灰岩中，一般伴生褐铁矿化，强烈蚀变地带呈单矿物岩——灰白色次生石英岩，蚀变减弱地带形成硅化带。铜矿化与该类蚀变关系亦较为密切。

3. 矿床成因及成矿时代

查干哈达庙铜矿床硫化物矿体产于流纹质凝灰岩、凝灰质板岩及硅质岩岩层中。含矿岩系中有硅质岩、含铁硅质岩、碧玉岩、萤石-重晶石矿层。矿床含矿岩系具有"火山碎屑岩、硫化物矿体、含铁硅质岩"的"三位一体"特征。

平面图与剖面图均显示，矿体呈层状、似层状、大透镜状，产状与岩层产状一致。矿石具有特征的条带状、层纹状构造及层状构造；矿床成因属与海相火山岩有关的块状硫化物型(VMS型)。由矿体形态及产状可知，矿床的形成与本巴图组火山-沉积岩系同期，故成矿时代为晚石炭世。

（二）矿床成矿模式

根据查干哈达庙铜矿床的成矿地质背景、成矿特征及成因类型，矿体呈层状、似层状、大透镜状，产状与岩层产状一致。成矿受北东向断裂构造的控制，这一构造提供了热液运移的通道，有良好的矿化空间，但矿物的沉淀富集则受围岩岩性的控制，凝灰岩碎裂后形成具一定裂隙系统的围岩条件，灰岩易被交代，在次生石英岩化、褐铁矿化发生过程中，以铜为主的金属矿物再逐步沉淀，形成现有的铜矿体。据此，初步建立该矿床成矿模式（图4-3）。

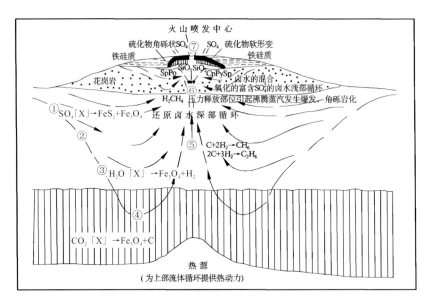

图 4-3 查干哈达庙式沉积型铜矿典型矿床成矿模式

二、典型矿床地球物理特征

1. 矿床所在位置航磁特征

1:5万航磁平面等值线图显示：磁场总体表现为低缓的负磁场，南部出现正磁异常，极值达400nT，形态近似圆形。1:5000电法等值线平面图显示，矿床所在位置呈现条带状相对低阻高极化异常，走向北东向（图4-4）。

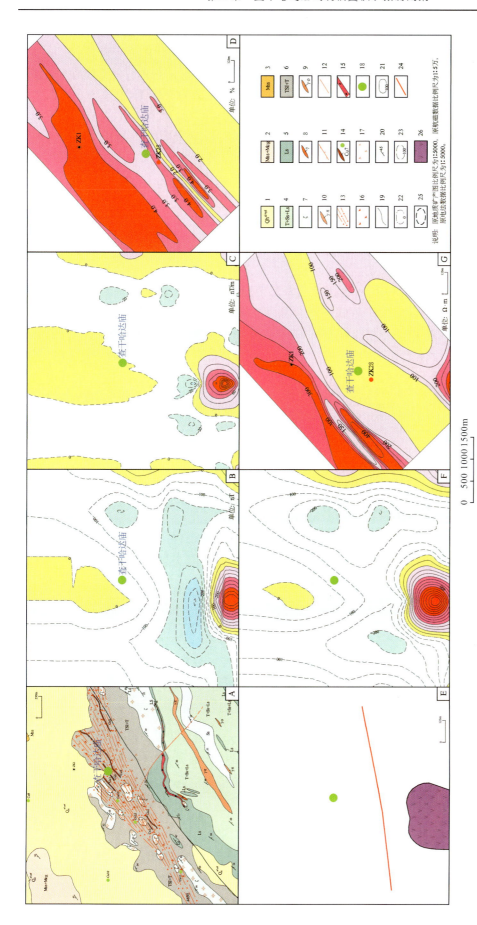

图 4-4 查干哈达庙铜矿典型矿床所在位置地质矿产及物探剖析图

A. 地质矿产图；B. 航磁 ΔT 等值线平面图；C. 航磁 ΔT 化极平面图；D. 航磁 ΔT 化极垂向一阶导数等值线平面图；E. 推断地质构造图；F. 航磁 ΔT 化极极化率 η ₛ 等值线平面图；G. 电法视电阻率 ρs 等值线平面图。1. 第四纪冲洪积层；2. 二叠系哲斯组：变质含砾粗砂岩；3. 二叠系哲斯组：变质含砾粗砂岩夹变质凝灰岩、变质含砾砂岩支结晶灰岩；5. 石炭系本巴图组：变质含砾粗砂岩（含锰矿层）；6. 石炭系本巴图组：灰白色凝灰质板岩、灰紫色英安质凝灰岩局部夹有结晶灰岩透镜体；7. 次（变）英安（斑）岩；8. 花岗岩脉；9. 斜长花岗岩脉；10. 钾长花岗岩脉；11. 逆断层及产状；12. 性质不明断层；13. 瘰棱岩化带；14. 铜矿化体及编号；15. 含锰矿化层；16. 褐铁矿化；17. 高岭土化；18. 矿床位置；19. 地质界线（岩性界线）；20. 岩层产状；21. 正等值线及注记；22. 零等值线及注记；23. 负等值线及注记；24. 物探推断Ⅲ级断裂；25. 磁法推断隐伏岩体边界；26. 磁法推断超基性岩体

2. 矿床所在区域重力特征

查干哈达庙铜矿在布格重力异常图上,位于局部重力低边部,铜矿西南为近北东向展布的两个相邻的高、低布格重力异常。Δg 为 $(-152\sim-150)\times10^{-5}\,\mathrm{m/s^2}$。在剩余重力异常图上,查干哈达庙铜矿位于编号为 G 蒙-625 的正异常边部。G 蒙-625 的剩余重力值 Δg 为 $12.50\times10^{-5}\,\mathrm{m/s^2}$,对应于古生代地层。位于铜矿南部 L 蒙-626 的剩余重力值 Δg 为 $-10.12\times10^{-5}\,\mathrm{m/s^2}$,该负异常区对应于近东西向展布的中生代坳陷盆地。正负异常的边界为沉积层与地层的接触带位置。区域磁场为低缓磁异常背景,其南侧分布串珠状东西向展布的正磁异常,推测该区域有东西向大规模断裂通过(图 4-4)。

三、典型矿床预测模型

根据典型矿床成矿要素和矿区综合物探、重力、遥感资料,确定典型矿床预测要素,编制了典型矿床预测要素图。其中高精度磁测、激电中梯数据以等值线形式标在矿区地质图上;为表达典型矿床所在地区的区域物探特征,利用 1:20 万航磁及 1:50 万重力资料编制了查干哈达庙典型矿床所在区域地质矿产及物探剖析图(见图 4-4)。以典型矿床成矿要素图为基础,综合研究重力、航磁、遥感等致矿信息,建立典型矿床预测要素表(表 4-1)。

预测模型图的编制,由于未收集到高精度磁测、激电异常的剖面资料,故以物探剖析图代替典型矿床预测模型图。

表 4-1 查干哈达庙式沉积型铜矿典型矿床预测要素表

典型矿床预测要素		内容描述			要素类别
储量		铜金属量:2218t	平均品位	铜 2.55%	
特征描述		与海相火山沉积岩系有关的块状硫化物型铜矿床			
地质环境	构造背景	锡林浩特岩浆弧查干哈达庙褶皱带			必要
	成矿环境	索伦山-查干哈达庙铬铜成矿亚带,含矿层为上石炭统本巴图组火山-沉积岩系			必要
	成矿时代	海西中晚期			必要
矿床特征	矿体形态	矿化体呈层状、似层状、大透镜状,与地层产状一致			次要
	岩石类型	流纹质凝灰岩、凝灰质板岩、硅质岩及结晶灰岩			重要
	岩石结构	岩屑晶屑凝灰结构、微细粒鳞片粒状变晶结构			次要
	矿物组合	主要有黄铜矿、黄铁矿、斑铜矿、蓝铜矿,局部可见孔雀石			重要
	结构构造	结构:粒状、细脉浸染状、稀疏浸染状结构; 构造:条带状、斑状、角砾状、块状构造			次要
	蚀变特征	赋矿围岩高岭土化、褐铁矿化、硅化、糜棱岩化			重要
	控矿条件	本巴图组流纹质凝灰岩,凝灰板岩中的北东向断裂构造中。地表存在与硅质岩共存的黄铁钾矾及铁帽型硫化物氧化带			必要
地球物理特征	重力	铜矿床位于局部重力低边部,铜矿西南为近北东向展布的两个相邻的高、低布格重力异常,形态大致为长椭圆形。在剩余重力异常图上,铜矿位于正异常边部。Δg 为 $12.50\times10^{-5}\,\mathrm{m/s^2}$,对应于古生代地层			次要
	航磁	铜矿床所处的磁场整体表现为低缓的负磁场,南部出现正磁异常,极值达 400nT,形态近似圆形			次要

第二节 预测工作区研究

一、区域地质特征

(一)成矿地质背景

1. 查干哈达庙预测工作区

查干哈达庙式沉积型铜矿预测工作区大地构造位于华北板块与西伯利亚板块对接带之华北陆块北缘晚古生代陆壳增生带。大地构造单元隶属于：天山-兴蒙造山系(Ⅰ)；大兴安岭弧盆系(Ⅰ-1)；锡林浩特岩浆弧(Pz_2)(Ⅰ-Ⅰ-6)；索伦山-西拉木伦结合带(Ⅰ-7)；索伦山蛇绿混杂岩带(Pz_2)(Ⅰ-7-1)；包尔汉图-温都尔庙弧盆系(Pz_2)(Ⅰ-8)；温都尔庙俯冲增生杂岩带(Ⅰ-8-2)。成矿区带隶属于滨太平洋成矿域，大兴安岭成矿省，白乃庙-锡林浩特铁、铜、钼、铅、锌、铬(金、锰)、锗、煤、天然碱、芒硝成矿带，白乃庙-哈达庙铜、金、萤石成矿亚带，乌花敖包-宫胡洞铜、金矿集区；苏木查干敖包-二连萤石、锰成矿亚带；索伦山-查干哈达庙铬、铜成矿亚带，克克齐-查干哈达庙铜矿集区。其中，查干哈达庙铜矿位于克克齐-查干哈达庙铜矿集区内。

预测工作区内主要地层有古元古界宝音图岩群灰色石榴二云石英片岩、石英岩夹透闪大理岩；上石炭统本巴图组活动陆缘类复理石、碳酸盐岩夹火山岩建造；早二叠世基性、中酸性火山岩及硅泥岩；中下二叠统大石寨组陆缘弧火山岩、火山岩屑复理石建造；中二叠统哲斯组碎屑岩、碳酸盐岩夹火山岩建造。中生界白垩系及新生界第三系、第四系均有不同程度的出露。与查干哈达庙式沉积型铜矿关系密切的地层主要为上石炭统本巴图组。

区内侵入岩较发育，均为海西期侵入岩。其中，以早二叠世侵入岩、早泥盆世侵入岩为主。早泥盆世侵入岩为暗绿、黑绿色二辉辉橄岩，灰绿色蛇纹石化纯橄榄岩，层状橄榄辉长岩，灰绿色枕状玄武岩；早二叠世侵入岩为灰黑色中粒角闪辉长岩、灰绿色细粒闪长岩、灰绿色中细粒石英闪长岩、浅灰色中细粒英云闪长岩、灰白色粗粒二长花岗岩，中二叠世侵入岩为肉红色中粗粒花岗岩。

区内构造以断裂构造为主，褶皱构造次之。本区属于海西晚期褶皱带，位于哲斯敖包复向斜(由一系列小的背斜、向斜组成)的东南侧。该复向斜轴向近东西，包含4个次一级构造，即查干哈达庙褶皱束、满都拉-哲斯敖包褶皱束、马脑勒特坳陷和塔拉赛汗坳陷。查干哈达庙铜矿位于查干哈达庙褶皱束的东侧。区域内主要发育北西向、北东向两组断裂构造，其中，晚期北东向断裂构造切穿了早期北西向断裂构造。成矿受北东向断裂构造的控制。

本区是华北板块北部重要的铜、铅、锌、金、银等多金属矿化带，并以铜金矿床为主。矿带总体展布方向为NE60°左右，带内已发现的铜矿床(点)有查干哈达庙小型铜矿床、西查干哈达庙铜矿点和达茂旗克克齐小型铜矿床。

2. 别鲁乌图预测工作区

本区大地构造位于天山兴蒙造山系，包尔汉图-温都尔庙弧盆系，温都尔庙俯冲增生杂岩带南及华北陆块区狼山-阴山陆块之狼山-白云鄂博裂谷北侧。成矿区域隶属于：滨太平洋成矿域(叠加在古亚洲成矿域之上)(Ⅰ-4)；大兴安岭成矿省(Ⅱ-12)，阿巴嘎-霍林河铬、铜(金)、锗、煤、天然碱、芒硝成矿带(Ⅲ-7)；白乃庙-哈达庙铜、金、萤石成矿亚带(Ⅲ-7-⑥)；别鲁乌图铜矿集区(Ⅴ级)。

预测工作区内以化德-赤峰深断裂为界,南侧出露地层为中元古界白云鄂博群白音宝拉格组、石炭系酒局子组、下二叠统三面井组及中下二叠统额里图组陆相火山岩,北侧出露主要地层有中元古界温都尔庙群桑达来呼都格组、哈尔哈达组,及中志留统徐尼乌苏组、泥盆系—志留系西别河组,下石炭统本巴图组板岩、粉砂岩及杂砂岩等。中生代火山沉积盖层包括上侏罗统大青山组、玛尼吐组。新生代为陆相红层及汉诺坝组玄武岩。

区内侵入岩较发育,主要有中元古代橄榄岩、辉石橄榄岩、斜长角闪岩、辉绿玢岩及斜长花岗岩,志留纪花岗闪长斑岩、闪长玢岩,石炭纪斜长花岗斑岩,二叠纪闪长岩、石英闪长岩及花岗闪长岩,早三叠世闪长岩及斑状英云闪长岩。

区内构造以化德-赤峰深断裂为界,南侧陆块区边缘裂谷带以近东西向断裂及线性紧闭褶皱构造为主,北侧大陆边缘活动带中元古代形成温都尔庙海沟,新元古代至加里东期形成白乃庙岛弧带火山沉积岩系,断裂构造以北东向为主,褶皱构造以线性中常褶皱为主。白乃庙岛弧区后期发育大规模的韧性剪切变形作用。

(二)区域成矿模式

预测工作区区域成矿模式见图4-5。

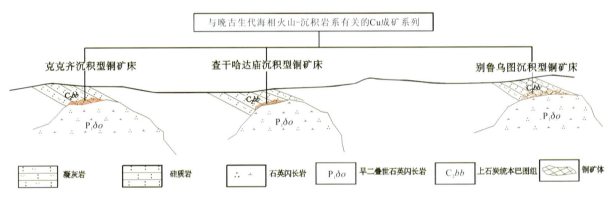

图4-5 查干哈达庙式沉积型铜矿预测工作区区域成矿模式

二、区域地球物理特征

(一)查干哈达庙预测工作区

1. 磁法

在航磁 ΔT 等值线平面图上预测区磁异常幅值变化范围为$-400\sim1000$nT,总体以 $0\sim200$nT 平缓磁异常为背景,异常以带状正磁异常分布为主,北部多伴生有小范围负磁异常,梯度变化较大,异常轴向呈东西向。查干哈达庙铜矿区位于预测区东北部,处在200nT平缓磁背景上。

查干哈达庙预测工作区磁法推断地质构造图所示,预测工作区断裂主要位于磁异常梯度变化带,走向东西向。区内梯度变化较大的条带状磁异常多由岩浆岩体引起,主要是超基性、基性和中基性岩体,岩体走向东西向。查干哈达庙预测工作区磁法共推断断裂3条、侵入岩体13个、变质岩层2个。

2. 重力

该预测工作区位于宝音图-白云鄂博-商都重力低值带以北,预测区北部与二连-贺根山-乌拉盖重力高值带西南延伸复合。预测工作区区域重力场总体趋势为重力值由南向北逐渐降低,$\Delta g_{max}=-133\times10^{-5}$m/s^2。

查干哈达庙以南的重力低值区，由两个异常中心组成，$\Delta g_{min}=-159.68\times10^{-5}\,\text{m/s}^2$。该区地表主要出露上石炭统、下二叠统，结合物性数据推断，是中—新生代盆地的反映；在满都拉一带地表出露或隐伏的海西晚期的第一次岩浆侵入形成的蚀变辉长岩及细粒闪长岩，推断是引起预测区北部重力低异常的原因。预测区中西部展布的北东向带状剩余重力正异常，对应于地表断续出露的海西晚期的第一次岩浆侵入形成的超基性岩。

查干哈达庙铜矿位于重力高异常边部。说明该矿床在成因上与中酸性火山岩系及古生代地层有关。预测工作区内重力共推断解释断裂构造10条、中—酸性岩体2个、地层单元1个、中—新生代盆地4个。

(二) 别鲁乌图预测工作区

1. 磁法

1∶50万航磁平面等值线图显示，磁场整体表现为低缓的负异常，在区域的中部存在串珠状正异常。别鲁乌图地区查干哈达庙式沉积型铜矿预测工作区范围：东经112°15′—113°20′，北纬42°00′—42°40′。在航磁ΔT等值线平面图上预测区磁异常幅值变化范围为$-400\sim600\,\text{nT}$，预测区南部异常值高于北部。南部异常背景值为$0\sim100\,\text{nT}$，异常轴向为东西向、北东向和北西向，形态多为带状和串珠状磁异常。北部总体为$-100\sim0\,\text{nT}$低缓负磁异常区，东北部负磁异常梯度变化较西北部大。

别鲁乌图预测工作区磁法推断地质构造显示，预测工作区断裂走向主要为东西向和北西向，基本与磁异常轴向一致，磁场标志为磁异常梯度变化带。预测工作区除东北部磁异常由变质岩地层引起外，其余地区磁异常磁法多推断为侵入岩体。

本预测工作区磁法共推断断裂5条、火山岩地层3个、侵入岩体17个、变质岩地层11个。

2. 重力

1∶20万剩余重力异常图显示：重力异常呈条带形，走向东西向，正异常极值$10.5\times10^{-5}\,\text{m/s}^2$，负异常极值$-10.2\times10^{-5}\,\text{m/s}^2$。

三、区域地球化学特征

查干哈达庙预测工作区无化探资料。下面仅介绍别鲁乌图预测工作区1∶20万区域地球化学特征。

别鲁乌图预测工作区区域上分布有Ag、As、Au、Cu、Sb等元素组成的高背景区带，在高背景区带中有以Ag、As、Au、Cu、Sb为主的多元素局部异常。预测工作区内共有23个Ag异常、34个As异常、54个Au异常、28个Cd异常、27个Cu异常、19个Mo异常、12个Pb异常、22个Sb异常、32个W异常、11个Zn异常。

区域上Ag呈高背景分布，预测工作区西南部白乃庙周围和镶黄旗南约15km处存在规模较大的Ag局部异常，有明显的浓度分带和浓集中心；区内中北部As、Sb元素呈高背景分布，西南部呈北东向条带状高背景分布，As异常呈串珠状分布，中部朱日和周围铁路两侧分布有规模较大的As异常，并具有明显的浓度分带和浓集中心；Au元素的分布具有明显的地区分异特征，西部呈高背景分布，白乃庙、朱日和等多处分布有规模较大的Au异常，且有明显的浓度分带和浓集中心，东部则呈低背景分布，并存在多处明显的低异常及无明显浓度分带的点异常；Cd元素在区内呈背景分布，仅在白乃庙西南10km左右及东南25km左右锡林郭勒盟与乌兰察布市交界处存在规模较大的局部异常；Cu在预测工作区中西部呈大面积高背景分布，在白乃庙和朱日和镇东南15km左右存在Cu的大规模异常，区内东南部多呈背景和低背景分布；Mo元素在区内多呈低背景分布，并在中南部存在明显的低异常，仅在白乃庙及其西南部出现大面积的Mo异常，并具有明显的浓度分带；Pb、Zn在区内呈背景及低背景分布；Sb在区内呈大面积的高背景分布,白乃庙一带Sb异常呈北东向分布,中北部多个Sb异常成环状分布;W元素呈背景及低背景分布,在白乃庙及其东北和西南各20km处存在W异常,朱日和以东存在北东东向串珠状W异常。

四、区域遥感影像及解译特征

(一)查干哈达庙预测工作区

该预测工作区范围内,线要素在遥感图像上表现为近东西走向,主构造线以压性构造为主;北东向及北北东向构造为辅,两构造组成本地区的菱形块状构造格架。在两组构造之中形成了次级千米级的小构造,而且多数为张性或张扭性小构造,这种构造多数为储矿构造。

环状构造在预测工作区内具东、西两侧分布密集,中间少;东北、西北部密集,相反方向零散;从遥感影像上来看山区密集、平原零星的特点。预测工作区的环状特征,大多数为岩浆岩作用而成,而矿产多分布在环状构造外围的次级小构造中。

所以,针对遥感从线性、环形构造分析,认为是近东西向和北东向线性构造控制矿产空间分布状态,环形构造的形成有提供热液及热源的可能。

已知铜矿点与本预测工作区中的羟基异常吻合的有查干哈达庙铜矿、克克齐铜矿。

(二)别鲁乌图预测工作区

别鲁乌图式沉积型铜矿别鲁乌图预测工作区遥感矿产地质特征与近矿找矿标志解译图,共解译线要素231条、环要素5个、色要素4处、带要素31块。

该预测工作区内主要出露有青白口系白乃庙组、二叠系包特格组,古元古界宝音图群,白垩系梅勒图组。蓟县系温都尔庙群哈尔哈达组为石英片岩、含铁石英岩、大理岩等,二叠系包特格组为棕褐色、灰褐色杂砂岩,砂砾岩,砾岩夹生物碎屑灰岩。

遥感解译显示,本区主构造线以压性构造为主;北东向及北北东向构造为辅,两构造组成本地区的菱形块状构造格架。在两组构造之中形成了次级千米级的小构造,而且多数为张性或张扭性小构造,这种构造多数为储矿构造。已知铜矿点与本预测工作区中的羟基异常吻合的有白乃庙铜、金矿,谷那乌苏铜矿。

五、区域预测模型

(一)查干哈达庙预测工作区

根据该预测工作区区域成矿要素和航磁、重力、遥感特征,建立了本预测工作区的区域预测要素,并编制预测工作区预测要素图和预测模型图。

区域预测要素图以区域成矿要素图为基础,综合研究重力、航磁、遥感等致矿信息,总结区域预测要素表(表4-2),并将综合信息各专题异常曲线或区全部叠加在成矿要素图上,在表达时可以出示单独预测要素(如航磁)的预测要素图。

预测模型图的编制,以地质剖面图为基础,叠加航磁及重力剖面图而形成,简要表示预测要素内容及其相互关系,以及时空展布特征(图4-6)。

表4-2　查干哈达庙式沉积型铜矿查干哈达庙预测工作区预测要素表

区域成矿要素		描述内容	要素分级
区域成矿地质环境	大地构造单元	天山-兴蒙造山系（Ⅰ），大兴安岭弧盆系（Ⅰ-1），锡林浩特岩浆弧（Pz_2）（Ⅰ-1-6），索伦山-西拉木伦结合带（Ⅰ-7），索伦山蛇绿混杂岩带（Pz_2）（Ⅰ-7-1），包尔汉图-温都尔庙弧盆系（Pz_2）（Ⅰ-8），温都尔庙俯冲增生杂岩带（Ⅰ-8-2）	重要
	成矿区（带）	滨太平洋成矿域，大兴安岭成矿省，白乃庙-锡林浩特铁、铜、钼、铅、锌、铬（金、锰）、锗、煤、天然碱、芒硝成矿带，白乃庙-哈达庙铜、金、萤石成矿亚带，乌花敖包-宫胡洞铜、金矿集区，苏木查干敖包-二连萤石、锰成矿亚带，索伦山-查干哈达庙铬、铜成矿亚带，克克齐-查干哈达庙铜矿集区	重要
	主要赋矿地层	上石炭统本巴图组流纹质凝灰岩、凝灰质板岩	重要
区域成矿特征	区域成矿类型及成矿期	海西中晚期沉积型	重要
	含矿构造	北东向构造发育地段，尤其是构造交会处是成矿有利场所	重要
	围岩蚀变	高岭土化、孔雀石化、硅化、糜棱岩化	重要
	矿点	小型矿床2个、矿点1个	重要
地球物理、遥感特征	重力	预测工作区区域重力场总体趋势为重力值由南向北逐渐降低，$\Delta g_{max} = -133 \times 10^{-5} \text{m/s}^2$。查干哈达庙以南的重力低值区，由两个异常中心组成，$\Delta g_{min} = -159.68 \times 10^{-5} \text{m/s}^2$	次要
	航磁	在航磁ΔT等值线平面图上预测区磁异常幅值变化范围为-400~1000nT，总体以0~200nT平缓磁异常为背景，异常以带状正磁异常分布为主，北部多伴生有小范围负磁异常，梯度变化较大，异常轴向呈东西向。查干哈达庙铜矿区位于预测工作区东北部，处在200nT平缓磁背景上	重要
	遥感	北东向断裂构造及遥感羟基铁染异常区	次要

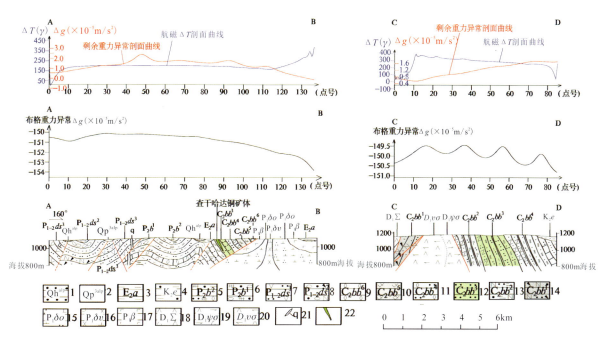

图4-6　查干哈达庙式沉积型铜矿预测工作区预测模型图

1. 第四系全新统；2. 第四系上更新统；3. 阿山头组；4. 二连组；5. 包特格组二岩段；6. 包特格组一岩段；7. 大石寨组三岩段；8. 大石寨组二岩段；9. 本巴图组六岩段；10. 本巴图组五岩段；11. 本巴图组四岩段；12. 本巴图组三岩段；13. 本巴图组二岩段；14. 本巴图组一岩段；15. 灰绿色中细粒石英闪长岩；16. 灰黑色中粒角闪辉长岩；17. 早二叠世玄武岩；18. 灰绿色蛇纹石化纯橄榄岩、层状橄榄辉长岩；19. 暗绿色、黑绿色二辉辉橄岩；20. 暗绿色、黑绿色斜辉辉橄岩；21. 石英脉；22. 铜矿体

(二)别鲁乌图预测工作区

根据该预测工作区区域成矿要素、化探和航磁、重力、遥感特征,建立了本预测工作区的区域预测要素,并编制预测工作区预测要素图。区域预测要素图以区域成矿要素图为基础,综合研究化探重力、航磁、遥感等致矿信息,总结区域预测要素表(表4-3)。

表4-3 查干哈达庙式沉积型铜矿别鲁乌图预测工作区区域预测要素表

区域预测要素		描述内容	要素类别
地质环境	大地构造位置	天山-兴蒙造山系(Ⅰ),大兴安岭弧盆系(Ⅰ-1),锡林浩特岩浆弧(Pz_2)(Ⅰ-1-6),索伦山-西拉木伦结合带	必要
	成矿区(带)	阿巴嘎-霍林河铬、铜(金)、锗、煤、天然碱、芒硝成矿带,白乃庙-哈达庙铜、金、萤石成矿亚带,别鲁乌图铜矿集区	必要
	区域成矿类型及成矿期	与海相火山沉积岩系有关的沉积型铜矿床成矿为海西中晚期(早二叠世—早石炭世)	必要
控矿地质条件	赋矿地质体	主要为本巴图组变质砂岩、变质粉砂岩	必要
	控矿侵入岩	早二叠世中粗粒石英闪长岩	重要
	主要控矿构造	锡林浩特岩浆弧查干哈达庙褶皱带中的北东向断裂构造中	重要
区内相同类型矿产		已知矿床(点)3处:其中小型矿床1处,矿点2处	重要
地球物理特征	重力异常	1:20万剩余重力异常图显示:重力异常呈条带形,走向东西向,正异常极值$10.5×10^{-5}$ m/s^2,负异常极值$-10.2×10^{-5}$ m/s^2。1:50万航磁平面等值线图显示,磁场整体表现为低缓的负异常,在区域的中部存在串珠状正异常	重要
	航磁异常	1:5万航磁平面等值线图显示:磁场总体表现为低缓的负磁场,南部出现正磁异常,极值达1400nT,形态近似圆形。1:5000电法等值线平面图显示,矿床所在位置呈现条带状相对低阻高极化异常,走向北东向	重要
地球化学特征		圈出一处组合异常,为Cu、Pb、Zn元素组合异常	重要
遥感特征		解译出线形断裂多条和多处最小预测区	重要

第三节 矿产预测

一、综合地质信息定位预测

查干哈达庙预测工作区和别鲁乌图铜矿预测工作区分别选择达茂旗查干哈达庙铜矿床与苏尼特右旗别鲁乌图铜硫矿床作为其预测工作区的典型矿床。结合大地构造环境、主要控矿因素、成矿作用特征等因素,查干哈达庙铜矿床的成因类型为与海相火山岩有关的块状硫化物型。含矿岩系为上石炭统本巴图组流纹质凝灰岩、凝灰质板岩,矿体呈层状、似层状、大透镜状,产状与岩层产状一致;别鲁乌图铜硫矿床除本巴图组直接控制了矿床的分布外,北东向断裂也是重要因素,因此确定预测方法类型均为沉积型。

第四章 查干哈达庙式沉积型铜矿预测成果

(一)变量提取及优选

根据典型矿床及预测工作区研究成果,进行综合信息预测要素提取,本次选择网格单元法作为预测单元,本次预测底图比例尺为1:10万,利用规则网格单元作为预测单元,网格单元大小为1.0km×1.0km。

地质体(本巴图组)、同沉积断层、遥感异常及矿点等要素进行单元赋值时采用区的存在标志;化探、剩余重力、航磁化极则求起始值的加权平均值,在变量二值化时利用异常范围值人工输入变化区间。

(二)最小预测区圈定及优选

本次利用证据权重法,采用1.0km×1.0km规则网格单元,在MRAS2.0下,利用有模型预测方法进行预测区的圈定与优选。然后在MapGIS下,根据优选结果圈定成为不规则形状(图4-7)。

(三)最小预测区圈定结果

1. 查干哈达庙预测工作区

本次工作在查干哈达庙预测工作区圈定最小预测区17个,其中A级2个、B级8个、C级7个。最小预测区面积为2.27~48.80km²,平均为17.18km²,总面积为291.98km²(表4-4,图4-8)。

表4-4 查干哈达庙式沉积型铜矿查干哈达庙预测工作区最小预测区圈定结果及资源量估算成果表

最小预测区编号	最小预测区名称	$S_{预}$(km²)	$H_{预}$(m)	K_s	K	$Z_{预}$(t)	资源量级别
A1504102001	白彦花苏木克克齐	7.069	170	1	0.000 000 96	1039.959	334-1
A1504102002	查干哈达	23.067	200	1	0.000 000 96	4436.000	334-1
B1504102001	索伦敖包西	9.383	200	1	0.000 000 96	992.430	334-2
B1504102002	乌珠尔舒布特西	20.090	200	1	0.000 000 96	1738.565	334-2
B1504102003	巴彦敖包	19.604	200	1	0.000 000 96	1507.991	334-2
B1504102004	西多若图东	13.993	200	1	0.000 000 96	1076.406	334-2
B1504102005	哈尔陶勒盖西	38.252	200	1	0.000 000 96	3310.302	334-2
B1504102006	工朋山丹	9.895	200	1	0.000 000 96	666.037	334-2
B1504102007	胡吉尔特北东	14.465	200	1	0.000 000 96	973.645	334-2
B1504102008	好伊尔呼都格东	2.267	200	1	0.000 000 96	130.799	334-2
C1504102001	沙日胡都格北	9.103	100	1	0.000 000 96	87.531	334-2
C1504102002	沙布格西	2.367	100	1	0.000 000 96	56.894	334-2
C1504102003	沙巴根恩格尔北西	5.439	100	1	0.000 000 96	104.600	334-2
C1504102004	乌珠尔舒布特	38.663	100	1	0.000 000 96	371.762	334-2
C1504102005	查干布达东	48.803	100	1	0.000 000 96	469.262	334-2
C1504102006	阿拉腾洪格尔嘎查北	6.878	100	1	0.000 000 96	99.203	334-2
C1504102007	好伊尔呼都格北	22.645	100	1	0.000 000 96	217.741	334-2

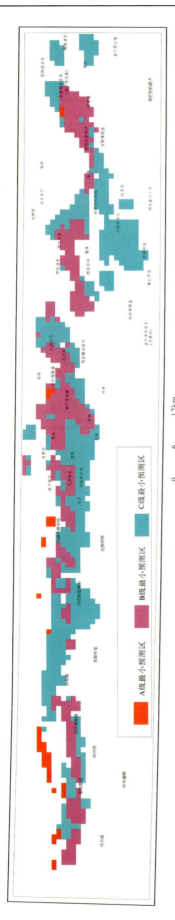

图4-7 查干哈达庙式沉积型铜矿查干哈达庙预测工作区预测单元图

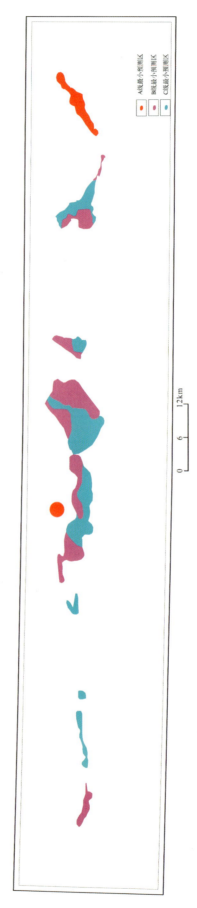

图4-8 查干哈达庙式沉积型铜矿查干哈达庙预测工作区最小预测区圈定结果图

2. 别鲁乌图预测工作区

别鲁乌图预测工作区预测底图精度为1∶10万,并根据成矿有利度[含矿层位、矿(化)点、找矿线索及磁法异常]、地理交通及开发条件和其他相关条件,将工作区内最小预测区级别分为A、B、C三个等级,其中A级最小预测区5个、B级6个、C级6个,共17个最小预测区(表4-5)。

表4-5 查干哈达庙式沉积型铜矿别鲁乌图预测工作区最小预测区圈定结果及资源量估算成果表

最小预测区编号	最小预测区名称	$S_{预}(km^2)$	$H_{预}(m)$	K_S	K	$Z_{预}(t)$	资源量级别
A1504102001	白彦花苏木克克齐	7.069	170	1	0.000 000 96	1039.959	334-1
A1504102002	查干哈达	23.067	200	1	0.000 000 96	4436	334-1
B1504102001	索伦敖包西	9.383	200	1	0.000 000 96	992.430	334-2
B1504102002	乌珠尔舒布特西	20.090	200	1	0.000 000 96	1738.565	334-2
B1504102003	巴彦敖包	19.604	200	1	0.000 000 96	1507.991	334-2
B1504102004	西多若图东	13.993	200	1	0.000 000 96	1076.406	334-2
B1504102005	哈尔陶勒盖西	38.252	200	1	0.000 000 96	3310.302	334-2
B1504102006	工朋山丹	9.895	200	1	0.000 000 96	666.037	334-2
B1504102007	胡吉尔特北东	14.465	200	1	0.000 000 96	973.645	334-2
B1504102008	好伊尔呼都格东	2.267	200	1	0.000 000 96	130.799	334-2
C1504102001	沙日胡都格北	9.103	100	1	0.000 000 96	87.531	334-2
C1504102002	沙布格西	2.367	100	1	0.000 000 96	56.894	334-2
C1504102003	沙巴根恩格尔北西	5.439	100	1	0.000 000 96	104.6	334-2
C1504102004	乌珠尔舒布特	38.663	100	1	0.000 000 96	371.762	334-2
C1504102005	查干布达东	48.803	100	1	0.000 000 96	469.262	334-2
C1504102006	阿拉腾洪格尔嘎查北	6.878	100	1	0.000 000 96	99.20319	334-2
C1504102007	好伊尔呼都格北	22.645	100	1	0.000 000 96	217.7414	334-2

(四)最小预测区地质评价

查干哈达庙预测工作区及别鲁乌图预测工作区依据最小预测区地质矿产、物化探及遥感异常等综合特征,并结合预测区优选结果,且已知矿床均分布在A级预测区内,说明预测区优选分级原则较为合理;最小预测区圈定结果表明,预测区总体与区域成矿地质背景和物化探异常吻合程度较好。

二、综合信息地质体积法估算资源量

(一)典型矿床深部及外围资源量估算

查干哈达庙铜矿床最大延深、铜品位依据来源于达茂联合旗鹏飞铜锌选矿有限责任公司2007年4月编写的《内蒙古自治区达尔罕茂明安联合旗查干哈达庙矿区铜矿详查报告》。矿床资源量来源于内蒙古自治区国土资源厅2010年编写的《内蒙古自治区矿产资源储量表:有色金属矿产分册》。典型矿床面积($S_{总}$)是根据1∶5000矿区成矿要素图圈定(图4-9),在MapGIS软件下读取面积数据换算得出。矿床最大延深(即勘探深度)依据1线竖井SJ5数据确定,具体数据见表4-6。

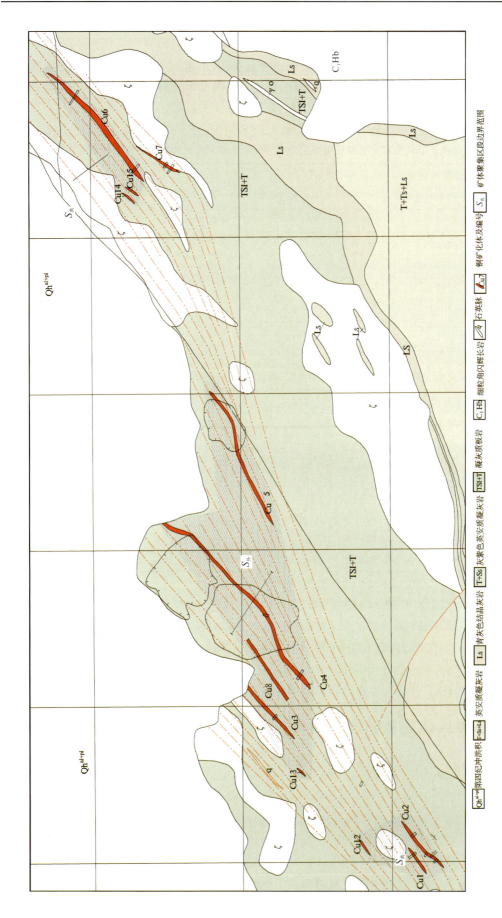

图 4-9 1:5000 查干哈达庙矿区图上矿体聚集区（蓝线圈定区块）

表 4-6 查干哈达庙铜矿典型矿床深部及外围资源量估算一览表

典型矿床		深部及外围		
已查明资源量(t)	2218	深部	面积(m²)	334 811
面积(m²)	334 811		深度(m)	200
深度(m)	100	外围	面积(m²)	—
品位(%)	2.55		深度(m)	—
密度(t/m³)	3.12	预测资源量(t)		4436
体积含矿率(t/m³)	0.000 066 25	典型矿床资源总量(t)		6654

（二）模型区的确定、资源量及估算参数

模型区为典型矿床所在的最小预测区。查干哈达庙典型矿床查明资源量2218t，按本次预测技术要求计算模型区资源总量为6654t。模型区内无其他已知矿点存在，则模型区总资源量＝典型矿床总资源量，模型区面积为依托MRAS软件采用有模型工程神经网络法优选后圈定，延深根据典型矿床最大预测深度确定。由于模型区内含矿地质体边界可以确切圈定，但其面积与模型区面积一致，由模型区含地质体面积/模型区总面积得出，模型区含矿地质体面积参数为1。由此计算含矿地质体含矿系数（表4-7）。

表 4-7 查干哈达庙沉积型铜矿模型区预测资源量及其估算参数表

编号	名称	模型区资源总量(t)	模型区面积(km²)	延深(m)	含矿地质体面积(m²)	含矿地质体面积参数	含矿地质体含矿系数
A1504102002	查干哈达庙铜矿	6654	23.06	1235	23.06	1	0.000 000 96

（三）最小预测区预测资源量

查干哈达庙式沉积型铜矿查干哈达庙预测工作区及别鲁乌图预测工作区最小预测区资源量定量估算采用地质体积法进行估算。

1. 估算参数的确定

最小预测区面积是依据综合地质信息定位优选的结果；延深的确定是在研究最小预测区含矿地质体地质特征、含矿地质体的形成深度、断裂特征、矿化类型，并对比典型矿床特征的基础上综合确定的；相似系数的确定，主要依据MRAS生成的成矿概率及与模型区的比值，参照最小预测区地质体出露情况、化探及重砂异常规模及分布、物探解译隐伏岩体分布信息等进行修正。

2. 最小预测区预测资源量估算结果

求得最小预测区资源量。本次预测资源总量为170 099t，其中查干哈达庙预测工作区预测资源量为17 279t，别鲁乌图预测工作区预测资源量为152 820t，详见表4-4、表4-5。

（四）预测工作区资源总量成果汇总

查干哈达庙预测工作区及别鲁乌图预测工作区地质体积法预测资源量，依据资源量级别划分标准，根据现有资料的精度，可划分为334-1、334-2两个资源量精度级别；根据各最小预测区内含矿地质

体、物化探异常及相似系数特征,预测延深参数均在 500m 以浅。

根据矿产潜力评价预测资源量汇总标准,查干哈达庙式沉积型铜矿两个预测工作区按精度、预测深度、可利用性、可信度统计分析结果见表 4-8。

表 4-8 查干哈达庙式沉积型铜矿预测工作区预测资源量估算汇总表

查干哈达庙预测工作区										
按预测深度			按精度			按可利用性		按可信度		
500m 以浅	1000m 以浅	2000m 以浅	334-1	334-2	334-3	可利用	暂不可利用	≥0.75	≥0.5	≥0.25
17 279	17 279	17 279	5475.959	11 803.17	—	13 996	3283	8800	16 600	16 600
合计:17 279			合计:17 279			合计:17 279		合计:16 600		
别鲁乌图预测工作区										
按预测深度			按精度			按可利用性		按可信度		
500m 以浅	1000m 以浅	2000m 以浅	334-1	334-2	334-3	可利用	暂不可利用	≥0.75	≥0.5	≥0.25
106 946	137 564	152 820	33 692	119 128	—	152 820	—	33 700	90 500	15 280
合计:152 820			合计:152 820			合计:15 280		合计:15 280		

注:表中预测资源量单位均为 t。

第五章 白乃庙式沉积型铜矿预测成果

第一节 典型矿床特征

一、典型矿床及成矿模式

(一)矿床特征

白乃庙铜钼矿床行政区划属内蒙古自治区乌兰察布市四子王旗白音朝克图镇管辖,矿区北东距集(宁)-二(连)铁路线朱日和车站45km,有简易公路相通,交通十分方便。地理坐标:东经112°18′15″—112°37′00″,北纬42°10′30″—42°18′00″。

1. 矿区地质特征

地层:矿区出露的地层主要有奥陶系白乃庙组、上志留统西别河组、下二叠统三面井组、上侏罗统大青山组和第四系。在矿区东北部零星出露一些变质较深的地层,岩性主要为长英变粒岩、黑云斜长片麻岩、条带状混合岩等。

白乃庙组底部绿片岩段主要分布于矿区中部,呈东西向展布,为一套中浅变质的绿片岩、长英片岩,其原岩为海底喷发的基性—中酸性火山熔岩、凝灰岩夹正常沉积的碎屑岩和碳酸盐岩。

白乃庙组第五岩段大面积出露在矿区南部,岩性为绿泥斜长片岩、阳起绿泥斜长片岩夹角闪斜长岩及大理岩透镜体,是白乃庙铜矿的主要赋矿层位,厚1251m。

白乃庙组第三岩段分布在矿区中部和西部,岩性主要为斜长角闪岩、绿泥斜长片岩夹角闪斜长片岩是北矿带的主要赋矿层位。

岩浆岩:区内岩浆活动频繁。侵入岩主要有加里东晚期的石英闪长岩、花岗闪长斑岩,海西晚期的白云母花岗岩等。中酸性脉岩十分发育,主要有花岗斑岩、闪长玢岩、正长斑岩、花岗细晶岩、霏细岩、石英脉,多为海西期侵入岩的派生产物。

白乃庙岩体属中深—浅成侵入体。根据岩体地质特征和产出的构造环境,岩体呈岩株或岩脉与火山岩相伴产于造山带和岛弧地区。

构造:白乃庙矿区为大致东西走向的单斜构造,区内以断裂为主,褶皱不发育。东西向断裂为主要的构造,不易受其他构造的影响,具有长期性、阶段性和继承性,强烈活动时期为加里东期和海西期两个时期,它控制加里东早期的海底基性—中酸性火山喷发,是主要的控矿构造。

水勒楚鲁断裂带也是一条较大的构造带,具强烈的硅化及多次活动的特点,普遍有金矿化,局部富集具有工业价值。

北东向构造也较发育,形成于海西晚期或燕山早期,以脆性断裂为主。对矿体有不同程度的破坏。

2. 矿床特征

白乃庙铜钼矿断续分布在东西长10km、南北宽1.5km的狭长地带内,按矿床的产出部位与地层特征的不同,分南、北两个矿带12个矿段。

南矿带包括：Ⅱ、Ⅲ、Ⅳ、Ⅴ、Ⅵ、Ⅶ、Ⅹ、Ⅺ八个矿段。北矿带包括：Ⅷ、Ⅸ、Ⅻ、ⅩⅢ四个矿段。其主要矿体特征如下：

Ⅱ矿段位于南矿带的东部,主要有Ⅱ-1、Ⅱ-2两大矿体,矿体呈似层状较稳定产出,一般走向为东西向,倾向南,倾角一般为45°～65°。Ⅱ-1矿体长160m,厚0.87～18.41m,矿体最大控制斜深760m,垂深570m,还有延伸趋势。Ⅱ-2矿体长520m,厚0.87～29.23m,矿体控制最大斜深950m(2.5线ZK9107,矿体真厚16.35m,铜平均品位0.68%,伴生钼品位0.02%～0.06%),矿化未见减弱,仍有延深趋势。

Ⅲ矿段位于南矿带,在Ⅱ矿段的西部,主要有Ⅲ-1、Ⅲ-2两个矿体。矿体呈似层状较稳定产出,一般走向北西西向,倾向南南西,倾角45°～65°。Ⅲ-1矿体长240m,厚0.82～14.34m,矿体最大控制斜深675m,垂深530m(6.5线ZK9106,矿体真厚10.89m,铜平均品位0.95%,伴生钼品位0.02%～0.06%),矿体尚未减弱,仍有延深趋势。Ⅲ-2矿体长240m,厚0.87～12.84m,矿体最大控制斜深441m,垂深315m,矿体尚未减弱,仍有延深趋势。

Ⅴ矿段共圈定出40个铜矿体,其中,绿片岩型矿体39个,规模较大为Ⅴ-11矿体,其氧化矿体长294m,硫化矿体长429m,沿走向和倾斜矿体变化较大,有膨胀、收缩、分叉等现象,最大控制斜深734m,厚度收敛,但未尖灭,厚0.95～34.27m,铜平均品位0.57%,伴生钼品位0.02%～0.06%。矿体产状：走向NW270°～320°,倾角36°～65°。

Ⅵ矿段为全区矿体较多的一个矿段,共圈定出95个铜矿体,规模较大的为Ⅵ-20矿体,其氧化矿体长710m,硫化矿体长780m,矿体沿倾斜沿深720m,厚0.82～44.53m,铜平均品位0.60%,伴生钼品位0.02%～0.06%。矿体产状：走向NW308°(东段)～327°(西段),倾向南西,倾角25°～56°,一般为30°～40°。

1) 矿石类型

工业类型：根据脉石矿物成分不同分为花岗闪长斑岩型铜矿石(钼矿石)、绿片岩型铜矿石(钼矿石)。

自然类型：硫化矿石(10%以下)、混合矿石(10%～30%)、氧化矿石(30%以上)。

2) 矿石结构构造

绿片岩型硫化铜矿石：主要结构是晶粒状结构、交代溶蚀结构,其次是固溶体分解结构、压碎结构、胶状结构。矿石构造主要是条带状构造、浸染状构造、脉状构造,其次为网状构造、风化胶状构造。

花岗闪长斑岩型矿石：主要结构为半自形晶粒状结构、他形晶粒状结构、包含结构、交代结构、压碎结构。主要构造：浸染状、细脉浸染状、脉状、片状等。

综上所述,绿片岩型以条带状为主,而花岗闪长斑岩型以浸染状及细脉浸染状为主,二者普遍有交代结构及压碎结构。

3) 矿石的矿物成分

绿片岩型硫化铜矿石：主要金属矿物为黄铁矿、黄铜矿、辉钼矿、磁铁矿,次要矿物有磁黄铁矿、白钨矿、闪锌矿、方铅矿、斑铜矿、辉铜矿、辉钴矿、自然金；脉石矿物有石英、方解石、黑云母、绢云母、绿泥石。

绿片岩型氧化铜矿石：主要金属矿物为孔雀石、褐铁矿、磁铁矿、赤铁矿、斑铜矿,次要矿物有黄铜矿、辉铜矿、黄铁矿、磁黄铁矿、辉钼矿、自然铜、自然金。

花岗闪长斑岩型硫化铜矿石：主要金属矿物为黄铜矿、黄铁矿、辉钼矿,次要矿物有磁铁矿、白钨矿、胶黄铁矿、镜铁矿；脉石矿物有中长石、更长石、微斜长石、条纹长石、角闪石、黑云母、绢云母、阳起石及绿泥石。

4) 主要伴生有用组分

白乃庙铜矿是一个以铜为主,伴生有钼、金、银、硫等元素的多金属矿床,普查时工作对象主要是铜,由于钼在矿床中与铜共生,为综合利用矿产资源。

5)围岩蚀变特征

(1)蚀变类型。主要蚀变有钾长石化、黑云母化、硅化、绢云母化、绿泥石化、绿帘石化、碳酸盐化,前三种蚀变与成矿关系最为密切。

(2)蚀变分带。以矿体为中心向两侧可大致分为石英-黑云母化带、绿泥石化带、绿帘石化带。黑云母化发育空间不仅局限于矿体顶、底板,铜矿体本身也发育,矿体富集与蚀变程度呈正相关。

3. 矿床成因类型及成矿时代

矿床成因为沉积变质型及斑岩型铜钼多金属矿床,属于岩浆成矿系列组合中的"与海相火山-侵入活动有关的浅变质成矿系列",与海底火山作用有关的黄铁矿型铜矿床、与中酸性浅成侵入岩有关的斑岩型铜钼矿床;北矿带属于斑岩型铜钼矿床;南矿带属于火山沉积变质岩型铜矿床,成矿物质多来源,以斑岩为主,构造斑岩控矿的斑岩型铜钼矿体,海相火山沉积(变质)热液叠加(富集)复成因矿床。成矿时限为奥陶纪—泥盆纪[辉钼矿 Re-Os 等时线年龄 $445±6Ma$,侵入白乃庙组花岗闪长斑岩侵位年龄 $430±6Ma$(陈衍景,2011)]。

(二)矿床成矿模式

根据区域成矿地质背景及典型矿床成矿特征,其成矿模式见图 5-1。

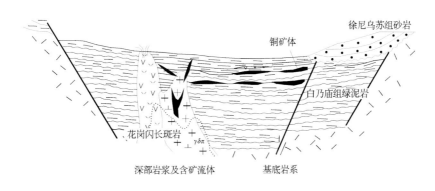

图 5-1 白乃庙沉积变质+斑岩型铜(钼)矿典型矿床成矿模式

二、典型矿床地球物理特征

1. 矿床磁性特征

1:5 万航磁等值线图显示,磁场整体表现为弱正磁场,有两个长条带弱正磁异常,走向为北西西向。垂向一阶导数等值线图显示零等值线延伸方向为东西向。重磁场特征表明矿区附近有近东西向断裂通过。

2. 矿床所在区域重力特征

白乃庙式沉积型铜多金属矿在布格重力异常图上位于重力高背景区,矿区位于布格重力极大值北部的重力梯度带上,重力高值:$\Delta g = 140.68 \times 10^{-5} m/s^2$,编号为 L426,其北侧有一相邻的局部重力低。矿区在剩余重力异常图上位于 G 蒙-543 正异常区,该正异常区推测为元古宙地层的反映。其西侧的负异常带是中—酸性岩体与盆地的综合反映。重磁异常等值线均反映该区域构造方向以近东西向为主,有近东西向和北东向断裂通过该区域。

综上所述，白乃庙铜矿主要成矿地层是古生界白乃庙组、温都尔庙群，其重力场特征：布格重力相对较高异常区，剩余重力正异常区，且铜矿位于异常较中心部位，铜矿位于铜化探异常区。

1∶50万重力异常图显示，矿区处在相对重力高异常，重力异常走向为北东向。剩余重力异常图显示：矿区处在北东向椭圆形的重力高异常，北侧为椭圆形的重力低异常。1∶50万航磁平面等值线图显示，磁场表现为零值附近的低缓异常，异常特征不明显。

三、典型矿床地球化学特征

白乃庙式沉积型铜多金属矿区周围存在Cu、Au、Ag、As、Cd、Sb、Mo高背景值，Cu、Mo为主成矿元素，Au、Ag、As、Cd、Sb为主要的伴生元素，Cu、Mo、Ag、Au为内带组合异常，浓集中心明显，强度高；As、Cd、Sb为外带组合异常，成高背景分布，但浓集中心不明显。

四、典型矿床预测模型

根据典型矿床成矿要素和矿区地磁资料、化探以及区域重力资料，确定典型矿床预测要素，编制典型矿床预测要素图。矿床所在地区的系列图表达典型矿床预测模型。总结典型矿床综合信息特征，编制典型矿床预测要素表（表5-1），地质-化探剖析图（图5-2）及地质-物探剖析图（图5-3）。

表5-1 白乃庙沉积变质型铜钼矿典型矿床预测要素表

储量		铜金属量：60 640.73t 钼金属量：3476.50t	平均品位	铜 0.2%~0.6% 钼 0.02%~0.06%	要素类别
成矿要素		描述内容			
地质环境	岩石类型	白乃庙组主要为绿泥斜长片岩、阳起绿泥斜长片岩及大理岩			必要
	岩石结构	微细粒粒状变晶结构、鳞片变晶结构，片状构造			次要
	成矿时代	奥陶纪—泥盆纪			必要
	地质背景	温都尔庙俯冲增生杂岩带，形成于温都尔庙岩浆弧与华北克拉通陆弧碰撞造山过程			必要
	构造环境	阿巴嘎-霍林河铬、铜（金）、锗、煤、天然碱、芒硝成矿带； 白乃庙-哈达庙铜、金、萤石成矿亚带，赋矿地层为白乃庙组下部绿片岩			必要
矿床特征	矿物组合	金属矿物有斑铜矿、黄铜矿、辉钼矿、黄铁矿、磁铁矿；脉石矿物有石英、钾长石、黑云母、绢云母、绿帘石、绿泥石、方解石等			重要
	结构构造	结构：粒状结构、交代溶蚀结构、固溶体分解结构、压碎结构、胶状结构、包含结构、交代结构、压碎结构、半自形晶粒状结构； 构造：条带状构造、浸染状构造、脉状构造、网状构造			次要
	蚀变	钾长石化、黑云母化、硅化、绢云母化、绿泥石化、绿帘石化、碳酸盐化			次要
	控矿条件	严格受花岗斑岩体及近岩体围岩地层中的构造破碎带控制			重要
地球物理特征	重力特征	矿床在布格重力异常图上位于重力高背景区，矿区位于布格重力极大值北部的重力梯度带上，重力高值：$\Delta g-140.68\times10^{-5}$ m/s^2，其北侧有一相邻的局部重力低。矿区在剩余重力异常图上位于正异常区			重要
	地磁特征	磁场整体表现为弱正磁场，垂向一阶导数等值线剖面图显示异常轴向及等值线延伸方向为东西向			次要
地球化学特征		矿区周围存在Cu、Au、Ag、As、Cd、Sb、Mo高背景值，Cu、Mo为主成矿元素，Au、Ag、As、Cd、Sb为主要的伴生元素，Cu、Mo、Ag、Au为内带组合异常，浓集中心明显，强度高；As、Cd、Sb为外带组合异常，成高背景分布，但浓集中心不明显			重要

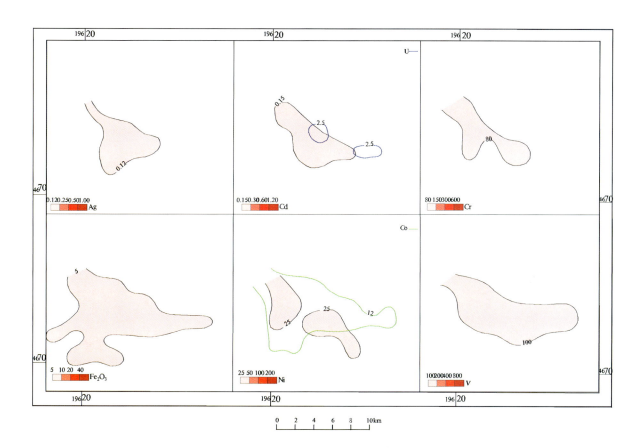

图 5-2 白乃庙典型矿床所在区域地质-化探剖析图

第二节 预测工作区研究

一、区域地质特征

1. 成矿地质背景

大地构造位置属华北板块北缘增生带加里东期俯冲增生杂岩带。

白乃庙铜矿预测工作区位于阴山东西复杂构造带中段，东界被大兴安岭新华夏系隆起带所截。表现为北东向的隆起和坳陷等距排列，形成了白乃庙-多伦的"多"字形构造。加里东期和海西期构造运动表现最为强烈，表现为在区域上南北向应力的挤压作用下，形成一系列东西向的褶皱、挤压破碎带、逆冲断层、片理化带。

区内出露的地层有中新元古界温都尔庙群、古生界白乃庙组、上志留统西别河组、上石炭统阿木山组、上侏罗统大青山组，及第三系、第四系。温都尔庙群为一套变质的海相火山-沉积岩系，组成一个洋壳层，构成较为典型的蛇绿岩，温都尔庙铁矿就赋存在其上部；白乃庙组主要分布在白乃庙及谷那乌苏一带，为一套中浅变质的绿片岩，其原岩为一套海底喷发的基性—中酸性火山熔岩、凝灰岩，夹少量正常沉积的碎屑岩、碳酸盐岩，为浅海沉积建造，有岛弧岩系特征，产有与火山沉积变质-热液活动有关的白乃庙式铜矿。

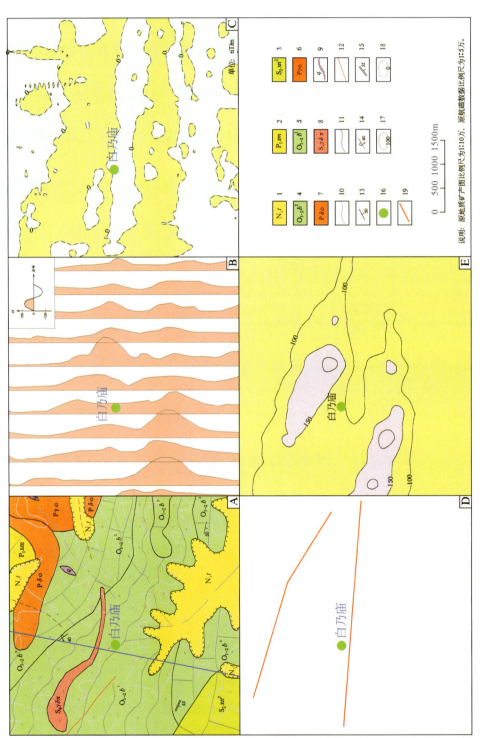

图 5-3 白乃庙典型矿床所在区域地质-物探剖析图

A. 地质矿产图；B. 航磁△T剖面平面图；C. 航磁△T化极平面图；D. 推断地质构造图；E. 航磁△T化极垂向一阶导数等值线平面图。1. 新生代通古尔组：砖红色、黄红色泥岩夹灰白色砂砾岩；2. 二叠系三面井组：灰色生物屑泥晶灰岩；3. 中志留统徐尼乌苏组：厚层生物灰岩；4. 奥陶系白乃庙组：变质砂岩，千枚岩，绢云母石英片岩；5. 奥陶系白乃庙组：绿片岩-绿泥钠长岩；6. 二叠纪灰白色中粗粒长花岗闪长岩，花岗闪长岩，绢云片岩；7. 二叠纪浅肉红色花岗闪长岩；8. 志留纪灰白色中粗粒石英闪长岩；9. 石英脉；10. 地质界线；11. 角度不整合界线；12. 实测性质不明断层；13. 地层产状；14. 倒转地层产状；15. 片理产状；16. 矿床所在位置；17. 正等值线及注记；18. 零等值线及注记；19. 磁法推断三级断裂

说明：原地质矿产图比例尺为1:10万，原物探数据比例尺为1:5万。

区内岩浆活动频繁,加里东早期,在东西向海槽里爆发基性—中酸性火山喷发,形成的岩性主要为黑云母花岗岩及花岗闪长岩体,见有铜钨矿化。此外在白乃庙、图林凯呈北东向展布岩性主要为石英闪长岩,次之为花岗闪长岩、花岗闪长斑岩的岩体,见铜钼矿化。

2. 区域成矿模式

根据预测工作区成矿规律研究,总结成矿模式(图5-4)。

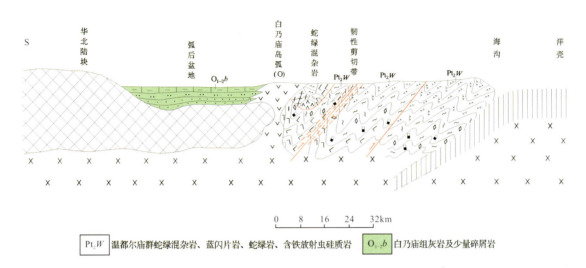

图5-4 白乃庙式沉积型铜钼矿白乃庙预测工作区成矿模式图

二、区域地球物理特征

1. 磁异常特征

白乃庙地区白乃庙式沉积型铜矿预测工作区范围:东经112°15′—113°30′,北纬42°00′—42°20′,大部分与别鲁乌图预测工作区南部重叠。在航磁 ΔT 等值线平面图上,白乃庙预测工作区磁异常幅值变化范围为 $-1200\sim800$nT,预测工作区磁异常以异常值 $0\sim100$nT 为背景,异常轴为东西向和北西向,异常幅值较小,正异常值有一定梯度变化,一般呈带状分布。东南部有一正负伴生异常,梯度变化大,负异常值达 -1200nT,周围正异常呈环状包围此负异常。白乃庙铜矿区位于预测工作区西部,处在以 $0\sim100$nT 低缓异常背景上。

预测工作区磁法推断地质构造图显示,磁法断裂构造走向分别为北西向、东西向、北东向,磁场标志为不同磁场区分界线。根据地质情况综合分析,区内磁异常多由大面积分布侵入岩体引起,预测区东南部环状磁异常区磁法推断为火山构造。

预测工作区磁法共推断断裂3条,侵入岩体6个,火山岩地层1个,火山构造1个。

2. 重力异常特征

白乃庙式沉积型铜多金属矿预测工作区位于宝音图-白云鄂博-商都重力低值带以北,预测工作区重力场特征是:总体趋势为北高南低,区内有一北东向的高值区, $\Delta g_{max}=-119.65\times10^{-5}$m/s²。预测工作区南部东西向展布的宝音图-白云鄂博-商都重力低值带, $\Delta g_{min}=-159.68\times10^{-5}$m/s²。

预测工作区北部的局部高值区,走向为北东向,异常幅值约为 40×10^{-5}m/s²,根据岩石物性资料和地质体出露情况,推测是温都尔庙俯冲增生杂岩带的反映;其东侧等值线密集带推断为温都尔庙-西拉木伦一级断裂。预测区南部是重力场过渡带，并且局部形成重力低异常，推断是中—酸性岩体与前寒武纪地层接触带的反映。

白乃庙式沉积型铜多金属矿位于南部重力高上，表明该类矿床与元古宙地层有关。

预测工作区内重力共推断解释断裂构造24条，中—酸性岩体4个，地层单元6个，中—新生代盆地2个。

三、区域地球化学特征

区域上分布有Ag、As、Au、Cd、Cu、Mo、Sb、W等元素组成的高背景区带，在高背景区带中有以Ag、As、Au、Cd、Cu、Mo、Sb、W为主的多元素局部异常。区内各元素西北部多异常，东南部多呈背景及低背景分布。预测区内共有13个Ag异常、9个As异常、19个Au异常、11个Cd异常、10个Cu异常、12个Mo异常、7个Pb异常、9个Sb异常、13个W异常、7个Zn异常。

区域上Ag呈高背景分布，预测区西部白乃庙—西尼乌苏—查汗胡特拉一带、呼来哈布其勒—巴彦朱日和苏木一带存在规模较大的Ag局部异常，有明显的浓度分带和浓集中心；区内西北部As、Au元素呈高背景分布，东南部呈背景及低背景分布，西北部存在3处规模较大的As、Au组合异常，具有明显的浓度分带和浓集中心，分别位于讷格海勒斯—西尼乌苏—古尔班巴彦一带（呈北东向条带状高背景分布）、贡淖尔以北和毛盖图西南方；区内西北部Cd、Cu为高背景，东南部为背景及低背景分布，在Cd的高背景区带中存在两处规模较大的局部异常，分别位于查汗胡特拉—古尔班巴彦一带，巴彦朱日和苏木以西10km。Cu存在4处明显异常，分别位于白乃庙、讷格海勒斯以及贡淖尔西北、捷报村西部；Mo元素仅在白乃庙及其西南部存在规模较大的异常，在预测区西南部八股地乡、郭朋村、大喇嘛堂、太古生庙等地存在规模较大的低异常；Pb、Zn在区内呈背景及低背景分布；Sb在区内呈大面积高背景分布，北部从贡淖尔到乌兰哈达嘎查异常呈串珠状分布，中部呼来哈布其勒到毛盖图异常呈条带状分布，西部从讷格海勒斯到乌兰陶勒盖异常大面积分布；W在区内呈高背景，在白乃庙、乌兰陶勒盖以及包格德敖包以西10km、大喇嘛堂西北6km处分布有大规模的W异常。

预测工作区上元素异常套合较好的编号为AS1、AS2。AS1中Cu、Pb、Zn套合较好，Cu呈高背景分布，Pb、Zn呈同心环状分布；AS2中Cu、Pb、Ag、Cd套合较好，Cu、Pb呈椭圆形状分布，Ag、Cd分布在外围，呈环状分布。

四、区域遥感影像及解译特征

预测工作区内解译的环形构造较为零星，主要是认为与矿关系不大的环形体未做标志性解译。从整个预测工作区的环状特征来看，大多数为岩浆底侵作用而成，而矿产多分布在环状外围的次级小构造中。所以针对遥感影像所显示的线型、环型构造分析，认为是线性构造控制了矿产空间分布状态，环形构造的形成有提供热液及热源的可能，在环形构造外围及线性主构造的次级小构造是成矿重要部位。

已知矿点与本预测工作区中的羟基异常吻合的有白乃庙铜-金矿、谷那乌苏铜矿。

五、区域预测模型

根据预测工作区区域成矿要素、化探、航磁、重力、遥感及自然重砂资料，建立了本预测工作区的区域预测要素（表5-2），并编制预测工作区预测要素图和预测模型图。

表5-2 内蒙古白乃庙沉积型铜钼矿床预测工作区区域预测要素表

区域成矿要素		描述内容	要素类别
地质环境	大地构造位置	温都尔庙俯冲增生杂岩带,形成于温都尔庙岩浆弧与华北克拉通陆弧碰撞造山过程	必要
	成矿区(带)	滨太平洋成矿域(叠加在古亚洲成矿区域之上)(Ⅰ);华北成矿省(Ⅱ);阿巴嘎-霍林河铬、铜(金)、锗、煤、天然碱、芒硝成矿带(Ⅲ);白乃庙-哈达庙铜、金、萤石成矿亚带(Ⅳ)	必要
	区域成矿类型及成矿期	奥陶纪—泥盆纪,沉积(变质)型+斑岩型	必要
控矿地质条件	赋矿地质体	奥陶系白乃庙组	重要
	控矿侵入岩	花岗斑岩	重要
	主要控矿构造	东西向断裂为主要的构造,不易受其他构造的影响,具有长期性及阶段性和继承性,强烈时期为加里东期和海西期两个时期,它控制加里东早期的海底基性—中酸性火山喷发,是主要的控矿构造	必要
区内相同类型矿产		成矿区带内2个矿点,1个矿化点	必要
地球物理特征	重力异常	预测工作区区域重力场总体趋势为重力值由南向北逐渐增大。南部低重力值区域相对稳定,表现为重力值北高南低,东西走向的重力梯度带;北部有北东向展布的局部高、低重力异常相间排列,形态呈条带或椭圆状。中北部区域在预测工作区中重力值最高,达到-120×10^{-5}m/s^2。预测工作区南部正、负剩余重力异常为长椭圆状,近东西向走向,异常较平缓,异常之间有较大面积的零值区。剩余重力负异常值一般在$(-6\sim0)\times10^{-5}$m/s^{2}之间,剩余重力正异常多在$(0\sim6)\times10^{-5}$m/s^{2}之间。北部剩余重力异常为北东向展布,形态均为长椭圆状,异常边缘等值线较密集,剩余重力负异常值一般在$(-6\sim0)\times10^{-5}$m/s^{2}之间,剩余重力正异常则在$(0\sim10)\times10^{-5}$m/s^{2}之间	必要
	磁法异常	在航磁ΔT等值线平面图上白乃庙预测工作区磁异常幅值变化范围为$-1200\sim800$nT。预测工作区磁异常以异常值$0\sim100$nT为背景,异常轴为东西向和北西向,异常幅值较小,正异常值有一定梯度变化,一般呈带状分布。东南部有一正负伴生异常,梯度变化大,负异常值达-1200nT,周围正异常呈环状包围此负异常。白乃庙铜矿区位于预测工作区西部,处在以$0\sim100$nT低缓异常背景上	必要
地球化学特征		预测工作区主要分布有Au、As、Sb、Cu、Pb、Zn、Ag、Cd、W、Mo等元素异常,Cu元素浓集中心明显,异常强度高	重要
遥感特征		线性构造控制了矿产空间分布状态、环形构造的形成有提供热液及热源的可能,在环形构造外围及线型主构造的次级小构造是成矿重要部位	次要

区域预测要素图以区域成矿要素图为基础,综合研究重力、航磁、化探、遥感、自然重砂等综合致矿信息,并将综合信息各专题异常曲线或区全部叠加在成矿要素图上,在表达时可以出单独预测要素如航磁的预测要素图。

预测模型图的编制,以地质剖面图为基础,叠加化探及重力剖面图而形成,简要表示预测要素内容及其相互关系,以及时空展布特征(图5-5)。

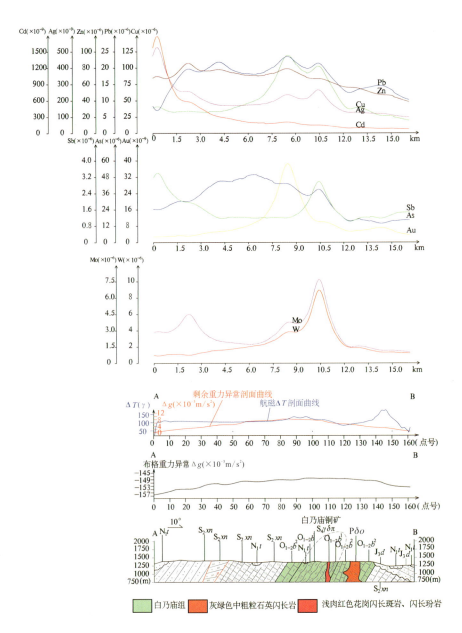

图 5-5 白乃庙沉积型铜钼矿预测工作区预测模型图

第三节 矿产预测

一、综合地质信息定位预测

1. 变量提取及优选

根据典型矿床及预测工作区研究成果,进行综合信息预测要素提取。本次选择网格单元法作为预测单元,预测底图比例尺为1∶10万,利用规则网格单元作为预测单元,网格单元大小为1.0km×1.0km。

地质体(白乃庙组)、同沉积断层、遥感异常及重砂异常要素进行单元赋值时采用区的存在标志;化探、剩余重力、航磁化极则求起始值的加权平均值,在变量二值化时利用异常范围值人工输入变化区间。

2. 最小预测区圈定及优选

本次利用证据权重法,采用 1.0km×1.0km 规则网格单元,在 MRAS2.0 下,利用有模型预测方法进行预测区的圈定与优选。然后在 MapGIS 下,根据优选结果圈定成为不规则形状(图 5-6)。

3. 最小预测区圈定结果

本次工作在白乃庙铜矿预测工作区圈定各级异常区 16 个,其中 A 级 5 个(含已知矿体),总面积 40.38km²;B 级 4 个,总面积 34.57km²;C 级 7 个,总面积 7.35km²(表 5-3,图 5-7)。

表 5-3 白乃庙铜矿预测工作区最小预测区圈定结果及资源量估算成果表

最小预测区编号	最小预测区名称	$S_{预}$(km²)	深度(m)	K_s	含矿系数	$Z_{预}$(×10⁴t)
A1504103001	白音朝克图苏木	35.61	1431	1	0.000 028 12	88.54
A1504103002	白音朝克图嘎查南	2.23	700	1	0.000 028 12	2.14
A1504103003	汗盖	1.00	500	1	0.000 028 12	0.99
A1504103004	呼特勒	0.77	200	1	0.000 028 12	0.31
A1504103005	呼特勒东	0.77	200	1	0.000 028 12	0.31
B1504103001	新尼乌斯	32.26	200	1	0.000 028 12	1.77
B1504103002	阿玛乌素南东	0.77	200	1	0.000 028 12	0.33
B1504103003	三滩	0.77	200	1	0.000 028 12	0.04
B1504103004	乌兰陶勒盖北西	0.77	200	1	0.000 028 12	0.40
C1504103001	毛盖图北	2.73	200	1	0.000 028 12	0.17
C1504103002	巴彦红格尔嘎查北	0.77	200	1	0.000 028 12	0.28
C1504103003	巴润哈日其盖东	0.77	200	1	0.000 028 12	0.17
C1504103004	一卜树村西	0.77	200	1	0.000 028 12	0.28
C1504103005	前青达门东	0.77	200	1	0.000 028 12	0.28
C1504103006	那日图嘎查南	0.77	200	1	0.000 028 12	0.22
C1504103007	乌兰哈达嘎查北东	0.77	200	1	0.000 028 12	0.17

说明:A 类区预测资源量为本次预测资源量减去矿床查明储量,资源量级别为 333-1。

本次所圈定的 16 个最小预测区,在含矿建造的基础上,最小预测区面积在 0.77~35.61km² 之间,其中 50km² 以内最小预测区占预测区总数的 100%。A 级区绝大多数分布于已知矿床外围或化探铜铅锌Ⅲ级浓度分带区且有已知矿点,存在或可能发现铜矿产地的可能性高,具有一定的可信度。

4. 最小预测区地质评价

预测工作区位于阴山东西向复杂构造带中段,东界被大兴安岭新华夏系隆起带所截。总体表现为北东向的隆起和坳陷等距排列,形成了白乃庙-多伦的"多"字形构造。加里东期和海西期构造运动表现最为强烈,表现为在区域上南北向应力的挤压作用下,形成一系列东西向的褶皱、挤压破碎带、逆冲断层、片理化带。

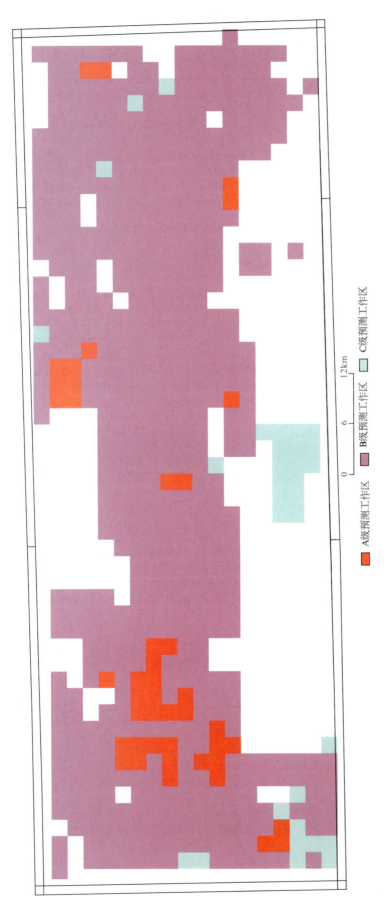

图 5-6 白乃庙沉积型铜矿预测工作区预测单元图

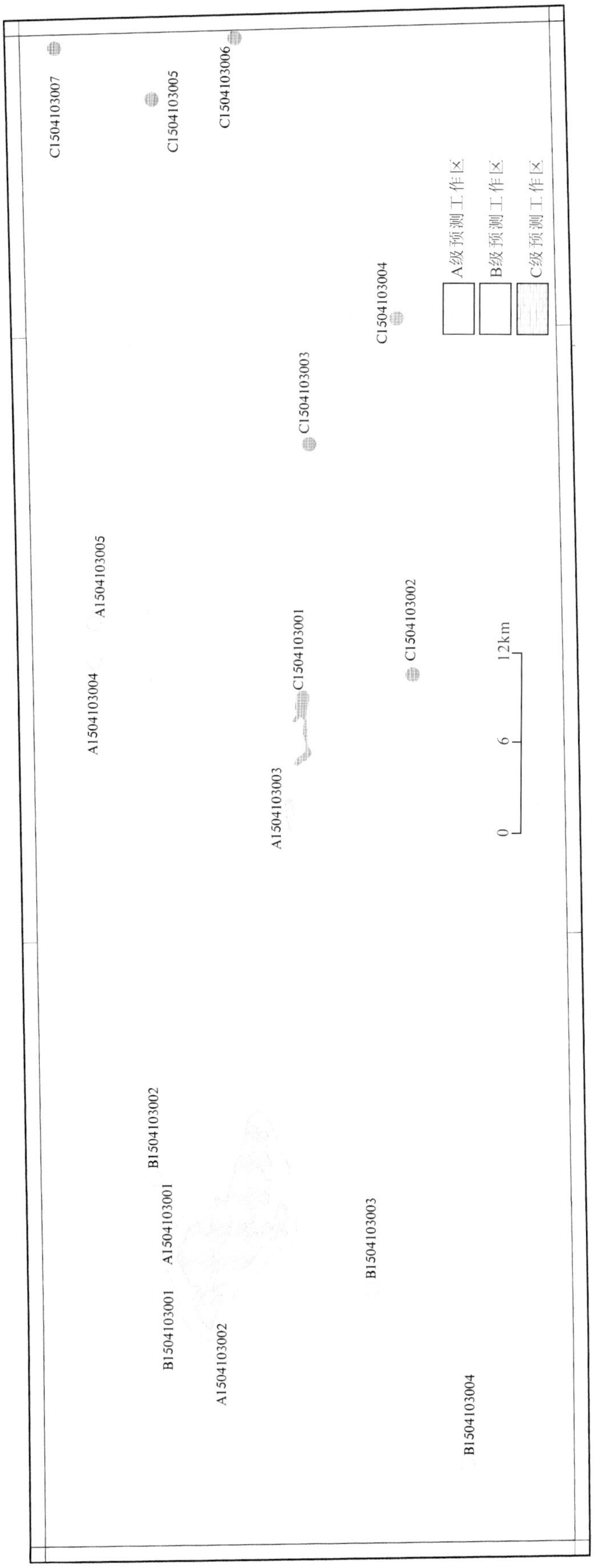

图 5-7 白乃庙式沉积型铜矿乌拉特中旗预测工作区最小预测区圈定结果

白乃庙组底部绿片岩段主要为一套中浅变质的绿片岩、长英片岩,其原岩为海底喷发的基性—中酸性火山熔岩、凝灰岩夹正常浅海相沉积的碎屑岩和碳酸盐岩。其中第五段大面积出露在矿区南部,岩性为绿泥斜长片岩、阳起绿泥斜长片岩夹角闪片岩及大理岩透镜体,是白乃庙铜矿的主要赋矿层位。其中第三段分布在矿区中部和西部,岩性主要为斜长角闪岩、绿泥斜长片岩夹角闪斜长片岩,是北矿带的主要赋矿层位。

依据本区成矿地质背景,并结合资源量估算和预测区优选结果,各级别面积分布合理,且已知矿床均分布在A级预测区内,说明预测区优选分级原则较为合理;最小预测区圈定结果表明,预测区总体与区域成矿地质背景、化探异常、航磁异常、剩余重力异常、遥感铁染异常吻合程度较好。因此,所圈定的最小预测区,特别是A级最小预测区具有较好的找矿潜力。预测工作区内各最小预测区特征见表5-4。

表5-4 白乃庙铜矿最小预测区综合信息表

编号	名称	综合信息
A1504103001	白音朝克图苏木	该最小预测区处在白乃庙组绿泥斜长片岩、阳起绿泥斜长片岩及大理岩基岩出露区。区内有白乃庙铜矿床1处,化探异常1处,航磁化极1处,具有较大的找矿潜力
A1504103002	白音朝克图嘎查南	该最小预测区处在白乃庙组绿泥斜长片岩、阳起绿泥斜长片岩及大理岩基岩出露区。区内有铜矿点1处,化探异常1处,航磁化极1处,具有找矿潜力
A1504103003	汗盖	该最小预测区处在白乃庙组绿泥斜长片岩、阳起绿泥斜长片岩及大理岩基岩出露区。区内有铜矿点1处,低缓航磁化极1处,具有找矿潜力
A1504103004	呼特勒	该最小预测区处在石英闪长岩与外接触带。区内有铜矿点1处,化探异常1处,低缓航磁化极1处,重砂异常1处,具有找矿潜力
A1504103005	呼特勒东	该最小预测区处在石英闪长岩与外接触带。区内有铜矿化点1处,化探异常1处,低缓航磁化极1处,重砂异常1处,具有找矿潜力
B1504103001	新尼乌斯	该最小预测区处在白乃庙组绿泥斜长片岩、阳起绿泥斜长片岩及大理岩基岩揭露区,化探异常1处,航磁化极1处,具有较大的找矿潜力
B1504103002	阿玛乌素南东	该最小预测区处在石英闪长岩与外接触带。区内有铜矿化点1处,低缓航磁化极1处,具有找矿潜力
B1504103003	三滩	该最小预测区处在新近系覆盖区。区内有铜矿化点1处,化探异常1处,低缓航磁化极1处,具有找矿潜力
B1504103004	乌兰陶勒盖北西	区内有铜矿化点1处,化探异常1处,重砂异常1处,低缓航磁化极1处,具有找矿潜力
C1504103001	毛盖图北	该最小预测区处在白乃庙组绿泥斜长片岩、阳起绿泥斜长片岩及大理岩基岩出露区。石英闪长岩呈岩株状产出。区内有低缓航磁化极1处,具有找矿潜力
C1504103002	巴彦红格尔嘎查北	该最小预测区处在侏罗纪地层覆盖区。区内有铜矿化点1处,低缓航磁化极1处,具有找矿潜力
C1504103003	巴润哈日其盖东	该最小预测区处在石英闪长岩岩体内。区内有铜矿化点1处,附近有重砂异常1处,低缓航磁化极1处,具有找矿潜力
C1504103004	一卜树村西	该最小预测区处在石英闪长岩岩体内。区内有铜矿化点1处,附近有重砂异常1处,低缓航磁化极1处,具有找矿潜力
C1504103005	前青达门东	该最小预测区处在花岗岩岩体内。区内有铜矿化点1处,低缓航磁化极1处,具有找矿潜力
C1504103006	那日图嘎查南	该最小预测区处在石英闪长岩岩体内。区内有铜矿化点1处,低缓航磁化极1处,具有找矿潜力
C1504103007	乌兰哈达嘎查北东	该最小预测区处在花岗闪长岩岩体内。区内有铜矿化点1处,低缓航磁化极1处,具有找矿潜力

二、综合信息地质体积法估算资源量

1. 典型矿床深部及外围资源量估算

查明的资源量、体重及铜矿品位依据来源于内蒙古自治区地质局第103地质队1976年11月编写的《内蒙古四子王旗白乃庙铜矿北矿带（八矿段）铜钼矿普查报告》。矿床面积的确定是根据1∶5000白乃庙矿区地形地质图。各个矿体组成的包络面面积（图5-8、图5-9）、矿体延深依据主矿体勘探线剖面图（图5-10）。具体数据见表5-5。

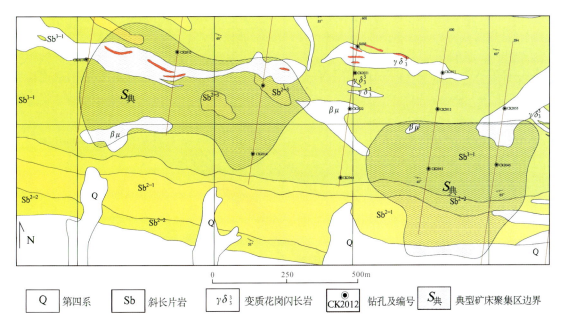

图5-8 白乃庙铜矿典型矿床总面积圈定方法及依据图

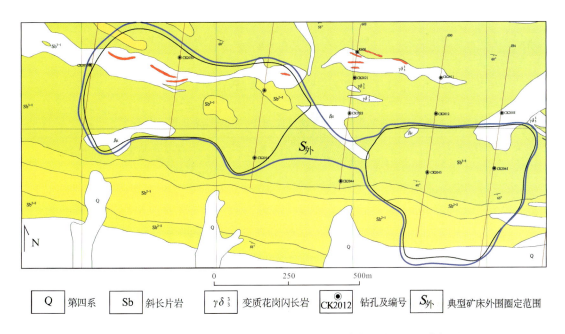

图5-9 白乃庙铜矿典型矿床外围资源量面积参数圈定方法及依据图

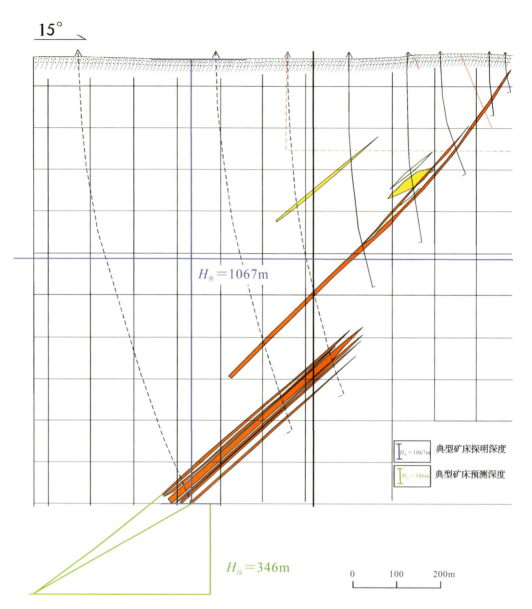

图 5-10　白乃庙铜矿典型矿床深部资源量延深确定方法及依据图

表 5-5　白乃庙铜矿典型矿床深部及外围资源量估算一览表

典型矿床		深部及外围		
已查明资源量(t)	547 533	深部	面积(m²)	2 344 667
面积(m²)	2 344 667		深度(m)	346
深度(m)	1067	外围	面积(m²)	2 289 007
品位(Cu,%)	0.2～0.6		深度(m)	1413
密度(t/m³)	2.96	预测资源量(t)		885 991.1
体积含矿率(t/m³)	0.000 219	典型矿床资源总量(t)		1 433 524

2. 模型区的确定、资源量及估算参数

模型区为典型矿床所在的最小预测区。霍各乞典型矿床查明资源量547 533t,按本次预测技术要求计算模型区资源总量为1 433 524t。模型区内无其他已知矿点存在,则模型区资源总量＝典型矿床总资源量,模型区面积为依托MRAS软件采用少模型工程神经网络法优选后圈定,延深根据典型矿床最大预测深度确定。由于模型区内含矿地质体边界可以确切圈定,但其面积与模型区面积一致,由模型区含地质体面积/模型区总面积得出,模型区含矿地质体面积参数为1。由此计算含矿地质体含矿系数(表5-6)。

表5-6 白乃庙铜矿模型区预测资源量及其估算参数表

编号	名称	模型区资源总量(t)	模型区面积(km^2)	延深(m)	含矿地质体面积(km^2)	含矿地质体面积参数	含矿地质体含矿系数
A1504103001	白音朝克图苏木	1 433 524	35.63	676.73	35.63	1	0.000 028 12

3. 最小预测区预测资源量

白乃庙铜矿预测工作区最小预测区资源量定量估算采用地质体积法进行估算。

(1)估算参数的确定。最小预测区面积是依据综合地质信息定位优选的结果;延深的确定是在研究最小预测区含矿地质体的地质特征、形成深度、断裂特征、矿化类型,并对比典型矿床特征的基础上综合确定的;相似系数的确定,主要依据MRAS生成的成矿概率及与模型区的比值,参照最小预测区地质体出露情况、化探、重砂异常规模及分布、物探解译隐伏岩体分布信息等进行修正。

(2)最小预测区预测资源量估算结果。本次预测资源总量为$96.4×10^4$t,不包括已查明资源量,各最小预测区资源量详见表5-3。

4. 预测工作区资源总量成果汇总

白乃庙沉积型铜矿预测工作区地质体积法预测资源量,依据资源量级别划分标准,根据现有资料的精度,可划分为334-1、334-2和334-3三个资源量精度级别;根据各最小预测区内含矿地质体、物化探异常及相似系数特征,预测延深参数均在2000m以浅。

根据矿产潜力评价预测资源量汇总标准,白乃庙铜矿预测工作区按精度、预测深度、可利用性、可信度统计分析结果见表5-7。

表5-7 白乃庙铜矿预测工作区预测资源量估算汇总表

按预测深度			按精度		
500m以浅	1000m以浅	2000m以浅	334-1	334-2	334-3
36.96	45.47	96.40	92.29	—	4.11
合计:96.40			合计:96.40		
按可利用性			按可信度		
可利用	暂不可利用		≥0.75	≥0.5	≥0.25
92.29	4.11		—	64.02	75.49
合计:96.40			合计:75.49		

注:表中预测资源量单位均为10^4t。

三、预测工作区共伴生矿种预测资源汇总

1. 典型矿床共伴生矿种资源量

据截至 2006 年初储量表,白乃庙铜矿铜金属量为 547 533t,伴生金资源量为 21 438kg,伴生金含矿率=伴生金/铜=21 438kg/547 533t=0.039 154kg/t。

2. 最小预测区共伴生矿预测资源量估算参数

最小预测区伴生金资源量=最小预测区预测铜资源量×伴生金含矿率。本次预测共预测伴生金资源量为 37 744.46kg,不含已探明的 21 438kg。各最小预测区伴生金资源量见表 5-8。

表 5-8 白乃庙铜矿预测工作区最小预测区伴生金资源量

最小预测区编号	最小预测区名称	最小预测区面积(km^2)	预测深度(m)	预测铜资源量(t)	伴生金含矿率	伴生金(kg)	级别
A1504103001	白音朝克图苏木	35.61	1431	885 400	0.039 154	34 666.95	334-1
A1504103002	白音朝克图嘎查南	2.23	700	21 400	0.039 154	837.90	334-1
A1504103003	汗盖	1.00	500	9900	0.039 154	387.62	334-1
A1504103004	呼特勒	0.77	200	3100	0.039 154	121.38	334-1
A1504103005	呼特勒东	0.77	200	3100	0.039 154	121.38	334-1
B1504103001	新尼乌斯	32.26	200	17 700	0.039 154	693.03	334-3
B1504103002	阿玛乌素南东	0.77	200	3300	0.039 154	129.21	334-3
B1504103003	三滩	0.77	200	400	0.039 154	15.66	334-3
B1504103004	乌兰陶勒盖北西	0.77	200	4000	0.039 154	156.62	334-3
C1504103001	毛盖图北	2.73	200	1700	0.039 154	66.56	334-3
C1504103002	巴彦红格尔嘎查北	0.77	200	2800	0.039 154	109.63	334-3
C1504103003	巴润哈日其盖东	0.77	200	1700	0.039 154	66.56	334-3
C1504103004	一卜树村西	0.77	200	2800	0.039 154	109.63	334-3
C1504103005	前青达门东	0.77	200	2800	0.039 154	109.63	334-3
C1504103006	那日图嘎查南	0.77	200	2200	0.039 154	86.14	334-3
C1504103007	乌兰哈达嘎查北东	0.77	200	1700	0.039 154	66.56	334-3

3. 最小预测区共伴生矿种预测资源量估算结果

白乃庙预测工作区共伴生铅锌矿产预测资源量按深度、精度及可利用性汇总结果见表 5-9。

表 5-9 白乃庙式铜矿预测工作区共伴生金预测资源量汇总表

查干哈达庙预测工作区							
按预测深度(kg)			按精度(kg)			按可利用性(kg)	
500m以浅	1000m以浅	2000m以浅	334-1	334-2	334-3	可利用	暂不可利用
15 168.26	18 500.27	37 744.46	36 135.23	—	1609.23	36 135.23	1609.23
合计:37 744.46			合计:37 744.46			合计:37 744.46	

第六章 乌努格吐山式侵入岩体型铜矿预测成果

第一节 典型矿床特征

一、典型矿床及成矿模式

(一) 矿床特征

1. 矿区地质背景

乌努格吐山铜钼矿床位于内蒙古自治区新巴尔虎右旗呼伦镇,满洲里市南西22km,矿床地理坐标范围:东经117°15′00″—117°20′00″,北纬49°24′00″—49°26′30″。

乌努格吐山矿床位于中生代陆相火山岩带的相对隆起部位,受火山机构控制。主要成矿围岩为黑云母花岗岩。主成矿期岩体为超浅成的钙碱系列中酸性次火山岩侵入岩——二长花岗斑岩。区内发育一套典型的Si^{4+}、K^+、OH^-面状环形交代蚀变矿化带,由内向外为石英-钾长石化带(Q-Kf)、石英-绢云母化带(Q-Ser)、伊利石-水白云母化带(I-H)。矿化分带明显,自成矿岩体向外依次为Mo(Cu)-Cu(Mo)-Pb、Zn、Ag。Q-Kf化带还可以划分出一个无矿的早期钾化-硅化核心(图6-1)。

本区燕山期火山-岩浆活动与成矿关系最为密切的至少有两个旋回:一是燕山运动早期以玛尼吐组及满克头鄂博组这两套中基性至中酸性火山岩建造为代表;二是以塔木兰沟组中基性火山岩开始逐步演化到酸碱性火山岩组的一套偏碱性火山-侵入岩组合,乌努格吐山矿床的形成与后一旋回的火山-侵入活动有关,与次火山斑岩体关系密切。

2. 矿床地质

全矿区共探明33个铜矿体、13个钼矿体。北矿段矿体主要赋存在斑岩体的内接触带,受围绕斑岩体的环状断裂控制。在剖面上矿体向北西倾斜,铜矿体向下分支。南矿带矿体形态不规则,以钼为主。矿带为一长环形,长轴长2600m,短轴长1350m,走向NE50°,总体倾向北西,倾角从东向西由75°~85°,南、北两个转折端均内倾,倾角为60°。北矿段环形中部有宽达900m的无矿核部,南矿段环形中部有宽达150~850m的无矿核部。整个矿带呈哑铃状、不规则状、似层状。铜金属资源量$223.2×10^4$ t,品位铜0.46%;钼资源量$25.8×10^4$ t,品位0.019%。

本矿床矿化分带明显受热液蚀变分带制约,由热源中心向外随温度梯度的变化形成了较明显的金属元素水平分带。从蚀变中心向外,依次可划分为4个金属矿物组合带:①黄铁矿-辉钼矿带,是钼矿体的主要赋存部位,金属矿物呈细脉浸染状;②辉钼矿-黄铁矿-黄铜矿带,是铜矿体的赋存部位,金属矿物以浸染状为主,细脉次之;③黄铁矿-黄铜矿带;④黄铁矿-方铅矿-闪锌矿带(图6-2)。

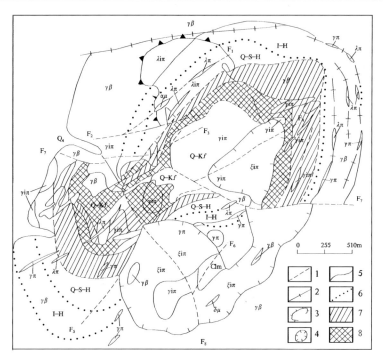

图 6-1 乌努格吐山铜钼矿床地质略图(据王之田,1988)

Q. 第四系;clm. 古生代安山岩、结晶灰岩;εiπ. 次英安质角砾熔岩;γiπ. 二长花岗斑岩;λiπ. 次流纹质晶屑凝灰熔岩;γβ. 黑云母花岗岩;αμ/δμ. 安山玢岩/闪长玢岩;λπ. 流纹斑岩;γπ. 花岗斑岩;I-H. 伊利石水白云母化带;Q-S-H. 石英绢云母水白云母化带;Q-Kf. 石英钾长石化带。1. 断层;2. 环状断裂系统;3. 火山通道;4. 爆发角砾岩筒;5. 地质界线;6. 蚀变带界线;7. 铜矿化;8. 钼矿化

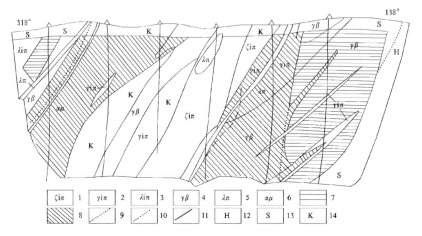

图 6-2 乌努格吐山斑岩型铜钼矿床北矿段地质剖面图(据王之田,1988)

1. 次英安质角砾熔岩;2. 斜长花岗斑岩;3. 次流纹质晶屑凝灰熔岩;4. 黑云母花岗岩;5. 流纹斑岩;6. 安山玢岩;7. 铜矿体;8. 钼矿体;9. 蚀变带界线;10. 氧化淋滤带界线;11. 断层;12. 伊利石-水白云母化带;13. 石英-绢云母-水白云母化带;14. 石英-钾长石化带

矿体赋存标高为160～820m。工业类型:属于细脉浸染型贫硫化物矿石。矿体矿化蚀变有黄铜矿、辉铜矿、黝铜矿、辉钼矿、黄铁矿、闪锌矿、磁铁矿、方铜矿、石英、长石、绢云母、伊利石,少量方解石、萤石。矿体围岩主要有3种岩性:黑云母花岗岩、流纹质晶屑凝灰熔岩、次斜长花岗斑岩。前两种岩性为铜矿体的上、下盘围岩,具有伊利石、水白云母化蚀变,与矿体呈渐变过渡关系。次斜长花岗斑岩为钼矿体上、下盘围岩,由于在蚀变矿化的中心部位,岩石具有石英钾长石化,与矿体呈渐变过渡关系。矿床具

有从高温-气液直到中—低温热液成矿阶段多期次脉动式连续的成矿过程。李伟实(1994)将该矿床划分为4个成矿阶段：

(1)石英-铁硫化物阶段，主要形成石英和黄铁矿。

(2)石英-硫化物阶段，产于石英-钾长石带，主要形成石英、钾长石、黄铁矿、辉钼矿和黄铜矿，为钼矿的主要成矿阶段。

(3)石英-绢云母-硫化物阶段，主要形成石英、绢云母、黄铁矿、黄铜矿、辉钼矿、方铅矿和闪锌矿等，为铜矿主成矿阶段，产于石英-绢云母化带。

(4)方解石-硫化物阶段，主要形成方解石和黄铁矿带。

磁性特征：矿体及蚀变岩体为一片平稳的$-100\sim200\gamma$的低磁场区，向外黑云母花岗岩范围内为一片中等强度的杂乱$-100\sim1000\gamma$磁场区；再外侧为由中生代火山岩引起的高磁场区。

本区蚀变岩石具有高的地球化学背景场，经表生地球化学作用后，铜在地表淋失，钼较稳定，铅、银可形成局部表生富集。

元素组合及分布特征：北矿段为铜钼组合异常，南矿段为铜-钼-铅-银组合异常。异常分布面积为$5km^2$，异常呈Ⅲ级浓度分带，铜、铅、钼、锌、银异常有明显的浓集中心，表明了斑岩型矿床的成矿特点，是矿异常的重要标志。

3. 乌努格吐山铜钼矿床成岩成矿时间

乌努格吐山含矿二长斑岩单颗粒锆石U-Pb年龄为$188.3\pm0.6Ma$，二长花岗斑岩的全岩Rb-Sr等时线年龄为$183.9\pm1.0Ma$，明显低于单颗粒锆石的U-Pb年龄，但与蚀变岩中的绢云母K-Ar年龄$183.5\pm1.7Ma$在误差范围内完全一致，很可能代表含矿岩体冷凝结晶与流体成矿之间的混合年龄。李诺(2007)获得辉钼矿Re-Os年龄为$178\pm10Ma$，该年龄为流体成矿年龄，因此，乌努格吐山斑岩流体成矿系统的发育时间限定在$188.3\pm0.6Ma$与$178\pm10Ma$之间，即$183\pm6Ma$。因此，此次预测将二长斑岩所侵入的黑云母花岗岩时代定为早—中侏罗世是合理的(表6-1)。由此表明，原认为黑云母花岗岩侵入大兴安岭地区大面积分布的满克头鄂博组、玛尼吐组及白音高老组是不合适的，但本次工作不考虑黑云母花岗岩与上述地层的接触关系。故其成矿时代应为早—中侏罗世(J_1-J_2)。

表6-1 乌努格吐山斑岩铜钼矿床同位素年龄值一览表

测试对象	同位素方法	年龄(Ma)	资料来源
二长花岗斑岩 单颗粒锆石	U-Pb年龄	188.3 ± 0.6	秦克章等,1999
二长花岗斑岩 全岩	Rb-Sr等时线年龄	183.9 ± 1.0	秦克章等,1999
(含矿)蚀变岩 绢云母	K-Ar年龄	183.5 ± 1.7	秦克章等,1999
矿石 辉钼矿	Re-Os模式年龄	155 ± 17	赵一鸣和张德全,1997
矿石 辉钼矿	Re-Os等时线年龄	178 ± 10	李诺,2007

以上资料来源于：李诺等(2007)内蒙古乌努格吐山斑岩型钼矿床辉钼矿Re-Os等时线年龄及其成矿地球动力学背景一文。

(二)矿床成矿模式

乌努格吐山斑岩铜钼矿床的成矿模式可概括如图6-3所示。印支-燕山早期，受太平洋板块向西推挤，得尔布干深断裂复活，黑云母花岗岩侵位，带来铜、钼等成矿元素的富集。燕山早期受与得尔布干深断裂带相对应北西向拉张断裂的影响，形成许多中心式火山喷发机构，二长花岗斑岩沿火山管道相侵位，带来铜、钼等成矿元素的富集。

由于本区多期次的构造岩浆活动，引发了深源岩浆水与下渗的天水对流循环，这种混合热流体由于既富挥发分又富碱质,同时对围岩具强烈的萃取和交代反应能力,从而导致围绕斑岩体形成环带状蚀变分布的矿化分带。蚀变分带表现为石英-钾长石化带-绢云母化带;矿化分带表现为 Mo - Mo - Cu - Cu -Cu - Pb - Zn 带。

上述矿床地质特征表明,乌努格吐山为较典型的斑岩型铜钼矿床。

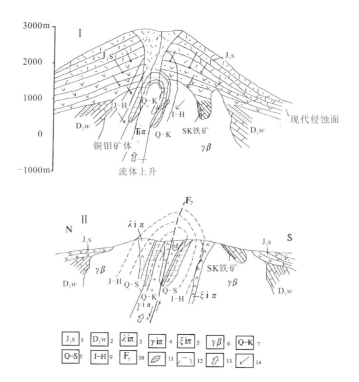

图 6-3 乌努格吐山斑岩型铜钼矿典型矿床成矿模式(据张海心,2006)
Ⅰ.矿体形成模式图;Ⅱ.断层及侵入角砾熔岩破坏,现代剥蚀面示意图。1.晚侏罗世火山岩;2.中泥盆统乌努尔组;3.流纹质晶屑凝灰熔岩;4.斜长花岗斑岩;5.正长斑岩;6.黑云母花岗岩;7.第四系—白垩系;8.第四系—志留系;9.伊利石水白云母化蚀变带;10.断层;11.铜钼矿体;12.蚀变带界限;13.流体上升方向;14.天水运动方向

二、典型矿床地球物理特征

1. 矿床所在位置航磁特征

1∶5万航磁化极图显示:整体表现为零值附近低缓的磁场,异常特征不明显。1∶5000地磁图显示为平稳的负磁场。矿区岩矿石磁性:矿区内蚀变岩石一般属弱磁性及微磁性。未蚀变的黑云母花岗岩磁性较蚀变花岗岩及火山岩强 2~3 倍,平均磁化率 κ 为 767×10^{-5} SI,剩磁为 1160×10^{-3} A/m。

2. 矿区激电异常特征

矿区岩矿石电性:本区岩石电阻率普遍较高,地表岩石电阻率为 1000~2000Ω·m,电阻率随着硅质成分增高而增高,矿体在潜水面以下部分电阻率显著降低,仅为数十至数百 Ω·m。矿区未见高极化率岩石,矿体氧化露头极化率 η 值在 1%~5% 之间,从氧化带下部极化率开始增高,铜矿体部分平均极化率值 20%。

岩矿石电位跳跃和极化率有正消长关系,地表矿石一次场电压不超过 20mV,至氧化带下部,铜矿体部分平均为 150mV。

3. 矿床所在区域重力特征

乌努格吐山铜钼矿在布格重力异常图上，位于低重力异常边部的梯级带处，布格重力异常值 Δg 变化范围为 $(-112.32\sim-77.11)\times10^{-5}\mathrm{m/s^2}$。变化率每千米 $4\times10^{-5}\mathrm{m/s^2}$。依据地质资料，梯级带对应于北东向的额尔古纳-呼伦深断裂及近东西向的断裂带，乌努格吐山铜矿恰好处在断裂交会处。在剩余重力异常图上，乌努格吐山铜矿处在编号为 L 蒙-88 的负异常边界处。该异常走向呈北东向，对应于中生代盆地的分布区。区域航磁等值线平面图显示，矿区位于负磁或低缓磁场区域。

三、典型矿床地球化学特征

据 1∶5 万化探资料，乌努格吐山铜钼矿床主要指示元素为 Mo、Cu、Pb、Zn、Ag、W、Au、Bi、Cd，其中 Mo、Au、Cd、W、Zn 呈北东向串珠状展布，Cu、Pb、Ag、Bi 呈北东向条带状展布，受北东向断裂构造控制明显。

Mo、Pb、Ag 异常面积大，强度高，套合好，浓集中心部位与矿体吻合好；Cu、Au、Bi、Cd 异常面积较大，在矿体周围表现为高异常；W、Zn 在矿体周围表现为低缓异常。

四、典型矿床预测模型

根据典型矿床成矿要素和矿区航磁以及区域重力、化探资料，确定典型矿床预测要素，编制典型矿床预测要素图。矿床所在地区的系列图表达典型矿床预测模型(图 6-4、图 6-5)。总结典型矿床综合信息特征，编制典型矿床预测要素表(表 6-2)。

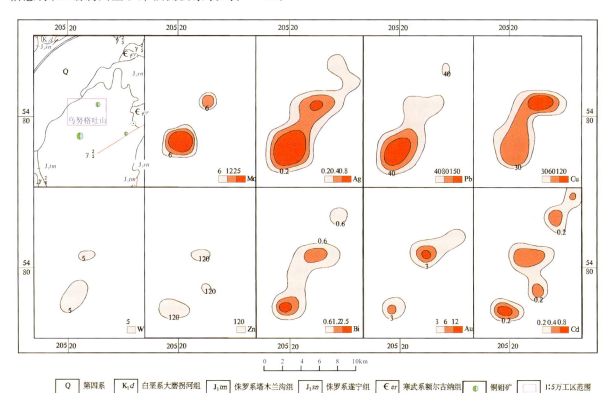

图 6-4　乌努格吐山式斑岩型铜钼矿综合异常剖析图

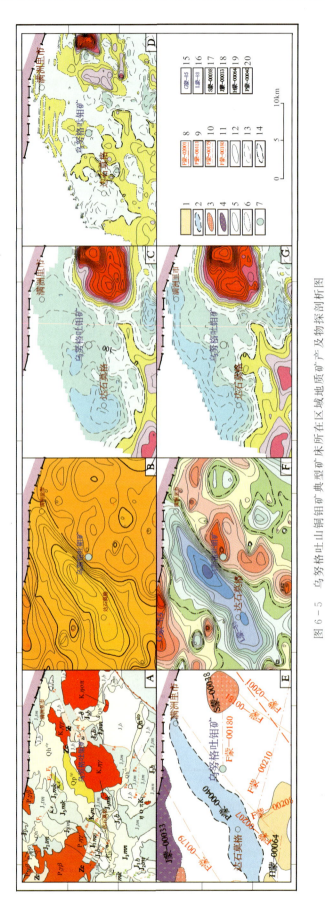

图6-5 乌努格吐山铜钼矿典型矿床所在区域地质矿产及物探剖析图

A. 地质矿产图;B. 布格重力异常图;C. 航磁ΔT等值线平面图;D. 航磁ΔT化极垂向一阶导数等值线平面图;E. 重力推断地质构造图;F. 剩余重力异常图;G. 航磁ΔT化极等值线平面图。
1. 元古宙地层;2. 盆地及边界;3. 酸性—中酸性岩岩体;4. 超基性岩岩体;5. 出露岩体边界;6. 半隐伏岩体边界;7. 超基性—中酸性岩岩体;8. 重力推断盆缘断裂构造及编号;9. 重力推断三级断裂构造及编号;10. 重力推断四级断裂构造及编号;11. 航磁正等值线;12. 航磁负等值线;13. 零等值线;14. 剩余正异常编号;15. 剩余负异常编号;16. 中酸性岩体编号;17. 基性—超基性岩体编号;18. 地层编号;19. 盆地编号;20. 铜钼矿床

表 6-2 乌努格吐山式斑岩型铜钼矿典型矿床预测要素表

成矿要素		描述内容				要素类别
		储量	铜金属量:1 850 668t	平均品位	铜 0.431%	
特征描述		斑岩型铜钼矿床				
地质环境	大地构造位置	天山-兴蒙造山系(Ⅰ),大兴安岭弧盆系(Ⅰ-1),额尔古纳岛弧(Pz_1)(Ⅰ-1-2),海拉尔-呼玛弧后盆地(Pz)(Ⅰ-1-3)				必要
	成矿环境	1. 铜多金属成矿主要与燕山早期的中性—酸性及燕山晚期酸性、中酸性侵入岩和次火山岩有密切的成因关系;2. 区内金属成矿带的展布严格受北东向得尔布干深大断裂的控制				必要
	成矿时代	燕山早期				重要
矿床特征	矿体形态	矿带为一长环形,长轴长 2600m,短轴长 1350m,走向 NE50°,总体倾向北西,整个矿带呈哑铃状、不规则状、似层状				次要
	岩石类型	黑云母花岗岩、流纹质晶屑凝灰熔岩、次斜长花岗斑岩				重要
	岩石结构	岩石结构:半自形—他形粒状为主,斑状结构				次要
	矿物组合	金属矿物:黄铜矿、辉铜矿、黝铜矿、辉钼矿、黄铁矿、闪锌矿、磁铁矿、方铜矿				重要
	结构构造	矿石结构:粒状结构、交代结构、包含结构、固溶体分离结构、镶边结构;构造:浸染状和小细脉状为主,局部见有角砾状构造				次要
	蚀变特征	蚀变类型主要有石英化、钾长石化、绢云母化、水白云母化、伊利石化、碳酸盐化,次为黑云母化、高岭土化、白云母化、硬石膏化,少见绿泥石化、绿帘石化和明矾石化等				重要
	控矿条件	1. 携矿岩体是成矿的主导因素;2. 火山机构是成矿和矿化富集的有利空间;3. 矿化明显受蚀变控制;4. 矿化富集的物理化学条件				必要
区域成矿类型及成矿期		早—中侏罗世侵入岩体型铜(钼)矿床				必要
地球物理、化学特征	重力	位于北东向负的剩余重力梯带向小于$-100×10^{-5} m/s^2$一侧的梯度带上,剩余重力异常值介于$(-100\sim-86)×10^{-5} m/s^2$之间				重要
	航磁	1:5 万航磁化极图显示:整体表现为零值附近低缓的磁场,异常特征不明显				重要
	化探	铜异常与铜钼矿赋矿围岩吻合好,铜异常最高值为 $2433×10^{-6}$,铜含量值介于$(38\sim61)×10^{-6}$,为矿致异常				重要

第二节 预测工作区研究

一、区域地质特征

1. 成矿地质背景

工作区大地构造位置Ⅰ级属天山-兴蒙造山系,Ⅱ级属大兴安岭弧盆系,Ⅲ级属额尔古纳岛弧(Pz_1),中生代属乌努格吐-克尔伦侏罗纪—白垩纪火山喷发带。

额尔古纳岛弧是大兴安岭弧盆系最北部的三级构造单元。这是一个在兴凯运动发育成熟的岛弧。其最老的地层为新元古界加疙瘩组,为一套片岩、千枚岩、大理岩夹酸性火山岩,系海相碎屑岩夹火山岩沉积。震旦系额尔古纳河组为一套浅变质的浅海相类复理石建造、碳酸盐岩建造,志留系为海相砂页岩建造。

该单元断裂构造极发育,一般为北东向断裂,活动时间长,并造成强烈的构造破碎或糜棱岩化带,褶皱构造为北西向、北东东向的紧密线形和倒转褶皱,侵入岩浆活动以海西中期后造山的大面积花岗岩岩基侵入为主。

该区的成矿期主要为燕山期,分布有乌努格吐山式斑岩型铜钼矿、甲乌拉式火山热液型铅锌银矿、比利亚古式铅锌银矿、额仁陶勒盖式银锰矿、小伊诺盖沟热液型金矿、四五牧场火山岩型金矿。

预测工作区古生代地层区划属北疆-兴安地层大区兴安地层区,跨额尔古纳地层分区(预测工作区西北部)和达来-兴隆地层分区(预测工作区东南区)。中新生代地层区划属滨太平洋地层区,大兴安岭-燕山地层分区,博克图-二连浩特地层小区。区内出露地层有新元古界青白口系佳疙瘩组绢云石英片岩、斜长角闪片岩类;震旦系额尔古纳河组白云质灰岩-大理岩建造;中侏罗统万宝组长石岩屑砂岩、凝灰砂砾岩和砂质板岩建造;塔木兰沟组玄武岩、安山玄武岩、安山质凝灰岩薄层、安山岩;上侏罗统玛尼吐组、满克头鄂博组及白音高老组为一套安山岩-英安岩-流纹岩等中—酸性陆相火山岩建造;下白垩统梅勒图组以玄武岩、玄武安山岩、安山岩为主;下白垩统大磨拐河组为湖相砂砾岩、泥岩建造。

预测工作区属大兴安岭构造岩浆岩带,岩浆活动频繁,侵入岩时代为海西晚期、燕山早期和燕山晚期,以燕山早期最为发育,岩体的分布明显受区域性北东向额尔古纳-呼伦深断裂控制,呈北东向展布。乌努格吐山斑岩型钼矿产于燕山早期黑云母花岗岩中。

前燕山期侵入岩有新元古代斜长花岗岩,海西期侵入岩有晚石炭世黑云母花岗岩,晚期侵入岩有中二叠世二长花岗岩和黑云母花岗岩。前燕山期侵入岩出露面积小。

燕山期侵入岩广泛分布于北东向大兴安岭构造岩浆岩带、额尔古纳俯冲-碰撞型火山侵入岩亚带内。燕山早期发育中酸性—酸性花岗岩,岩性有黑云母花岗岩、花岗闪长岩、二长花岗岩、正长花岗岩和花岗斑岩;燕山晚期侵入岩主要为次火山岩体,分布于全区,与火山活动关系密切,主要岩性有石英闪长玢岩、石英二长(斑)岩、花岗斑岩、(石英)正长斑岩、石英二长岩及碱性花岗岩,它们往往对前期矿体起破坏作用。燕山期侵入岩岩石类型属高钾钙碱系列和碱性系列,岩石类型属壳幔混合源。

乌努格吐山矿区岩浆岩均属高钾钙碱性铝过饱和系列,成矿组分主要来源于二长花岗斑岩。矿区自中生代早期开始构造岩浆活动渐强,沿北东向形成一系列中酸性岩浆杂岩体,矿床的形成与该区最强的一期次火山岩浆活动有关。实际上,成矿岩体为同源多期喷发和浅成侵位的复式岩体,平面上呈北西向拉长的椭圆形,剖面近于陡立略向北西侧伏,出露面积约0.12km²,呈一岩株,分3个时期侵位:①成矿早期为充填于火山通道中的流纹质角砾凝灰岩;②主成矿期为沿火山管道侵位的二长花岗斑岩;③成矿期后为侵入英安角砾岩。此外,还有花岗斑岩、石英斑岩及闪长玢岩等脉岩充填于四周环状裂隙中。

预测工作区内分布的北东向额尔古纳-呼伦深断裂将区内两个大地构造单元——外贝加尔褶皱系与大兴安岭褶皱系分开,外侧为中生代火山岩带相对隆起区,额尔古纳-呼伦深断裂的发育控制了本区火山岩带沿北东向分布,并且为矿产的形成提供了场所。区域构造受上述深断裂的影响,主要构造线为北东向,褶皱主要有白灰厂-乌努格吐山背斜,受燕山早期花岗岩侵入影响,出露不完整。北西向为张性断裂,火山构造表现为与火山作用有关的环形和放射状断裂或裂隙,其热液成矿作用十分有利。北西向与北东向断裂构造交叉部位,形成切割地壳较深的贯通火山口,其隆起部位成为导矿的主要通道。

区域上额尔古纳-呼伦断裂带是控制区域地质发展及成矿作用的主导因素。该深断裂是外贝加尔褶皱系两个不同大地构造单元的界线,沿此断裂两侧分布有不同时代产出的一系列斑岩型铜钼矿床及其他类型矿产,燕山期成矿的乌努格吐山钼矿床位于深断裂西侧。

沿满洲里—新巴尔虎右旗一带钙碱系列火山深成岩浆活动的广泛发育,形成区内有色金属矿产的重要条件。在火山岩带隆起部位,岩浆多期次喷发-侵入旋回,为岩浆分异、成矿热液的迁移、聚集提供了良好的成矿物质来源。

预测工作区内已发现的斑岩型铜钼矿床有乌努格吐山大型—超大型铜钼矿、八大关铜钼矿、八八一铜钼矿和黄花菜沟铜钼矿点。

2. 区域成矿模式

预测工作区燕山早期的含矿花岗岩类受断裂、火山机构控制生成就位;成矿组分来源于地壳深部,围岩对铜、钼的补给起到了一定的作用;成矿热液是来自岩浆分异的产物,后期又有天水加入;得尔布干深断裂(额尔古纳深断裂)控制了本区燕山早期的火山岩浆活动,也为下地壳的成矿物质提供了上升通道。北东向、北西向次一级断裂的交会处为成矿的有利场所(图6-6)。

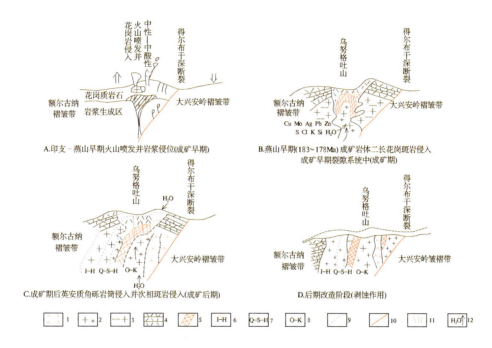

图6-6 乌努格吐山式斑岩型铜(钼)矿区域成矿模式

1.火山角砾岩;2.二长花岗斑岩;3.黑云母花岗岩;4.前侏罗纪地质体(盖层);5.铜(钼)矿体;6.伊利石-水云母带;7.石英-绢云母-水云母化带;8.石英钾长石化带;9.蚀变带分界线;10.得尔布干深断裂;11.矿体顶部裂隙;12.水介质流动方向

二、区域地球物理特征

1. 磁异常特征

乌努格吐山式斑岩型铜钼矿新巴尔虎右旗乌努格吐山预测工作区范围:东经115°45′—119°45′,北纬48°30′—50°20′。

在1:10万航磁 ΔT 等值线平面图上,预测工作区磁异常幅值范围为 $-500 \sim 1250 \mathrm{nT}$,背景值为 $-100 \sim 100 \mathrm{nT}$,预测工作区东北部磁异常幅值相对西南部高,磁异常形态杂乱,正负相间,多为不规则带状、片状,西南部磁异常较平缓,相对规则,呈条带状及团状。纵观预测工作区磁异常轴向及 ΔT 等值线延伸方向,以北东向为主。乌努格吐山式斑岩型铜钼矿床位于预测区西北部,处在平稳负磁场上,异常值 $-125 \mathrm{nT}$ 附近,其东侧不远处有一较大的圆团状正磁异常。预测工作区磁法推断断裂构造以北东向及北西向为主,磁场标志多为不同磁场区分界线及磁异常梯度带。预测工作区内除东北部大面积的杂乱异常为火山岩地层引起外,其他异常均由侵入岩体引起。预测工作区南部椭圆形异常推断为由酸性侵入岩体引起。

新巴尔虎右旗乌努格吐地区乌努格吐山式斑岩型铜钼矿预测工作区磁法共推断断裂7条、中酸性岩体 19 个、火山岩地层 1 个。

2. 重力异常特征

该预测工作区区域重力场反映东、西部重力低，中部重力高异常呈条带状沿北东向展布的特点。中部重力高异常带沿八大牧场—西乌珠尔—嵯岗镇、干珠花一线呈条带状北东向展布，高异常区布格重力异常最高值为 $-50\times10^{-5}\mathrm{m/s^2}$。

在航磁图上可见正航磁异常带与其对应。中部重力高异常带推断为元古宙地层及基性岩体的反映；带内呈串珠状排列的局部重力低异常，在剩余重力异常图中对应为负异常，依据物性资料，推断为酸性岩体及中生代盆地的反映。高异常带两侧为北东向重力梯级带，其中东部密集带在布格重力异常水平一阶导数（275°）图中，表现为明显的狭长线性异常带，推断由Ⅰ级断裂——得尔布干断裂引起。预测工作区东部重力低异常值在 $(-95\sim100)\times10^{-5}\mathrm{m/s^2}$ 之间，预测工作区西部重力低异常值在 $(-110\sim115)\times10^{-5}\mathrm{m/s^2}$ 之间。

乌努格吐山铜钼矿位于西部重力低异常边界等值线密集处，根据物性资料，该矿床与中酸性次火山侵入岩有关。预测工作区内重力共推断解释断裂构造 39 条、中—酸性岩体 1 个、地层单元 12 个、中—新生代盆地 12 个。

该预测工作区的乌努格吐山铜钼矿位于额尔古纳-呼伦断裂带西侧，该深断裂是外贝加尔褶皱系两个不同大地构造单元的界线，沿此断裂两侧分布有不同时代的一系列斑岩型铜钼矿床及其他类型矿产。低重力异常边部的梯级带区域是该类矿床成矿最有利地段。

三、区域地球化学特征

区域上分布有 Cu、Ag、As、Au、Cd、Mo、Sb、W 等元素组成的高背景区带，在高背景区带中有以 Ag、As、Au、Cd、Cu、Mo、Sb、W 为主的多元素局部异常。区内各元素西北部多异常，东南部多呈背景及低背景分布。预测工作区内共有 37 个 Ag 异常、28 个 As 异常、30 个 Au 异常、48 个 Cd 异常、40 个 Cu 异常、47 个 Mo 异常、20 个 Pb 异常、24 个 Sb 异常、52 个 W 异常、38 个 Zn 异常。

区域上 Ag、Cd 在中西部呈高背景分布，东部呈背景及低背景分布，乌努格吐、头道沟、达巴、额日和图乌拉、黑山头镇、西乌珠尔苏木西北部等地存在 Ag 局部异常；As 多呈背景及低背景分布，仅在乌努格吐、头道沟及达钦布拉格以东各地存在明显的 As 异常；预测工作区西北部 Au 呈高背景，中东部大部分地区均呈背景及低背景分布，乌努格吐周围及其北部存在明显的 Au 异常，并具有明显的浓度分带和浓集中心；Cu 在西部均呈背景及低背景分布，仅在乌努格吐存在明显的局部异常，在东部 Cu 形成高背景区带，从西乌珠尔苏木经八大关牧场到黑山头镇形成一条北东向串珠状异常；Mo 元素在区域上呈高背景，在乌努格吐以南、达钦布拉格东南部形成规模较大的高背景带，在高背景区带中存在大规模的局部异常；Pb 的分布具有明显的地域特征，中西部形成大面积的局部异常，东部为背景及低背景分布；在 Sb、W 的高背景区带上，存在明显的局部异常，分布于乌努格吐、达巴、达钦布拉格等地；Zn 异常主要分布在乌努格吐、达巴及预测工作区东部其他地区。

四、区域遥感影像及解译特征

乌努格吐式斑岩型铜钼矿预测工作区位于内蒙古自治区海拉尔地区，区内主要构造在遥感图像上表现为北东走向，主构造线以压扭性构造为主；北西向构造为辅，两构造组成本地区的菱形块状构造格架。在两组构造之中形成了次级千米级的小构造，而且多数为张或张扭性小构造，这种构造多数为储矿构造。该预测工作区位于北东向的额尔古纳-呼伦深断裂的西侧，是两个大地构造单元——外贝加尔褶皱系与大兴安岭褶皱系的衔接处，外侧中生代火山岩带相对隆起区，额尔古纳-呼伦深断裂的发育控制了本区火山岩带沿北东向分布，并且为矿产的形成提供了场所。区域构造受上述深断裂的影响，主要构造线为北东向,褶皱主要有白灰厂-乌努格吐山背斜,受燕山早期花岗岩侵入,出露不完整。

北西向为张性断裂,火山构造表现为与火山作用有关的环形和放射状断裂或裂隙,其热液成矿作用十分有利。北西向与北东向断裂构造交叉部位,形成切割地壳较深的贯通火山口,其隆起部位成为导矿的主要通道。预测工作区内环状构造主要是按照环状形成的特点和在区域内对矿产有意义的程度来解译。故认为本次的环状、线状构造的解译完全遵照客观实际情况和遥感的特点来进行。从整个预测工作区的环状特征来看,大多数为岩浆作用而成,而矿产多分布在环状外围的次级小构造中。因此,针对遥感线性、环形构造分析,认为是线性构造控制了矿产空间分布状态。环形构造的形成可能提供了热液及热源。

已知铜矿点与羟基铁染异常吻合的有乌努格吐山铜钼矿、大关铜钼矿和八八一铜钼矿。

五、区域预测模型

根据预测工作区区域成矿要素、化探、航磁、重力、遥感及自然重砂资料,建立了本预测区的区域预测要素,并编制预测工作区预测要素图和预测模型图。

区域预测要素图以区域成矿要素图为基础,综合研究重力、航磁、化探、遥感、自然重砂等致矿信息,总结区域预测要素表(表6-3),并将综合信息各专题异常曲线或区全部叠加在成矿要素图上,在表达时可以出单独预测要素(如航磁)的预测要素图。

表6-3 乌努格吐山斑岩型铜钼矿乌努格吐山预测工作区预测要素表

区域预测要素		描述内容	要素类别
地质环境	大地构造位置	天山-兴蒙造山系(Ⅰ),大兴安岭弧盆系(Ⅰ-1),额尔古纳岛弧(Pz_1)(Ⅰ-1-2),海拉尔-呼玛弧后盆地(Pz)(Ⅰ-1-3)	必要
	成矿区(带)	新巴尔虎右旗(拉张区)铜、钼、铅、锌、金、萤石、煤(铀)成矿带(Ⅲ-5)、额尔古纳铜、钼、铅、锌、银、金、萤石成矿亚带(Ⅲ-5-①)(Y、Q)、八大关-乌努格吐山铜(钼)矿集区(Ym)(Ⅴ)	必要
	区域成矿类型及成矿期	早—中侏罗世斑岩型铜(钼)矿床	重要
控矿地质条件	赋矿地质体	侏罗纪岩体	重要
	控矿侵入岩	二长花岗斑岩、正长花岗岩、花岗闪长岩、花岗斑岩等(J_{1-3})	重要
	主要控矿构造	得尔布干深大断裂两侧及区域北东向、北西向断裂两侧或断裂构造交会部位	重要
区内相同类型矿产		成矿区带内6个矿床、矿化点	重要
地球物理、地球化学特征	重力异常	区域重力场处在南北向的重力梯度带上,呈西部重力低、东部重力高的特点。布格重力值最低$-135\times10^{-1}m/s^2$,最高$-80\times10^{-5}m/s^2$左右。区内重力梯度带上叠加局部重力异常,剩余重力负异常值一般在$-5\sim0m/s^2$之间,剩余重力正异常在$0\sim15m/s^2$之间	重要
	航磁异常	少部分资料,规律不明显。1:50万航磁平面等值线图显示,磁场总体表现为低缓的负异常,西北部出现正异常,极值达300nT	次要
	地球化学特征	Mo元素异常值多在$(2.9\sim118.8)\times10^{-6}$之间,具有较好的浓集中心,较强的异常值	重要
		Mo、W、U综合异常的分布也是重要的指示标志	
遥感特征		位于额尔古纳断裂带与北西向达赉东苏木以北构造及乌努格吐山东同心环状构造复合部位。遥感解译的北东向断裂构造及隐伏斑岩体(环状要素)	次要

预测模型图的编制，以地质剖面图为基础，叠加区域化探、航磁及重力剖面图而形成，简要表示预测要素内容及其相互关系，以及时空展布特征(图6-7)。

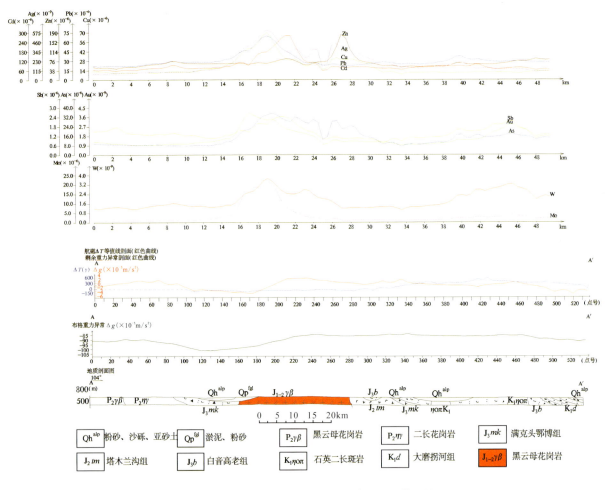

图 6-7　乌努格吐山铜钼矿预测工作区预测模型图

第三节　矿产预测

一、综合地质信息定位预测

1. 变量提取及优选

根据典型矿床及预测工作区研究成果，进行综合信息预测要素提取。本次选择网格单元法作为预测单元，预测底图比例尺为 1∶10 万，利用规则网格单元作为预测单元，网格单元大小为 $1.0km\times1.0km$。

地质体(中侏罗世岩体)及重砂异常要素进行单元赋值时采用区的存在标志；化探、剩余重力、航磁化极则求起始值的加权平均值，在变量二值化时利用异常范围值人工输入变化区间。

2. 最小预测区圈定及优选

本次利用证据权重法,采用 1.0km×1.0km 规则网格单元,在 MRAS2.0 下,利用有模型预测方法进行预测区的圈定与优选。在 MapGIS 下,根据优选结果圈定成为不规则形状。

3. 最小预测区圈定结果

叠加所有预测要素变量,根据各要素边界圈定最小预测区,共圈定最小预测区 18 个,其中 A 级区 3 个,面积共 56.90km²;B 级区 5 个,面积共 47.89km²;C 级区 10 个,面积共 205.58km²(图 6-8,表 6-4)。

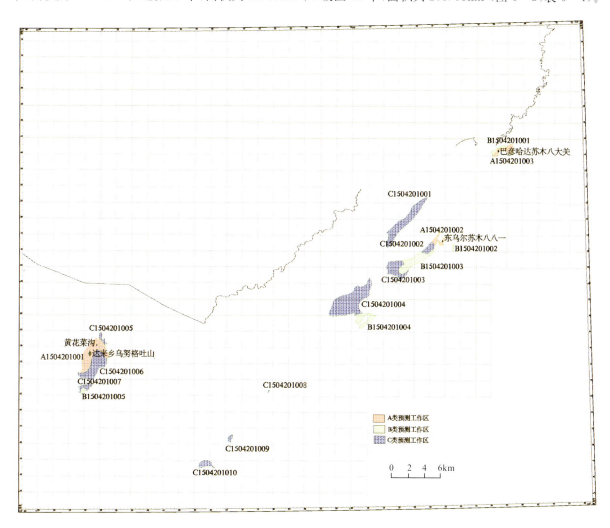

图 6-8 乌努格吐山式侵入岩体型铜矿预测工作区最小预测区圈定结果

4. 最小预测区地质评价

根据成矿有利度[含矿侵入岩、矿床、矿(化)点、控矿、赋矿构造发育程度、化探异常与含矿侵入岩吻合度、航磁及重力异常]将预测工作区内最小预测区级别分为 A、B、C 三个等级。

A 级:侵入岩+矿床(矿点)+矿致异常(Cu 元素化探异常,Cu、Pb、Zn 组合异常)。

B 级:侵入岩+矿致异常+断裂(Cu 元素化探异常,Cu、Pb、Zn 组合异常)。

C 级:侵入岩+综合异常(Cu、Pb、Zn 综合异常)或侵入岩+A 级、B 级附近重力、航磁成矿有利位置+断裂+(遥感、重力、航磁解译断裂)。

表 6-4 乌努格吐山侵入岩体型铜矿预测工作区最小预测区圈定结果及资源量估算成果表

最小预测区编号	最小预测区名称	$S_{预}(m^2)$	$H_{预}(m)$	K_s	$K(t/m^3)$	$\alpha(\%)$	$Z_{预}(\times 10^4 t)$	资源量级别
A1504201001	乌努格吐山	40 164 640	900	1		90	92.51	334-1
A1504201002	八八一	6 827 174	400	1		50	8.97	334-1
A1504201003	八大关	9 913 790	400	1		50	9.63	334-1
B1504201001	八大关	3 869 738	400	1		45	5.35	334-3
B1504201002	八八一南	1 210 718	400	1		45	1.67	334-3
B1504201003	八八一西南	2 710 625	400	1		45	3.75	334-3
B1504201004	西乌珠尔苏木西北	13 624 740	400	1		45	18.83	334-3
B1504201005	乌努格吐山南	2 087 085	600	1		45	4.33	334-3
C1504201001	八八一西北	42 201 530	400	1	0.000 076 78	35	45.36	334-3
C1504201002	八八一西南	8 108 717	400	1		35	8.72	334-3
C1504201003	西乌珠尔苏木东北	23 121 120	400	1		30	21.30	334-3
C1504201004	伊和乌拉嘎查北	74 844 350	400	1		30	68.96	334-3
C1504201005	黄花菜沟	3 563 630	600	1		35	5.75	334-3
C1504201006	乌努格吐山	36 980 680	600	1		35	59.63	334-3
C1504201007	乌努格吐山南	5 451 543	600	1		35	8.79	334-3
C1504201008	嘎拉布尔苏木北	296 959.4	400	1		25	0.23	334-3
C1504201009	哈日陶勒盖音苏仁西南	2 712 294	400	1		20	1.67	334-3
C1504201010	乌力吉图西南	8 307 866	400	1		20	5.10	334-3

本次工作共圈定各级异常区 18 个,其中 A 级最小预测区 3 个(含已知矿床、矿点)、B 级最小预测区 5 个、C 级 10 个。最小预测区面积多在 0.29~42.2km² 之间,1 个 C 级最小预测区面积为 74.84km²,A、B、C 三级预测区个数分别点总预测区比例为 17%、28% 和 55%,各级别面积分布合理,且已知矿床分布在 A 级预测区内,说明最小预测区优选分级原则较为合理;最小预测区圈定结果表明,预测区总体与区域成矿地质背景和地球化学异常吻合较好,与航磁异常、重力异常吻合较差。区域性断裂带的次级构造薄弱部位及应力集中之处是火山活动和后期岩体侵入的有利地段,也是成矿的有利地段。

此次估算铜资源量划分的 A 级最小预测区 3 个(含已知矿床、矿点)、B 级最小预测区 5 个、C 级 10 个。其中 A 级即 334-1 级别预测区包含已知矿床、矿点,综合成矿地质条件好,外围及深部找矿潜力大;B 级不包含已知矿床、矿点,但综合成矿条件较好,外围有找矿前景,可安排下一步工作;C 级成矿条件一般,综合成矿条件一般,只是一般的找矿远景区,条件允许时方可工作(表 6-5)。

表 6-5 乌努格吐山式侵入岩体型铜矿最小预测区成矿条件及找矿潜力表

最小预测区编号	最小预测区名称	综合信息
A1504201001	乌努格吐山	该最小预测区处在呼伦湖北西缘北东向断裂北西早中侏罗世黑云母花岗岩出露区,北东向和北西向断裂系交会部位,包含乌努格吐山超大型铜钼矿床和黄花菜沟铜矿点,具铜等综合化探异常及单元素异常,处于北东向重力异常梯度带上。深部具工业价值矿体
A1504201002	八八一	该最小预测区处在西乌珠尔苏木北东向断裂北西早中侏罗世黑云母花岗岩和花岗斑岩出露区,包含八八一小型铜钼矿床,具铜等综合化探异常及单元素异常,处于北东向重力异常梯度带上,航磁异常不明显。深部具工业价值矿体
A1504201003	八大关	该最小预测区处在西乌珠尔苏木北东向断裂北西早中侏罗世黑云母花岗岩和花岗闪长岩出露区,包含八大关小型铜钼矿床,具铜等综合化探异常及单元素异常,处于北东向重力异常梯度带上,航磁异常不明显。深部具工业价值矿体
B1504201001	八大关	该最小预测区处在八大关-黑山头北东向断裂北西侏罗纪花岗闪长岩基岩出露区。具铜等综合化探异常及单元素异常,处于北东向重力异常梯度带上,航磁异常不明显。外围有八大关小型铜钼矿床,具有较大的找矿潜力
B1504201002	八八一南	该最小预测区处在西乌珠尔苏木北东向断裂附近侏罗纪花岗斑岩基岩出露区,具铜等综合化探异常及单元素异常,处于北东向重力异常梯度带上,航磁异常不明显。外围有八八一小型铜钼矿床,具有较大的找矿潜力
B1504201003	八八一西南	该最小预测区处在西乌珠尔苏木北东向断裂北西侏罗纪花岗闪长岩出露区,具铜等综合化探异常及单元素异常,处于北东向重力异常梯度带上,航磁异常不明显。具有较大的找矿潜力
B1504201004	西乌珠尔苏木西北	该最小预测区处在西乌珠尔苏木北东向断裂北西侏罗纪黑云母花岗岩出露区,具铜等综合化探异常及单元素异常,处于北东向重力异常梯度带上,航磁异常不明显。具有较大的找矿潜力
B1504201005	乌努格吐山南	该最小预测区处在呼伦湖北西缘北东向断裂北西早中侏罗世黑云母花岗岩出露区,具铜等综合化探异常及单元素异常,处于北东向重力异常梯度带上,北东与北西断裂交会部位。具有较大的找矿潜力
C1504201001	八八一西北	该最小预测区处在西乌珠尔苏木北东向断裂北西早中侏罗世黑云母花岗岩出露区,具铜等综合化探异常,处于北东向重力异常梯度带上,北东向与北西向断裂交会部位。具有较大的找矿潜力
C1504201002	八八一西南	该最小预测区处在西乌珠尔苏木北东向断裂北西早中侏罗世黑云母花岗岩出露区,具铜等综合化探异常,处于北东向重力异常梯度带上,北东向与北西向断裂交会部位。具有较大的找矿潜力
C1504201003	西乌珠尔苏木东北	该最小预测区处在西乌珠尔苏木北东向断裂北西早中侏罗世黑云母花岗岩出露区,具铜等综合化探异常,处于北东向重力异常梯度带上,北东向与北西向断裂交会部位。具有较大的找矿潜力
C1504201004	伊和乌拉嘎查北	该最小预测区处在西乌珠尔苏木北东向断裂北西早中侏罗世黑云母花岗岩出露区,具铜等综合化探异常,处于北东向重力异常梯度带上,北东向与北西向断裂交会部位。具有较大的找矿潜力

续表 6-5

最小预测区编号	最小预测区名称	综合信息
C1504201005	黄花菜沟	该最小预测区处在呼伦湖北西缘北东向断裂北西早中侏罗世黑云母花岗岩出露区，北东向和北西向断裂系交会部位，毗邻乌努格吐山超大型铜钼矿床和黄花菜沟铜矿点，具铜等综合化探异常，处于北东向重力异常梯度带上。具有较大的找矿潜力
C1504201006	乌努格吐山	该最小预测区处在呼伦湖北西缘北东向断裂北西早中侏罗世黑云母花岗岩出露区，北东向和北西向断裂系交会部位，毗邻乌努格吐山超大型铜钼矿床，具铜等综合化探异常，处于北东向重力异常梯度带上。具有较大的找矿潜力
C1504201007	乌努格吐山南	该最小预测区处在呼伦湖北西缘北东向断裂北西早中侏罗世黑云母花岗岩出露区，北东向和北西向断裂系交会部位，毗邻乌努格吐山超大型铜钼矿床，具铜等综合化探异常，处于北东向重力异常梯度带上。具有较大的找矿潜力
C1504201008	嘎拉布尔苏木北	该最小预测区处在呼伦湖南东断裂附近早中侏罗世黑云母花岗岩出露区。处于北东向重力异常梯度带上，具铜等综合化探异常，具有找矿潜力
C1504201009	哈日陶勒盖音苏仁西南	该最小预测区处在呼伦湖南东断裂附近早中侏罗世黑云母花岗岩出露区。处于北东向重力异常梯度带上，具有找矿潜力
C1504201010	乌力吉图西南	该最小预测区处在呼伦湖南东断裂附近早中侏罗世黑云母花岗岩出露区。处于北东向重力异常梯度带上，具有找矿潜力

二、综合信息地质体积法估算资源量

（一）典型矿床深部及外围资源量估算

查明的资源量、体重及铜品位依据均来源于内蒙古自治区金予矿业有限公司 2006 年 9 月编写的《内蒙古自治区新巴尔虎右旗乌努格吐山矿区铜钼矿勘探报告》。矿床面积($S_{总}$)是根据 1:1 万矿区地形地质图及 15 条勘探线剖面图所有见矿钻孔圈定(图 6-9)，在 MapGIS 软件下读取数据；由于铜矿体中伴生钼，钼矿体中伴生铜，选矿试验表明伴生的铜、钼均可综合利用，因此铜品位采用组合品位。铜矿体延深($L_{查}$)依据主矿体 600 勘探线剖面图确定(图 6-10)，具体数据见表 6-6。

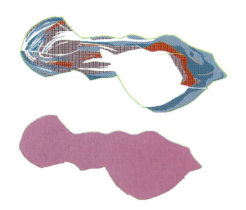

图 6-9 矿床面积求算示意图
(粉区及绿线范围为 $S_{典}$，$S_{典}$ 表示矿化蚀变带范围；
蓝色网格为铜矿体，红色网格为钼矿体)

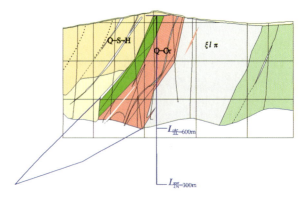

图 6-10 典型矿床深部延深资源量预测延伸示意图
Q-S-H. 石英-绢云母-水白云母化带；Q-Or. 石英-钾长石化带；
$\xi l\pi$. 次英安质晶屑凝灰熔岩；墨绿色为钼矿体；红色为铜矿体

表 6-6 乌努格吐山铜矿典型矿床深部及外围资源量估算一览表

典型矿床		深部及外围		
已查明资源量(t)	1 850 668	深部	面积(m²)	2 546 336
面积(m²)	2 546 336		深度(m)	300
深度(m)	600	外围	面积(m²)	—
品位(%)	0.431		深度(m)	—
密度(t/m³)	2.62	预测资源量(t)		925 083.86
体积含矿率(t/m³)	0.001 211	典型矿床资源总量(t)		2 775 751.86

(二)模型区的确定、资源量及估算参数

模型区为典型矿床所在的最小预测区。乌努格吐山典型矿床查明资源量 1 850 668t,按本次预测技术要求计算模型区资源总量为 2 775 751.86t。模型区内无其他已知矿点存在,则模型区资源总量=典型矿床资源总量,以模型区面积为依托,MRAS 软件采用少模型工程神经网络法优选后圈定,延深根据典型矿床最大预测深度确定。由于模型区内含矿地质体边界可以确切圈定,但其面积与模型区面积一致,由模型区含地质体面积/模型区总面积得出,模型区含矿地质体面积参数为 1。由此计算含矿地质体含矿系数(表 6-7)。

表 6-7 乌努格吐山式铜矿模型区预测资源量及其估算参数表

编号	名称	模型区资源总量(t)	模型区面积(m²)	延深(m)	含矿地质体面积(m²)	含矿地质体面积参数	含矿地质体含矿系数
A1504201001	乌努格吐山模型区	2 775 751.86	40 164 643	900	40 164 643	1	0.000 076 78

(三)最小预测区预测资源量

乌努格吐山铜矿预测工作区最小预测区资源量定量估算采用地质体积法进行估算。

1. 估算参数的确定

最小预测区面积是依据综合地质信息定位优选的结果;延深的确定是在研究最小预测区含矿地质体地质特征、含矿地质体的形成深度、断裂特征、矿化类型,并对比典型矿床特征的基础上综合确定的;相似系数的确定,主要依据 MRAS 生成的成矿概率及与模型区的比值,参照最小预测区地质体出露情况、化探、重砂异常规模及分布,物探解译隐伏岩体分布信息等进行修正。

2. 最小预测区预测资源量估算结果

求得最小预测区资源量。本次预测资源总量为 370.55×10^4t,其中不包括预测工作区已查明资源总量 192.16×10^4t,详见表 6-4。

(四)预测工作区资源总量成果汇总

乌努格吐山铜矿预测工作区地质体积法预测资源量,依据资源量级别划分标准和现有资料的精度,可划分为 334-1 和 334-3 两个资源量精度级别;根据各最小预测区内含矿地质体、物化探异常及相似系数特征,预测延深参数均在 2000m 以浅。

根据矿产潜力评价预测资源量汇总标准,乌努格吐山式铜矿新巴尔虎右旗预测工作区按精度、预测深度、可利用性、可信度统计分析结果见表6-8。

表6-8 乌努格吐山式铜矿预测工作区预测资源量估算汇总表

按预测深度			按精度		
500m以浅	1000m以浅	2000m以浅	334-1	334-2	334-3
264.92	370.55	370.55	111.11	—	259.44
	合计:370.55			合计:370.55	
按可利用性			按可信度		
可利用		暂不可利用	≥0.75	≥0.5	≥0.25
292.05		78.5	—	111.11	108.1
	合计:370.55				

注:表中预测资源量单位均为10^4t。

第七章 敖脑达巴式侵入岩体型铜矿预测成果

第一节 典型矿床特征

一、典型矿床及成矿模式

(一)矿床特征

1. 矿区地质

矿区出露地层为:古生界下二叠统大石寨组上段、哲斯组下段和上侏罗统满克头鄂博组及第四系。由老至新分述如下。

下二叠统大石寨组上段:分布在矿区西北部。岩性为灰黑色、黑色粉砂质板岩、板岩夹变质砂砾岩。地层总体走向 NE50°～70°,倾向南东,倾角 50°～66°,厚度大于 696m。

下二叠统哲斯组下段:地层总体走向 NE50°～70°,倾向北西或南东,倾角 45°～70°,不同岩性组合分为 4 层。第一层:由变质杂砂岩、砂岩、砂砾岩组成。局部夹有板岩、粉砂质板岩。在变质杂砂岩中含有丰富的腕足、双壳类化石和植物化石(硅化木)。第二层:变质角砾岩。第三层:由砂质板岩夹变质砂岩、杂砂岩组成。第四层:由绢云母板岩夹变质砂岩、杂砂岩及斑点板岩组成,该层由于含矿石英斑岩体的侵入和多期次成矿热液活动,大部分岩石被交代形成黄玉-石英岩、黄玉绢(云)英岩,其次形成绿泥石石英角岩、黑云母石英角岩,或强烈的绢云母化、绿泥石化、硅化、角岩化等,局部伴有多金属矿化,近岩体部位赋存有工业矿体。与下伏大石寨组上段呈整合接触。

下二叠统哲斯组中段:分布在矿区的东南部,由砂岩、砂质板岩互层组成。地层走向 NE50°～70°,倾向北西或南东,倾角 40°～50°,厚度大于 466m。与下伏黄岗梁组下段呈断层接触。

中生界上侏罗统满克头鄂博组:分布在矿区西北角,岩性为灰褐色流纹斑岩。岩层总体走向 SW190°,倾向 280°,倾角 37°,厚度大于 337m。

新生界第四系:分布面积占矿区面积的 60% 以上,主要为腐殖土、亚砂土黏土及碎石组成,厚度 2～60m。

侵入岩:矿区出露规模最大的侵入岩为燕山早期晚阶段蚀变石英斑岩体,位于矿区中部,受敖脑达巴向斜轴部断裂构造控制,Rb-Sr 法同位素年龄为 148.431Ma。岩体总体形态呈不规则岩墙状产出。地表岩体出露形态呈不连续的串珠状,单体形态呈椭圆状。西段岩体出露的面积较大,直径 200m 左右。钻探工程控制岩体长达 1320m,宽 200～250m。3 线以西蚀变岩体断续出露,62 线以东蚀变岩体沿北东方向侧伏于地下。岩体总体走向 NE50°～70°,倾向北西,倾角 60°左右。岩体边部和顶部见有大量的围岩捕虏体和隐爆角砾岩。总体看岩体剥蚀较浅,为高侵位浅成相侵入体。

岩体经历多次的矿化、气水热液的交代作用,岩石受到强烈的蚀变作用,难以恢复原岩。从原岩性质看可能为花岗斑岩(本书仍采用前人命名——蚀变石英斑岩)。主要岩性为灰白色黄玉石英岩、黄玉绢英岩化石英斑岩、青磐岩化石英斑岩。

岩体蚀变主要为黄玉绢英岩化、青磐岩化、绢云母化、硅化，次为绿泥石化、电气石化、萤石化，局部具钾化。矿化主要为铜、银、锡，次为锌、铅、砷等多金属矿化。

矿区脉岩较为发育，主要为石英闪长玢岩、石英二长斑岩等。一般长几十米至数百米，宽几米至十几米。岩脉走向一般呈北北东向、北西向延伸。

构造：矿区位于黄岗-甘珠尔庙-乌兰浩特锡、铅、锌矿带中段，中生代五香营子（碧流台）-巴彦温都（甘珠尔庙）断隆区北东部的西北侧边部。

矿区发育北北西向和北北东向两组平移断层，将北东向展布的褶皱、矿化蚀变带等切割成若干块段。

褶皱构造：向斜、背斜在矿区内相间出现，褶皱轴走向大致平行，总体为NE50°～70°。敖脑达巴向斜是矿区内最大的褶皱构造，沿北东方向贯穿整个矿区。该向斜长2.4km，宽约0.6km，轴面倾向北西，倾角60°左右。核部由哲斯组下段第四层构成，两翼为哲斯组下段第三层。两翼岩层倾角较陡，一般为60°左右。经工作初步认为该岩层为倒转向斜。

含矿蚀变石英斑岩沿向斜轴部侵入。岩体呈不规则岩墙状，其展布方向同褶皱轴基本一致。由于岩体侵入和含矿气液的交代作用，导致核部岩石强烈蚀变。是成矿作用的有利部位。

断裂构造：矿区断裂构造十分发育，规模不等，具多期活动特征。北东向断裂常形成与褶皱轴大致平行的逆断层，多在倒转向斜南翼发育。断裂面两侧岩石常具褪色、硅化、交代现象，是气液活动的主要通道。北北东向、北北西向断裂性质主要为平移断层，二者切割北东向构造，其中充填有成矿期后的石英闪长玢岩、石英二长斑岩脉。向斜轴部附近的北东向断裂是主要的控岩控矿构造。岩体中及近接触带附近的北东向裂隙带及北西向裂隙是主要容矿构造，北东向断裂形成时间早于北北东向和北北西向断裂。

北东向断裂：北东向断裂主要以逆断层和与之伴生的挤压构造破碎带、构造角砾岩带及围岩中密集的挤压片理、劈理化带等形迹存在。呈NE50°～70°方向展布，构成矿区主体构造线。与区域褶皱轴走向一致，为同一应力场作用下的产物。北东向逆断层，主要分布在向斜南翼挤压带、构造角砾岩带边部。断裂面走向呈NE50°～70°，倾向北西，倾角一般30°左右。断层面呈舒缓波状，其上可见擦痕和阶步，位移不大。与北东向断层伴生的挤压构造破碎带，原岩为哲斯组下段中的板岩、砂质板岩，受强烈的构造作用呈密集的挤压片理、构造角砾和构造透镜体。敖脑达巴向斜南东翼出露的挤压破碎带规模较大。长约1700m，宽70～200m。北东向断裂多期活动特点明显，成矿前、后均有活动。

北北西向断裂：该组断裂主要以平移断层为主。主要分布在矿区东部。断层面平直，走向335°～350°，倾角较陡，断距在40～60m。成矿期后，沿断裂充填有石英闪长玢岩、石英二长斑岩脉。对岩体、矿体起破坏作用。

北北东向断裂：该组断裂主要以平移断层为主。主要分布在矿区西部。断层面走向为NE5°～20°，断距300～400m。沿断裂见有石英闪长玢岩贯入，对岩体、矿体起破坏作用。

近南北向断裂：该断裂位于矿区中部，规模较大，长约650m。在地表形成较大的冲沟。断层西盘（上盘）见有厚约数米的挤压片理化带，片理走向NE20°左右，倾向SW290°，倾角25°，具压性特征。其形成时应力场条件与矿区主体构造形成的应力场状态不同，应进一步工作。该断层为成矿后构造。

矿区矿化、蚀变由北向南大致可分为3个带，基本与物化探异常相吻合，是寻找隐伏矿床的有利地段。

（1）北带：位于矿区北部哲斯组中。北带呈NE50°～55°方向展布，长约5km，宽60～100m。根据岩性、蚀变类型不同分为两段。南西段岩性主要为变质粉砂岩、粉砂质板岩，蚀变主要为硅化、绢云母化。矿化为褐铁矿化。拣块样经化学样分析锡含量0.23%，银含量$52.6×10^{-6}$。北东段岩性主要为含矿角砾岩、压碎角砾岩。角砾成分主要有绢云母板岩、凝灰岩、安山岩、闪长玢岩，少量砾岩。岩石较破碎，裂隙发育,胶结物为硅质和熔岩,并有硅质脉、绿泥石脉、绿帘石脉、黝帘石脉等充填。蚀变主要为绿泥石化、硅化、阳起石化。矿化为褐铁矿化。两件刻槽样经化学分析锌含量分别为0.81%、0.87%。该带南西段有C-75-1941、C-75-1945航磁异常。北东段有(Cu、Pb、Sn、W、Mo、Ag)23号水系沉积物异常。该带北侧有DJZ-1、DJZ-2激电异常。该带位处黑钨矿、锡石21号重砂异常北缘,是寻找多金属矿床的有利地段。

(2)中带:位处矿区中部,敖脑达巴向斜轴部。矿化蚀变带地表控制长度近3km,宽70～400m,总体走向NE60°左右,向北西倾伏。含矿岩体受强烈的交代、蚀变作用,原岩面目全非。蚀变主要为黄玉绢(云)英岩化、青磐岩化、硅化、钾化等。蚀变岩体在水平方向、垂直方向蚀变分带性明显。岩体围岩为哲斯组下段第四层的砂质、粉砂质板岩,由于热变质作用均已角岩化。近岩体围岩由于多期矿化、蚀变作用形成黄玉石英交代岩。工业矿体主要赋存于蚀变岩体内部及近岩体的围岩中。远离岩体矿化减弱至消失。银、锡储量规模已达中型矿床,铜矿为中—小型矿床。并伴生有铅、锌、砷工业矿体及少量黑钨矿、磷钇矿、金等矿化。该带中偏西部(2线至6线)地表下35.36～48.63m,880m标高附近,发现次生富集工业铜矿体。

(3)南带:位于矿区东南部,哲斯组中段的变质砂岩、砂质板岩(含黄铁矿结核)中。南带总体走向NE30°～35°,长3.5km,宽约100m。蚀变主要为硅化。矿化为褐铁矿化、铅锌矿化、孔雀石化、萤石化等。该带北段有DJZ-7激电异常,西北侧有C-75-1946航磁异常、DJZ-6激电异常,南东侧有DJZ-3激电异常。重砂和水系沉积物异常分布在该带附近。今后,应注意在该带中寻找多金属矿产。

2. 矿床地质

矿床处于敖脑达巴向斜轴部,矿区中部蚀变带中。矿体主要赋存在黄玉绢(云)英岩化蚀变带及青磐岩化蚀变带中。钾化带中只见浸染状黄铜矿体。少量矿体,主要是铅锌矿体赋存于近岩体的哲斯组下段第三、四层的变质砂岩、变质砂砾岩及角岩中。部分含矿角砾岩直接构成工业矿体。

金属硫(砷)化物呈浸染状和细脉状在蚀变带中广泛分布,形成全岩型的含矿(Sn、Ag、Cu、As)硫化物矿化体。锡和银呈不规则脉状、透镜状、细网脉状产于金属硫化物矿化体中,其工业品位完全依据采样分析圈定。

铜矿化带在黄玉绢英岩化带和青磐岩化带中构成连续、稳定的带状,工业矿体呈脉状、透镜状产于铜矿化带中,受黄玉绢英岩化带及青磐岩化带与接触带产状控制明显。

矿床总体呈走向NE60°左右展布,分布在蚀变石英斑岩体内及近岩体围岩中。产有铜、银、锡、砷,及少量铅、锌等多金属矿产。矿床受敖脑达巴向斜轴部断裂构造控制作用明显,类属斑岩型多金属矿床。

1)矿体特征

目前工程控制的矿体主要分布在矿区西部3线至20线。其他地段工程控制程度低,仅在48线至62线间施工4个钻孔,控制了Cu43、Cu44矿体和数条银、铅、锌矿体。

矿体总体走向NE60°左右,倾向北西,倾角40°～70°。矿体形态多呈脉状、透镜状,个别呈扁豆状。

3线至16线位于断层上盘,由于抬升作用使原生矿床发生氧化、淋滤、次生富集。在2线至6线中发育有次生富集铜矿体。地表发育有氧化矿体。

矿体可分为原生矿体、氧化矿体、次生富集矿体。原生矿体一般埋深50m以上;常为多金属复合矿体。目前工程控制的原生矿体有铜矿体、银矿体、锡矿体、铅矿体、锌矿体等。矿体围岩主要为黄玉绢英岩化石英斑岩、青磐岩化石英斑岩、绿泥石石英角岩、黄玉石英岩及钾长石化花岗斑岩。

(1)原生矿体。

①原生铜矿体。以0.3%为边界品位共圈出铜矿体、矿化体46条,其中达最低可采厚度的矿体仅27条。

平均品位在0.3%～0.5%的矿体有10条，平均品位在0.5%以上的矿体共17条。

矿体一般长度为40～125m不等，短矿体仅20m，最长可达240m。矿体宽度40～190m不等，最宽可达340m。矿体厚度一般为1.02～3.28m，薄矿体厚度仅0.8m，最厚可达6.65m。

主要铜矿体特征简述如下：

Cu5，呈脉状，分布在3线附近，矿体埋深65m左右，产状329°∠75°。矿体长40m，东侧被闪长玢岩错断。沿岩体下盘接触带分布，宽340m，平均厚度3.28m，铜平均品位0.73%，伴生铅、锌、银等多金属，有害杂质砷平均品位0.26%。

矿石矿物主要有磁黄铁矿、黄铁矿、黄铜矿、毒砂等，矿石呈细脉状构造。围岩为青磐岩化石英斑岩。

Cu11，呈脉状，分布在8线～12线，产状325°∠53°。矿体埋深134m，矿体长125m，宽185m，平均厚度6.65m，铜平均品位0.59%，伴生铅、锌、银等多金属，有害杂质砷平均品位0.37%。

矿石矿物主要有磁黄铁矿、黄铜矿、毒砂等。矿石呈条带状构造、细脉状构造。围岩为青磐岩化石英斑岩。主要蚀变为硅化、绿泥石化、叶蜡石化。

Cu16，呈脉状，分布在12线～20线，产状325°∠58°。矿体埋深120m，矿体长200m，宽330m，平均厚度1.43m，铜平均品位0.64%，伴生铅、锌、银等多金属。

矿石矿物主要有磁黄铁矿、黄铜矿、闪锌矿、方铅矿等，矿石呈细脉状构造。围岩为蚀变石英斑岩。主要蚀变为硅化、弱绿泥石化。

Cu29，呈脉状，分布在2线～12线，产状335°∠58°。矿体埋深35m，矿体长225m，宽150m，平均厚度2.46m，铜平均品位0.94%，伴生铅、锌、银等多金属。有害杂质砷平均品位1.46%。

矿石矿物主要有磁黄铁矿、黄铜矿、黄铁矿、萤石等。矿石呈星点浸染状构造、细脉状构造、团块状构造。围岩为青磐岩化石英斑岩。

Cu32，呈脉状，分布在12线～20线，产状322°∠56°。矿体埋深58m，矿体长235m，宽145m，平均厚度1.55m，铜平均品位0.62%。

矿石矿物主要有磁黄铁矿、黄铜矿、毒砂，角砾状构造、块状构造。围岩为蚀变石英斑岩。弱绿泥石化、闪锌矿等。矿石主要蚀变为硅化。

②原生银矿体。以$40×10^{-6}$为边界品位共圈出银矿体22条。

矿体平均品位在$(40～100)×10^{-6}$的20条，矿体平均品位在$100×10^{-6}$以上的只有2条。

矿体一般长度40～120m不等，短矿体仅20m，最长可达300m。矿体宽度40～190m不等，最宽可达235m。矿体厚度一般为1.13～4.05m，薄矿体仅1m，最厚可达12.11m。

主要银矿体特征简述如下：

Ag1，呈脉状，分布在0线～8线，产状325°∠61°。矿体出露地表，矿体长300m，宽210m，平均厚度12.11m，银平均品位$86.93×10^{-6}$。

矿石矿物主要有磁黄铁矿、黄铜矿、黄铁矿等。矿石呈浸染状构造、条带状构造。围岩为蚀变石英斑岩。主要蚀变为黄玉绢(云)英岩化。

Ag4，呈透镜状，分布在0线附近，产状336°∠61°。矿体埋深224m，矿体长30m，宽40m，平均厚度4.05m，银平均品位$104.2×10^{-6}$。

矿石矿物主要有磁黄铁矿、黄铜矿、黄铁矿等。矿石呈星散浸染状构造、细脉状构造、块状构造。围岩为蚀变石英斑岩。主要蚀变为黄玉绢英岩化、绿泥石化。

Ag6，呈透镜状，分布在3线附近，产状329°∠75°。矿体埋深172m，矿体长40m，宽40m，平均厚度4.65m，银平均品位$112.7×10^{-6}$。

矿石矿物主要有黄铁矿、萤石等。矿石呈细脉状构造、团块状构造。围岩为蚀变石英斑岩。蚀变主要为黄玉绢(云)英岩化、绿泥石化。

Ag7，呈脉状，分布在 0 线～4 线，产状 320°∠65°。矿体埋深 200m，矿体长 135m，宽 195m，平均厚度 8.26m，银平均品位 61.9×10^{-6}。

矿石矿物主要有磁黄铁矿、黄铁矿、黄铜矿等。矿石呈星散浸染状构造、细脉状构造。围岩为蚀变石英斑岩。蚀变主要为黄玉绢英岩化。

Ag22，呈脉状，分布在 8 线，产状 336°∠57°。矿体出露地表，矿体长 180m，宽 235m，平均厚度 4.19m，银平均品位 73.59×10^{-6}。

矿石矿物主要有黄铁矿、磁黄铁矿、黄铜矿等。矿石呈星散浸染状构造、细脉状构造。围岩为蚀变石英斑岩。主要蚀变为黄玉绢英岩化。

③原生锌矿体。以 0.7% 为边界品位共圈出锌矿体 23 条，平均品位 0.7%～1% 的矿体 5 条，平均品位大于 1% 的矿体共 18 条。矿体长度一般为 40～130m 不等，短矿体仅 20m，最长可达 200m。矿体宽度 40～110m 不等，最宽可达 250m。矿体厚度一般为 1.13～3.76m，薄矿体厚度仅 1m，最厚可达 5.80m。

主要锌矿体特征简述如下：

Zn2，呈脉状，分布在 0 线～4 线，产状 322°∠58°。矿体埋深 3.42m，矿体长 44m，宽 250m，平均厚度 2.52m，锌平均品位 1.06%。

矿石矿物主要有黄铁矿、闪锌铁、毒砂等。矿石呈细脉状构造、块状构造。围岩为蚀变石英斑岩。主要蚀变为绿泥石化。

Zn9，呈脉状，分布在 2 线～4 线，产状 325°∠60°。矿体埋深 242m，矿体长 80m，宽 40m，平均厚度 3.76m，锌平均品位 2.35%。

矿石矿物主要有黄铁矿、黄铜矿、闪锌矿等。矿石呈星点浸染状构造、块状构造。围岩为蚀变石英斑岩。主要蚀变为绿泥石化。

Zn10，呈脉状，分布在 3 线～2 线，产状 343°∠60°。矿体埋深 23m，矿体长 200m，宽 100m，平均厚度 5.80m，锌平均品位 1.59%。

矿石矿物主要有毒砂、黄铁矿、闪锌矿等。矿石呈浸染状构造、脉状构造。围岩为蚀变石英斑岩，主要蚀变为硅化。

Zn18，呈脉状，分布在 4 线～8 线，产状 330°∠56°。矿体埋深 103m，矿体长 130m，宽 140m，平均厚度 2.11m，锌平均品位 1.15%。

矿石矿物主要有磁黄铁矿、黄铁矿、毒砂、闪锌矿、黄铜矿等。矿石呈角砾状构造、脉状构造。围岩为蚀变石英斑岩。主要蚀变为黄玉绢英岩化。

④原生铅矿体。以 0.5% 为边界品位，共圈出铅矿体 9 条。

平均品位 0.5%～0.8% 的矿体 4 条，平均品位大于 0.8% 的矿体共 5 条。

矿体长度一般为 30～40m，短矿体仅 20m，最长可达 110m。矿体宽度一般 40m，最宽可达 175m。矿体厚度一般 1.00～2.21m。

主要铅矿体特征简述如下：

Pb1，呈透镜状，分布在 4 线附近，产状 302°∠51°。矿体埋深 222m，矿体长 20m，宽 40m，平均厚度 1.00m，铅平均品位 5.31%。

矿石矿物主要有磁黄铁矿、黄铁矿、黄铜矿、方铅矿等。矿石呈浸染状构造、细脉状构造。围岩为蚀变石英斑岩。主要蚀变为黄玉绢英岩化、绿泥石化。

Pb2，呈脉状，分布在 4 线附近，产状 312°∠55°。矿体埋深 140m，矿体长 20m，宽 175m，平均厚度 1.60m，铅平均品位 1.06%。

矿石矿物主要有磁黄铁矿、黄铁矿、黄铜矿、方铅矿等。矿石呈块状构造。围岩为蚀变石英斑岩。主要蚀变为绿泥石化。

Pb9，呈脉状，分布在 0 线～4 线，产状 33°∠60°。矿体埋深 210m，矿体长 110m，宽 40m，平均厚度 2.11m。铅平均品位为 0.68%。

矿石矿物主要有磁黄铁矿、黄铁矿、毒砂、方铅矿等。矿石呈糜棱状构造。围岩为蚀变石英斑岩。主要蚀变为硅化。

(2)次生富集矿体。次生富集铜矿体位于 2 线～6 线附近，矿体埋深 35.36～48.63m，矿体呈不规则板状，受地形起伏和古潜水面影响较大，产于古潜水面之下还原环境。受后期构造裂隙控制。

矿体走向呈 NE60° 左右延长，近水平产出。目前工程控制长度 80m，平均宽度 35m，平均厚度 5.66m。铜平均品位 2.45%，品位变化较大。

矿石矿物主要由辉铜矿组成，次为孔雀石、蓝铜矿、黄铜矿等，伴生有方铅矿、闪锌矿、锡石等。矿石呈细网脉状构造、脉状构造、块状构造等。

(3)氧化矿体。氧化矿体主要分布在 3 线至 20 线。隐伏或剥蚀很浅，故氧化矿体不发育。

矿区东部由于含矿岩体尚处氧化环境，矿体主要为银矿体，矿体产于原生银矿体之上，与原生银矿体相连。氧化银矿体受构造裂隙控制作用明显，产于次生富集带之上。矿体一般长几十米至数百米，宽几米至十几米。氧化矿体的围岩主要是蚀变岩体，但也可扩展到角岩带中。矿体品位变化大，一般 80×10^{-6} 左右。氧化矿物细小，形态复杂，铁质氧化物与多种矿物交生在一起，主要矿物有砷铁矿、褐铁矿、砷灰石、角银矿、黄钾铁矾等。矿石常呈蜂窝状构造。

2)矿石特征

(1)矿石的工业类型有次生矿石和原生矿石。

①次生矿石。氧化铜矿石：氧化铜矿石分布范围不广泛，在氧化带中主要以孔雀石、蓝铜矿为主，构成铜的氧化矿石。次生银矿石：在地表氧化带中次生银矿石分布广泛，主要是以角银矿为主，构成银的次生矿石。次生富集铜矿石：在次生富集带中主要由辉铜矿及少量黄铜矿、孔雀石构成铜的次生矿石。

②原生矿石。原生铜矿石：主要以黄铜矿为主，原生铜矿石中常伴生有闪锌矿、毒砂、磁黄铁矿等金属矿物。主要脉石矿物为石英、绿泥石、电气石等。原生银矿石：主要由自然银、辉银矿、深红银矿等构成银的原生矿石。银矿物呈分散状态赋存于硫化物中，由于颗粒细小，很难见到银的独立矿物；脉石矿物主要为石英、黄玉等；主要伴生金属矿物为毒砂、黄铁矿、磁黄铁矿、方铅矿等。原生锡矿石：主要由锡石及少量黄锡矿构成；脉石矿物主要为石英、黄玉、绢云母、绿泥石；伴生金属矿物主要为毒砂。原生复合矿石：在原生带矿石中几种元素含量均已达到工业品位，如银锡矿石，铜、铅、锌矿石，铜银矿石。

(2)矿石的矿物成分。本矿区矿石已知的矿物成分达 50 种以上，其中，金属矿物 30 多种，非金属矿物 20 多种。按矿物成因可分为内生矿物、表生矿物和原岩风化残留矿物。其中，大部分矿物种属是内生成矿阶段形成的。以硫化物矿物种类最多，硅酸盐次之，此外还有卤化物、氧化物、硫酸盐、碳酸盐及自然元素。

在原生矿石中金属硫化物一般只占矿石总量的 2%～3%（体积百分数）。其中，以黄铁矿、磁黄铁矿、毒砂较多，闪锌矿、黄铜矿次之，再次为方铅矿、黝铜矿、黑黝铜矿等。

脉石矿物一般占矿石体积的 97% 左右。以石英为主，其次为绿泥石、黄玉、绢云母等。

(3)矿石结构、构造。

①矿石结构。矿石结构按成因可分为 5 类。

结晶结构 他形粒状结构：几乎所有的磁黄铁矿、闪锌矿、黄铜矿、方铅矿均为他形粒状晶形，构成他形相嵌。自形粒状结构：早期生成的毒砂及黄铁矿呈自形晶。构成自形晶自形相嵌和自形晶他形相嵌。半自形粒状结构：早期生成的毒砂、斜方砷铁矿等多呈半自形粒状晶形。构成半自形晶—他形晶相嵌和半自形相嵌。包含结构：早期生成的锡石、毒砂被晚期硫化物包裹，黄铁矿被磁黄铁矿包裹。

交代结构 粒间充填交代结构：晚期黄铁矿沿早期石英粒间充填交代。裂隙充填交代结构：晚期磁黄铁矿、黄铁矿沿早期生成的黄铁矿、石英裂隙充填交代。交代残余结构：早期生成的毒砂、斜方砷铁矿等被晚期硫化物如磁黄铁矿等交代成为残余，部分为骸晶状。反应边结构：叶片状白铁矿为磁黄铁矿的反应边,黝铜矿为黄铜矿的反应边。

固溶体分离结构 在闪锌矿中黄铁矿、磁黄铁矿呈定向乳滴状结构。

②矿石构造。矿石构造类型在原生矿中主要以浸染状、网脉状、脉状构造为主,角砾状构造次之。往往岩体中心部位以浸染状、网脉状构造为主,在岩体与绿泥石石英角岩接触带附近以脉状构造为主。在地表氧化带中,由于金属硫化物氧化、淋滤而以蜂窝状构造为主。在角岩带中常见梳状构造。在含矿角砾岩中则以角砾状构造为主。浸染状构造:矿石较为完整时常见毒砂、黄铁矿、黄铜矿、萤石以中等浸染状,稀疏浸染状分布在矿石中。网脉状构造:黄铜矿、闪锌矿、方铅矿等晚期硫化物沿微裂隙分布构成网脉状构造。脉状构造:主要是毒砂、磁黄铁矿、黄铁矿、闪锌矿等充填岩石裂隙构成脉状构造。角砾状构造:该构造主要发育在破碎带,含矿角砾岩中角砾成分主要为黄玉石英岩、绿泥石石英角岩等;岩石破碎后被金属硫化物矿液胶结形成角砾状构造。块状构造:主要指厚大脉中的毒砂、磁黄铁矿石呈致密的块状构造。梳状构造:即脉壁两侧生长着晶形完好的石英,石英空隙中充填着闪锌矿等金属硫化物构成梳状构造。

(4)成矿期、成矿阶段和矿物生成顺序。据野外及镜下观测结果,成矿作用可分为气成-热液期和表生期。

①气成-热液期:锡石-石英(黄玉、电气石)-毒砂成矿阶段。主要的矿物共生组合为:锡石+石英+黄玉,电气石+黄玉,毒砂+斜方砷铁矿+锡石。

锡石-黄铜矿硫化物成矿阶段。主要的矿物共生组合为:锡石+石英+绢云母,磁黄铁矿(六方)+毒砂+锡石,方铅矿+黄铁矿,黄铜矿+闪锌矿+黄铁矿。

含锡的银-硫化物成矿阶段。主要的共生矿物组合为:磁黄铁矿(单斜)+黄铁矿+自然银,方铅矿+辉银矿+黄铁矿,黄锡矿+黄铁矿+辉银矿。

②表生期:本期以氧化作用为主,但在潜水面下还原作用仍起主导作用,形成次生富集铜矿体。氧化深度可达数10m。主要矿物共生组合为:黄钾铁矾+臭葱石+褐铁矿,黄钾铁矾+褐铁矿+角银矿,孔雀石+蓝铜矿+褐铁矿,辉铜矿+孔雀石+黄铜矿。

(5)几种主要金属矿物特征。主要金属矿物有毒砂、黄铁矿、磁黄铁矿、黄铜矿、闪锌矿,其次为方铅矿、锡石等。

①毒砂:形成较早,粒度较粗(0.5~2mm),由于受应力作用而被压碎,并为后期硫化物充填。

②黄铁矿:可分为3期。第一期黄铁矿粒度较粗,由于受压而产生裂隙,被后期硫化物充填;第二期黄铁矿粒度较细,自形程度也相对较低,多呈似网脉状,中间包裹有脉石矿物,可见自形细粒黄铁矿包裹在磁黄铁矿中;第三期黄铁矿为胶状结构。

③磁黄铁矿:一种为充填在其他脉石矿物颗粒的间隙之中,另一种为充填于矿石的裂隙中呈脉状。磁黄铁矿粗粒者可达0.6mm,而充填于毒砂或黄铁矿颗粒间隙中者粒径为0.2mm。还有一种呈细粒浸染状的磁黄铁矿充填在黄玉颗粒的间隙中,粒径小于0.025mm。

④黄铜矿:以脉状穿插矿石,个别部位相对较富,粒径达3mm以上。一般呈网脉状者脉宽0.025~0.25mm,以乳滴状在闪锌矿中呈包体者,粒径小于0.025mm。

⑤闪锌矿:以浸染状分布于矿石中,或充填于早期硫化物的裂隙中,最大粒径可达1.25mm,多数闪锌矿中有黄铜矿的乳滴状包体。

⑥方铅矿:充填于毒砂或黄铁矿的裂隙之中或充填于它们之间的裂隙中,粒径0.25mm。

⑦锡石:以浸染状分布于矿石中,有的分布零星,有的较为集中,往往被后期生成的硫化物、磁黄铁矿包裹,由于受硫化物或绿泥石的交代而呈孤岛状、骸晶状等。锡石可分为两期:早期锡石(锡石Ⅰ)颜色较深,常呈褐色、深褐色,半自形粒状,粒径一般为0.075~0.2mm,见膝状双晶。晚期锡石(锡石Ⅱ)颜色较浅,为米黄色至橙黄色,柱状晶形,可见双晶,粒度不等,从人工重砂富集的锡石来看,锡石粒径以0.05~0.075mm为主,粗粒者可达0.5mm以上,自形程度较差。

3)围岩蚀变

(1)蚀变作用与蚀变岩石类型。

①黄玉绢英岩化与其蚀变岩石。蚀变主要发育在岩体内部及顶部近岩体围岩的变质砂岩、粉砂岩中。热液活动初步确定有2期:第一期为黄玉绢英岩化;第二期为含褐铁矿绢英岩细脉。所形成的蚀变岩石为黄玉绢英岩化石英斑岩、黄玉石英岩。

黄玉绢英岩化石英斑岩:灰白色,变余斑状结构,块状构造,基质细晶结构。斑晶主要为石英,浑圆状,具压碎结构和溶蚀现象。粒径0.4~4.0mm,含量5%~10%,少量的钾长石、斜长石均被黑云母、绢云母、石英交代。基质由石英(70%左右)、绢云母(20%左右)、黑云母(5%左右)、少量的黄玉及金属矿物组成。矿物粒径一般小于0.2mm。

黄玉石英岩:灰白色,次生交代结构,块状构造。矿物成分:主要为石英65%左右,高者可达90%,粒径0.02~0.2mm,黄玉呈粒状、柱状,多为集合体或细脉,粒径0.01~0.1mm,含量一般5%~20%,个别高达50%,绢云母一般10%左右。个别高达40%。

气液角砾岩:角砾成分单一,为黄玉石英交代岩,金属硫化物微量。胶结物主要由气成矿物黄玉和石英组成。初步认为是成矿期后,或后期形成的隐爆角砾岩。

②青磐岩化与青磐岩化石英斑岩。主要发育在岩体边部及近岩体的围岩中。蚀变矿物组合以次生石英、绿泥石为主,绢云母、黑云母次之,并见有少量黄玉、萤石、碳酸盐及叶蜡石等。青磐岩化石英斑岩在浅色黄玉绢英岩化石英斑岩外侧构成稳定的暗色蚀变斑岩带。

青磐岩化石英斑岩:暗灰绿色,交代残斑结构,斑杂状构造。斑晶主要为石英及少量长石、黑云母。斑晶占岩石的10%左右。基质:主要由石英、黑云母、绢云母、绿泥石组成。黑云母、绿泥石、绢云母多呈团块状或分散状分布。并见有黑云母、黄玉、萤石等细脉,局部具碳酸盐化、叶蜡石化。

③钾化与钾长石化花岗斑岩。蚀变主要发育在岩体中心部位,钾化以钾长石化为主,局部发育黑云母化。钾长石化花岗斑岩仅在3线、12线附近深部岩体中心部位见到。12线钾长石化花岗斑岩中见细脉浸染状黄铜矿工业矿体。

钾长石化花岗斑岩:显微斑状结构,斑晶主要为钾长石、石英,少量奥长石和黑云母。在基质中,钾长石、奥长石及石英微晶构成显微花岗结构。矿物成分:钾长石50%左右,石英35%,奥长石10%左右,黑云母<3%,偶见锆石和萤石,其中钾长石以正长石为主。

④其他蚀变。A.硅化在蚀变斑岩体和围岩中均较发育,主要表现为细脉群,不规则网脉状或完全交代原岩使原岩硅化褪色,硅化强度不均匀,具多期次蚀变特征。B.绢云母化比较普遍,在岩体边部和近岩体角岩中发育,呈团块状、细脉状分布。C.萤石化主要发育在岩体内,呈浸染状或脉状。萤石化主要有2期:早期紫色萤石化与金属矿化关系密切;成矿期后主要为绿色萤石。D.绿泥石化、黄铁矿化比较普遍,局部见电气石化、碳酸盐化等。

(2)蚀变空间分布。含矿岩体由于受多期次矿化、蚀变,均已形成各类蚀变岩石,蚀变岩石在水平、垂直方向具明显的分带性。

由接触热变质形成的角岩带(绿泥石石英角岩、黑云母石英角岩)向岩体方向明显对称地分为:黄玉石英岩带(浅部发育)→青磐岩化石英斑岩带→黄玉绢英岩化石英斑岩带(蚀变带中心)→青磐岩化石英斑岩带→黄玉石英岩带。在3线、12线岩体深部均已发现钾长石化花岗斑岩,构成不连续的钾化带。

3. 敖脑达巴铜矿床成因类型及成矿时代

用$NaCl-H_2O$体系的$p-T-X$相图近似地估计成矿压力。结果是早、中、晚3个阶段的压力值分别为$(210\sim350)\times10^5$Pa、$(150\sim230)\times10^5$Pa、170×10^5Pa。由于岩体顶部裂隙密集,近于开放体系,流体包裹体估计压力值近于静水压力。如果考虑岩压,岩体周围下二叠统哲斯组厚千余米,成矿深度在$0.8\sim1.8$km,即$(210\sim450)\times10^5$Pa。另采用尼库林公式,根据锡石中铟含量为29.1×10^{-6},估测成深度为 1.8km,与上述结论吻合。因此,敖脑达巴多金属矿床类似陆相环境的潜火山岩-斑岩型矿床。

矿石硫同位素样品中闪锌矿、方铅矿、磁黄铁矿、黄铜矿、黄铁矿的 $\delta^{34}S$ 变化于 $-6.2‰\sim3.0‰$(CDT)。除黄铜矿外,其余矿物间已基本达到硫同位素交换平衡,硫同位素呈塔式分布,峰值在 $1.0‰\sim1.7‰$ 之间,暗示硫主要来自深部岩浆。

5件硫化物的铅同位素组成(黄铁矿 2 件、磁黄铁矿 2 件、铅矿 1 件)比较均一,其 $^{206}Pb/^{204}Pb$ 介于 $18.231\sim18.568$,$^{207}Pb/^{204}Pb$ 介于 $15.391\sim15.591$,$^{208}Pb/^{204}Pb$ 介于 $37.510\sim38.271$ 之间,μ 值介于 $8.69\sim9.26$ 之间,方铅矿单阶段模式年龄 159Ma,反映其形成于燕山期,铅多属深部来源(接近上地幔铅),有部分造山带铅(赵元艺,1994)。

结合成矿地质体成岩时间,故其成矿时代应为晚侏罗世—早白垩世。

(二)矿床成矿模式

(1)敖脑达巴多金属矿床为典型斑岩型矿床。位于乌兰达坝-甘珠尔庙隆起区的次级构造区敖脑达巴向斜中。北东向的构造岩浆活动带和富含挥发组分的高侵位酸性小侵入体的存在,是斑岩型铜、银、锡矿成矿的有利地质环境。

(2)中二叠统哲斯组浅海相细碎屑岩构成的向斜轴部是成岩、成矿的有利部位,其中的矿化蚀变带是主要的成矿区带。

(3)工业矿体主要赋存在石英斑岩(花岗斑岩)体小岩株顶部的黄玉-石英交代岩带、绢英岩蚀变带和青磐岩化蚀变带中。因此,岩体周围的角岩化带、黄玉石英交代岩带、绢英岩蚀变带等是追溯和发现工业矿体的重要地质找矿标志。

(4)矿区位于乌兰达坝-甘珠尔庙环形磁异常区的中环带以及乌兰达坝局部重力高和重力低值区的交界处。

(5)化探、激电、磁法是寻找斑岩型铜矿的重要线索。矿区地磁、激电、化探异常相吻合的综合异常一般为由矿体引起的矿致异常。矿体引起异常的标准是:磁异常强度在 300nT 以上,沿矿化蚀变带呈串珠状、带状分布;电异常是高极化率(ηs 异常值在 5% 以上),低电阻率($\rho s<500\Omega\cdot m$);化探异常为 Cu、Pb、Zn、Ag、Sn、As 组合异常的浓集中心。

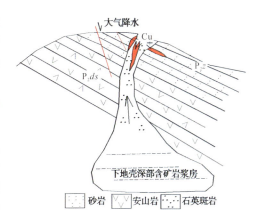

图 7-1 敖脑达巴斑岩型铜矿成矿模式

由上述矿床地质特征,总结其成矿模式(图 7-1)。

二、典型矿床地球物理特征

1. 岩矿石物性特征

矿体具有高极化率(30%)、低电阻率($150\Omega\cdot m$)、强磁性。含矿蚀变石英斑岩具有低极化率(1.9%)、中等电阻率($1000\Omega\cdot m$)和弱磁性的特征。随着金属矿化和热液蚀变的增强,物性特征发生明显变化,将产生电、磁异常。围岩均为低极化率(1.9%)、高电阻率($>1000\Omega\cdot m$)、弱磁性。因此,凡是激电异常和磁异常重合者,均与矿体和强矿化带有关。特别是高极化率、低电阻、强磁异常重合者均与矿体有关。

2. 矿床所在位置航磁特征

在1∶5万航磁图上,矿区处在平静磁场背景的正磁异常带中的高值异常带(C-75-194)上。该局部异常带长5000m,宽700m,极大值230nT,与矿区之含矿岩体吻合。1984年,内蒙古自治区区域地质调查二队在航磁异常区(C-75-194)开展1∶1万磁法测量工作,圈出6处地磁异常。

6个局部异常多为长200~400m的椭圆状或不规则状异常,呈串珠状排列,大致可分为北、中、南3带。北带由C-75-1941、C-75-1945异常组成;中带由C-75-1942、C-75-1943、C-75-1944异常组成;南带为C-75-1946异常。

中带异常是C-75-194航磁异常的主体部分,位于矿化蚀变带的中带。

C-75-1943局部异常位于中带中部,ΔZ异常极值达1190nT,异常北侧梯度较陡,并有负值伴生。磁性体自20号勘探线向西长约1000m,宽约600m,呈椭圆状,长轴方向北东,曲线对称,产状较陡。异常浅部磁性集中,等值线对称密集,向3线ZK1孔和12线ZK1孔以北延伸100~200m,异常上延1000m高度后即消失,说明该异常深度最大不会超过500m。经工程查证已见锡、铜、银工业矿体。

C-75-1944异常位于中带北东段。走向北东,长约600m,宽100m,异常幅值在300nT以上。该段有一个深源磁性侵入体,上延1000m高度,磁异常依然存在,推测其延伸大于500m。浅部磁异常与激电异常和Cu元素异常相吻合。较好的一段产于54线ZK1孔的中心,长约900m,宽约200m。经钻探验证均见工业铜矿体。

C-75-1942异常位于中带南西段,由几个强度不等的次级小异常组成。主体走向北东,长500m,宽250m,ΔZ极值达500nT以上。该段也有一个等轴状深源磁性侵入体。上延1000m高度异常依然存在。有局部激电和磁法异常呈环状围该侵入体分布,地表部位已见到矿化蚀变带,有一定的成矿地质条件,需进一步工作。北带的C-75-1945异常与矿化带相吻合,也是值得注意的找矿远景异常。

3. 矿区激电异常特征

1984年,内蒙古自治区区域地质调查二队在航磁异常区(C-75-194)开展激电面积测量,圈出激电异常8处(即DJZ1~DJZ8)。测区内的极化率异常正常场较稳定,一般为5%,以8%为下限圈出的异常完整清晰,可分为8个局部异常。中带的异常,走向北东东,长约1200m,宽400m,ηs最大值达36%,ρs异常值仅几欧姆·米,自然电位-300mV。激电联剖有明显的反交点。地表出露岩性为蚀变砂岩、蚀变粉砂岩、粉砂质板岩、角岩、含矿黄玉石英交代岩等。该异常与C-75-194磁异常吻合较好,由蚀变矿化岩石和矿体引起。

4. 矿床所在区域重力特征

在1∶20万区域重力图上,矿区位于重力梯度带边部,等值线同向扭曲部位。属于剩余重力异常高与重力异常低过渡带之重力高的一侧。

三、典型矿床地球化学特征

1. 岩石地球化学异常特征

Cu元素异常:位于矿区中部,主要由两个规模较大的异常组成,分别长1400m、650m,宽100~200m。元素最高含量640×10^{-6}。异常呈条带状,北东向展布。此外有5个规模较小的局部异常,均呈孤立的椭圆形,元素最高含量可达1280×10^{-6}。异常由铜矿体和矿化蚀变带引起。Ag元素异常:位于矿区中部,与Cu元素异常基本吻合。Ag元素有两个异常,其中规模较大的异常,北东向延伸,长1800m,宽150~300m,元素最高含量达25×10^{-6};另一异常,在黄玉绢英化、角岩化带以南;长250m,宽约100m,元素最高含量$10×10^{-6}$。异常由银矿化蚀变体引起。

2. 水系沉积物化探异常特征

据1∶5万水系化探资料,(Cu、Pb、Sn、W、Mo、Ag)23号Ⅰ类异常:位于矿区中北部,长4.3km,宽0.6~1.5km,由Cu、Pb、Ag、Sn、W、Mo共6种元素组合而成。各元素含量:锡$290×10^{-6}$、银$2×10^{-6}$、铜$92×10^{-6}$、铅$175×10^{-6}$、钨$20×10^{-6}$、钼$5×10^{-6}$。

四、典型矿床预测模型

根据典型矿床成矿要素和矿区航磁、重力、化探资料,确定典型矿床预测要素,编制典型矿床预测要素图。矿床所在地区的系列图表达典型矿床预测模型(图7-2、图7-3)。总结典型矿床综合信息特征,编制典型矿床预测要素表(表7-1)。

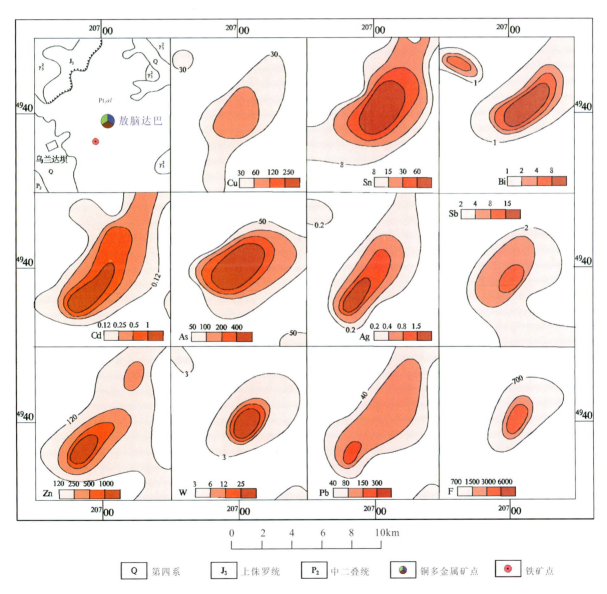

图7-2 敖脑达巴斑岩型铜矿地质-化探异常剖析图

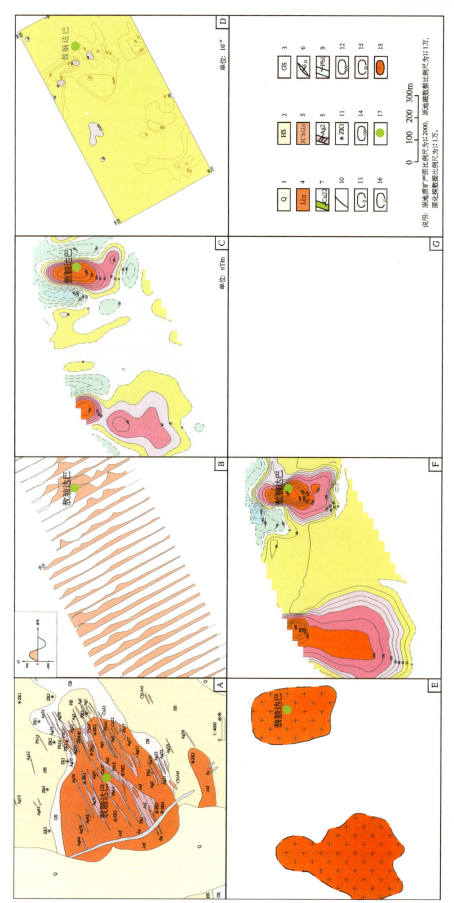

图7-3 敖脑达巴典型矿床所在位置地质-物探剖析图

A.地质矿产图;B.地磁ΔZ剖面平面图;C.地磁ΔZ化极剖面平面图;D.地磁ΔZ化极垂向一阶导数等值线平面图;E.推断地质构造图;F.地磁ΔZ化极等值线平面图。1.第四纪坡洪积亚砂土、砂、砂砾石;2.角岩;3.黄玉石英岩;4.黄玉绢(云)英岩化石英斑岩;5.青磐岩化石英斑岩;6.闪长玢岩;7.铜矿体及编号;8.银矿体及编号;9.铅矿体及编号;10.实测地质界线;11.钻孔位置及编号;12.正等值线及注记;13.零等值线及注记;14.负等值线及注记;15.铜元素等值线;16.铅元素等值线;17.矿床位置;18.推断隐伏酸性侵入岩体

表 7-1 敖脑达巴式斑岩型铜矿典型矿床预测要素表

特征描述		与中生代浅成斑岩体有关的斑岩型铜矿床			要素类别
储量		铜金属量：12 205.44t	平均品位	铜 0.65%	
成矿要素		描述内容			
地质环境	岩石类型	石英斑岩、变质粉砂岩、粉砂质板岩、压碎角砾岩			必要
	岩石结构构造	斑状结构、粉砂状结构、压碎结构，块状构造、板状构造			次要
	成矿时代	晚侏罗世—早白垩世			必要
	地质背景	华北板块北缘晚古生代陆缘增生带与大兴安岭中生代火山岩浆岩带叠加区域基底隆起边缘（锡林浩特岩浆弧）			必要
	构造环境	突泉-林西铁、铜、钼、铅锌、银成矿带，神山-白音诺尔铜铅锌铁成矿带（Ⅲ）、浩布高-敖脑达巴铜铅锌成矿带（Ⅳ）			必要
矿床特征	矿物组合	黄铁矿、磁黄铁矿、毒砂、闪锌矿、黄铜矿、方铅矿、黝铜矿、黑黝铜矿			重要
	结构构造	结构：他形粒状、自形粒状、半自形粒状、压碎结构、胶状结构、包含结构及交代（残余）结构；构造：浸染状、网脉状、脉状、角砾状、块状及梳状构造			次要
	蚀变	黄玉绢英岩化、青磐岩化、硅化、绢云母化、钾化			次要
	控矿条件	严格受石英斑岩体及近岩体围岩地层中的构造破碎带控制			重要
地球物理特征	重力特征	敖脑达巴铜矿在区域布格重力异常图上，处在重力等值线梯度带同向扭曲处，Δg 为 $(-104\sim-100)\times10^{-5}\,m/s^2$。在剩余异常图上，敖脑达巴铜矿位于 G蒙-222 正异常与 L蒙-219 负异常交接处的零等值线			重要
	地磁特征	1∶1 万地磁化极图显示，存在有两个近似椭圆的正磁异常，异常极值达 200nT			次要
地球化学特征		矿区周围存在 Cu、Ag、As、Cd、W、Pb、Zn、Sn 高背景值，Cu、Ag、Sn 为主成矿元素，As、Cd、W、Pb、Zn、Sn 为主要的伴生元素，Ag、As、Cd、W、Pb、Zn 在矿区浓集中心明显，强度高，与 Cu 异常套合较好			次要

第二节 预测工作区研究

一、区域地质特征

该预测工作区位于内蒙古自治区东部地区，属赤峰市阿鲁科尔沁旗所辖。地理坐标：东经 119°15′00″—120°00′00″，北纬 44°10′00″—44°50′00″。

（一）成矿地质背景

大地构造位置位于大兴安岭弧盆系锡林浩特岩浆弧，华北板块北缘晚古生代陆缘增生带与大兴安岭中生代火山岩浆岩带叠加区域。

地层：该区地层区划古生代前属华北地层大区，内蒙古草原地层区，锡林浩特-磐石地层分区；中新生代属滨太平洋地层区，大兴安岭-燕山地层分区，乌兰浩特-赤峰地层小区。出露地层由老至新分述如下。

古生界：中、下二叠统哲斯组为一套海相、浅海相、滞流海湾相、海陆交互相沉积岩，总体为海退层序。大石寨组为火山岩-碎屑岩组合。在其上段夹有中性、中基性、中酸性火山岩。

中生界：中侏罗统新民组为一套湖相沉积碎屑岩及沉积火山碎屑岩。上侏罗统满克头鄂博组、玛尼吐组为一套陆相中性和中酸性火山碎屑岩、熔岩。侏罗系中统与上统为不整合接触。

新生界：第四系为坡洪积、冲积和风积物等。

侵入岩：区内侵入岩出露面积约占全区面积的20%。以燕山期酸偏碱性侵入体为主，海西晚期中酸性侵入体次之。

区内脉岩较发育。主要为花岗斑岩、石英斑岩、次流纹岩、闪长玢岩、次安山岩及石英脉等。

岩体受区域构造控制，主要呈近东西向、北东向展布。

构造：大地构造位置位于大兴安岭弧盆系锡林浩特岩浆弧、华北板块北缘晚古生代陆缘增生带与大兴安岭中生代火山岩浆岩带叠加区域。

从海西期—燕山期，该区处于地壳强烈活动阶段。褶皱、断裂构造十分发育。海西期形成了区内占主导地位的北东向褶皱和断裂，为燕山期岩浆侵入活动提供了空间，形成了区域上的北东向构造岩浆岩带。

1. 褶皱构造

该区处在黄岗-甘珠尔庙复式背斜的东南翼，次级褶皱发育。

褶皱轴走向50°~60°，褶皱的核部和两翼主要由早二叠世构造亚层的大石寨组下段及哲斯组的砂泥质岩石构成，由于岩石塑性较大，多形成紧闭褶皱或线性紧闭褶皱。在部分地段呈大致平行的褶皱组合形式出现。如哈布其拉西部、特尼格尔图及敖脑达巴地区。

中侏罗世构造亚层中的褶皱构造不发育，仅在该区西南角有一背斜构造，轴向50°左右，轴面直立。其南西端延伸至区外。北东端被上侏罗统满克头鄂博组不整合覆盖，后被北西向断层切断。其北西翼与满克头鄂博组、南东翼与哲斯组中段均呈断层接触。主要分布在牛场沟北东。

晚侏罗世构造亚层中的褶皱构造，多形成开阔褶皱。轴向北东，个别褶皱呈弧形。主要分布在石板山一带。

2. 断裂构造

该区断裂构造以北东向最为发育，几乎遍及全区，规模较大，构成该区主体构造线。其次为北西向、近东西向断裂。局部见北北东向、南北向断裂。

北东向断裂：该组断裂规模不等，常成带出现。多为压性，部分兼有扭性特征。

特尼格尔图-和热木达巴-胡楚断裂，长约20km，宽约1km，总体走向50°左右。

敖脑达巴-玛尼吐北断裂带，长20km左右，宽1~1.5km，总体走向60°左右。

北西向断裂：该组断裂主要有两条断裂带，沿断裂带均形成宽阔的河谷或沟谷。断裂多为张性，少数具有扭性特征和长期活动特征。

鼻阻马场-蒙和乌拉-乌兰哈达村张性断裂带，长约23km，宽1km，总体走向300°~330°。

新浩特-浩尔图-哈布其拉断裂带，总体走向320°~330°，贯穿全区。

近东西向断裂：该组断裂多为压性，具长期多次活动的特征。沿断裂形成沟谷或河谷。主要分布在新浩特南、特尼格尔图南和蒙和乌拉南，规模较小。

北北东向断裂：该组断裂不发育，规模小，仅在哈布其拉东北及阿尔浩特绍一带可见。多呈压扭性。

南北向断裂：该组断裂区内发育较差，只在浩尔图附近可见。具扭性特征，其他地方形迹不明显，后期被北西向张性断裂利用和追踪。

（二）区域成矿模式

预测工作区燕山晚期的含矿花岗斑岩类受断裂控制生成就位；成矿组分来源于地壳深部，围岩对铜的补给起到了一定的作用；北东向、北西向次一级断裂的交会处为成矿的有利场所（图7-4）。

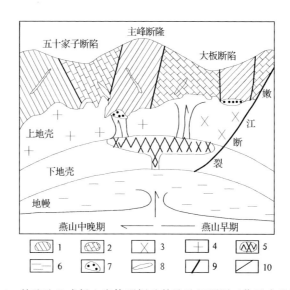

图 7-4 敖脑达巴式侵入岩体型铜矿敖脑达巴预测工作区成矿模式图

1. 火山碎屑岩；2. 火山碎屑岩夹碳酸盐岩；3. 中酸性花岗质岩浆；4. 中酸性—酸性花岗质岩浆；5. 壳幔混融岩浆房；6. 幔源岩浆熔融区；7. 斑岩型铜多金属矿；8. 矽卡岩型铜多金属矿；9. 脉状铜多金属矿；10. 断裂构造

二、区域地球物理特征

1. 磁异常特征

在1:20万航磁 ΔT 等值线平面图上，敖脑达巴预测区磁异常幅值变化范围为 $-600\sim800$ nT，总体处在 $0\sim100$ nT 磁场背景上。预测工作区南部磁异常幅值比北部和中部高，梯度变化较大，磁异常形态较为杂乱，异常走向总体呈北东向和北西西向；预测工作区中部以低缓负磁异常为背景；预测工作区北部磁场变化总体较为平缓，局部异常值达 400nT 且有一定梯度的变化。敖脑达巴铜钼矿区位于预测工作区中部，处在负磁异常背景上，零等值线附近。

预测工作区磁法推断地质构造图显示断裂构造走向与磁异常总体走向一致，呈北东向和北西向，磁场上表现为磁异常梯度变化带。预测工作区南部磁异常杂乱，磁法推断由火山岩地层及侵入其间的岩浆岩体引起，北部局部正磁异常磁法推断为侵入岩体。

预测工作区内磁法共推断断裂 9 条、侵入岩体 9 个、火山岩地层 5 个。

2. 重力异常特征

预测工作区位于纵贯全国东部地区的大兴安岭-太行山-武陵山北北东向巨型重力梯度带与大兴安岭主脊重力低值带之间。区域重力场基本为北北东走向的重力梯级带，其上叠加局部重力等值线近东西向同向扭曲，总体反映东南部重力高、西北部重力低的特点。预测工作区内，重力异常值在 $(-115\sim 55)\times 10^{-5}$ m/s^2 之间变化。在剩余重力图中反映出剩余重力正、负异常相间排列的特点。根据地质资料，预测工作区东部为 S 型花岗岩带边缘，区内有酸性岩体及二叠纪地层出露，据此推测剩余重力异常为古生代地层和酸性岩体的反映。

阿鲁科尔沁旗敖脑达巴铜多金属矿位于重力梯级带的扭曲部位，对应在剩余重力图中正负异常交界处零等值线，表明该类矿床与古生代地层及酸性岩体有关。

预测工作区内重力共推断解释断裂构造 13 条，中-酸性岩体 7 个，地层单元 5 个，中-新生代盆地 3 个。

在该区截取一条横穿已知矿床相关中酸性岩体的重力剖面进行 2D 反演计算(图 7-5)。

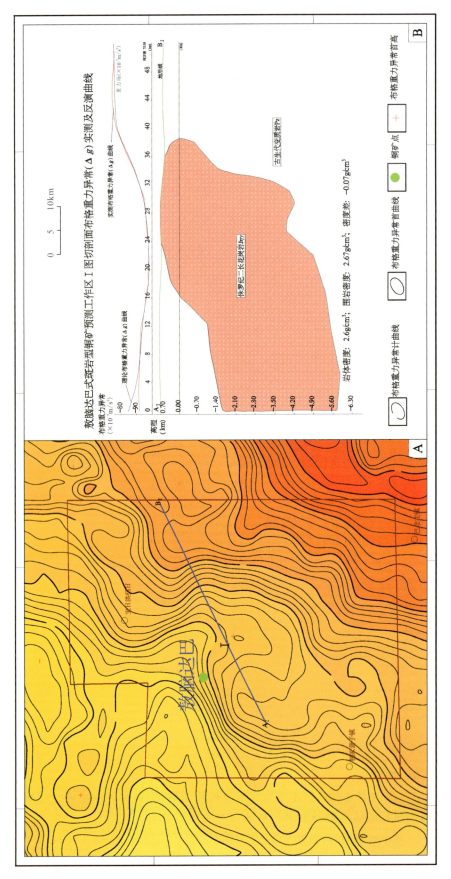

图 7-5 典型矿床所在区域图切剖面 2D 反演曲线示意图

三、区域地球化学特征

区域上分布有 Ag、As、Cd、Cu、Mo、Sb、W、Pb、Zn 等元素组成的高背景区带,在高背景区带中有以 Ag、As、Cu、Mo、Sb、W、Pb、Zn 为主的多元素局部异常。区内各元素西北部多异常,东南部多呈背景及低背景分布。预测工作区内共有 26 个 Ag 异常,11 个 As 异常,10 个 Au 异常,29 个 Cd 异常,26 个 Cu 异常,16 个 Mo 异常,31 个 Pb 异常,13 个 Sb 异常,26 个 W 异常,24 个 Zn 异常。

Ag、As、Pb、Zn、W 元素在全区形成大规模的高背景区带,在高背景区带中分布有明显的局部异常,在浩布高嘎查、乌日都那杰嘎查、乌兰达坝苏木、尚欣包冷嘎查、查干额日格嘎查等地都形成明显的浓度分带和浓集中心;Au、Mo 在区域上呈背景及低背景分布,Au 仅在查干哈达、芒和图恩格尔、刘家湾周围和黑沙滩营子村东北方向存在个别异常,且黑沙滩营子村东北方向的异常浓度分带不明显,Mo 在上井子嘎查、查干额日格嘎查、乌兰达坝苏木、罕苏木苏木南等地出现异常;从整体上看 Cd 元素在预测工作区内多呈低背景分布,但在东部及北部均存在几个明显的高背景带和局部异常,分别位于浩布高嘎查、乌兰达坝苏木、查干额日格嘎查、达尔罕乌拉嘎查等地,与 Ag、As 异常套合较好,部分异常与 Au 也能很好地进行套合;区域上存在两条 Cu、Sb 的高背景带,一条从刘家湾经乌兰达坝苏木到哈日诺尔嘎查呈北东方向,另一条从西包特艾勒经尚欣包冷嘎查到罕苏木苏木呈南北方向,在高背景区带上存在乌兰达坝苏木、哈日诺尔嘎查及扎哈达巴西北方、坤都镇正西方几个明显的环状异常,在浩布高嘎查也存在一处明显的点异常。

规模较大的 Cu 的局部异常上,Au、Ag、As、Cd、W、Mo、Pb、Zn、Sb 等主要成矿元素及伴生元素具有明显的浓度分带和浓集中心,并在空间上相互重叠或套合。

预测工作区内元素异常套合较好的编号为 AS1、AS2、AS3。AS1、AS2 的元素有 Cu、Pb、Zn、Ag、Cd,Cu 元素浓集中心明显,强度高,圈闭性好,AS1 位于敖脑达巴地区,Pb、Zn、Ag、Cd 位于 Cu 元素的外围,呈半圈闭状态;AS2 中 Pb、Zn、Ag、Cd 呈环状分布,圈闭好。

四、区域遥感影像及解译特征

敖脑达巴式斑岩型铜矿预测工作区遥感矿产地质特征与近矿找矿标志解译图,共解译线要素 47 条,环要素 36 处,色要素 9 处,带要素 89 处,块要素 1 处。

编图范围内,线要素在遥感图像上表现为北东与北西走向,主构造线压性和张性相间搭配为主,两构造组成本地区的菱形块状构造格架。在两组构造之中形成了次级千米级的小构造,而且多数为张性或张扭性小构造,这种构造多数为储矿构造。

本区位于内蒙古大兴安岭中南段银、铅锌、铜、锡、多金属矿聚集区,该区西起克什克腾旗,东至兴安盟突泉县,长 600km,宽 400km,呈北东向分布。已发现的主要矿床有克什克腾旗黄岗大型铁锡矿、巴林左旗白音诺尔大型铅锌矿、浩布高大型银铜矿、科右中旗孟恩陶勒盖中型银矿等。

本区内主要区域性控矿构造带有一条大兴安岭主脊-林西深北带断裂带,该断裂带在图幅北部边缘北东展布,横跨整个图幅;构造在该区域显示明显的断续北东向延伸特点,线性构造两侧地层体较复杂且经过多套地层体。两侧的次级构造储矿可能性较大,下一步外业工作中应注意两侧次级构造与环形构造相交处的成矿特征。

从整个预测工作区的环状特征来看,大多数由下基垫岩浆作用而成,而矿产多分布在环状外围的次级小构造中。所以针对遥感从线、环构造预测区的选择分析,认为是线性构造控制了矿产空间分布状态,环形构造的形成有提供热液及热源可能。

已知铜矿点与本预测工作区中的羟基异常吻合的有浩布高铜、铅、锌矿。已知铜矿点与本预测工作区中的铁染异常吻合的有敖脑达巴铜多金属矿。

综上所述,敖脑达巴式斑岩型铜矿预测工作区根据遥感特征划分出 94 个敖脑达巴式铜矿遥感预测最小预测靶区。

浩尔吐嘎查预测区内有13个最小预测靶区，北北东向、北东东向断裂经过的部位羟基异常和铁染相对集中区，浩布高铜、铅锌矿在预测靶区内。

杨家营子镇预测区内有15个最小预测区，北西向与北东向断裂交会部位，有遥感羟基异常和铁染异常分布。

哈日诺尔嘎查预测区内有11个最小预测区，以北西向断裂带为主，北东向断裂与之交会，有遥感羟基、铁染异常分布。

乌兰达坝苏木预测区内有10个最小预测区，北西向与北东向断裂带交会，有遥感羟基和铁染异常分布。

杨子嘎查预测区内有12个最小预测区均有羟基异常和铁染异常分布。

五、区域预测模型

根据预测工作区区域成矿要素、化探、航磁、重力、遥感及自然重砂资料，建立了本预测工作区的区域预测要素，并编制预测工作区预测要素图和预测模型图。

区域预测要素图以区域成矿要素图为基础，综合研究重力、航磁、化探、遥感、自然重砂等致矿信息，总结区域预测要素表（表7-2），并将综合信息各专题异常曲线或区全部叠加在成矿要素图上，在表达时可以出单独预测要素（如航磁）的预测要素图。

表7-2 敖脑达巴斑岩型铜矿预测工作区预测要素表

特征描述		与中生代浅成斑岩体有关的斑岩型铜矿床	要素类别
成矿要素		描述内容	
地质环境	岩石类型	石英斑岩、变质粉砂岩、粉砂质板岩、压碎角砾岩	必要
	岩石结构构造	斑状结构、粉砂状结构、压碎结构、块状构造、板状构造	次要
	成矿时代	晚侏罗世—早白垩世	必要
	地质背景	华北板块北缘晚古生代陆缘增生带与大兴安岭中生代火山岩浆岩带叠加区域基底隆起边缘（锡林浩特岩浆弧）	必要
	构造环境	突泉-林西铁、铜、钼、铅锌、银成矿带，神山-白音诺尔铜铅锌铁成矿带（Ⅲ），浩布高-敖脑达巴铜铅锌成矿带（Ⅳ）	必要
矿床特征	矿物组合	黄铁矿、磁黄铁矿、毒砂、闪锌矿、黄铜矿、方铅矿、黝铜矿、黑黝铜矿	重要
	结构构造	结构：他形粒状、自形粒状、半自形粒状、压碎结构、胶状结构、包含结构及交代（残余）结构；构造：浸染状、网脉状、脉状、角砾状、块状构造	次要
	蚀变	黄玉绢英岩化、青磐岩化、硅化、绢云母化、钾化	次要
	控矿条件	严格受石英斑岩体及近岩体围岩地层中的构造破碎带控制	重要
地球物理	重力特征	敖脑达巴铜矿在区域布格重力异常图上，处在重力等值线梯度带同向扭曲处，Δg 为 $(-104.00 \sim -100.00) \times 10^{-5}$ m/s²。在剩余异常图上，敖脑达巴铜矿位于 G蒙-222 正异常与 L蒙-219 负异常交接处的零等值线	重要
	地磁特征	据1:1万地磁图显示存在有两个近似椭圆的正磁异常，异常极值达200nT	次要
地球化学特征		矿区周围存在 Cu、Ag、As、Cd、W、Pb、Zn、Sn 高背景值，Cu、Ag、Sn 为主成矿元素，As、Cd、W、Pb、Zn 为主要的伴生元素，Ag、As、Cd、W、Pb、Zn 在矿区浓集中心明显，强度高，与 Cu 异常套合较好	次要

预测模型图的编制,以地质剖面图为基础,叠加区域化探、航磁及重力剖面图而形成,简要表示预测要素内容及其相互关系,以及时空展布特征(图 7-6)。

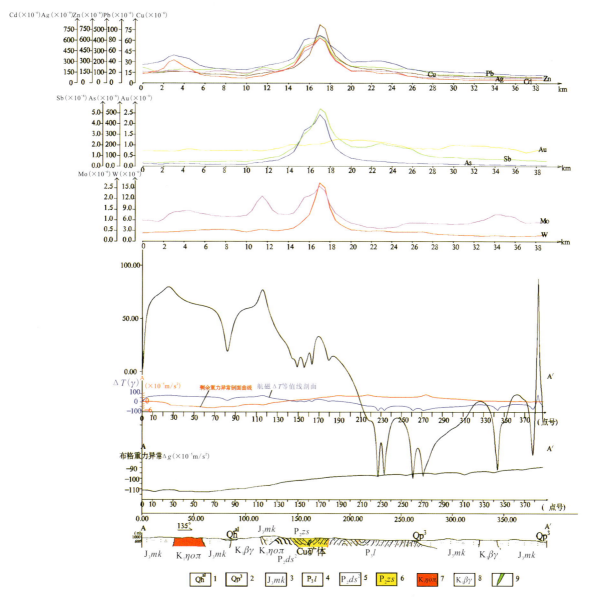

图 7-6　敖脑达巴铜矿预测工作区预测模型图

1. 冲积层;2. 上更新统;3. 满克头鄂博组;4. 林西组;5. 大石寨组;6. 哲斯组;7. 石英二长斑岩;8. 黑云母花岗岩;9. 铜矿体

第三节　矿产预测

一、综合地质信息定位预测

1. 变量提取及优选

根据典型矿床及预测工作区研究成果,进行综合信息预测要素提取。本次选择网格单元法作为预测单元,预测底图比例尺为1:20万,利用规则网格单元作为预测单元,网格单元大小为2.0km×2.0km。

地质体(哲斯组及晚侏罗世—早白垩世岩体)及重砂异常要素进行单元赋值时采用区的存在标志;化探、剩余重力、航磁化极则求起始值的加权平均值,在变量二值化时利用异常范围值人工输入变化区间。对已知矿点进行缓冲区处理。

2. 最小预测区圈定及优选

本次利用证据权重法,采用2.0km×2.0km规则网格单元,在MRAS2.0下,利用有模型预测方法进行预测区圈定与优选。然后在MapGIS下,根据优选结果圈定成为不规则形状。

3. 最小预测区圈定结果

叠加所有预测要素变量,根据各要素边界圈定最小预测区,共圈定最小预测区12个,其中A级区2个,面积共60.75km²;B级区3个,面积共76.24km²;C级区7个,面积共276.35km²(图7-7,表7-3)。

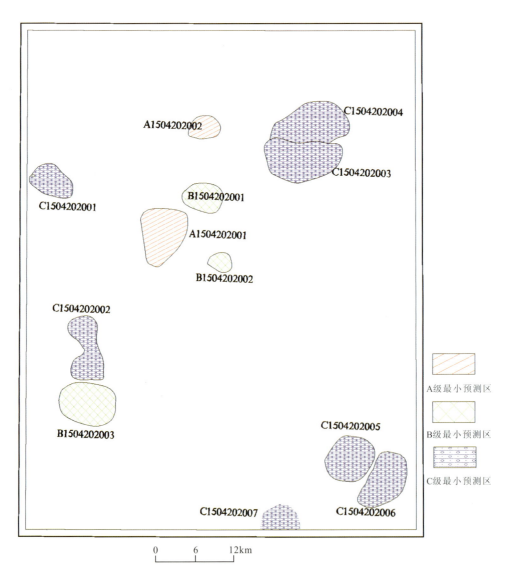

图7-7 敖脑达巴式侵入岩体型铜矿预测工作区最小预测区圈定结果

表 7-3 敖脑达巴式侵入岩体型铜矿预测工作区最小预测区圈定结果及资源量估算成果表

最小预测区编号	最小预测区名称	$S_预$	$H_预$	K_s	K	$Z_预(\times 10^4 t)$	资源量级别
A1504202001	敖脑达巴	47.07	548	1	0.000 000 664	0.49	334-1
A1504202002	白音温都苏木沙包	13.68	400	1		0.36	334-1
B1504202001	巴彦温都尔享果海	21.86	400	1		0.29	334-3
B1504202002	罕苏木小井子	8.27	200	1		0.05	334-3
B1504202003	杨家营子镇德胜屯	46.11	200	1		0.31	334-3
C1504202001	乌兰达坝苏木浩布高	23.92	200	1		0.11	334-3
C1504202002	胡吐格村	36.50	200	1		0.17	334-3
C1504202003	阿鲁科尔沁旗阿根他	59.54	200	1		0.08	334-3
C1504202004	阿鲁科尔沁旗巴彦温	53.95	200	1		0.07	334-3
C1504202005	古拉班沙拉	38.95	200	1		0.10	334-3
C1504202006	坤都镇西	41.32	200	1		0.05	334-3
C1504202007	西包特艾勒南	22.17	200	1		0.03	334-3

4. 最小预测区地质评价

依据本区成矿地质背景并结合资源量估算和预测区优选结果,各级别面积分布合理,且已知矿床均分布在 A 级预测区内,说明预测区优选分级原则较为合理;最小预测区圈定结果表明,预测区总体与区域成矿地质背景、化探异常、航磁异常和剩余重力异常吻合程度较好。因此,所圈定的最小预测区,特别是 A 级最小预测区具有较好的找矿潜力。

依据预测工作区内地质综合信息等对每个最小预测区进行综合地质评价,各最小预测区特征见表 7-4。

表 7-4 敖脑达巴式侵入岩体型铜矿预测工作区最小预测区成矿条件及找矿潜力表

编号	最小预测区名称	综合信息
A1504202001	敖脑达巴	该最小预测区处在哲斯组长石石英细砂岩、长石杂砂岩、细粉砂岩、粉砂质板岩、白垩纪石英二长斑岩基岩出露区。区内有敖脑达巴铜矿床1处,铜、铅、锌、银化探异常1处,航磁化极1处,具有较大找矿潜力
A1504202002	白音温都苏木沙尔包	该最小预测区处在白垩纪花岗斑岩基岩出露区。区内有巴彦温都尔夏落包托铜矿点、白音温都苏木沙尔包铜矿点2处,铜、铅、锌、银化探异常1处,航磁化极1处,具有较大找矿潜力
B1504202001	巴彦温都尔享果海	该最小预测区处在哲斯组长石石英细砂岩、长石杂砂岩、细粉砂岩、粉砂质板岩出露区,北部有白垩纪石英二长斑岩、花岗斑岩,铜、铅、锌、银化探异常1处,航磁化极1处,具有较大找矿潜力
B1504202002	罕苏木小井子	该最小预测区处在哲斯组长石石英细砂岩、长石杂砂岩、细粉砂岩、粉砂质板岩出露区,北部有白垩纪石英二长斑岩、花岗斑岩,铜、铅、锌、银化探异常1处,航磁化极1处,具有较大找矿潜力
B1504202003	杨家营子镇德胜屯	该最小预测区处在哲斯组长石石英细砂岩、长石杂砂岩、细粉砂岩、粉砂质板岩出露区,铜、铅、锌、银化探异常1处,航磁化极1处,具有较大找矿潜力
C1504202001	乌兰达坝苏木浩布高	该最小预测区处在白垩纪石英二长斑岩基岩出露区。铜、铅、锌、银化探异常1处,航磁化极1处,具有较大找矿潜力
C1504202002	胡吐格村	该最小预测区有铜、铅、锌、银化探异常1处,航磁化极1处,具有较大找矿潜力
C1504202003	阿鲁科尔沁旗阿根他	该最小预测区处在哲斯组长石石英细砂岩、长石杂砂岩、细粉砂岩、粉砂质板岩出露区,铜、铅、锌、银化探异常1处,航磁化极1处,具有较大找矿潜力
C1504202004	阿鲁科尔沁旗巴彦温	该最小预测区处在哲斯组长石石英细砂岩、长石杂砂岩、板岩出露区,铜、铅、锌、银化探异常1处,航磁化极1处,找矿潜力较大
C1504202005	古拉班沙拉	该最小预测区有铜、铅、锌、银化探异常1处,航磁化极1处,具有较大找矿潜力
C1504202006	坤都镇西	该最小预测区有铜、铅、锌、银化探异常1处,航磁化极1处,具有较大找矿潜力
C1504202007	西包特艾勒南	该最小预测区处在哲斯组长石石英细砂岩、长石杂砂岩、细粉砂岩、粉砂质板岩出露区,铜、铅、锌、银化探异常1处,航磁化极1处,具有较大找矿潜力

二、综合信息地质体积法估算资源量

1. 典型矿床深部及外围资源量估算

查明的资源量、体重及铜矿品位依据均来源于内蒙古自治区 115 地质队 1993 年 9 月编写的《内蒙古自治区阿鲁科尔沁旗敖脑达巴矿区多金属矿产普查报告》。矿床面积的确定是根据 1∶2000,1∶1 万敖脑达巴矿区地形地质图,各个矿体组成的包络面面积(图 7-8),矿体延深依据主矿体勘探线剖面图(图 7-9),具体数据见表 7-5。

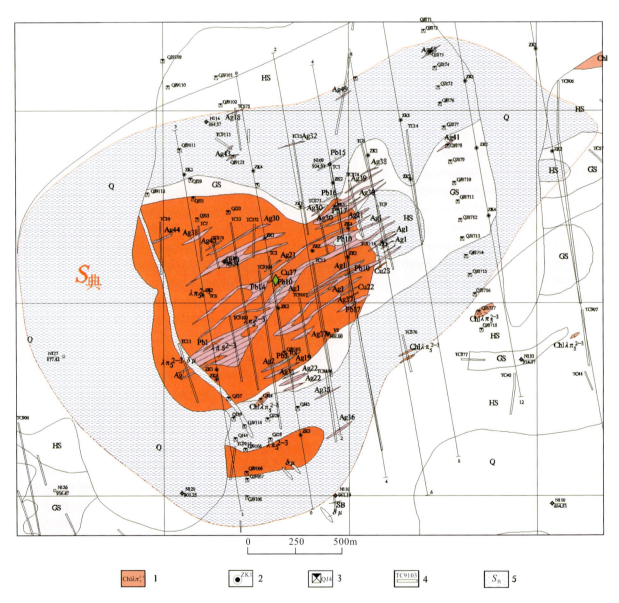

图 7-8 敖脑达巴铜矿典型矿床总面积圈定方法及依据图

1. 燕山期青磐岩化石英斑岩;2. 钻孔位置及编号;3. 浅井位置及编号;4. 探槽位置及编号;5. 矿体聚集区段边界范围

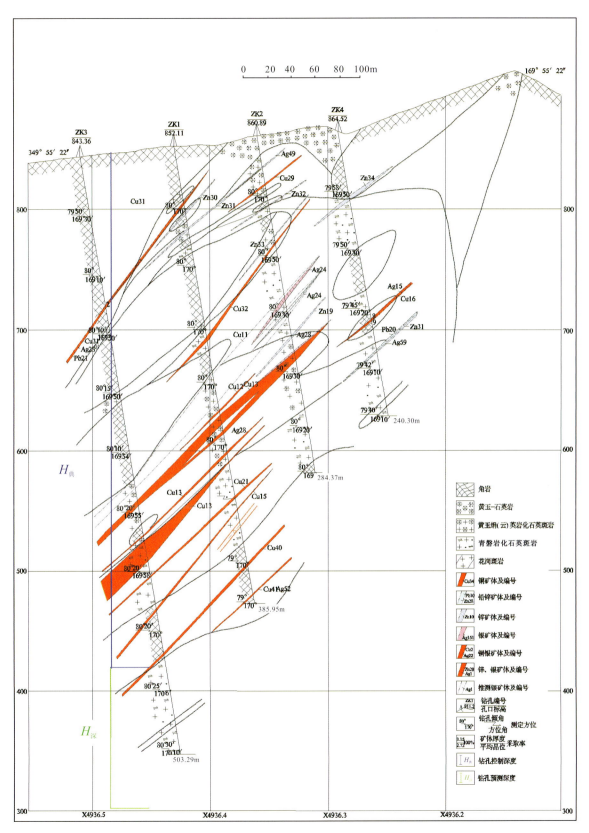

图 7-9　敖脑达巴铜矿典型矿床深部资源量延深方法及依据确定方法

表 7-5　敖脑达巴铜矿典型矿床深部及外围资源量估算一览表

典型矿床		深部及外围		
已查明资源量(t)	12 205.44	深部	面积(m^2)	175 354.56
面积(m^2)	175 354.56		深度(m)	130
深度(m)	418	外围	面积(m^2)	12 281.11
品位(%)	0.65		深度(m)	548
比重(t/m^3)	2.97	预测资源量(t)		4930.87
体积含矿率(t/m^3)	0.000 167	典型矿床资源总量(t)		17 136.31

2. 模型区的确定、资源量及估算参数

模型区为典型矿床所在的最小预测区。敖脑达巴典型矿床查明资源量 12 205.44t,按本次预测技术要求计算模型区资源总量为 17 136.31t。模型区内无其他已知矿点存在,则模型区资源总量=典型矿床资源总量,模型区面积为依托 MRAS 软件采用少模型工程神经网络法优选后圈定,延深根据典型矿床最大预测深度确定。由于模型区内含矿地质体边界可以确切圈定,但其面积与模型区面积一致,由模型区含地质体面积/模型区总面积得出,模型区含矿地质体面积参数为 1。由此计算含矿地质体含矿系数(表 7-6)。

表 7-6　敖脑达巴式铜矿模型区预测资源量及其估算参数表

编号	名称	模型区资源总量(t)	模型区面积(m^2)	延深(m)	含矿地质体面积(m^2)	含矿地质体面积参数	含矿地质体含矿系数
A1504202001	敖脑达巴	17 136.31	47 067 500	548	47 067 500	1	0.000 000 664

3. 最小预测区预测资源量

敖脑达巴铜矿预测工作区最小预测区资源量定量估算采用地质体积法进行估算。

(1)估算参数的确定。最小预测区面积是依据综合地质信息定位优选的结果;延深的确定是在研究最小预测区含矿地质体地质特征、含矿地质体的形成深度、断裂特征、矿化类型,并在对比典型矿床特征的基础上综合确定的;相似系数的确定,主要依据 MRAS 生成的成矿概率及与模型区的比值,参照最小预测区地质体出露情况、化探和重砂异常规模及分布、物探解译隐伏岩体分布信息等进行修正。

(2)最小预测区预测资源量估算结果。本次铜预测资源总量为 $2.11×10^4$t,详见表 7-3。

4. 预测工作区资源总量成果汇总

敖脑达巴铜矿预测工作区地质体积法预测资源量,依据资源量级别划分标准,根据现有资料的精度,可划分为 334-1 和 334-3 两个资源量精度级别;根据各最小预测区内含矿地质体、物化探异常及相似系数特征,预测延深参数均在 2000m 以浅。

根据矿产潜力评价预测资源量汇总标准,敖脑达巴式铜矿阿鲁科尔沁旗预测工作区按精度、预测深度、可利用性、可信度统计分析结果见表 7-7。

表 7-7　敖脑达巴式铜矿预测工作区预测资源量估算汇总表

按预测深度			按精度			按可利用性		按可信度		
500m 以浅	1000m 以浅	2000m 以浅	334-1	334-2	334-3	可利用	暂不可利用	≥0.75	≥0.5	≥0.25
1.97	2.11	2.11	0.85	—	1.26	0.85	1.26	—	0.85	1.26
合计:2.11			合计:2.11			合计:2.11		合计:2.11		

注:表中预测资源量单位均为 $×10^4$t。

第八章 车户沟式侵入岩体型铜矿预测成果

第一节 典型矿床特征

一、典型矿床及成矿模式

(一)矿床特征

车户沟铜矿距赤峰市区北西55km,行政区划隶属于赤峰市郊区孤山子乡池家营村管辖。地理坐标:东经118°30′15″—118°30′40″,北纬42°25′00″—42°25′15″。

1. 矿区地质

地层:太古宇乌拉山岩群主要分布在矿区的中部和北部,主要岩性为混合角闪斜长片麻岩、黑云斜长片麻岩等。上侏罗统白音高老组(J_3by)主要分布在矿区南部,其岩性由下到上依次为:灰绿色凝灰角砾岩、灰白色凝灰质粉砂岩、灰白色凝灰质粉砂页岩、灰绿色泥质页岩。白垩系主要为灰—灰紫色流纹岩,在矿区东部出露。

侵入岩:矿区内岩浆岩较发育,主要为正长斑岩,其次为白云母斜长花岗岩等,属四道沟-碱场花岗岩基的一部分,为燕山早期产物,其中正长斑岩是主要的赋矿岩体,主要分布在矿区中部,以不规则的岩株状、脉状产出,矿体呈脉状产于正长斑岩体中。

受滨太平洋构造体系影响,区内构造活动较强,断裂构造比较发育,总体构造线方向呈北东东向,其中北东向构造是主要的控岩控矿构造,隐爆裂隙是主要的控矿构造。

2. 矿床地质

铜矿赋存于正长斑岩体中,呈脉状产出。矿区共圈出两条主矿体,其中Ⅰ号矿体分布在矿区中部,走向北东,倾向北西,倾角70°,控制长约450m,厚度为0.89~10.86m,平均为3.60m,含铜最高氧化矿为2.46%,原生矿为2.14%,平均为0.70%;Ⅱ号矿体分布在Ⅰ号矿体的北西侧,地表控制长约300m,呈弯曲的脉状,倾向北西,倾角70°,矿体铜品位为0.3%~5.11%,平均为0.57%,矿体厚度为0.44~9.18m,平均为4.67m。

矿石结构:压碎交代残余结构、自形粒状结构、他形晶粒状结构以及胶状结构。矿石构造:斑点、斑杂浸染状构造、稀疏浸染状构造、细脉状、显微细脉状构造、裂隙充填构造、团块状构造。

金属原生矿物:主要有黄铁矿、黄铜矿、辉钼矿,其次有闪锌矿、磁铁矿、赤铁矿,还有极少量的硫铋铜矿、方黄铜矿、自然银、银金矿、方铅矿、砷黝铜矿、铌钽铁矿等;表生矿物:孔雀石、铜蓝、褐铁矿;脉石矿物主要有钾长石、石英及少量的斜长石,次生矿物有绢云母、绿泥石、碳酸盐类矿物等。

矿石自然类型:可分为氧化矿石和原生矿石两种。氧化矿石由表生矿物孔雀石、铜蓝、褐铁矿、钼华等组成,铜最高品位可达2.65%。原生矿石是主要的利用对象。

围岩蚀变以硅化、绢云母化为主,其次有绿泥石化、绿帘石化、碳酸盐化等。硅化、绢云母化与矿化关系密切。

3. 车户沟铜矿床成因类型及成矿时代

车户沟铜矿含矿母岩为正长斑岩、花岗斑岩,矿体主要分布在斑岩体内,由矿体向围岩(花岗斑岩、正长斑岩、花岗岩、混合花岗岩等)蚀变依次减弱,矿体与围岩没有清楚的界线,有用组分以硫化物形式存在,且多以细脉状或细脉浸染状产出,矿床主要的矿石矿物为黄铁矿、黄铜矿和辉钼矿,次要的有磁铁矿、闪锌矿等,这是斑岩型铜钼矿床的典型矿物共生组合。综上所述,可以确定该矿床成因类型属斑岩型铜钼矿床。由含矿斑岩体成岩时代,确定该矿床成矿时代大致为晚侏罗世。

(二)矿床成矿模式

本区位于华北地台北缘,处于华北板块与西伯利亚板块、库拉-太平洋板块的结合部位,经历了漫长的地质演化。太古宙变质岩中含有一定量的Cu、Mo元素,在燕山早期大量花岗岩浆侵入,当岩浆与围岩发生接触时,对围岩产生同化混染作用,同时不断萃取围岩中的有用组分,残余岩浆沿构造部位上侵形成花岗斑岩侵入体,这些岩浆里携带一定量的铜钼元素,在适当的构造部位沉淀定位,为早期成矿阶段,形成了含铜钼的花岗斑岩。

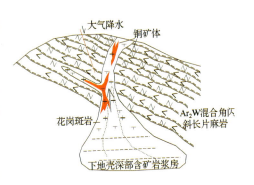

图8-1 车户沟式斑岩型铜矿典型矿床成矿模式

岩浆在经不断的分异作用形成富含钾质和大量有用组分的残余岩浆,在浅成、超浅成条件下,外压力骤然降低,挥发组分自熔浆中强烈析出形成次火山热液,且将围岩(花岗斑岩)中的有用组分进一步活化转移、富集。同时由于岩浆及挥发组分的较大压力造成隐爆作用,将正长斑岩、花岗斑岩等围岩震碎,形成隐爆角砾岩构造和隐爆角砾岩、震碎角砾岩等。由于物理化学条件的改变、温度的下降,有用组分在有利构造部位沉淀并形成矿体。本期是成矿的晚期阶段也是最重要的成矿阶段。成矿时间应是在燕山晚期较晚阶段。由上述矿床地质特征,总结其成矿模式(图8-1)。

二、典型矿床地球物理特征

1. 矿床所在位置航磁特征

1:50万航磁平面等值线图显示,磁场总体表现为低缓的负磁异常,其西北部有一正磁异常,极值达300nT。1:5万航磁平面等值线图显示,磁场表现为低缓的负磁场,矿区南侧跳跃出现正异常,极值达500nT。

2. 矿床所在区域重力特征

1:50万重力异常图显示,矿区处在重力异常过渡带上,重力异常等值线南北向和北东向延伸的交会处。剩余重力异常图显示矿区处在相对重力低异常中,南侧为相对重力高异常。

车户沟铜矿位于呈南北向展布的布格重力梯级带同向扭曲处,其南侧和东侧分别为椭圆状高、低异常。布格重力异常最大值 Δg 为 $-80.87\times10^{-5}\,m/s^2$,对应 G 蒙-297 号剩余重力异常,为太古宙地层的反映。布格重力异常最小值 Δg 为 $-100.47\times10^{-5}\,m/s^2$,对应的剩余重力异常为 L 蒙-296,为酸性岩体的反映。铜矿区的磁场显示为平稳的正磁场。

车户沟式斑岩型铜钼矿床就位于 L 蒙-296 异常南侧,表明铜钼矿床与剩余重力低异常反映的花岗岩体有关。

三、典型矿床地球化学特征

车户沟铜矿床附近形成了 Cu、Mo、W、Pb、Ag、Cd、Sb 组合异常,内带矿体附近主要为 Ag 异常,中带为 Cu、Pb 组合异常,外带零星分布着 Mo、W、Cd、Sb 组合异常。

与预测工作区相比较,车户沟式斑岩型铜钼矿矿区 Cu 元素为高背景值,成环状分布,闭合性好,浓集中心明显,异常强度高,主要分布于中生代及前寒武纪地层中,与 Ag、W 和 Mo 异常套合较好,后者是主要的伴生元素。矿区周围 Au、As、Zn 元素呈低背景值分布,无明显异常,存在 Cd 和 Sb 异常,其中 Cd 异常呈环状分布,且有两个富集中心。

四、典型矿床预测模型

根据典型矿床成矿要素和矿区航磁、重力、化探资料,确定典型矿床预测要素,编制典型矿床预测要素图。矿床所在地区的系列图表达典型矿床预测模型(图 8-2、图 8-3)。总结典型矿床综合信息特征,编制典型矿床预测要素表(表 8-1)。

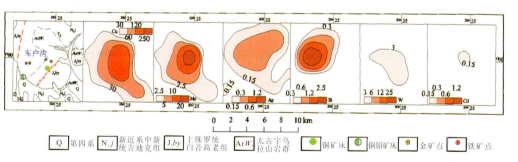

图 8-2 车户沟斑岩型铜矿地质-化探异常剖析图

表 8-1 车户沟式斑岩型铜矿典型矿床预测要素表

成矿要素		描述内容				要素类别
		储量	铜金属量:87 636t	平均品位	铜 0.96%	
特征描述		斑岩型铜钼矿床				
地质环境	构造背景	冀北大陆边缘岩浆弧				必要
	成矿环境	华北地台北缘东段铁、铜、钼、铅、锌、金、银、锰、磷、煤、膨润土成矿带,官地-石人沟金、银、铜、铅、锌成矿亚带				必要
	成矿时代	晚侏罗世				必要

续表 8-1

成矿要素		描述内容	要素类别
矿床特征	矿体形态	似层状、透镜状	次要
	岩石类型	侏罗纪晚期石英正长斑岩、二长斑岩、石英二长斑岩	重要
	岩石结构	半自形粒状结构、压碎结构、斑状结构	次要
	矿物组合	金属原生矿物：主要有黄铁矿、黄铜矿、辉钼矿，其次有闪锌矿、磁铁矿、赤铁矿，还有极少量的硫铋铜矿、方黄铜矿、自然银、银金矿、方铅矿、砷黝铜矿、铌钽铁矿等；表生矿物：孔雀石、铜蓝、褐铁矿；脉石矿物主要有钾长石、石英及少量斜长石，次生矿物有绢云母、绿泥石、碳酸盐类矿物等	重要
	结构构造	半自形粒状结构、压碎结构、斑状结构；块状、角砾状构造	次要
	蚀变特征	硅化、钾长石化、白云母化、绢云母化、碳酸盐化、黄铁矿化	重要
	控矿条件	1. 构造控矿：断裂控矿明显，北东向构造为主要控岩控矿构造，隐爆裂隙是主要的控矿构造；2. 岩浆岩控矿：花岗斑岩、正长斑岩体是主要成矿母岩，矿体多产在花岗斑岩、正长斑岩体内以及斑岩与围岩接触带附近	必要
地球物理特征	重力异常	铜矿床位于布格重力高值区正北边部，南侧为椭圆状高值区，布格重力异常最大值 Δg 为 $-80.87 \times 10^{-5} m/s^2$，对应剩余重力正异常。东侧布格重力低值区，异常最小值 Δg 为 $-100.47 \times 10^{-5} m/s^2$，对应剩余重力负异常	次要
	航磁异常	铜矿床所处的磁场表现为低缓的负磁场，南端出现串珠状正异常，极值达 500nT	重要
地球化学特征		矿区存在 Cu、Mo、W、Pb、Ag、Cd、Sb 组合异常，Cu、Mo 为主成矿元素，W、Pb、Ag、Cd、Sb 为主要的共伴生元素，内带矿体附近主要为 Ag 异常，中带为 Cu、Pb 组合异常，外带零星分布着 Mo、W、Cd、Sb 组合异常	重要

第二节 预测工作区研究

一、区域地质特征

1. 成矿地质背景

车户沟铜钼矿预测工作区位于华北地台北缘和大兴安岭海西地槽系交会部位，因此，一系列的东西向和北东向的断裂构造非常发育，沿着上述断裂有广泛的岩浆侵入。区内成矿地质概况如下。

矿区主要地层有前震旦系（AnZ）、侏罗系（J）和白垩系（K）。

太古宇乌拉山岩群：主要分布在矿区的中部和北部，主要岩性为混合角闪斜长片麻岩、长英片麻岩和混合岩等。

上侏罗统白音高老组：主要分布在矿区南部，其岩性由下到上依次为灰绿色凝灰角砾岩、灰白色凝灰质粉砂岩、灰白色凝灰质粉砂页岩、灰绿色泥质页岩。

白垩系主要为灰—灰紫色流纹岩，在矿区东部出露。

区内与成矿有关的侵入体为燕山早期，主要为正长斑岩，其次为白云母斜长花岗岩等，其中正长斑岩是主要的赋矿岩体，主要分布在矿区中部。

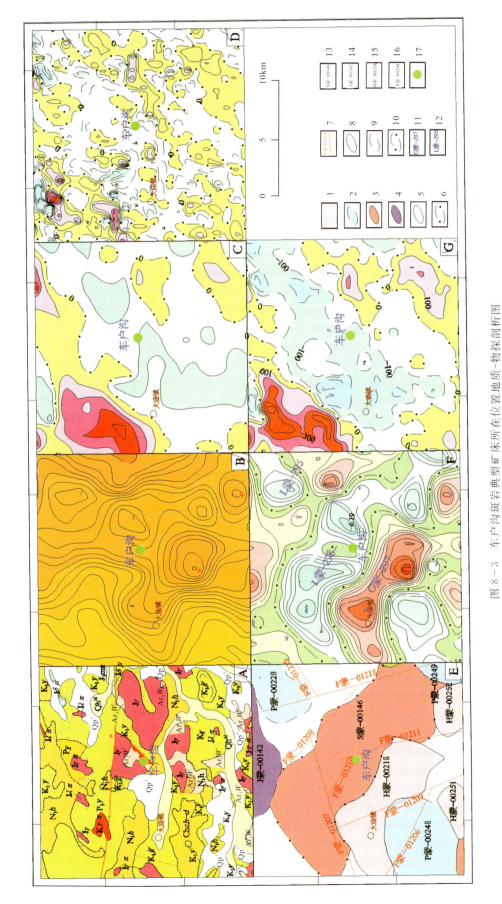

图 8-3 车户沟斑岩典型矿床所在位置地质-物探剖析图

1. 太古宙地层；2. 盆地及半隐伏岩体边界；3. 酸性—中酸性岩体；4. 超基性岩体；5. 出露岩体；6. 半隐伏岩体边界；7. 重力推断三级断裂构造及编号；8. 航磁正等值线；9. 航磁负等值线；10. 零等值线；11. 剩余重力高异常编号；12. 剩余重力低异常编号；13. 酸性—中酸性岩体编号；14. 基性—超基性岩体编号；15. 地层编号；16. 盆地编号；17. 铜矿床

构造：受滨太平洋构造体系的影响，区内构造活动较强，断裂构造比较发育，总体构造线方向呈北东东向，成矿前断裂构造控制着成矿、形态、规模及产状，其中北东向构造是主要的控矿构造。

2. 区域成矿模式

根据预测工作区成矿规律研究成果，总结成矿模式（图8-4）。其中最主要成矿地质体为侏罗纪晚期正长花岗岩、黑云母二长花岗岩和黑云母花岗岩。

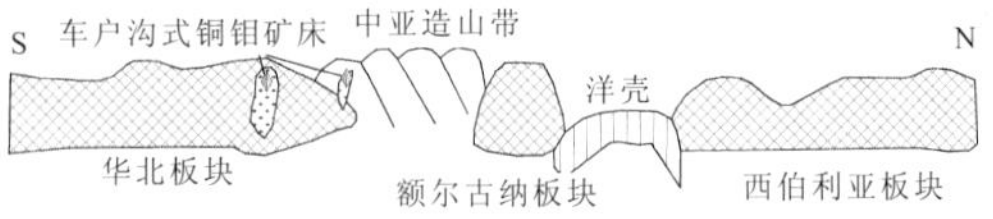

图8-4 车户沟式侵入岩体型铜矿车户沟预测工作区成矿模式图

二、区域地球物理特征

1. 磁异常特征

在航磁 ΔT 等值线平面图上车户沟预测工作区磁异常幅值变化范围为 $-600 \sim 1000 nT$，磁异常形态各异，无明显轴向。预测工作区北部磁异常高于南部，北部以杂乱正磁异常为主，中部以杂乱负磁异常区为特征。车户沟铜矿位于预测工作区东北部，处于 $-100nT$ 低缓负磁异常背景上。

车户沟磁法推断断裂构造主要为北东向和近东西向，磁场上多表现为串珠状磁异常和不同磁场区分界线。预测工作区北部和西部杂乱正异常与大面积出露的火山岩地层相对应，而东北部形态较规则的正磁异常推断为侵入岩体的反映。

车户沟预测工作区磁法共推断断裂6条。

2. 重力异常特征

车户沟式斑岩型铜钼矿-复合内生型预测工作区位于纵贯全国东部地区的大兴安岭-太行山-武陵山北北东向巨型重力梯度带内蒙古境内最南端。该巨型重力梯度带东、西两侧重力场下降幅度达 $80 \times 10^{-5} m/s^2$，下降梯度约 $1 \times 10^{-5} m/s^2/km$。由地震和大地电磁测深资料可知，大兴安岭-太行山-武陵山巨型宽条带重力梯度带是一条超壳深大断裂带的反映。该深大断裂带是环太平洋构造运动的结果。沿深大断裂带侵入了大量的中新生代中酸性岩浆岩，并且喷发、喷溢了大量的中新生代火山岩。

预测工作区区域重力场处在南北向的重力梯度带上，呈现西部重力低、东部重力高的特点。布格重力异常最低值为 $-135 \times 10^{-5} m/s^2$，高异常值为 $-80 \times 10^{-5} m/s^2$ 左右。区内重力梯度带上叠加局部重力异常及重力等值线扭曲，依据地表出露的太古宙地层及对应的剩余重力正异常，推断局部重力异常区由太古宙地层引起；结合区内地表出露的侏罗纪花岗岩及剩余重力正异常，推测局部低重力异常区为中—酸性岩体和中新生代盆地的反映。

车户沟式斑岩型铜钼矿位于北部局部低重力区上。该区域出露侏罗纪地层，局部出露酸性岩类，剩余重力负异常，表明该类矿床与酸性岩体有关。

预测工作区内重力推断解释断裂构造15条，中—酸性岩体3个，地层单元4个，中—新生代盆地4个。

三、区域地球化学特征

区域上分布有 Ag、As、Cd、Cu、Mo、Sb、W、Pb、Zn 等元素组成的高背景区带，在高背景区带中有以 Cu、Ag、Cd、Mo、Sb、W、Pb、Zn 为主的多元素局部异常。区内各元素正异常多集中于东南部，西北部多呈背景及低背景分布。预测区内共有15个 Ag 异常，4个 As 异常，7个 Au 异常，23个 Cd 异常，7个 Cu 异常，9个 Mo 异常，9个 Pb 异常，8个 Sb 异常，12个 W 异常，8个 Zn 异常。

Cu、Ag、Cd、Pb、Zn、W、Mo 元素在全区形成大规模的高背景区带，在高背景区带中分布有明显的局部异常，Au、As、Sb 在区域上呈背景及低背景分布。Cu 除了车户沟外，在预测工作区西北部形成一个直径约10km,未圈闭的环形异常,内环为低异常,外环为高异常区;Cu异常浓集中心明显,强度较高,呈环状分布。Au仅在初头朗镇、红花沟镇、彩凤营子村附近有个别浓集中心。在车户沟、太庙镇和顾家营子村之间Mo异常分布范围广,连续性好,浓集中心明显,强度高。W元素在区域北部呈正异常分布,在南部呈低异常,在车户沟矿床周围成环状分布,圈闭良好,表现为正异常,浓集中心明显,强度较高。Zn元素在预测工作区西北角呈正异常,范围广,连续性好,浓集中心明显,强度高,从大庙镇到袁记坝浓集中心呈串珠状分布,南东异常不明显。Cd元素异常在预测工作区内分布范围广,但仅存在两处浓集中心,分别位于松山区当铺地乡和红花沟镇东南。Ag元素异常在车户沟、松山当铺地乡和红花沟镇之间分布范围广,连续性好,有6处浓集中心。

规模较大的Cu元素的局部异常上,Ag、Cd、W、Mo、Zn等主要成矿元素及伴生元素具有明显的浓度分带和浓集中心,并在空间上相互重叠或套合。从地质上来看,车户沟斑岩型铜钼矿床多分布于中生代地层和前寒武纪地层周边,侏罗纪侵入岩附近。

预测工作区上元素异常套合较好的编号为AS1。AS1的元素有Cu、Ag、Cd、W、Mo。Cu元素浓集中心明显,强度高,圈闭性好,位于车户沟地区;W、Mo分布于内带,呈环状分布;Ag、Cd分布于外带,呈环状分布。

四、区域遥感影像及解译特征

在遥感矿产地质特征与近矿找矿标志解译图上,共解译线要素69条,环要素7处,带要素52处,块要素2处。

预测工作区内主要近东西向区域性控矿构造带有一条华北陆块北缘断裂带,该断裂带在图幅北部边缘近东西向展布;构造在该区域显示明显的断续东西向延伸特点,线性构造两侧地层体较复杂,线性构造经过多套地层体。

线要素在遥感图像上主要构造有两条,以近东西向为主,北西向、北东向构造都较为短小。这几组构造相互围成多边形块体,其间小构造极发育,多数为储矿构造。

已知铜矿点与本预测工作区中的羟基异常吻合的有车户沟铜钼矿、索虎沟岩金矿。

综合上述遥感特征,本预测工作区划分出66个车户沟式斑岩型铜钼矿最小预测区。

姜家营子村预测靶区内有6个最小预测区,北东向、北西向断裂通过预测靶区,遥感浅色色调异常区有羟基异常和铁染异常分布。索虎沟岩金矿在预测靶区内。

陈家营子预测靶区内有16个最小预测区,靶区内有两个环形构造,北西向与北东向断裂交会部位,有羟基异常和铁染异常分布。石人沟岩金矿在预测靶区内。

哈拉海沟村预测靶区内有15个最小预测区,北西向断裂带为主,北东向断裂与之交会,有羟基异常和铁染异常分布。车户沟铜钼矿在预测靶区内。

彩凤营子村预测靶区内有15个最小预测区,北东向、北西向断裂带与近东西向断裂带交会,遥感羟基异常相对集中区与两个方向构造吻合很好。

五、区域预测模型

根据预测工作区区域成矿要素、化探、航磁、重力、遥感及自然重砂资料,建立了本预测工作区的区域预测要素,并编制预测工作区预测要素图和预测模型图。

区域预测要素图以区域成矿要素图为基础,综合研究重力、航磁、化探、遥感、自然重砂等致矿信息,总结区域预测要素表(表8-2),并将综合信息各专题异常曲线或区全部叠加在成矿要素图上,在表达时可以出单独预测要素(如航磁)的预测要素图。

预测模型图的编制,以地质剖面图为基础,叠加区域化探、航磁及重力剖面图而形成,简要表示预测要素内容及其相互关系,以及时空展布特征(图8-5)。

表 8-2 车户沟式斑岩型铜矿预测工作区预测要素表

区域预测要素		描述内容	要素类别
地质环境	大地构造位置	华北陆块区(Ⅱ),大青山-冀北古弧盆系(Ⅱ-3),恒山-承德-建平古岩浆弧(Ⅱ-3-1)	必要
	成矿区(带)	Ⅰ-4:滨太平洋成矿域(叠加在古亚洲成矿域之上),Ⅱ-13:大兴安岭成矿省,Ⅲ-50:林西-孙吴铅、锌、铜、钼、金成矿带,Ⅳ$_{50}^{5}$官地-石人沟金、银、铜、铅、锌成矿亚带	必要
	区域成矿类型及成矿期	斑岩型、燕山早期	必要
控矿地质条件	赋矿地质体	花岗斑岩、正长斑岩等斑岩体	重要
	控矿侵入岩	侏罗纪晚期正长花岗岩、黑云母二长花岗岩、黑云母花岗岩	必要
	主要控矿构造	北东向挤压破碎带	重要
区内相同类型矿产		1个中型矿床、1个小型矿床、3个矿点	重要
地球物理地球化学特征	重力	区域重力场处在南北向的重力梯度带上,呈现西部重力低、东部重力高的特点。布格重力值最低-135×10^{-5} m/s^2,最高-80×10^{-5} m/s^{2}左右。区内重力梯度带上叠加局部重力异常及重力等值线扭曲,剩余重力负异常值一般在$(-5\sim0)\times10^{-5}$ m/s^{2}之间,剩余重力正异常$(0\sim10)\times10^{-5}$ m/s^{2}之间	重要
	航磁	1:50万航磁平面等值线图显示,磁场总体表现为低缓的负异常,西北部出现正异常,极值达300nT	重要
	地球化学特征	预测工作区主要分布有Au、As、Sb、Cu、Zn、Ag、Cd、W、Mo等元素异常,Cu元素浓集中心明显,异常强度高,主要分布于预测工作区南部	重要
遥感特征		遥感解译的北东向断裂构造及隐伏斑岩体(环状要素)	重要

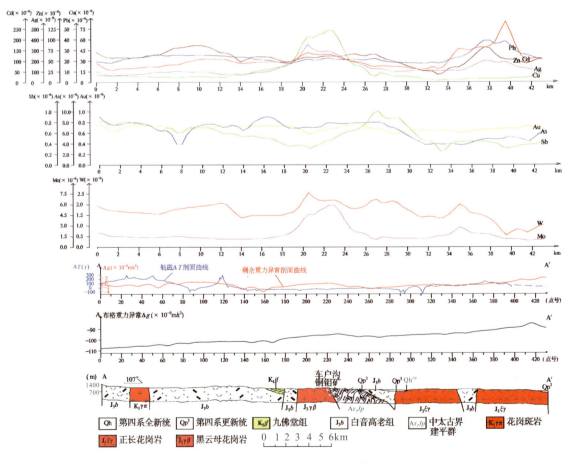

图 8-5 车户沟铜矿预测工作区预测模型图

第三节 矿产预测

一、综合地质信息定位预测

1. 变量提取及优选

根据典型矿床及预测工作区研究成果,进行综合信息预测要素提取。本次选择网格单元法作为预测单元,预测底图比例尺为1:10万,利用规则网格单元作为预测单元,网格单元大小为1.0km×1.0km。

地质体(侏罗纪晚期正长花岗岩、黑云母二长花岗岩、黑云母花岗岩)及重砂异常要素进行单元赋值时采用区的存在标志;化探、剩余重力、航磁化极则求起始值的加权平均值,在变量二值化时利用异常范围值人工输入变化区间。对已知5个同类型矿床、矿点进行缓冲区处理,对区文件求其存在标志。

2. 最小预测区圈定及优选

本次利用证据权重法,采用1.0km×1.0km规则网格单元,在MRAS2.0下,利用有模型预测方法[因预测区除典型矿床外有5个已知矿床(点)]进行预测区的圈定与优选。然后在MapGIS下,根据优选结果圈定成为不规则形状(图8-6)。

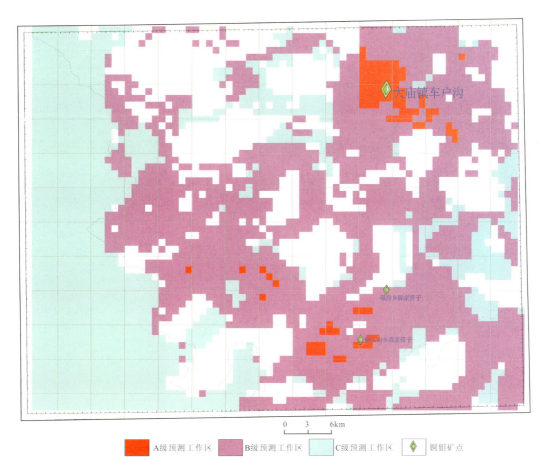

图8-6 车户沟铜矿预测工作区定位预测单元图

3. 最小预测区圈定结果

在预测单元图的基础上，叠加地质、矿产、物化探异常等各类预测要素并结合成矿地质体分布，进行最小预测区圈定。本次工作共圈定最小预测区 23 个，其中 A 级区 3 个，B 级区 9 个，C 级区 11 个。最小预测区面积在 1.27～22.77km² 之间，平均为 4.84km²（表 8-3，图 8-7）。

表 8-3 车户沟式侵入岩体型铜矿预测工作区最小预测区圈定结果及资源量估算成果表

最小预测区编号	最小预测区名称	$S_{预}$(km²)	$H_{预}$(m)	Ks	K(t/m³)	α	$Z_{预}$(t)	资源量级别
A1504203001	黄土沟(车户沟)	22.773 000	656	1		1.00	80 227.120	334-1
A1504203002	碾坊乡陈家营子	1.279 178	650	1		0.55	2455.917	334-2
A1504203003	猴头沟乡高家营子	6.566 504	550	1		0.75	14 546.710	334-2
B1504203001	铁家营村	12.847 180	1100	1		0.75	56 920.440	334-2
B1504203002	上半支箭	5.535 919	1000	1		0.65	19 324.560	334-2
B1504203003	大南梁北西	2.223 603	800	1		0.65	6209.651	334-3
B1504203004	老府镇东	3.445 485	850	1		0.60	9436.854	334-2
B1504203005	袁家洼西	1.650 711	850	1		0.50	3767.617	334-2
B1504203006	铁沟里	3.477 449	550	1		0.45	4622.135	334-2
B1504203007	西南沟	5.548 534	600	1		0.55	9833.289	334-2
B1504203008	梨树沟	5.253 701	700	1		0.60	11 850.080	334-2
B1504203009	萝卜起沟脑	2.514 275	500	1	0.000 005 37	0.45	3038.099	334-2
C1504203001	池家营子村	3.545 509	800	1		0.55	8377.953	334-2
C1504203002	草帽山村南	4.430 670	450	1		0.45	4818.381	334-2
C1504203003	萧家地村	5.015 233	550	1		0.55	8147.477	334-2
C1504203004	三座店村	2.738 262	500	1		0.50	3676.391	334-2
C1504203005	大坡	4.056 878	600	1		0.50	6536.118	334-3
C1504203006	老庙沟村南东	1.899 042	400	1		0.45	1835.751	334-3
C1504203007	老府镇北东	3.969 581	500	1		0.35	3730.692	334-2
C1504203008	瓦房村西	4.639 852	500	1		0.40	4983.573	334-2
C1504203009	杨树沟北东	1.469 150	500	1		0.25	986.240	334-2
C1504203010	侯家营子南西	3.837 869	450	1		0.30	2782.470	334-2
C1504203011	初头朗镇	2.716 727	600	1		0.35	3063.881	334-2

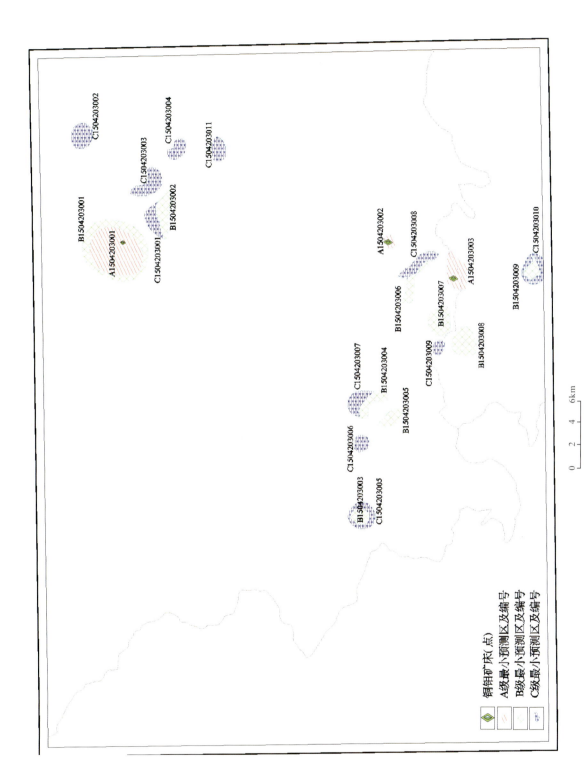

图 8-7 车户沟式侵入岩体型铜矿预测工作区最小预测区圈定结果

4. 最小预测区地质评价

依据本区成矿地质构造背景并结合资源量估算和预测区优选结果，各级别面积分布合理，且已知矿床均分布在 A 级预测区内，说明预测区优选分级原则较为合理；最小预测区圈定结果表明，预测区总体与区域成矿地质背景、化探异常、航磁异常、剩余重力异常、遥感铁染异常吻合程度较好。因此，所圈定的最小预测区，特别是 A 级最小预测区具有较好的找矿潜力。

依据预测区内地质综合信息等对每个最小预测区进行综合地质评价，特征见表 8-4。

表 8-4 车户沟式侵入岩体型铜矿预测工作区最小预测区成矿条件及找矿潜力表

最小预测区编号	最小预测区名称	综合信息特征
A1504203001	黄土沟（车户沟）	出露的地质体主要为晚侏罗世黑云母花岗岩、中太古界建平群变质岩类组合、上侏罗统白音高老组流纹岩、泥灰岩，下白垩统九佛堂组砂岩-页岩建造及第四系；区内有北东向断层 1 条，有车户沟典型矿床及孤山子乡黄土沟矿点。区内航磁化极主要为低缓负异常，局部正异常，异常值$-200\sim 250\text{nT}$，剩余重力异常为重力低背景下的局部高异常，异常值$(-3\sim -1)\times 10^{-5}\text{m/s}^2$；位于铜元素极高异常的中心部位，异常值$(18\sim 2433.6)\times 10^{-6}$，有 Cu、Pb、Zn 组合异常
A1504203002	碾坊乡陈家营子	出露的地质体主要为上侏罗统玛尼吐组英安质熔岩建造；区内有碾坊乡陈家营子矿点。剩余重力异常为正负异常的过渡区，异常值$(-2\sim 1)\times 10^{-5}\text{m/s}^2$；位于铜元素平缓异常的中心部位，异常值$(18\sim 28)\times 10^{-6}$
A1504203003	猴头沟乡高家营子	出露的地质体主要为晚侏罗世黑云母二长花岗岩、玛尼吐组英安质熔岩建造、早白垩世花岗斑岩及第四系；有猴头沟乡高家营子矿点。剩余重力异常为重力负异常中心部位，异常值$(-5\sim -3)\times 10^{-5}\text{m/s}^2$；位于 Cu 元素平缓异常区，异常值$(5.9\sim 18)\times 10^{-6}$
B1504203001	铁家营村	位于车户沟模型区外围，出露的地质体主要为晚侏罗世黑云母花岗岩、中太古界建平群变质岩类组合、上侏罗统白音高老组流纹岩、泥灰岩，下白垩统九佛堂组砂岩-页岩建造及第四系；区内有北东向断层 1 条。区内航磁化极主要为低缓负异常，局部正异常，异常值$-200\sim 250\text{nT}$，剩余重力异常为重力低背景下的局部高异常，异常值$(-4\sim 1)\times 10^{-5}\text{m/s}^2$；位于 Cu 元素极高异常的中心部位，异常值$(18\sim 2433.6)\times 10^{-6}$，有 Cu、Pb、Zn 组合异常，有重砂异常分布
B1504203002	上半支箭	位于车户沟模型区南南东方向，出露的地质体主要为晚侏罗世正长花岗岩、中新统汉诺坝组辉石玄武岩及第四系。区内航磁化极为低背景下见局部正异常，异常值$-200\sim 800\text{nT}$，剩余重力异常为正负异常的过渡区，异常值$(-2\sim 1)\times 10^{-5}\text{m/s}^2$；位于 Cu 元素极高异常的中心部位，异常值$(28\sim 2433.6)\times 10^{-6}$，有 Cu、Pb、Zn 组合异常，有重砂异常分布
B1504203003	大南梁北西	出露的地质体主要为上侏罗统白音高老组流纹岩、泥灰岩、中新统汉诺坝组辉石玄武岩及第四系，其南侧出露晚侏罗世黑云母二长花岗岩。处于航磁化极平缓正负异常的过渡区，异常值$-600\sim 200\text{nT}$，剩余重力异常为正负异常的过渡区，异常值$(-2\sim 1)\times 10^{-5}\text{m/s}^2$；位于 Cu 元素异常的中心部位，异常值$(34\sim 48)\times 10^{-6}$

续表 8-4

最小预测区编号	最小预测区名称	综合信息特征
B1504203004	老府镇东	出露的地质体主要为晚侏罗世黑云母二长花岗岩,中太古界建平群正副片麻岩类、斜长角闪岩类、大理岩类、混合岩类,早白垩世花岗斑岩及花岗斑岩脉。处于航磁化极平缓正负异常的过渡区,异常值$-150\sim100\text{nT}$,剩余重力异常为正负异常的过渡区,异常值$(-2\sim2)\times10^{-5}\text{m/s}^2$;位于Cu元素异常区,异常值$(3.7\sim18)\times10^{-6}$
B1504203005	袁家洼西	出露的地质体主要为晚侏罗世黑云母二长花岗岩、白音高老组流纹岩、泥灰岩,中新统汉诺坝组辉石玄武岩。处于航磁化极平缓正负异常的过渡区,异常值$-100\sim100\text{nT}$,剩余重力异常为正负异常的过渡区,异常值$(-3\sim-1)\times10^{-5}\text{m/s}^2$;位于Cu元素化探正负异常的过渡区,异常值$(5.9\sim22)\times10^{-6}$
B1504203006	铁沟里	出露的地质体主要为晚侏罗世黑云母二长花岗岩。剩余重力异常为重力负异常中心部位,异常值$(-5\sim-2)\times10^{-5}\text{m/s}^2$;位于Cu元素化探平缓正异常的中心部位,异常值$(14\sim28)\times10^{-6}$
B1504203007	西南沟	出露的地质体主要为晚侏罗世黑云母二长花岗岩及第四系。剩余重力异常为重力负异常中心部位,异常值$(-5\sim-2)\times10^{-5}\text{m/s}^2$;位于Cu元素低背景下的局部异常的边部,异常值$(7.5\sim28)\times10^{-6}$
B1504203008	梨树沟	出露的地质体主要为晚侏罗世黑云母二长花岗岩,中太古界建平群正副片麻岩类、斜长角闪岩类、大理岩类、混合岩类、晚侏罗世玛尼吐组英安质熔岩建造及第四系。剩余重力异常为正负异常的过渡区,异常值$(-3\sim0)\times10^{-5}\text{m/s}^2$;位于Cu元素低背景下的局部异常的边部,异常值$(7.5\sim22)\times10^{-6}$,有重砂异常分布
B1504203009	萝卜起沟脑	出露的地质体主要为晚侏罗世黑云母二长花岗岩;其南西方向有北东向断层1条。剩余重力异常为重力正异常中心部位,异常值$(2\sim5)\times10^{-5}\text{m/s}^2$;位于Cu元素异常区,异常值$(7.5\sim28)\times10^{-6}$
C1504203001	池家营子村	位于车户沟模型区南南东方向,出露的地质体主要为中新统汉诺坝组辉石玄武岩及第四系。区内航磁化极为低背景下见局部正异常,异常值$-600\sim400\text{nT}$,剩余重力异常为正负异常的过渡区,异常值$(-4\sim1)\times10^{-5}\text{m/s}^2$;位于Cu元素极高异常的中心部位,异常值$(28\sim2433.6)\times10^{-6}$,有Cu、Pb、Zn组合异常,有重砂异常分布
C1504203002	草帽山村南	出露的地质体主要为晚侏罗世正长花岗岩、中太古界建平群变质岩类组合,晚侏罗世白音高老组流纹岩、泥灰岩及第四系。处于航磁化极正负异常的过渡区,异常值$-100\sim250\text{nT}$,剩余重力异常为正负异常的过渡区,异常值$(-5\sim3)\times10^{-5}\text{m/s}^2$;位于Cu元素低背景下的局部异常区,异常值$(7.5\sim18)\times10^{-6}$,有重砂异常分布
C1504203003	萧家地村	位于车户沟模型区南东方向,出露的地质体主要为晚侏罗世正长花岗岩、中新统汉诺坝组辉石玄武岩及第四系。处于航磁化极正负异常的过渡区的正异常侧,异常值$-300\sim800\text{nT}$,剩余重力异常为正负异常的过渡区,异常值$(-4\sim1)\times10^{-5}\text{m/s}^2$;位于Cu元素异常区,异常值$(5.9\sim22)\times10^{-6}$,有Cu、Pb、Zn组合异常
C1504203003	萧家地村	位于车户沟模型区南东方向,出露的地质体主要为晚侏罗世正长花岗岩、中新统汉诺坝组辉石玄武岩及第四系。处于航磁化极正负异常的过渡区的正异常侧,异常值$-300\sim800\text{nT}$,剩余重力异常为正负异常的过渡区,异常值$(-4\sim1)\times10^{-5}\text{m/s}^2$;位于Cu元素异常区,异常值$(5.9\sim22)\times10^{-6}$,有Cu、Pb、Zn组合异常,有重砂异常分布

续表 8-4

最小预测区编号	最小预测区名称	综合信息特征
C1504203004	三座店村	出露的地质体主要为晚侏罗世正长花岗岩、中新统汉诺坝组辉石玄武岩及第四系。处于航磁化极正负异常的过渡区的正异常侧,异常值$-600\sim250\mathrm{nT}$,剩余重力异常为正负异常的过渡区,异常值$(-2\sim0)\times10^{-5}\mathrm{m/s^2}$;位于Cu元素异常区,异常值$(3.2\sim28)\times10^{-6}$
C1504203005	大坡	位于B1504203003最小预测区外围,出露的地质体主要为上侏罗统白音高老组流纹岩、泥灰岩,中新统汉诺坝组辉石玄武岩,少量晚侏罗世黑云母二长花岗岩及第四系。处于航磁化极平缓正负异常的过渡区,异常值$-600\sim200\mathrm{nT}$,剩余重力异常为正负异常的过渡区,异常值$(-2\sim1)\times10^{-5}\mathrm{m/s^2}$;位于Cu元素异常的中心部位,异常值$(18\sim48)\times10^{-6}$
C1504203006	老庙沟村南东	出露的地质体主要为第四系,其南东、南西方向均有晚侏罗世黑云母二长花岗岩出露。处于航磁化极平缓正负异常的过渡区,异常值$-200\sim200\mathrm{nT}$,剩余重力异常为正负异常的过渡区,异常值$(-3\sim-1)\times10^{-5}\mathrm{m/s^2}$;位于Cu元素异常区,异常值$(5.9\sim14)\times10^{-6}$
C1504203007	老府镇北东	出露的地质体主要为晚侏罗世黑云母二长花岗岩、中太古界建平群正副片麻岩类、斜长角闪岩类、大理岩类、混合岩类、早白垩世花岗斑岩。处于航磁化极平缓正负异常的过渡区,异常值$-150\sim100\mathrm{nT}$,剩余重力异常为正负异常的过渡区,异常值$(0\sim2)\times10^{-5}\mathrm{m/s^2}$;位于Cu元素平缓异常的中心部位,异常值$(14\sim34)\times10^{-6}$
C1504203008	瓦房村西	出露的地质体主要为中太古界建平群正副片麻岩类、斜长角闪岩类、大理岩类、混合岩类、上侏罗统玛尼吐组英安质熔岩建造。剩余重力异常为重力负异常中心部位,异常值$(-2\sim15)\times10^{-5}\mathrm{m/s^2}$;位于Cu元素平缓异常的中心部位,异常值$(14\sim34)\times10^{-6}$
C1504203009	杨树沟北东	出露的地质体主要为晚侏罗世黑云母二长花岗岩、上侏罗统玛尼吐组英安质熔岩建造及第四系。处于航磁化极平缓正异常的过渡区,缺失部分数据,异常值$100\sim150\mathrm{nT}$,剩余重力异常为正负异常的过渡区,异常值$(-2\sim1)\times10^{-5}\mathrm{m/s^2}$;位于Cu元素低背景下的局部异常的中心,异常值$(18\sim34)\times10^{-6}$
C1504203010	侯家营子南西	位于B1504203009最小预测区外围,出露的地质体主要为寒武纪晚期锦山组陆源碎屑沉积建造、中侏罗统新民组砂岩-页岩建造及中新统汉诺坝组辉石玄武岩;区内有北东向断层1条。剩余重力异常为重力正异常中心部位,异常值$(2\sim6)\times10^{-5}\mathrm{m/s^2}$;位于Cu元素异常区,异常值$(7.5\sim34)\times10^{-6}$
C1504203011	初头朗镇	出露的地质体主要为上侏罗统白音高老组流纹岩、泥灰岩及第四系,其西侧出露晚侏罗世正长花岗岩。处于航磁化极平缓正负异常的过渡区,异常值$-300\sim300\mathrm{nT}$,剩余重力异常为负异常的边部位置,异常值$(-4\sim-1)\times10^{-5}\mathrm{m/s^2}$;位于Cu元素异常的中心部位,异常值$(10\sim61)\times10^{-6}$

二、综合信息地质体积法估算资源量

1. 典型矿床深部及外围资源量估算

查明的矿床小体重、最大延深、铜品位,依据来源于核工业243大队2007年11月编写的《内蒙古自治区赤峰市松山区车户沟矿区三区铜矿普查报告》及赤峰国维矿业有限公司委托锡林郭勒盟灵通矿业发展有限责任公司 2006 年 11 月提交的《内蒙古自治区赤峰市松山区车户沟铜矿补充详查报告》(一区和二区)。矿床资源量来源于内蒙古自治区国土资源厅 2010 年编写的《内蒙古自治区矿产资源储量表：有色金属矿产分册》。典型矿床面积($S_{总}$)是根据 1∶1 万矿区地形地质图圈定(图 8-8、图 8-9)，在 MapGIS 软件下读取面积数据换算得出。图 8-10 为三区 08 号勘探线剖面。矿床最大延深(即勘探深度)依据 08 线钻孔 ZK0803 资料确定，具体数据见表 8-5。

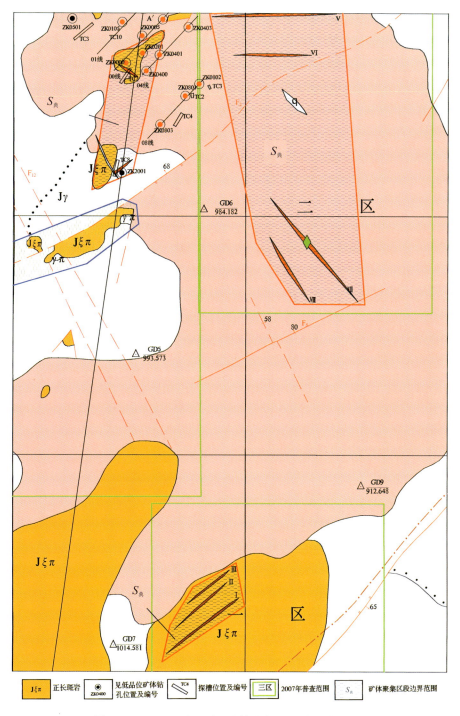

图 8-8　1∶1 万矿区图上矿体聚集区(蓝线圈定区块)

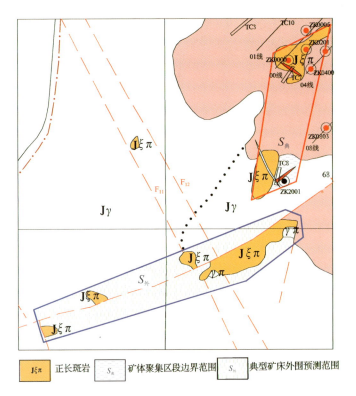

图 8-9 矿区地形地质图上矿床外围预测成矿区(蓝线圈定区块)

表 8-5 车户沟铜矿典型矿床深部及外围资源量估算一览表

典型矿床(一区、二区)		深部及外围		
已查明资源量(t)	87 636	深部	面积(m²)	6583.87
面积(m²)	6583.87		深度(m)	440.00
深度(m)	1060.00	外围	面积(m²)	—
品位(%)	0.96		深度(m)	—
比重(t/m³)	2.71	预测资源量(t)		36 377.20
体积含矿率(t/m³)	0.012 557 27			
典型矿床(三区)		深部及外围		
已查明资源量(t)	15 534.90	深部	面积(m²)	1050.67
面积(m²)	1050.67		深度(m)	440.00
深度(m)	1060.00	外围	面积(m²)	1789.87
品位(%)	0.52		深度(m)	1500.00
比重(t/m³)	2.71	预测资源量(t)		43 898.03
体积含矿率(t/m³)	0.013 948 72			
典型矿床资源总量(t)		183 446.13		

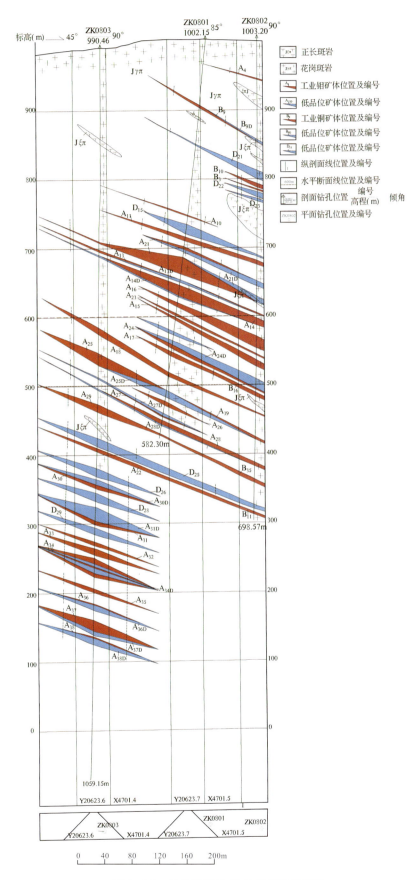

图 8-10 车户沟矿区 08 号勘探线剖面图

2. 模型区的确定、资源量及估算参数

模型区为典型矿床所在的最小预测区。车户沟典型矿床查明资源量103 170.9t,按本次预测技术要求计算模型区资源总量为183 446.13t。模型区内无其他已知矿点存在,则模型区资源总量=典型矿床资源总量,模型区面积为依托MRAS软件采用少模型工程神经网络法优选后圈定,延深根据典型矿床最大预测深度确定。由于模型区内含矿地质体边界可以确切圈定,但其面积与模型区面积一致,由模型区含地质体面积/模型区总面积得出,模型区含矿地质体面积参数为1。由此计算含矿地质体含矿系数(表8-6)。

表8-6 车户沟式铜矿模型区预测资源量及其估算参数表

编号	名称	模型区资源总量(t)	模型区面积(km^2)	延深(m)	含矿地质体面积(km^2)	含矿地质体面积参数	含矿地质体含矿系数
A1504203001	黄土沟(车户沟)	183 446.13	22.77	1500	22.77	1	0.000 005 37

3. 最小预测区预测资源量

车户沟铜矿预测工作区最小预测区资源量定量估算采用地质体积法进行估算。

(1)估算参数的确定。最小预测区面积是依据综合地质信息定位优选的结果;延深的确定是在研究最小预测区含矿地质体地质特征、含矿地质体的形成深度、断裂特征、矿化类型,并在对比典型矿床特征的基础上综合确定的;相似系数的确定,主要依据MRAS生成的成矿概率及与模型区的比值,参照最小预测区地质体出露情况、化探及重砂异常规模及分布、物探解译隐伏岩体分布信息等进行修正。

(2)最小预测区预测资源量估算结果。本次铜预测资源总量为$27.12×10^4$t,详见表8-7。

4. 预测工作区资源总量成果汇总

车户沟铜矿预测工作区地质体积法预测资源量,依据资源量级别划分标准,根据现有资料的精度,可划分为334-1、334-2和334-3三个资源量精度级别;根据各最小预测区内含矿地质体、物化探异常及相似系数特征,预测延深参数均在2000m以浅。

根据矿产潜力评价预测资源量汇总标准,车户沟式铜矿预测工作区按精度、预测深度、可利用性、可信度统计分析结果见表8-7。

表8-7 车户沟式铜矿预测工作区预测资源量估算汇总表

按预测深度			按精度			按可利用性		按可信度		
500m以浅	1000m以浅	2000m以浅	334-1	334-2	334-3	可利用	暂不可利用	≥0.75	≥0.5	≥0.25
14.22	21.07	27.12	8.02	17.64	1.46	17.43	9.69	25.86	27.12	27.12
合计:27.12			合计:27.12			合计:27.12		合计:27.12		

注:表中预测资源量单位均为$×10^4$t。

第九章　小南山式侵入岩体型铜矿预测成果

第一节　典型矿床特征

一、典型矿床及成矿模式

(一) 矿床特征

小南山式岩浆型铜镍矿位于四子王旗大井坡乡南东 8km 处，地理坐标：东经 111°02′00″，北纬 41°45′00″。大地构造位置为白云鄂博裂谷带，晚古生代为构造-岩浆活化区。

1. 矿区地质

地层：矿区出露地层为白云鄂博群哈拉霍圪特组石英岩及变质砂岩、变质石英砂岩与黑灰色泥质板岩互层、灰黑色石英岩夹薄层钙质板岩、灰绿色变质砂岩、灰黑色红柱石化板岩等，上侏罗统大青山组砂岩及泥岩，并夹薄煤层，第四纪风积黄土及残坡积碎石。

侵入岩：主要为辉长岩，辉长岩是本区含铂硫化铜矿床的成矿母岩。辉长岩呈不规则的脉状沿北东向和北西向断裂产出，地表长 200～750m，宽 20～100m。岩体热液蚀变发育，主要为次闪石化、绿泥石化、钠黝帘石化、绢云母化和碳酸盐化，其中以次闪石化最为常见。辉长岩呈灰绿色，中细粒结构。主要矿物为斜长石，另有少量橄榄石、角闪石、黑云母、磁铁矿、钛铁矿和磷灰石等，局部见单斜辉石残晶和变余包橄结构假象，辉石多已绿泥石化。次闪石岩呈浅灰绿色、片状、糜棱状及变纤维状结构。组成矿物有次闪石、绿泥石、黑云母、石英、方解石及金属矿物等。此类岩石多分布于岩体底部，与辉长岩呈过渡关系。

岩体垂直和水平分带都不明显。强蚀变辉长岩呈绿色，主要是绿泥石化和强烈的片理化，见有少量金属矿物，如黄铜矿、磁黄铁矿等。除了 SiO_2 和 K_2O 含量有较大差别外，强蚀变岩根据其岩石地球化学特征依然可以大致判断原岩的岩性及其生成演化特点。辉长岩属于铁质基性岩，其原岩为地幔派生的大陆拉斑玄武岩。

构造：区内构造以北东东向、北西西向和近南北向为主。其中北东东向及北西西向两组压扭性断裂严格控制了与成矿关系密切的辉长岩体。

2. 矿床地质

该矿床由 2 种不同成因类型的矿体组成：一种是岩浆熔离型矿体，赋存于辉长岩的底板内，形成辉长岩型铜镍矿体，呈似层状、透镜状产出；地表出露长 200m，最宽处 18m，局部有分支膨缩现象，总体走向为 315°～330°；倾向南西；倾角 55°～80°，向北西侧伏，垂深可达 300m (图 9-1)。矿石构造以浸染状、斑点状矿石为主。另一种是热液型矿体，主要赋存于辉长岩体下盘泥灰岩中，形成泥灰岩型铜镍矿体；矿体产状与接触带基本一致或稍有交角；分布在辉长岩体上盘的矿体多沿围岩层理贯入；矿体地表出露

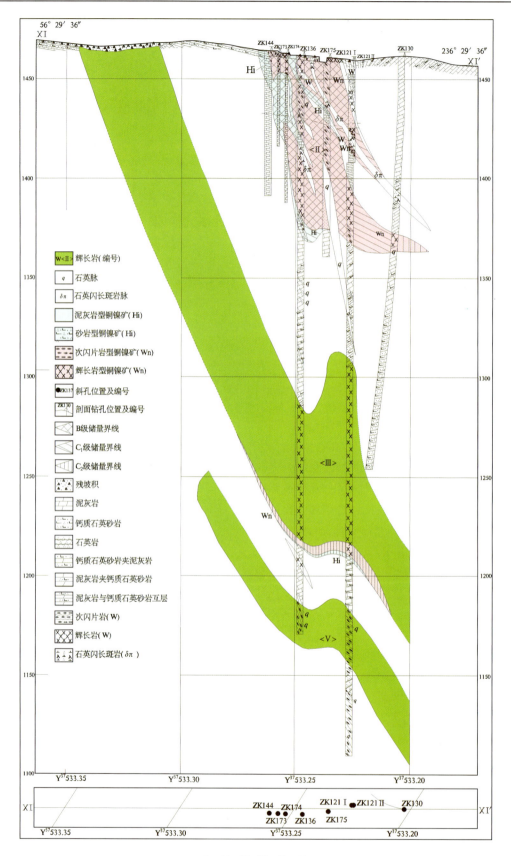

图 9-1 小南山铜镍矿主矿体勘探线剖面图

长50m,断续延伸达300m,厚2~14m;矿石主要呈网脉状产出。金属矿物主要有黄铁矿、紫硫镍铁矿、黄铜矿、磁黄铁矿、辉铜矿,还有少量的斑铜矿、辉砷钴镍矿、锑针镍矿、方黄铜矿、闪锌矿、铬铁矿、辉砷钴镍矿等。主要铂族矿物为砷铂矿、硫铱钌矿、碲钯矿、锑碲钯矿等。脉石矿物主要有方解石、白云石、次闪石、绿泥石、长石、石英、绿帘石等。该矿床铜镍及铂族元素的平均品位分别为:$Cu\ 0.46\times10^{-2}$、$Ni\ 0.64\times10^{-2}$、$Co\ 0.02\times10^{-2}$、$Pt\ 0.4\times10^{-6}$、$Pd\ 0.44\times10^{-6}$、$Os\ 0.04\times10^{-6}$、$Ir\ 0.03\times10^{-6}$、$Rh\ 0.02\times10^{-6}$、$Ru\ 0.04\times10^{-6}$、$Au\ 0.4\times10^{-6}$。根据1975年提交的《小南山铜镍矿地质勘探报告》,Ni金属量13 000t,Cu 9039 t,Co 400t,Pt 0.8t,Pd 0.9t。据《内蒙古自治区矿产资源储量表》(2009年),查明铜金属量为4252t。

矿石类型:自然类型有氧化铜镍矿石、原生铜镍矿石;工业类型为硫化矿石。

围岩蚀变:次闪石化、绿泥石化、钠帘石化、绢云母化。

3. 小南山铜矿床成因类型及成矿时代

1:25万四子王旗幅区调报告在与含铜镍矿辉长岩同期的角闪辉长岩和辉绿岩中获得了单颗粒锆石U-Pb表面年龄为1056Ma及1831±37Ma;而王楫等(1992)确定其形成年龄为367Ma(全岩K-Ar),认为属海西期侵入产物。

结合区域成矿地质背景来看,本区辉长岩等基性—超基性岩多侵位于中新元古代裂谷系白云鄂博岩群中,部分在海西期花岗岩中呈捕虏体产出,未与古生代地层接触。从辉长岩体自身来看,总体呈近东西向分布,岩石蚀变强、片理化现象显著,与本区前寒武纪地质体的展布及变形特征更为接近。综上,认为本区铜矿床应形成于中元古代。矿床成因类型为岩浆熔离型。

(二)矿床成矿模式

根据矿床特征及矿床成因类型,总结小南山式岩浆型铜镍矿典型矿床成矿模式(图9-2)。

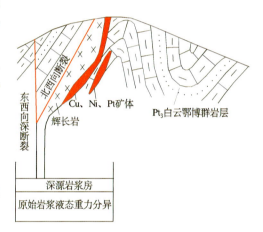

图9-2 小南山式岩浆型铜镍矿典型矿床成矿模式

二、典型矿床地球化学特征

矿床附近形成了Cu、Ni、Co、As、Ag、Cd、Sb组合异常,Cu、Ni为主成矿元素,Co、As、Ag、Cd、Sb为主要的共伴生元素,Cu元素在矿区及周边呈高背景分布,存在明显的浓集中心(图9-3)。

三、典型矿床地球物理特征

1. 矿床所在位置航磁、电性特征

磁法特征:1:5万航磁平面等值线图显示,磁场整体表现为弱正磁场背景,北西部稍强,最高达130nT。

电法特征:矿区的激电测量结果显示较强的极化率异常,ηs值最高可达5%;矿区同时存在弱地磁异常,强度为5~30nT。1:1万视电阻率平面等值线图显示,电阻率异常呈北东向条带状,贯穿矿床所在位置有低阻异常带,最小极值达50Ω·m(图9-4)。

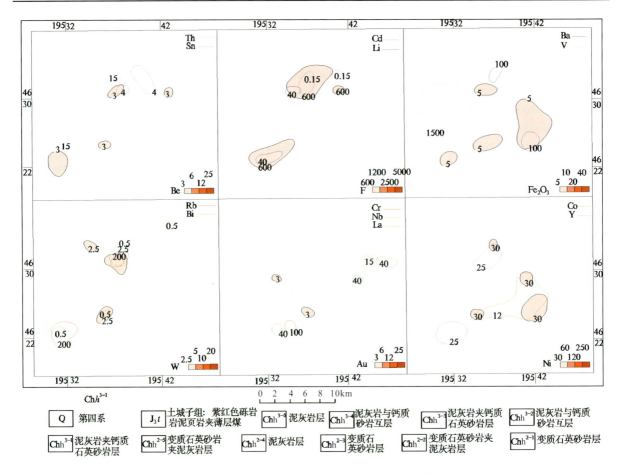

图 9-3 小南山岩浆岩型铜镍矿地质-化探异常剖析图

2. 矿床所在区域重力特征

1∶20 万剩余重力异常图显示:小南山铜矿重力正负异常呈条带状交错出现,走向近东西向,南、北两侧为正重力异常,极值 $10.6×10^{-5}\,\mathrm{m/s^2}$,中间为负重力异常,极值 $-10.96×10^{-5}\,\mathrm{m/s^2}$。

在布格重力异常图上位于宝音图-白云鄂博-商都重力低值带上,南、北两侧重力相对较高。布格重力等值线基本上呈东西向展布,矿区位于条带状低重力异常带两个极值间的平稳区域场,Δg 为 $(-172\sim-170)×10^{-5}\,\mathrm{m/s^2}$。在剩余重力异常图上,小南山铜矿在 L 蒙-566 负异常边缘,该异常区与酸性侵入岩有关,矿区北部 G 蒙-557 正异常为古生代地层的反映。磁场为低缓正磁场背景,近东西向走向。可由线状重力等值线密集带或水平一阶导数线状异常(或串珠状异常)推断在矿区南北有近东西向断裂存在。位于负异常区的小南山铜矿在成因上与重力推断的花岗岩体有关(图 9-4)。

四、典型矿床预测模型

根据典型矿床成矿要素和矿区航磁、重力、化探资料,确定典型矿床预测要素,编制典型矿床预测要素图。矿床所在地区的系列图表达典型矿床预测模型(图 9-3、图 9-4)。总结典型矿床综合信息特征,编制典型矿床预测要素表(表 9-1)。

第九章 小南山式侵入岩体型铜矿预测成果 — 135 —

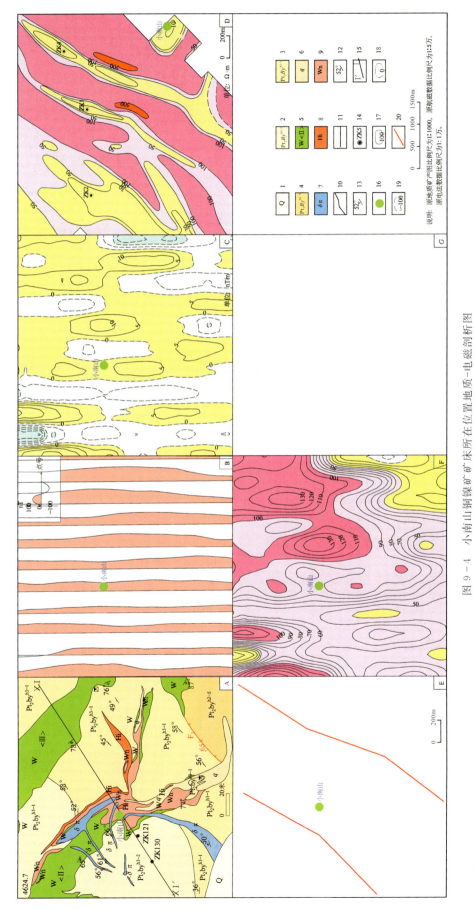

图 9-4 小南山铜镍矿矿床所在位置地质-电磁剖析图

1. 第四纪冲洪积,坡积,黄土；2. 白云鄂博群泥灰岩与钙质砂岩互层；3. 白云鄂博群泥灰岩夹钙质砂岩夹泥灰岩层；4. 白云鄂博群变质石英砂岩夹泥灰岩层；5. 辉长岩层；6. 石英脉；7. 石英闪长斑岩脉；8. 泥灰岩岩层（砂岩型）铜镍矿（Hi）；9. 次闪片岩型（辉长岩型）铜镍矿（Wn）；10. 实测地层界线；11. 逆断层及逆掩断层；12. 岩层产状；13. 岩层人体产状；14. 完成钻孔及编号；15. 勘探线位置及编号；16. 矿床位置；17. 正等值线及注记；18. 零等值线及注记；19. 负等值线及注记；20. 物探推断Ⅲ级断裂

表 9-1 小南山岩浆岩型铜矿典型矿床预测要素表

预测要素		描述内容			要素类别
储量		铜金属量：90 391t	平均品位	铜 0.458%	
特征描述		与基性—超基性岩有关的岩浆熔离型铜矿床			
地质环境	构造背景	狼山-阴山陆块、狼山-白云鄂博裂谷			必要
	成矿时代	中—新元古代			必要
	成矿环境	华北地台北缘西段金、铁、铌、稀土、铜、铅、锌、银、镍、钨、石墨、白云母成矿带，白云鄂博-商都金、铁、铌、磷、稀土、铜、镍成矿亚带，额布图-克布-小南山铜、镍、铂矿集区			必要
矿床特征	矿体形态	脉状、透镜状			重要
	岩石类型	主要岩性为辉长岩、辉长橄榄岩、泥灰岩及变质石英砂岩			必要
	岩石结构	辉长结构、泥晶结构及中细粒砂状结构			次要
	矿物组合	黄铜矿、磁黄铁矿、黄铜矿、蓝辉铜矿、紫硫镍铁矿			次要
	结构构造	结构：交代结构、他形粒状结构、假象交代结构和残晶结构；构造：细脉浸染状构造、斑点状构造、网脉状构造、块状构造及角砾状构造			次要
	蚀变特征	次闪石化、绿泥石化、钠黝帘石化、绢云母化			重要
	控矿条件	严格受辉长岩体控制			必要
地球物理特征	重力异常	剩余重力异常呈北东东向，矿床位于重力低值区，剩余重力异常值在$(-14\sim 4)\times 10^{-5}\mathrm{m/s^2}$			次要
	磁法异常	航磁化极等值线图为低级负磁异常区，矿床位于异常值在$-150\sim 0$nT 范围内			重要
地球化学特征		铜镍氟异常区，铜Ⅲ级浓度分带，异常值$(22\sim 68)\times 10^{-6}$			必要

第二节 预测工作区研究

一、区域地质特征

1. 成矿地质背景

预测工作区大地构造位置属华北陆块区狼山-阴山陆块之狼山-白云鄂博裂谷及色尔腾山-太仆寺旗古岩浆弧。成矿区带属于滨太平洋成矿域（叠加在古亚洲成矿域之上）（Ⅰ级）华北成矿省（Ⅱ级），华北陆块北缘西段金、铁、铌、稀土、铜、铅、锌、银、镍、铂、钨、石墨、白云母成矿带（Ⅲ级）、白云鄂博-商都金、铁、铌、稀土、铜、镍成矿亚带（Ⅳ级）、额布图-克布-小南山铜镍矿集区（Ⅴ级）。

预测工作区内出露的主要地层有中太古界乌拉山岩群哈达门沟岩组，为中太古代陆壳增厚阶段产物，发生了角闪岩相到麻粒岩相变质作用；新太古界色尔腾山岩群点力素泰组，为陆内裂解阶段形成的火山-沉积变质岩系，发生了低角闪-高绿片岩相变质；古元古界宝音图岩群为古元古代陆缘增生地体（构造单元属大兴安岭弧盆系宝音图岩浆弧之一部分），岩性组合为石英片岩、二云片岩、变粒岩及片麻岩。中—新元古界白云鄂博群、渣尔泰山群等古陆基底之上的第一个稳定沉积盖层，为陆缘裂陷盆地或裂谷沉积环境沉积岩系，变质程度达绿片岩相。上古生界为内山间盆地河湖相沉积岩系。中新生代为内陆河湖相大青山组、固阳组，局部有陆相基性—酸性火山喷发，为白垩系白女羊盘组；晚期为上白垩统乌兰苏海组河湖相细碎屑沉积岩组合。新近系中新统汉诺坝组为大陆溢流相玄武岩，上新统宝格达乌拉组为坳陷盆地红层沉积。

本预测工作区内与小南山式岩浆型铜矿有关的围岩地层为白云鄂博群尖山组和哈拉霍乞特组，后者平行不整合于前者之上。尖山组岩性为暗灰色粉砂质绢云母板岩、变质粉砂岩、灰色变质中（细）粒（长石）石英砂岩、黑色含碳质板岩，顶部为灰色粉晶灰岩、角砾状粉晶灰岩等。哈拉霍乞特组岩性为浅灰色含砾钙质中粗粒砂岩、钙质中粗粒石英砂岩、灰色含粉砂粉晶灰岩夹钙质石英砂岩、灰色粉砂质泥晶灰岩、灰色藻礁灰岩等。

侵入岩：区内未出露变质深成体，新太古代变质侵入岩零星出露，为新太古代变质英云闪长岩，并与新太古界色尔腾山岩群形成花岗-绿岩带。中元古代变质侵入岩为变基性—超基性侵入岩，岩石类型有辉石橄榄岩、变质辉绿岩、中粗粒角闪辉长岩、辉长岩等，其与本区岩浆熔离型铜镍硫化物矿床有直接成因联系，另有少量石英闪长岩。中晚奥陶世为与洋壳俯冲机制有关的埃达克质岛弧型闪长岩-石英闪长岩-英云闪长岩-花岗闪长岩组合，具低硅、富铝、高锶、贫钇及镱等重稀土元素的特征。石炭纪侵入岩多为辉长岩-闪长岩-花岗闪长岩组合，多为I型花岗岩，形成构造环境多为大陆边缘。二叠纪为同造山-前造山I型与S型过渡类型石英二长闪长岩-花岗闪长岩-二长花岗岩系列。中生代早期三叠纪花岗岩类为后碰撞S型花岗岩系列，侏罗纪—白垩纪花岗岩是晚古生代末期—中生代初期陆内造山作用的产物。

构造上预测工作区主体部分位于川井-化德-赤峰大断裂带以南。区域构造线方向总体为北东东向或近东西向，上述主断裂构造对本区岩浆活动、白云鄂博群空间分布及成矿作用，均有明显控制作用。

本区在太古宙—古元古代漫长的地质历史中，经历了由初始陆核—陆核增长扩大—陆核固结的全过程，亦即华北地块结晶基底的形成过程。主要构造特征表现为中新太古代以强烈的片麻理褶皱和中—深层次的韧性剪切变形为主要特征。古元古代宝音图一带表现为陆缘增生和超大陆接合、裂解；中新元古代华北地块北缘发生强烈造山运动和岩浆活动，北缘存在一条巨大的中新元古代陆缘碰撞造山带，是新元古代时期超大陆拼合的主要事件。期间发生了多旋回的沉积作用、岩浆活动、构造变动和区域变质作用，构成白云鄂博群总体近东西向展布的构造格局。古生代早期表现为克拉通内陆盆地稳定型沉积，晚期表现为陆相沉积和火山喷发。中新生代则以差异性升降的断陷盆地和坳陷盆地为主，控制了侏罗系、白垩系乃至新近系的沉积作用。

2. 区域成矿模式

由于辉长岩只有唯一的成因，为上地幔玄武岩浆分离结晶作用的产物，因此，本区与辉长岩体密切相关的岩浆熔离型铜镍矿成矿物质来源为上地幔，晚期热液交代阶段可能萃取部分围岩矿质。根据预测工作区成矿规律研究成果，总结成矿模式（图9-5）。

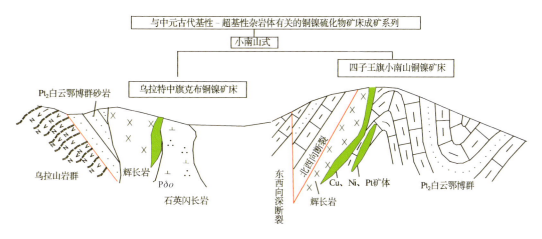

图9-5 与中元古代基性-超基性杂岩体有关的铜镍硫化物矿床成矿系列区域成矿模式

二、区域地球物理特征

1. 磁异常特征

小南山地区侵入岩体型铜镍矿预测工作区范围：东经107°00′—111°45′，北纬41°30′—41°50′。在航磁ΔT等值线平面图上小南山预测工作区磁异常幅值范围为$-2880\sim5300$nT，全预测工作区以$0\sim100$nT异常值为磁场背景。预测工作区西区无明显磁异常，总体呈0nT左右低缓异常；预测工作区中区异常幅值和梯度变化都很大，异常走向总体呈东西和北东走向，中区北部梯度变化巨大的东西向异常带为白云鄂博矿区，中区南部为大面积正异常区；预测工作区东区为低缓异常区，局部磁异常高，但幅值和梯度变化都不大，东南部为大面积低缓负磁异常区，呈东西走向。小南山铜镍矿区位于预测工作区东北部，处于$-100\sim0$nT磁场背景上，最高幅值为100nT低缓异常区。

2. 重力异常特征

预测工作区区域重力场变化明显，重力等值线密集。区内北部为近东西向低重力异常带，西部有明显的北东向低重力带，这些异常带重力最低值达到-190×10^{-5}m/s^2。在低重力带南侧等值线密集带连续分布而且同向弯曲转折，对应到水平一阶导数图上，表现为明显的区域负异常带，将其推断为一级断裂。西部的北东向重力低值带，在剩余重力异常图中，显示为带状负异常，地表有中酸性岩体出露，推断为酸性岩体的反映。西部椭圆状高重力区域，由重磁场特征及地表基性岩的出露，推断由基性岩引起。预测工作区北部近东西向低重力异常带，根据地质出露情况以及重磁场特征的不同，分别推断为盆地和酸性岩体。预测工作区中部的大面积高重力异常带，最高值达到-125×10^{-5}m/s^2。对应剩余重力面状正异常，该区地表零星出露元古宙地层，推断此区域是元古宙地层的反映。区内另外的局部高重力异常区域是由元古宙—太古宙地层及基性—超基性岩体引起。

四子王旗小南山矿区铜镍矿位于低重力异常带上，表明该类矿床与侵入花岗岩有关。

预测工作区内重力共推断解释断裂构造59条，中—酸性岩体12个，地层单元15个，中—新生代盆地12个。

三、区域地球化学特征

预测工作区分布有Ag、Cd、Cu、Sb、W、Pb、Zn等元素组成的高背景区带，在高背景区带中存在以Cu、Ag、Au、Cd、Sb、W、Pb、Zn为主的多元素局部异常。预测工作区内共有55个Ag异常，33个As异常，65处Au异常，33处Cd异常，46处Cu异常，31处Mo异常，20处Pb异常，25处Sb异常，34处W异常，20处Zn异常。

Cu、Ag、As、Cd、Au、Pb、W、Zn元素在预测工作区形成大规模的高背景区带，在高背景区带中分布有明显的局部异常；Mo、Sb在预测工作区呈背景及低背景分布；Cu元素在预测工作区多沿辉长岩体呈高背景分布，在小毛忽洞周围呈正异常，异常连续性较好，有多处浓集中心；Ag和As元素在预测工作区东部主要以高背景值分布，在西部主要呈背景值或低背景值，浓集中心少且分散；Au元素异常在预测工作区分布广泛，其中在预测工作区北西存在1处东西长约40km的异常带，浓集中心呈串珠状分布，在敖包恩格尔、巴荣套海至呼和通布之间有2处Au元素异常，浓集中心明显，强度高，范围大；Cd元素异常在预测工作区南部分布较广，在白云鄂博矿区以北有2处浓集中心，浓集中心明显，强度高，范围大，2处浓集中心连续分布。

预测工作区上元素异常套合较好的编号为AS1、AS2。AS1的元素有Cu、Pb、Zn、Ag、Cd，Cu元素浓集中心明显，强度高，圈闭性好，Pb、Zn、Ag、Cd分布于Cu异常区，呈环状分布。

小南山铜镍矿主要与该地区的断裂构造有关，近东西向断裂构造发育，侵入岩和火山岩大面积分布,为该区成矿提供有利的环境。

四、区域遥感影像及解译特征

小南山式岩浆型铜镍矿预测工作区遥感共解译线要素350条,环要素75个,色要素43块,带要素122块,块要素4块,以及其他一些近矿找矿标志。

该区内线要素,在遥感图像上表现为北东向与近东西向,主构造线压型和张型相间搭配为主,两组构造组成本地区的菱形块状构造格架。在两组构造之中形成了次级千米级的小构造,而且多数为张性或张扭性小构造,这种构造多数为储矿构造。

该预测工作区处在狼山-白云鄂博裂谷带贵金属、铜、铅、锌、硫多金属、稀土、稀有金属矿产聚集区的西端北侧,该聚集区西起额济纳旗清河口,东至阿左旗苏红图,长约600km,宽约150km。形成一系列具有层控特点的大型—特大型矿床,矿区受狼山-白云鄂博裂谷带控制。已发现的主要矿床和矿产地有阿左旗朱拉扎嘎大型金矿、乌拉特后旗炭窑口大型硫铁矿、乌拉特后旗霍各乞大型铜矿、乌拉特前旗甲生盘大型铅锌矿、包头市白云鄂博特大型稀土、稀有金属矿。该区已成为内蒙古自治区中西部重要的矿产资源开发基地,为一很好的成矿区域。本区内主要区域性控矿构造带有1条:华北陆块北缘断裂带,该断裂带在图幅北部边缘东西向展布,基本横跨整个图幅;构造在该区域显示明显的近东西向延伸特点,线性构造经过多套地层体,两侧地层体较复杂。两侧的次级构造储矿可能性大,实际工作中应注意两侧次级构造与环形构造相交处的成矿特征。

小南山铜镍矿与本预测工作区的羟基、铁染异常吻合程度高。

五、区域预测模型

根据预测工作区区域成矿要素、化探、航磁、重力、遥感及自然重砂资料,建立了本预测工作区的区域预测要素,并编制预测工作区预测要素图和预测模型图。

区域预测要素图以区域成矿要素图为基础,综合研究重力、航磁、化探、遥感、自然重砂等致矿信息,总结区域预测要素表(表9-2),并将综合信息各专题异常曲线全部叠加在成矿要素图上,在表达时可以出单独预测要素(如航磁)的预测要素图。

表9-2 小南山侵入岩体型铜镍矿预测工作区预测要素表

区域预测要素		描述内容	成矿要素分类
区域成矿地质环境	大地构造单元	华北陆块区狼山-阴山陆块之狼山-白云鄂博裂谷	重要
	主要控矿构造	近东西向断裂,特别是辉长岩底板北西向次级断裂	必要
	主要赋矿地层	白云鄂博群哈拉霍乞特组	重要
	赋矿沉积建造	滨岸陆源碎屑岩建造及碳酸盐岩建造	次要
	控矿侵入岩	中元古代辉长岩	重要
	区域变质作用及建造	区域低温动力变质作用绿片岩相变质建造	次要
区域成矿特征	区域成矿类型及成矿期	岩浆熔离型、中元古代	重要
	含矿建造	基性-超基性侵入岩建造	重要
	含矿构造	北东向矽卡岩化带	次要
	矿石建造	黄铜矿-磁黄铁矿-蓝辉铜矿-紫硫镍铁矿	次要
	围岩蚀变	次闪石化、绿泥石化、钠黝帘石化、绢云母化	重要
	矿床式	小南山式岩浆熔离型	重要
	矿点	小型矿床2个、矿点5个	重要

续表 9-2

区域预测要素		描述内容	成矿要素分类
地球物理、化学、遥感特征	化探	铜Ⅲ级浓度分带，异常值(22~68)×10⁻⁶	重要
	航磁	航磁化极等值线图为低级负磁异常区，矿床位于异常值在-150~0nT范围内	重要
	重力	区域剩余重力异常呈北东东向，矿床位于重力低值区，剩余重力异常值在($-4\sim4$)×10^{-5}m/s²	必要
	遥感	区域遥感解译大构造以北东东向或近东西向为主，次级构造以北东向或北西向为主，矿床位于北西向次级构造附近	次要

预测模型图的编制，以地质剖面图为基础，叠加区域化探、航磁及重力剖面图而形成，简要表示预测要素内容及其相互关系，以及时空展布特征(图 9-6)。

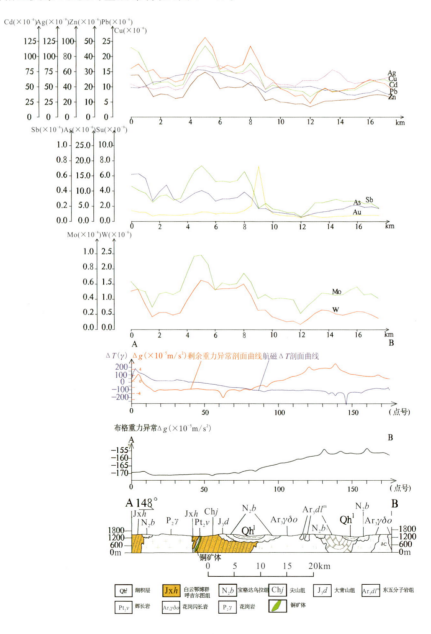

图 9-6 小南山铜镍矿预测工作区预测模型

第三节 矿产预测

一、综合地质信息定位预测

1. 变量提取及优选

根据典型矿床及预测工作区研究成果,进行综合信息预测要素提取。本次选择网格单元法作为预测单元,预测底图比例尺为1:10万,利用规则网格单元作为预测单元,网格单元大小为1.0km×1.0km。

地质体(中元古代基性—超基性侵入岩如辉长岩、橄榄岩、角闪辉长岩)及重砂异常要素进行单元赋值时采用区的存在标志;化探、剩余重力、航磁化极则求起始值的加权平均值,在变量二值化时利用异常范围值人工输入变化区间。对已知7个同类型矿床、矿点进行缓冲区处理,对区文件求其存在标志。

2. 最小预测区圈定及优选

本次利用证据权重法,采用1.0km×1.0km规则网格单元,在MRAS2.0下,利用有模型预测方法[因预测区除典型矿床外有7个已知矿床(点)]进行预测区的圈定与优选。然后在MapGIS下,根据优选结果圈定成为不规则形状(图9-7)。

3. 最小预测区圈定结果

在预测单元图的基础上,叠加地质、矿产、物化探异常等各类预测要素并结合成矿地质体分布,进行最小预测区圈定。本次工作共圈定各级异常区18个,其中A级2个(含已知矿床),总面积72.84km^2;B级10个,总面积176.86km^2;C级6个,总面积85.80km^2,(图9-8,表9-3)。

4. 最小预测区地质评价

预测区大地构造位置属华北陆块区狼山-阴山陆块之狼山-白云鄂博裂谷、色尔腾山-太仆寺旗古岩浆弧及固阳-兴和陆核区;按板块构造属华北板块北缘隆起带。

成矿区带位于滨太平洋成矿域(叠加在古亚洲成矿域之上)(Ⅰ级)华北成矿省(Ⅱ级),华北陆块北缘西段金、铁、铌、稀土、铜、铅、锌、银、镍、铂、钨、石墨、白云母成矿带(Ⅲ级),白云鄂博-商都金、铁、铌、稀土、铜、镍成矿亚带和霍各乞-东升庙铜、铁、铅、锌、硫成矿亚带(Ⅳ级),小南山铜镍矿集区(Ⅴ级)和额布图-克布铜镍矿集区(Ⅴ级)。

该期岩浆熔离型铜镍矿床及矿点在空间分布上,首先与其所处的裂陷槽发育规模有关,更主要的是与同期或稍晚沿裂陷槽热侵位的辉长岩等基性—超基性岩有关,矿床或矿点总体呈近东西向出现,与含矿地质体中元古代辉长岩等基性—超基性岩体的展布方向一致。

构造上预测工作区主体位于川井-化德-赤峰大断裂带以南。区域构造线方向总体为北东东向或近东西向,岩浆活动以及地层空间分布及成矿作用,均明显受其控制。一般性断裂普遍发育,且与深大断裂带成因关系密切。本区铜矿床密集分布区,断裂密度较大,北东向、近东西向、北东东向及北西向的断裂交叉复合明显。总之,深大断裂带以及一般性断裂所组成的构造网格,在本区众多控岩控矿条件中起主导作用,许多重要铜矿成矿带都直接受断裂带控制。控矿断裂多为近东西向断裂及次级北东向或北西向断裂。

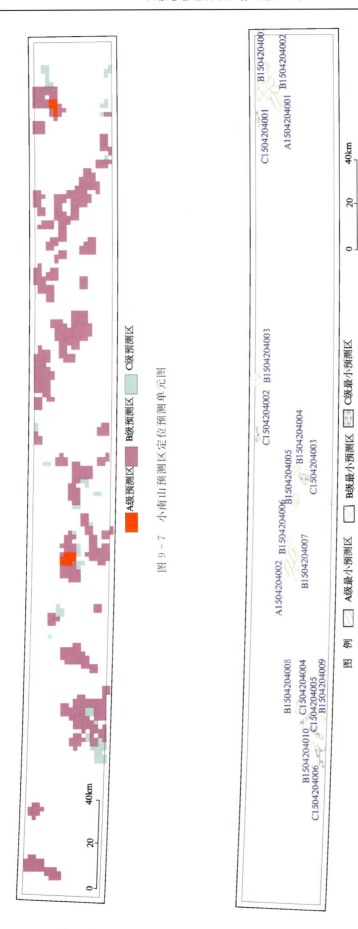

图9-7 小南山预测区定位预测单元图

图9-8 小南山式侵入岩体型铜矿预测工作区最小预测区圈定结果

表 9-3 小南山式侵入岩体型铜矿预测工作区最小预测区圈定结果及资源量估算成果表

最小预测区编号	最小预测区名称	$S_{预}$ (km²)	$H_{预}$ (m)	Ks	K (t/m³)	α	$Z_{预}$ (t)	资源量级别
A1504204001	老圈滩村（小南山）	28.31	370	0.9	0.000 000 6	1	1342.00	334-1
A1504204002	夏勒其太（克布）	44.54	400	1.0		0.8	2517.17	334-1
B1504204001	上达尔木盖	52.68	370	0.6		0.6	4210.04	334-3
B1504204002	吉生太乡	17.50	370	1.0		0.9	3495.53	334-3
B1504204003	娜仁格日勒嘎查北东	14.52	200	0.1		0.4	69.70	334-3
B1504204004	布郎呼都格	12.02	400	0.6		0.6	1038.70	334-3
B1504204005	敖包恩格尔	12.97	300	0.1		0.5	116.72	334-3
B1504204006	哈尔温多尔	10.71	400	0.5		0.64	822.51	334-3
B1504204007	哈布其勒	25.46	400	0.2		0.64	781.98	334-3
B1504204008	塔拉呼都格西	17.49	500	0.9		0.5	2361.67	334-3
B1504204009	扎木呼都格南	7.91	300	0.4		0.6	341.54	334-3
B1504204010	查干温多尔	5.61	400	1.0		0.6	808.25	334-3
C1504204001	老生沟	9.90	370	0.4		0.3	263.65	334-3
C1504204002	波日音布拉格东	12.67	200	0.1		0.4	60.79	334-3
C1504204003	新呼热苏木东	18.33	500	0.3		0.5	824.69	334-3
C1504204004	准德尔斯太拜兴	10.78	500	0.5		0.5	808.51	334-3
C1504204005	陶勒盖音好若	12.80	500	0.8		0.4	1228.78	334-3
C1504204006	呼和达巴	21.33	400	0.7		0.3	1075.02	334-3

依据本区成矿地质构造背景并结合资源量估算和预测区优选结果，各级别面积分布合理，且已知矿床均分布在 A 级预测区内，说明预测区优选分级原则较为合理；最小预测区圈定结果表明，预测区总体与区域成矿地质背景、化探异常、航磁异常、剩余重力异常、遥感铁染异常吻合程度较好。

因此，所圈定的最小预测区，特别是 A 级最小预测区具有较好的找矿潜力，特征见表 9-4。

表 9-4 小南山式侵入岩体型铜矿最小预测区成矿条件及找矿潜力表

最小预测区编号	最小预测区名称	综合信息特征
A1504204001	老圈滩村（小南山）	该最小预测区出露的地层为白云鄂博群尖山组、哈拉霍乞特组碳酸盐岩、砂泥岩建造及上侏罗统大青山组砂砾岩。侵入岩为中元古代辉长岩。小南山铜镍矿位于该区，同时有铜矿点 2 个。区内航磁化极为负磁异常，异常值 $-150\sim-100$ nT；剩余重力异常值 $(-5\sim3)\times10^{-5}$ m/s²；Cu 异常Ⅲ级浓度分带，异常值 $(22\sim36.50)\times10^{-6}$
A1504204002	夏勒其太（克布）	出露的地层为白云鄂博群尖山组、哈拉霍乞特组碳酸盐岩、砂泥岩建造。侵入岩为近东西向展布的中元古代辉长岩及二叠纪石英二长闪长岩。克布铜镍矿位于该区，亦有铜矿点 3 个。区内航磁化极为负磁异常，异常值 $-100\sim0$ nT；剩余重力异常为重力高，异常值 $(2\sim5)\times10^{-5}$ m/s²；Cu 异常Ⅲ级浓度分带，异常值 $(22\sim39)\times10^{-6}$

续表 9-4

最小预测区编号	最小预测区名称	综合信息特征
B1504204001	上达尔木盖	出露的地层为白云鄂博群都拉哈拉组、尖山组、哈拉霍乞特组碳酸盐岩、砂泥岩建造及第四系。区内航磁化极为负磁异常背景下的局部正磁异常，异常值 $-150\sim350\text{nT}$；剩余重力异常为重力梯级带，异常值 $(-3\sim2)\times10^{-5}\text{m/s}^2$；Cu 异常Ⅲ级浓度分带明显，异常值 $(22\sim49.50)\times10^{-6}$
B1504204002	吉生太乡	出露的地层为白云鄂博群都拉哈拉组石英砂岩、长石石英砂岩建造及第四系。侵入岩为呈岩株状出露的中元古代辉长岩。区内航磁化极为负磁异常，异常值 $-200\sim-100\text{nT}$；剩余重力异常为正异常，异常值 $(0\sim4)\times10^{-5}\text{m/s}^2$；Cu 异常Ⅲ级浓度分带明显，异常值 $(22\sim60.40)\times10^{-6}$
B1504204003	娜仁格日勒嘎查北东	出露的地层为白云鄂博群尖山组、哈拉霍乞特组碳酸盐岩、砂泥岩建造。侵入岩为呈岩株状出露的中元古代黄褐色超基性岩。区内航磁化极为低缓负磁异常，异常值 $-150\sim-100\text{nT}$；剩余重力异常为正异常，异常值 $(0\sim5)\times10^{-5}\text{m/s}^2$；Cu 异常Ⅲ级浓度分带明显，异常值 $(42\sim60)\times10^{-6}$
B1504204004	布郎呼都格	出露的地层为白云鄂博群哈拉霍乞特组碳酸盐岩、砂泥岩建造。侵入岩为呈环形岩脉或岩枝状出露的中元古代辉长岩及早二叠世英云闪长岩。区内航磁化极为正磁异常，异常值 $100\sim150\text{nT}$；剩余重力异常为重力高，异常值 $(8\sim10)\times10^{-5}\text{m/s}^2$；Cu 异常Ⅲ级浓度分带明显，异常值 $(22\sim35)\times10^{-6}$
B1504204005	敖包恩格尔	出露白云鄂博群哈拉霍乞特组碳酸盐岩、砂泥岩建造。侵入岩为中元古代辉长岩及花岗岩。区内航磁化极为正磁异常，异常值 $100\sim150\text{nT}$；剩余重力异常为重力高，异常值 $(6\sim8)\times10^{-5}\text{m/s}^2$；Cu 异常Ⅲ级浓度分带明显，异常值 $(22\sim38)\times10^{-6}$
B1504204006	哈尔温多尔	出露的地层为白云鄂博群哈拉霍乞特组碳酸盐岩、砂泥岩建造。侵入岩为中元古代辉长岩。区内航磁化极为负磁异常，异常值 $-100\sim0\text{nT}$；剩余重力异常为重力高，异常值 $(0\sim2)\times10^{-5}\text{m/s}^2$；Cu 异常Ⅲ级浓度分带明显，异常值 $(22\sim53)\times10^{-6}$
B1504204007	哈布其勒	出露的地层为第四系。侵入岩为岩株状的中元古代辉长岩，早二叠世石英闪长岩、石英二长闪长岩及三叠纪斑状黑云母花岗岩。区内航磁化极为正磁异常，异常值 $0\sim100\text{nT}$；剩余重力异常为重力高，异常值 $(1\sim6)\times10^{-5}\text{m/s}^2$；Cu 异常Ⅲ级浓度分带明显，异常值 $(22\sim44)\times10^{-6}$
B1504204008	塔拉呼都格西	出露的地质体为早石炭世辉长岩，二叠纪石英二长闪长岩。北东向平移断层截切北西向断层。区内航磁化极为正磁异常，异常值 $0\sim100\text{nT}$；剩余重力异常为重力高，异常值 $(3\sim6)\times10^{-5}\text{m/s}^2$；Cu 异常Ⅲ级浓度分带明显，异常值 $(18\sim36)\times10^{-6}$
B1504204009	扎木呼都格南	出露的地质体为新太古代片麻状闪长岩及中元古代变质辉长岩、变质橄榄岩。区内航磁化极为正磁异常，异常值 $0\sim100\text{nT}$；剩余重力异常为重力梯级带，异常值 $(-3\sim4)\times10^{-5}\text{m/s}^2$；Cu 异常Ⅲ级浓度分带明显，异常值 $(18\sim44)\times10^{-6}$
B1504204010	查干温多尔	出露的地质体仅有中元古代辉长岩，呈岩株状近东西向产出。区内航磁化极为正磁异常，异常值 $0\sim100\text{nT}$；剩余重力异常为重力高，异常值 $(3\sim5)\times10^{-5}\text{m/s}^2$；Cu 异常浓度分带不明显，异常值 $(18\sim21)\times10^{-6}$

续表 9-4

最小预测区编号	最小预测区名称	综合信息特征
C1504204001	老生沟	出露的地层为白云鄂博群哈拉霍乞特组碳酸盐岩、砂泥岩建造。区内航磁化极为局部正高磁异常,异常值0～400nT;剩余重力异常为重力梯级带,重力高,异常值$(3～8)\times10^{-5}m/s^2$;Cu异常Ⅲ级浓度分带明显,异常值$(22～42.50)\times10^{-6}$
C1504204002	波日音布拉格东	出露的地层为白云鄂博群哈拉霍乞特组碳酸盐岩、砂泥岩建造。侵入岩为呈岩株状产出的中元古代辉长岩、二叠纪斑状花岗闪长岩及三叠纪二长花岗岩。区内航磁化极为局部正磁异常,异常值0～400nT;剩余重力异常为重力高,异常值$(0～2)\times10^{-5}m/s^2$;Cu异常Ⅲ级浓度分带明显,异常值$(22～59)\times10^{-6}$
C1504204003	新呼热苏木东	出露的地层为白云鄂博群哈拉霍乞特组砂泥岩;侵入岩主要为二叠纪斑状黑云母花岗岩,及呈捕虏体产出的中元古代辉长岩。区内航磁化极为正磁异常,异常值150～200nT;剩余重力异常为重力高,异常值$(4～8)\times10^{-5}m/s^2$;Cu异常浓度分带不明显,异常值$(22～34)\times10^{-6}$
C1504204004	准德尔斯太拜兴	出露的地质体为中元古代变质辉长岩、变质橄榄岩及二叠纪黑云母花岗岩。基性—超基性岩与二叠纪花岗岩呈断层接触。区内航磁化极为正磁异常,异常值0～100nT;剩余重力异常为重力高,异常值$(5～8)\times10^{-5}m/s^2$;Cu异常Ⅲ级浓度分带不明显,异常值18×10^{-6}
C1504204005	陶勒盖音好若	出露的地质体为中元古代变质辉长岩及二叠纪二长花岗岩。区内航磁化极为正磁异常,异常值0～100nT;剩余重力异常为重力高,异常值$(2～8)\times10^{-5}m/s^2$;Cu异常Ⅲ级浓度分带明显,Cu元素化探异常值$(18～29)\times10^{-6}$
C1504204006	呼和达巴	出露的地质体为中元古代变质辉长岩及二叠纪二长花岗岩。区内航磁化极为正磁异常,异常值0～100nT;剩余重力异常为重力高,异常值$(2～4)\times10^{-5}m/s^2$;Cu异常Ⅲ级浓度分带明显,Cu元素异常不明显;位于背景区与异常区过渡带

二、综合信息地质体积法估算资源量

1. 典型矿床深部及外围资源量估算

查明的资源量、体重及铜品位依据均来源于内蒙古自治区地质局103地质队于1975年6月编写的《内蒙古自治区四子王旗小南山铜镍矿综合勘探报告》及内蒙古自治区国土资源厅2010年5月编制的《内蒙古自治区矿产资源储量表》(截至2009年底)。矿床面积的确定是根据1∶1000小南山铜矿矿区地形地质图,各个矿体组成的包络面面积,该矿区矿体绝大多数为地表露头矿,典型矿床外围面积依据含矿地质体面积确定,矿体延深依据主矿体勘探线剖面图(图9-9)。具体数据见表9-5。

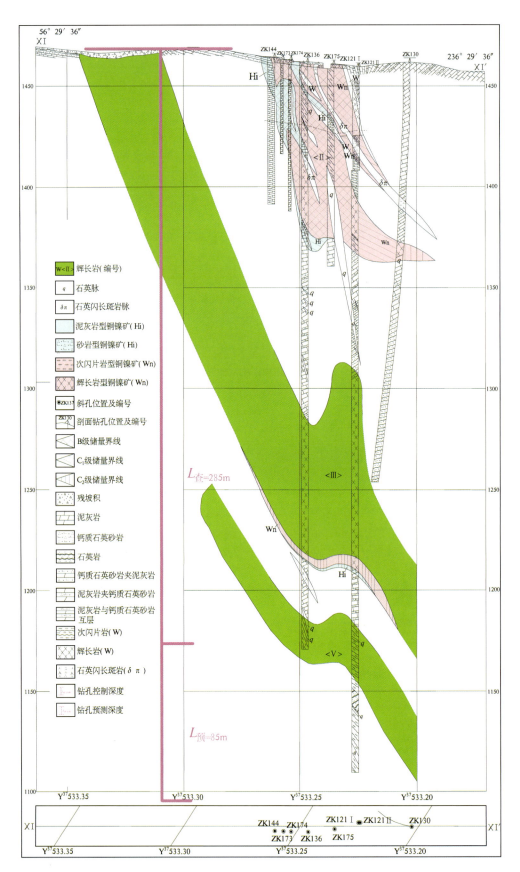

图 9-9 小南山铜矿典型矿床矿体延深确定方法及依据图

表9-5 小南山铜镍矿典型矿床深部及外围资源量估算一览表

典型矿床		深部及外围			
已查明资源量(t)	4252	深部	面积(m^2)	11 947	
面积(m^2)	11 947		深度(m)	85	
深度(m)	285	外围	面积(m^2)	278	
品位(%)	0.458		深度(m)	370	
比重(t/m^3)	2.81	预测资源量(t)		1342	
体积含矿率(t/m^3)	0.0012	典型矿床资源总量(t)		5594	

2. 模型区的确定、资源量及估算参数

模型区为典型矿床所在的最小预测区。小南山典型矿床已查明资源量4252t,按本次预测技术要求计算模型区资源总量为5594t。模型区内无其他已知矿点存在,则模型区资源总量＝典型矿床资源总量,模型区面积为依托MRAS软件采用少模型工程神经网络法优选后圈定,延深根据典型矿床最大预测深度确定。由于模型区内含矿地质体边界可以确切圈定,但其面积与模型区面积不一致,由模型区含地质体面积/模型区总面积得出,模型区含矿地质体面积参数为0.92。由此计算含矿地质体含矿系数(表9-6)。

表9-6 小南山式铜矿模型区预测资源量及其估算参数表

编号	名称	模型区资源总量(t)	模型区面积(km^2)	延深(m)	含矿地质体面积(km^2)	含矿地质体面积参数	含矿地质体含矿系数
A1504204001	小南山	5594	28.31	370	26.0	0.92	0.000 000 6

3. 最小预测区预测资源量

小南山铜矿预测工作区最小预测区资源量定量估算采用地质体积法进行估算。

(1)估算参数的确定。最小预测区面积是依据综合地质信息定位优选的结果;延深的确定是在研究最小预测区含矿地质体地质特征、含矿地质体的形成深度、断裂特征、矿化类型,并在对比典型矿床特征的基础上综合确定的;相似系数的确定,主要依据MRAS生成的成矿概率及与模型区的比值,参照最小预测区地质体出露情况、化探及重砂异常规模及分布、物探解译隐伏岩体分布信息等进行修正。

(2)最小预测区预测资源量估算结果。本次铜预测资源总量为22 167.24t,详见表9-3。

4. 预测工作区资源总量成果汇总

小南山铜矿预测工作区地质体积法预测资源量,依据资源量级别划分标准,根据现有资料的精度,可划分为334-1和334-3两个资源量精度级别;根据各最小预测区内含矿地质体、物化探异常及相似系数特征,预测延深参数均在2000m以浅。

根据矿产潜力评价预测资源量汇总标准,小南山式铜矿小南山预测工作区按精度、预测深度、可利用性、可信度统计分析结果见表9-7。

表 9-7 小南山式铜矿预测工作区预测资源量估算汇总表

按预测深度			按精度		
500m 以浅	1000m 以浅	2000m 以浅	334-1	334-2	334-3
22 167.24	22 167.24	22 167.24	3859.17	—	18 308.07
合计:22 167.24			合计:22 167.24		
按可利用性			按可信度		
可利用		暂不可利用	≥0.75	≥0.5	≥0.25
17 027.86		5139.38	3859.17	7370.63	22 167.24
合计:22 167.24			合计:22 167.24		

注:表中预测资源量单位均为 t。

第十章 珠斯楞式侵入岩体型铜矿预测成果

第一节 典型矿床特征

一、典型矿床及成矿模式

(一)矿床特征

珠斯楞式热液型铜矿隶属内蒙古自治区阿拉善盟额济纳旗温图高勒苏木，矿区范围地理坐标：东经 $102°35'00''—102°42'00''$，北纬 $41°34'20''—41°41'00''$。

1. 矿区地质

矿区出露以古生界泥盆系为主，主要为中泥盆统伊克乌苏组、卧驼山组，上泥盆统西屏山组，主要为陆相-浅海相碎屑岩夹碳酸盐岩，二叠系少量。

中泥盆统伊克乌苏组（D_2y）：灰色厚层砾岩，深灰色、灰色钙质砂岩夹数层黑色生物灰岩透镜体。

中泥盆统卧驼山组（D_2w）：以杂色碎屑岩为主。

上泥盆统西屏山组（D_3x），为陆相碎屑岩，主要岩性为长石石英砂岩夹灰岩透镜体、砾岩；分布于矿区东北部，呈北西-南东走向展布，主要矿物成分为长石、石英，岩石为钙质胶结，与花岗闪长岩接触部位见蚀变现象。

下二叠统双宝塘组海底喷发的中酸性火山岩，夹钙质砂岩、粉砂岩及灰岩透镜体。火山岩主要为石英粗安岩，分布于矿区西北部，呈北西-南东向展布，颜色为灰黑色，为一套海底喷发的中酸性火山岩，夹钙质砂岩、粉砂岩及灰岩透镜体。

矿区岩浆岩主要为海西中期花岗闪长岩、斜长花岗岩及海西晚期二长花岗岩侵入岩。海西中期花岗闪长岩侵入于泥盆纪粉砂岩、钙质粉砂岩中，局部砂岩呈断层接触，岩体边部具有混染现象。脉岩呈北西向分布，与构造线方向一致，海西中期斜长花岗岩侵入于寒武纪—奥陶纪灰岩、砂岩中，脉岩岩性以花岗岩脉为主，其次见有石英岩脉及碳酸岩脉。

矿区构造以北西向断裂为主，断裂构造走向呈北西-南东向，以北东倾为主，倾角 $70°\sim80°$，北东向构造次之，平移断裂多为北西向和东西向，规模一般较小，平移几米到几十米。北西-南东向构造是主要的控矿构造，矿体与其关系密切。区内褶皱规模小，与主构造线方向一致。

矿区主要矿化蚀变为青磐岩化，矿体、矿化体主要赋存在蚀变的闪长玢岩、花岗闪长岩、花岗斑岩及外接触带长石石英砂岩内。

2. 矿床地质

矿体形态、产状：在全矿区共圈出铜矿（化）体19个，主要为Cu、Au、Ag复合矿体。通过工程揭露，圈出4个铜矿体，其中Cu1矿体规模最大，为该矿床的主矿体。矿体呈北西向分布，形态为细脉状、透镜状，单矿体规模较小。

Cu1 矿体：该矿体以铜为主，伴生元素主要为 Au、Ag。出露于矿区北部，产于花岗斑岩与地层接触破碎带中，围岩为花岗斑岩和变质粗砂岩。矿体地表由 80m 间距 3 个探槽控制，控制长度 160m，矿体深部由 3 个钻孔控制，见矿最大深度 198m；矿体真厚度 7.18m，厚度变化系数 67%。铜品位在 0.08%～2.23%之间，平均为 0.61%，品位变化系数 56%；银品位为 $(4.10～18.10)×10^{-6}$，平均为 $8.05×10^{-6}$，品位变化系数 103%；伴生元素金品位为 $(0.03～1.55)×10^{-6}$，平均为 $0.53×10^{-6}$。矿体中 Cu、Ag 分布属均匀型，Au 为不均匀分布。

矿石结构特征：有半自形—他形粒状结构、碎裂结构、侵蚀结构、交代骸晶结构。其中半自形—他形粒状结构有毒砂、黄铁矿、黄铜矿、闪锌矿、方铅矿，呈自形或他形分布于矿石中。碎裂结构：早形成的黄铁矿、闪锌矿、毒砂受应力作用而碎裂，裂隙被后形成的矿物充填胶结。侵蚀结构：后形成的矿物交代早形成的矿物，形成港湾状、岛屿状形态，铜矿交代毒砂、黄铁矿，其被闪锌矿、方铅矿交代；脉石交代闪锌矿、毒砂等。交代骸晶结构：半自形毒砂被碳酸盐交代呈骸晶状。

矿石构造：块状构造、稠密的浸染状构造、网脉构造（后期的黄铜矿、方铅矿、碳酸盐等沿早期形成矿物裂隙分布构成网脉状）、浸染状构造（金属硫化物矿物均匀或不均匀地分布在矿石中）、斑杂构造（金属矿物集合体形成的块斑与脉石角砾、脉体相间混杂分布形成色调深浅不一的块体）、条带构造（金属矿物集合体与脉石相对集中定向分布形成条带）。

铜矿石中矿石矿物：黄铜矿（0.5%～2.5%）、黄铁矿（0.1%～3.4%）、磁黄铁矿（2%～5%）、闪锌矿（0.1%～0.3%）、方铅矿（1%～2%）、毒砂（0.5%～1%）、辉铜矿（0.2%～0.4%），银金矿微量。

脉石矿物：绿泥石（2%～5%）、绿帘石（0.5%～3%）、石英（15%～20%）、斜长石（35%～42%）、钾长石（2%～6%）、角闪石（15%～18%）、绢云母（>5%）、方解石（2%～12%），少量萤石。

围岩蚀变：矿体上盘围岩主要为硅化变粉砂岩、粉砂岩，矿体下盘围岩主要为闪长玢岩、蚀变花岗闪长岩，分布于矿体两侧。

矿床共伴生矿产：矿床中共伴生元素较多，每个矿体共伴生组分各具特色。铜矿体伴生组分以金、银为主，个别矿体中有铅；银矿体伴生组分以铜、铅、金为主，而银铅矿体中伴生组分以铜、金为主，锌仅在个别矿体中出现。

3. 珠斯楞铜矿床成因类型及成矿时代

根据矿体赋存空间、产出部位及与围岩接触关系，矿床成因类型属与岩浆热液有关的脉状铜、铅、银多金属矿床。成矿时代为石炭纪、二叠纪。

（二）矿床成矿模式

矿床产于海西中晚期花岗闪长岩、花岗斑岩内及外接触带中泥盆统伊克乌苏组、卧驼山组（主要岩性为陆相-浅海相碎屑岩夹碳酸盐岩）内。矿区内化探铜异常局部叠加有 Mo 元素异常，显示出 Cu-Mo 地球化学组合特征。矿石一般具有浸染状、细脉浸染状构造。蚀变主要有青磐岩化、硅化、绢云母化和高岭土化、黄铁矿化，为海西晚期热液活动的产物。根据矿床特征及成矿地质背景，总结珠斯楞铜矿床成矿模式（图 10-1）。

二、典型矿床地球化学特征

与预测工作区相比较，矿区 Cu 元素为高背景值，成环状分布，闭合性好，浓集中心明显，异常强度高，是该矿区的主成矿元素；Ag、Pb、Au 是主要的伴生元素，矿区周围 As、Au、Cd 呈高背景分布，有明显的浓集中心，Mo、W、Pb、Zn 元素呈低背景分布，无明显异常（图 10-2）。

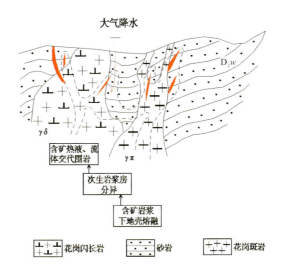

图 10-1 珠斯楞式岩浆热液型铜矿典型矿床成矿模式

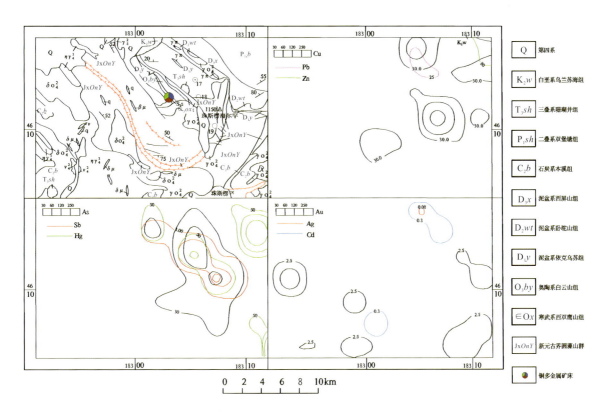

图 10-2 珠斯楞岩浆热液型铜矿地质-化探异常剖析图

三、典型矿床地球物理特征

1. 矿床所在位置航磁、电性特征

1:5万航磁平面等值线图显示，磁场表现为在低缓的正磁场背景中呈现出条带状正异常，异常走向北西向（图10-3）。

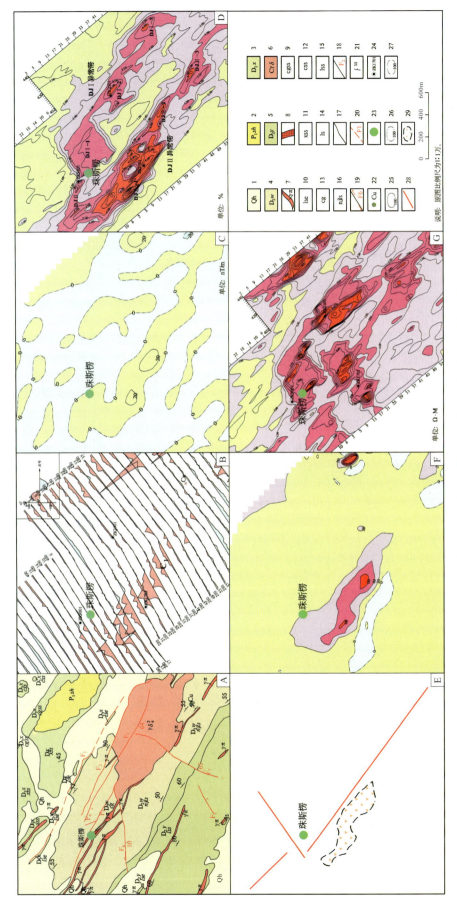

图 10-3 珠斯楞铜矿典型矿床所在位置地质矿产及物探剖析图

A. 地质矿产图；B. 地磁 ΔT 化极垂向一阶剖面平面图；C. 地磁 ΔT 剖面平面图；D. 电法视极化率等值线平面图；E. 推断地质构造图；F. 推断地质图；G. 电法视电阻率等值线平面图。1. 第四纪冲—洪积砂、砾石；2. 二叠系双堡塘组；3. 泥盆系西屏山组；4. 泥盆系卧驼山组：灰白色变质砂岩、石英砂岩；生物灰岩；5. 泥盆系依克乌苏组：砂质灰岩、生物灰岩、生物灰岩含化石；6. 花岗斑岩脉；7. 花岗闪长岩；8. 铜矿体及编号；9. 含砾砂岩；10. 变质细砂岩；11. 变质粉砂岩；12. 变质粗砂岩；13. 变质砂砾岩；14. 灰岩；15. 砂质灰岩；16. 泥质结晶灰岩；17. 实测地质界线；18. 实测性质不明断层；19. 平移断层；20. 碎屑生物灰岩；21. 地层产状；22. 铜矿（化）点；23. 矿床位置；24. 钻孔位置及编号；25. 正等值线及注记；26. 零等值线及注记；27. 负等值线及注记；28. 物探推断三级断裂；29. 推断黄铁矿化变质砂岩

1:1万电法平面等值线图显示,电阻率表现为北西部较低,南部略高,呈条带状展布。

2. 矿床所在区域重力特征

珠斯楞铜矿在区域布格重力异常图上位于相对重力高值区,Δg 为 $-154.33\times10^{-5}\text{m/s}^2$,是额济纳旗-珠斯楞-乌兰呼海重力高值带中段。

剩余重力异常图上,珠斯楞铜矿位于呈东西向展布的 G 蒙-799 剩余重力正异常的东侧,该异常的 Δg 为 $(4.56\sim5.44)\times10^{-5}\text{m/s}^2$。磁场显示为低缓的负磁异常。根据重磁场特征推测,该区域有北北东向断裂通过。

四、典型矿床预测模型

根据典型矿床成矿要素和矿区航磁、重力、化探资料,确定典型矿床预测要素,编制典型矿床预测要素图。矿床所在地区的系列图表达典型矿床预测模型(图10-2、图10-3)。总结典型矿床综合信息特征,编制典型矿床预测要素表(表10-1)。

表10-1 珠斯楞岩浆热液型铜矿典型矿床预测要素表

成矿要素		描述内容			要素类别
储量		珠斯楞海尔罕铜矿床			
特征描述		铜金属量:1122.15t	平均品位	铜 0.63%	
地质环境	矿床成因类型	与海西期侵入岩有关的中低温热液型铜多金属矿床			必要
	矿化岩石	花岗闪长岩、花岗斑岩、中粗粒长石石英砂岩			重要
	成矿环境	塔里木成矿省磁海-公婆泉铁、铜、金、铅、锌、钨、锡、铷、钒、铀、磷成矿带,珠斯楞-乌拉尚德铜、金、镍成矿亚带,北西-南东向构造带			必要
	成矿时代	石炭纪—二叠纪			必要
	构造背景	额济纳旗-北山弧盆系红石山裂谷,呼伦西白-珠斯楞海尔罕反"S"形构造带			必要
矿床特征	矿物组合	以黄铜矿为主,闪锌矿、方铅矿、毒砂及辉铜矿次之,银金矿微量			重要
	结构构造	结构:半自形—他形晶粒状结构、固溶体结构、包含结构;构造:浸染状构造、斑点状构造			次要
	蚀变特征	青磐岩化、硅化、钾化、绢云母化、碳酸盐化、重晶石化及孔雀石化			重要
	控矿条件	海西中晚期花岗闪长岩、花岗斑岩、卧驼山组变质砂岩及北西南东向断裂构造			必要
	风化	地表氧化形成孔雀石及蓝铜矿			次要
物化遥特征	航磁异常特征	具低缓磁异常,化极后异常值在0~100nT间			次要
	重力异常特征	重力布格值在$(-168\sim-154)\times10^{-5}\text{m/s}^2$			重要
	化探异常特征	铜异常分带明显,异常下限18×10^{-6},已知铜矿点均位于异常区内			重要
	遥感异常特征	Ⅰ级铁染异常			次要

第二节 预测工作区研究

一、区域地质特征

1. 成矿地质背景

珠斯楞预测工作区大地构造位于天山-兴蒙造山系、额济纳旗-北山弧盆系红石山裂谷，呼伦西白-珠斯楞海尔罕反"S"形构造带。成矿区带划分属古亚洲成矿域（Ⅰ级），准噶尔成矿省（Ⅱ级），觉罗塔格-黑鹰山铜、镍、铁、金、银、钼、钨、石膏成矿带（Ⅲ级），黑鹰山-雅干铁、金、铜、钼成矿亚带（Ⅳ级），流沙山-咸水湖铜矿集区（Ⅴ级）。

本预测工作区内与珠斯楞海尔罕铜矿有一定关系的地层为中泥盆统伊克乌苏组、卧驼山组及海西中晚期花岗闪长岩和花岗斑岩，总体均呈北西向展布。

赋矿地层为中泥盆统伊克乌苏组、卧驼山组，其与珠斯楞海尔罕铜矿的分布相关，是较重要的控矿因素之一。出露地层由老到新为泥盆系伊克乌苏组（D_1y）、卧驼山组（D_2w），总体由陆源碎屑岩、碳酸盐岩构成。这些地层既是矿床的赋矿围岩，又是不同程度提供矿质来源的深部矿源层或直接矿源层。

本区赋矿侵入体为花岗闪长岩、花岗斑岩、闪长玢岩。其中花岗斑岩、闪长玢岩与铜矿化关系密切，铜矿体产于花岗斑岩和闪长玢岩脉中。

（1）花岗闪长岩呈小岩株状产出。岩石具中粗粒结构，块状构造，主要矿物成分为斜长石、石英、角闪石、黑云母及钾长石。有铜矿化部位蚀变强烈，暗色矿物绿泥石化、绿帘石化，斜长石高岭土化和绢云母化，石英重结晶。

（2）花岗斑岩呈脉状产出，成群出现，总体走向北西向。岩石具斑状结构，块状构造。斑晶为斜长石、钾长石、石英，其中斜长石、钾长石已完全绢云母化。基质为石英和绢云母。

预测工作区主体构造呈北西向弧形展布，倾向北东，倾角50°～70°不等。部分岩石发生了弱变质，岩石变形强烈。断裂主要有北西向和北东向两组。北东向断裂切割了北西向断裂。北西向断裂与地层和脉状岩体走向一致，长2～3km，是矿区主要的控矿构造，断裂倾向南西和北东，倾角70°左右，具有张性断裂性质。

2. 区域成矿模式

根据预测工作区成矿规律研究，确定预测工作区域成矿要素（表10-2）。

表10-2 珠斯楞岩浆热液型铜矿区域成矿要素表

区域成矿要素		描述内容	成矿要素分类
区域成矿地质环境	大地构造单元	天山-兴蒙造山系，额济纳旗-北山弧盆系，园包山（中蒙边界）岩浆弧（O—D）和恩格尔乌苏蛇绿混杂岩带（C）	必要
	成矿区（带）	成矿区（带）属于古亚洲成矿域（Ⅰ级），准噶尔成矿省（Ⅱ级），觉罗塔格-黑鹰山铜、镍、铁、金、银、钼、钨、石膏成矿带（Ⅲ级），黑鹰山-雅干铁、金、铜、钼成矿亚带（Ⅳ级），流沙山-咸水湖铜矿集区（Ⅴ级）	必要
	区域成矿类型及矿期	热液型，海西期（石炭纪—二叠纪）	重要

续表 10-2

区域成矿要素		描述内容	成矿要素分类
控矿地质条件	赋矿地质体及成矿期	泥盆纪粉砂岩、钙质粉砂岩中，滨浅海相陆源碎屑岩-碳酸盐岩建造，海西期闪长玢岩、花岗闪长岩、花岗斑岩	重要
	控矿侵入体	海西期闪长玢岩、花岗闪长岩、花岗斑岩	重要
	主要控矿构造	以北西向断裂为主，断裂构造走向呈北西-南东向，以北东倾向为主	重要
区内相同类型矿产		预测工作区内有相同类型的铜矿点5个	重要

二、区域地球物理特征

1. 磁异常特征

珠斯楞地区铜矿预测工作区范围：东经 101°15′—103°30′，北纬 41°30′—42°20′。在航磁 ΔT 等值线平面图上珠斯楞预测工作区磁异常幅值范围为 $-400 \sim 800$ nT，全预测工作区以 $-100 \sim 100$ nT 磁异常值为磁场背景，整个预测工作区磁异常较平缓，正负磁异常面积较小，异常形态一般为正负伴生带状异常，磁异常轴向以近东西向为主。珠斯楞铜矿区位于预测工作区东南部，磁场背景为 $0 \sim 100$ nT 低缓磁异常区。

2. 重力异常特征

预测工作区区域重力场反映北部重力高、南部重力高、中间重力低的特点。布格重力异常最低值为 -180×10^{-5} m/s²，南、北重力高异常值在 $(-150 \sim 155) \times 10^{-5}$ m/s² 之间。预测工作区侵入岩发育，分布广泛。依据物性及地质资料，推测南、北部重力高是古生代地层的反映；中间重力低带在剩余重力图中反映为等轴状剩余重力负异常，推断是中—酸性花岗岩带的显示。

三、区域地球化学特征

预测工作区分布有 Au、As 的高背景分布，具有明显的浓度分带和浓集中心，As 在珠斯楞周围有两处明显的浓集中心，强度高；Cd 元素在珠斯楞以北地区呈范围较大的高背景分布，有多处浓集中心；Cu 元素在预测工作区呈背景、高背景分布，在珠斯楞地区局部异常明显；Sb 元素在预测工作区呈高背景分布，在珠斯楞周围有几处明显的浓集中心，范围大，强度高，呈北西向带状分布；W、Mo 在预测工作区呈背景分布，浓集中心少且分散；Ag、Pb、Zn 在预测工作区呈背景、低背景分布。

在预测工作区有一处异常套合较好，编号为 AS1，异常套合元素为 Cu、Pb、Zn、Ag、Cd，呈环状分布，圈闭性较好。

四、区域遥感影像及解译特征

珠斯楞地区珠斯楞式斑岩型铜矿预测工作区内遥感共解译线要素 433 条、环要素 67 个、色要素 10 块、带要素 31 块、块要素 2 块，以及其他一些近矿找矿标志。

该区内线要素，在遥感图像上表现为北东与北西西走向，主构造线压性和张性相间搭配为主，两组构造组成本地区的菱形块状构造格架。在两组构造之中形成了次级千米级的小构造，而且多数为张或张扭性小构造，这种构造多数为储矿构造。

从整个预测工作区的环状特征来看，大多数为下基垫岩浆作用而成，而矿产多分布在环状构造外围的次级小构造中。所以针对遥感从线、环构造预测区的选择分析，认为是线性构造控制了矿产空间分布状态,环形构造的形成有提供热液及热源的可能。

预测工作区遥感异常分布特征:已知铜矿点与本预测工作区中的羟基异常吻合的有呼伦西白铜矿、温图高勒苏木呼伦西白铜矿、温图高勒苏木珠斯楞铜矿、温图高勒苏木卧驼山南铜矿。

五、区域预测模型

根据预测工作区区域成矿要素、化探、航磁、重力、遥感及自然重砂资料,建立了本预测工作区的区域预测要素,并编制预测工作区预测要素图和预测模型图。

区域预测要素图以区域成矿要素图为基础,综合研究重力、航磁、化探、遥感、自然重砂等致矿信息,总结区域预测要素表(表10-3),并将综合信息各专题异常曲线或区全部叠加在成矿要素图上,在表达时可以出单独预测要素(如航磁)的预测要素图。

表10-3 珠斯楞侵入岩体型铜矿预测工作区预测要素表

区域成矿要素		描述内容	成矿要素分类
区域成矿地质环境	大地构造单元	天山-兴蒙造山系,额济纳旗-北山弧盆系,园包山(中蒙边界)岩浆弧(O—D)和恩格尔乌苏蛇绿混杂岩带(C)	必要
	成矿区(带)	成矿区(带)位于古亚洲成矿域(Ⅰ级),准噶尔成矿省(Ⅱ级),觉罗塔格-黑鹰山铜、镍、铁、金、银、钼、钨、石膏成矿带(Ⅲ级),黑鹰山-雅干铁、金、铜、钼成矿亚带(Ⅳ级),流沙山-咸水湖铜矿集区(Ⅴ级)	必要
	区域成矿类型及成矿期	珠斯楞式热液型铜矿,石炭纪—二叠纪	重要
控矿地质条件	赋矿地质体及成矿期	泥盆纪粉砂岩、钙质粉砂岩中,滨浅海相陆源碎屑岩-碳酸盐岩建造海西期闪长玢岩、花岗闪长岩、花岗斑岩,石炭纪—二叠纪	重要
	控矿侵入体	海西期闪长玢岩、花岗闪长岩、花岗斑岩	重要
	主要控矿构造	以北西向断裂为主,断裂构造走向呈北西-南东向,以倾向北东为主	重要
区内相同类型矿产		预测工作区内有相同类型的铜矿点5个	重要
区域成矿地物化遥重砂特征	航磁异常特征	具低缓磁异常,化极后异常值在0~100nT间	次要
	重力异常特征	布格重力值在$(-168 \sim -154) \times 10^{-5} m/s^2$	重要
	化探异常特征	铜异常分带明显,异常下限18×10^{-6},已知铜矿点均位于异常区内	重要
	遥感异常特征	Ⅰ级铁染异常	次要

预测模型图的编制,以地质剖面图为基础,叠加区域化探、航磁及重力剖面图而形成,简要表示预测要素内容及其相互关系,以及时空展布特征(图10-4)。

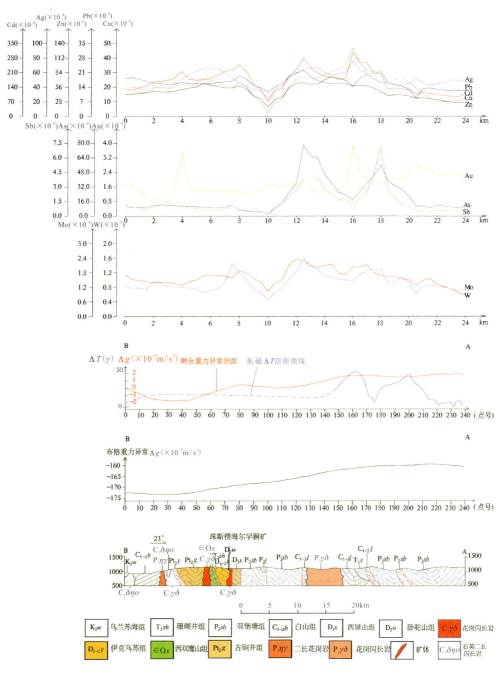

图 10-4 珠斯楞侵入岩体型铜矿预测工作区域预测模型

第三节 矿产预测

一、综合地质信息定位预测

1. 变量提取及优选

根据典型矿床及预测工作区研究成果,进行综合信息预测要素提取。本次选择网格单元法作为预测单元,预测底图比例尺为1:25万,利用规则网格单元作为预测单元,网格单元大小为0.8km×0.8km。

地质体(泥盆系伊克乌苏组、卧驼山组粉砂岩、钙质粉砂岩,滨浅海相陆源碎屑岩-碳酸盐岩地层和海西期闪长玢岩、花岗闪长岩、花岗斑岩)及重砂异常要素进行单元赋值时采用区的存在标志;化探、剩余重力、航磁化极则求起始值的加权平均值,在变量二值化时利用异常范围值人工输入变化区间。对已知 5 个同类型矿床、矿点进行缓冲区处理,对区文件求其存在标志。

2. 最小预测区圈定及优选

本次利用证据权重法,采用 0.8km×0.8km 规则网格单元,在 MRAS2.0 下,利用有模型预测方法[因预测区除典型矿床外有 4 个已知矿床(点)]进行预测区的圈定与优选。然后在 MapGIS 下,根据优选结果圈定成为不规则形状(图 10-5)。

3. 最小预测区圈定结果

在预测单元图的基础上,叠加地质、矿产、物化探异常等各类预测要素并结合成矿地质体分布,进行最小预测区圈定。珠斯楞预测工作区最小预测区级别分为 A、B、C 三个等级,其中 A 级最小预测区 3 个、B 级最小预测区 10 个、C 级 7 个。最小预测区面积在 3.53~48.59km² 之间,其中 50km² 以内最小预测区占预测区总数的 100%。各最小预测区的地质特征、成矿特征见表 10-4、表 10-5,图 10-5。

表 10-4 珠斯楞式侵入岩体型铜矿预测工作区最小预测区圈定结果及资源量估算成果表

最小预测区编号	最小预测区名称	$S_{预}$ (km²)	$H_{预}$ (m)	K_s	K (t/m³)	α	$Z_{预}$ (t)	资源量级别
A1504205001	珠斯楞	10.253	195	1		0.85	1302.78	334-1
A1504205002	呼伦西北	14.212	190	1		0.80	2592.20	334-2
A1504205003	渤温陶来	3.534	190	1		0.80	644.53	334-2
B1504205001	洪果尔吉乌拉	45.778	150	1		0.50	4119.99	334-3
B1504205002	呼和套尔盖北	10.932	150	1		0.50	983.92	334-3
B1504205003	呼和套尔盖	11.131	150	1		0.50	1001.83	334-3
B1504205004	黑石山	32.053	150	1		0.50	2884.79	334-3
B1504205005	嘎顺扎得盖	13.874	150	1		0.50	1248.70	334-3
B1504205006	乌哈西北	25.381	150	1		0.50	2284.32	334-3
B1504205007	西屏山	28.252	150	1	0.0000012	0.50	2542.72	334-3
B1504205008	伊克乌苏	47.758	150	1		0.50	4298.19	334-3
B1504205009	珠斯楞苦	32.421	150	1		0.50	2917.93	334-3
B1504205010	952 高地	13.301	120	1		0.50	957.66	334-3
C1504205001	巴荣小布故和	21.560	120	1		0.30	931.38	334-3
C1504205002	敖得乌苏	30.725	120	1		0.30	1327.31	334-3
C1504205003	巴格洪果尔吉	15.365	120	1		0.30	663.78	334-3
C1504205004	辉森乌拉	48.119	120	1		0.30	2078.74	334-3
C1504205005	单面山	43.758	120	1		0.30	1890.36	334-3
C1504205006	额成黑	48.588	120	1		0.30	2099.00	334-3
C1504205007	阿其得海尔罕	47.638	120	1		0.30	2057.95	334-3

表 10-5 珠斯楞式侵入岩体型铜矿最小预测区成矿条件及找矿潜力表

编号	名称	综合信息特征
A1504205001	珠斯楞	出露的地层为中泥盆统伊克乌苏组,主要岩性为陆相-浅海相碎屑岩夹碳酸盐岩,上泥盆统西屏山组。侵入岩为石炭纪花岗闪长岩、斜长花岗岩、二长花岗岩,志留纪闪长岩;北西向构造发育,珠斯楞铜矿位于该区。剩余重力异常为重力低,异常值-160×10^{-5}m/s²;Cu异常Ⅲ级浓度分带明显,异常值$(28\sim61)\times10^{-6}$
A1504205002	呼伦西北	出露的地层为上泥盆统西屏山组,侵入岩为侏罗纪二长花岗岩。有两个铜矿点位于该区内。区内航磁化极为低背景下的正磁异常,异常值$-100\sim0$nT,剩余重力异常为重力低,异常值$(0\sim160)\times10^{-5}$m/s²;Cu异常Ⅲ级浓度分带,异常值$(18\sim42)\times10^{-6}$。遥感显示有铁染异常
A1504205003	渥温陶来	出露的地层为上奥陶统白云山组粉砂岩-细中粗砂岩-砾岩-粉砂质泥灰岩建造互层。侵入岩为二叠纪二长花岗岩;区内有一个渥温陶来铜矿点。Cu异常Ⅲ级浓度分带明显,Cu元素化探异常最高值38×10^{-6}。遥感显示有铁染异常
B1504205001	洪果尔吉乌拉	出露的地层为上奥陶统白云山组粉砂岩-细中粗砂岩-砾岩-粉砂质泥灰岩建造互层。侵入岩为二叠纪二长花岗岩;剩余重力异常为重力低,异常值-160×10^{-5}m/s²;Cu异常浓度分带明显,Cu元素化探异常值$(18\sim38)\times10^{-6}$
B1504205002	呼和套尔盖北	出露的地层为上奥陶统白云山组粉砂岩-细中粗砂岩-砾岩-粉砂质泥灰岩建造互层。侵入岩为二叠纪二长花岗岩;北西向花岗岩脉。剩余重力异常为重力低,异常值-160×10^{-5}m/s²;Cu异常浓度分带明显,异常值$(18\sim38)\times10^{-6}$
B1504205003	呼和套尔盖	出露的地层为上奥陶统白云山组粉砂岩-细中粗砂岩-砾岩-粉砂质泥灰岩建造互层。侵入岩为二叠纪石英闪长岩;剩余重力异常为重力低,异常值-160×10^{-5}m/s²;Cu异常浓度分带,异常值$(18\sim38)\times10^{-6}$。遥感显示有铁染异常
B1504205004	黑石山	出露的地层为中二叠统双堡塘组杂砂岩-复成分砾岩、灰岩、生物碎屑灰岩。北西西向断层发育。南部侵入岩为晚三叠世二长花岗岩;剩余重力异常为重力低,异常值$(-170\sim-160)\times10^{-5}$m/s²;Cu异常浓度分带较明显,异常值低
B1504205005	嘎顺扎得盖	出露主要为地层为中下石炭统绿条山组杂砂岩-石英砂岩-粉砂岩-泥岩-灰岩建造。区内有北西向断层2条。剩余重力异常为重力低,异常值$(-170\sim-160)\times10^{-5}$m/s²。Cu异常浓度分带较明显,异常值低
B1504205006	乌哈西北	出露的地层为中二叠统双堡塘组杂砂岩-长石砂岩-粉砂岩-泥岩-复成分砾岩-灰岩、生物碎屑灰岩。花岗岩脉、花岗斑岩脉发育。剩余重力异常为重力低,异常值$(-170\sim-160)\times10^{-5}$m/s²;Cu异常浓度分带较明显,异常值低
B1504205007	西屏山	出露的地层为上泥盆统西屏山组,岩性为长石石英砂岩夹灰岩透镜体、砾岩,双堡塘组杂砂岩-复成分砾岩,侵入岩为晚三叠世二长花岗岩。剩余重力异常为重力低,异常值$(-170\sim-160)\times10^{-5}$m/s²;Cu异常浓度分带较明显,异常值低
B1504205008	伊克乌苏	地层为中泥盆统伊克乌苏组,主要岩性为陆相-浅海相碎屑岩夹碳酸盐岩,上泥盆统西屏山组。侵入岩为石炭纪花岗闪长岩、斜长花岗岩、二长花岗岩,志留纪闪长岩;区内北西向构造发育。航磁为低缓正磁异常,剩余重力异常为重力低,异常值$(-160\sim-155)\times10^{-5}$m/s²;Cu异常浓度分带明显,异常值$(28\sim61)\times10^{-6}$

续表 10-5

编号	名称	综合信息特征
B1504205009	珠斯楞苦	出露的地层为中泥盆统伊克乌苏组,主要岩性为陆相-浅海相碎屑岩夹碳酸盐岩。侵入岩为石炭纪花岗闪长岩、斜长花岗岩、二长花岗岩,志留纪闪长岩;北西向构造发育。区内航磁化极为低缓正磁异常,剩余重力异常为重力低,异常值($-160 \sim -155$)$\times 10^{-5}$m/s²;Cu异常浓度分带明显,异常值($28 \sim 61$)$\times 10^{-6}$
B1504205010	952 高地	出露地层为白山组基性—中酸性熔岩、碎屑岩建造。航磁化极为低缓正磁异常,剩余重力异常为重力低,异常值($-160 \sim -155$)$\times 10^{-5}$m/s²。Cu异常浓度分带明显,异常值($28 \sim 61$)$\times 10^{-6}$
C1504205001	巴荣小布故和	出露地层为晚二叠世中基性火山岩-凝灰岩-砂岩-粉砂岩-泥岩建造。侵入岩为二叠纪二长花岗岩。航磁为低缓负磁异常,异常值$-100 \sim 0$nT,剩余重力异常为重力低,异常值($-170 \sim -160$)$\times 10^{-5}$m/s²;Cu异常浓度分带明显,异常值($14 \sim 34$)$\times 10^{-6}$
C1504205002	敖得乌苏	出露的地层为上奥陶统白云山组粉砂岩-细中粗砂岩-砾岩-粉砂质泥灰岩建造互层。侵入岩为石炭纪花岗闪长岩。剩余重力异常为重力低;Cu异常浓度分带明显,有3个浓集中心,Cu元素化探异常值($18 \sim 42$)$\times 10^{-6}$
C1504205003	巴格洪果尔吉	出露的地层为上奥陶统白云山组砂岩、砾岩、砂质泥灰岩建造互层。侵入岩为二叠纪二长花岗岩。具低缓的铜异常,Cu元素化探异常值($18 \sim 48$)$\times 10^{-6}$
C1504205004	辉森乌拉	出露主要地层为中下石炭统绿条山组杂砂岩-石英砂岩-粉砂岩-泥岩-灰岩建造。侵入岩为晚三叠世二长花岗岩和中三叠世花岗闪长岩大面积分布。区内航磁化极为低缓正磁异常,剩余重力异常为重力低,异常值($-160 \sim -155$)$\times 10^{-5}$m/s²;局部Cu异常浓度分带明显,Cu元素化探异常值($28 \sim 61$)$\times 10^{-6}$
C1504205005	单面山	出露的地层为中泥盆统伊克乌苏组,主要岩性为陆相-浅海相碎屑岩夹碳酸盐岩。侵入岩为石炭纪花岗闪长岩、斜长花岗岩、二长花岗岩,志留纪闪长岩;北西向构造发育。区内航磁化极为低缓正磁异常,剩余重力异常为重力低,异常值($-160 \sim -155$)$\times 10^{-5}$m/s²
C1504205006	额成黑	出露的地层为中二叠统双堡塘组杂砂岩-长石砂岩-粉砂岩-泥岩-复成分砾岩。有北西向花岗岩脉。剩余重力异常为重力低,异常值($-170 \sim -160$)$\times 10^{-5}$m/s²;Cu异常浓度分带较明显,异常值低
C1504205007	阿其得海尔罕	出露的地层为中二叠统双堡塘组杂砂岩-长石砂岩-粉砂岩-泥岩-复成分砾岩。有北西向花岗岩脉、石英脉。剩余重力异常为重力低,异常值($-170 \sim -160$)$\times 10^{-5}$m/s²;Cu异常浓度分带较明显,异常值低

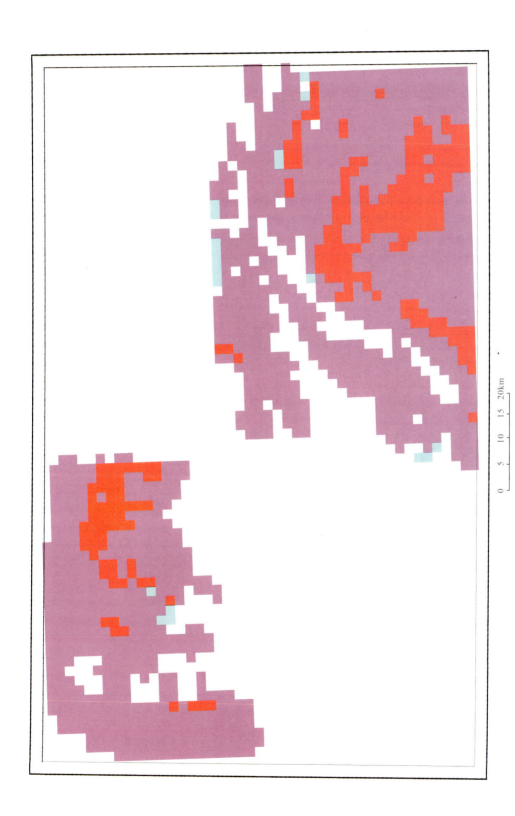

图 10-5 珠斯楞预测工作区定位预测单元图

4. 最小预测区地质评价

依据本区成矿地质构造背景并结合资源量估算和预测区优选结果,各级最小预测区面积分布合理,且已知矿床均分布在 A 级最小预测区内,说明最小预测区优选分级原则较为合理;最小预测区圈定结果表明,最小预测区总体与区域成矿地质背景、化探异常、航磁异常、剩余重力异常、遥感铁染异常吻合程度较好。所圈定的最小预测区,特别是 A 级区具有较好的找矿潜力。

二、综合信息地质体积法估算资源量

1. 典型矿床深部及外围资源量估算

查明的铜资源量、体重及铜品位依据来源于额济纳旗安泰矿业有限公司 2008 年 7 月编写的《内蒙古自治区额济纳旗珠斯楞海尔罕矿区铜银铅金多金属矿普查报告》。矿床面积的确定是根据 1∶1 万珠斯楞海尔罕矿区铜银铅金多金属矿矿区地形地质图及 1、2、3 号矿体地表采样平面图,各个矿体组成的包络面积(图 10-6),该矿区矿体延深依据主矿体勘探线剖面图(图 10-7)。具体数据见表 10-6。

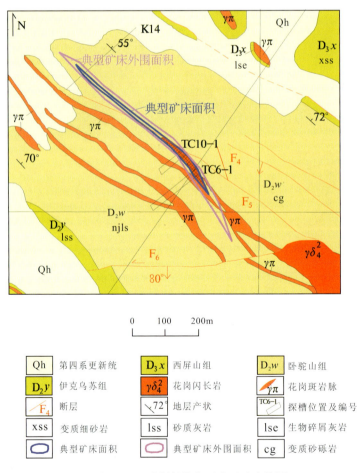

图 10-6 珠斯楞海尔罕典型矿床外围
资源量面积参数圈定方法及依据图

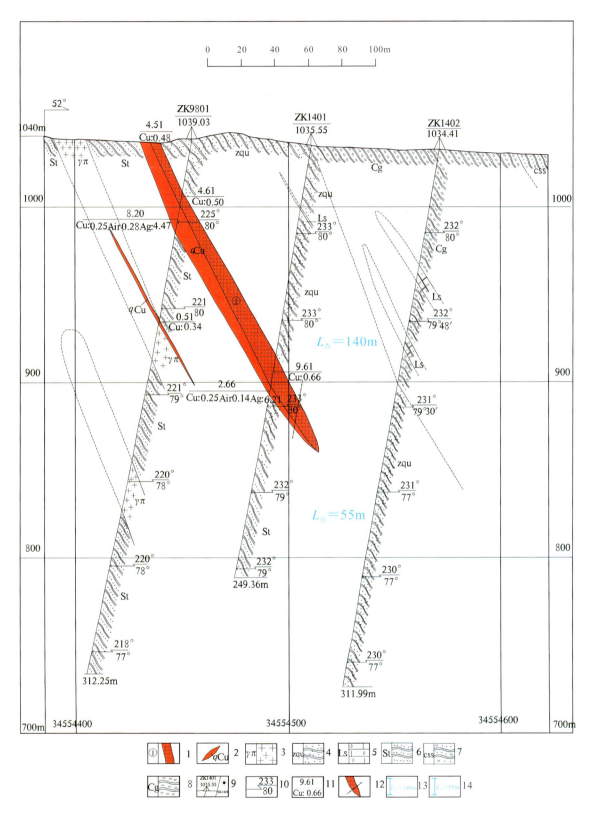

图 10-7 珠斯楞铜矿典型矿床矿体延深确定方法及依据

1. 铜矿体及编号；2. 含铜石英脉；3. 花岗斑岩；4. 变质石英粗砂岩；5. 砂质结晶灰岩；6. 变质粉砂岩；7. 变质含砾粗砂岩；8. 变质砾岩；9. 钻孔编号/高程（m）；10. 钻孔方位角/倾角；11. 真厚度（m）/平均品位（%）；12. 资源储量估算外推界线；13. 钻孔的控制深度；14. 钻孔预测深度

表 10-6 珠斯楞铜矿典型矿床深部及外围资源量估算一览表

典型矿床		深部及外围		
已查明资源量(t)	1122.15	深部	面积(m²)	6550
面积(m²)	6550		深度(m)	55
深度(m)	140	外围	面积(m²)	3720
品位(%)	0.63		深度(m)	195
比重(t/m³)	2.78	预测资源量(t)		1302.78
体积含矿率(t/m³)	0.0012	典型矿床资源总量(t)		2424.93

2. 模型区的确定、资源量及估算参数

模型区为典型矿床所在的最小预测区。珠斯楞典型矿床已查明资源量1122.15t,按本次预测技术要求计算模型区资源总量为2424.93t。模型区内无其他已知矿点存在,则模型区资源总量＝典型矿床资源总量,模型区面积为依托MRAS软件采用少模型工程法优选后圈定,延深根据典型矿床最大预测深度确定。由于模型区内含矿地质体边界可以确切圈定,但其面积与模型区面积一致,由模型区含地质体面积/模型区总面积得出,模型区含矿地质体面积参数为1。由此计算含矿地质体含矿系数(表10-7)。

表 10-7 珠斯楞式铜矿模型区预测资源量及其估算参数表

编号	名称	模型区资源总量(t)	模型区面积(km²)	延深(m)	含矿地质体面积(km²)	含矿地质体面积参数	含矿地质体含矿系数
A1504205001	珠斯楞	2424.93	10.253	195	10.253	1	0.000 001 2

3. 最小预测区预测资源量

珠斯楞铜矿预测工作区最小预测区资源量定量估算采用地质体积法进行估算。

(1)估算参数的确定。最小预测区面积是依据综合地质信息定位优选的结果;延深的确定是在研究最小预测区含矿地质体地质特征、含矿地质体的形成深度、断裂特征、矿化类型,并在对比典型矿床特征的基础上综合确定的;相似系数的确定,主要依据MRAS生成的成矿概率及与模型区的比值,参照最小预测区地质体出露情况、化探及重砂异常规模及分布、物探解译隐伏岩体分布信息等进行修正。

(2)最小预测区预测资源量估算结果。本次预测工作区内铜预测资源总量为38 828.08t,详见表10-4。

4. 预测工作区资源总量成果汇总

珠斯楞铜矿预测工作区地质体积法预测资源量,依据资源量级别划分标准,根据现有资料的精度,可划分为334-1、334-2和334-3三个资源量精度级别;根据各最小预测区内含矿地质体、物化探异常及相似系数特征,预测延深参数均在2000m以浅。

根据矿产资源潜力评价预测资源量汇总标准,珠斯楞式铜矿珠斯楞预测工作区按精度、预测深度、可利用性、可信度统计分析结果见表10-8。

表 10-8 珠斯楞式铜矿预测工作区预测资源量估算汇总表

按预测深度			按精度		
500m 以浅	1000m 以浅	2000m 以浅	334-1	334-2	334-3
38 828.09	38 828.09	38 828.09	1302.78	3236.73	34 288.58
合计:38 828.09			合计:38 828.09		
按可利用性			按可信度		
可利用		暂不可利用	≥0.75	≥0.5	≥0.25
4539.51		34 288.58	1302.78	4539.51	38 828.09
合计:38 828.09			合计:38 828.09		

注:表中预测资源量单位均为 t。

第十一章 亚干式侵入岩体型铜矿预测成果

第一节 典型矿床特征

一、典型矿床及成矿模式

(一) 矿床特征

亚干式岩浆熔离型铜矿位于中蒙边境亚干一带,行政区划隶属内蒙古自治区阿拉善左旗乌力吉苏木所辖,地理坐标:东经 103°36′26″—103°36′44″,北纬 41°47′17″—41°47′33″。大地构造单元属于天山-兴蒙造山系、额济纳旗-北山弧盆系红石山裂谷。成矿区带划分属磁海-公婆泉铁、铜、金、铅、锌、钨、锡、铷、钒、铀、磷成矿带(Ⅲ级)、珠斯楞-乌拉尚德铜、金、铅、锌成矿亚带(Ⅳ级)。

1. 矿区地质

地层:矿区内主要出露古元古界北山岩群(Pt_1Bs),根据其岩性可分为上、下两个岩组。下岩组(Pt_1Bs^1)由白—灰白色白云石大理岩、条带状白云石大理岩,及黑云斜长片麻岩、变粒岩、黑云斜长变粒岩,少量变质流纹岩组成。变粒岩与白云石大理岩互层或变粒岩夹白云石大理岩。该岩组以白云石大理岩为主要组成特征,向东、西两侧白云石大理岩厚度变薄。地层内多有辉长岩、矽卡岩化辉长岩、斜长角闪岩及花岗岩、花岗伟晶岩侵入。常形成透辉阳起角岩、透辉石矽卡岩,并发生轻微蛇纹石化。片麻岩、变粒岩受花岗岩侵入影响,多有同化混染现象。上岩组(Pt_1Bs^2)为由黑云斜长片麻岩、黑云二长片麻岩、黑云斜长变粒岩、变粒岩,夹白云石大理岩、钠长阳起片岩及变流纹岩等。中生界二叠系均出露于矿区以南及以西地区。

岩浆岩:岩浆活动强烈。主要有新元古代辉长岩、橄榄辉石岩,呈岩株或岩脉产出,受构造控制,多呈北西西向展布,侵入北山岩群,被石炭纪二长花岗岩侵入。辉长岩与白云质大理岩内接触带形成透辉石矽卡岩,外接触带形成蛇纹石化大理岩。该期辉长岩为主要赋矿岩体。脉岩有细晶花岗岩和石英脉。岩体沿北东向大断裂的次级北西向断裂分布,是区内铜矿的赋矿岩体。

构造:区内构造十分发育,以北西向复式背斜为主体,内发育数条规模不等的次级线性背向斜构造。断裂构造发育,主要以北东向、北西向为主。北西向断裂为控岩、控矿构造。

2. 矿床地质

铜矿体赋存于新元古代辉长岩中,共圈定矿带2条(北部为钴矿体、南部为铜镍钴矿体),矿体9条。矿区内有铜钴镍、镍钴和钴矿体,矿体形态为脉状,具有膨胀收缩、分支复合现象,复杂程度属中等。矿体走向近东西,倾向南,倾角 68°~80°,为盲矿体,埋深近百米。通过磁测及钻探验证推断矿体为透镜状,长 760m,平均厚 9m,倾向延深 300m,矿体走向近东西,倾角近直立或南倾,透镜状、似透镜状。

自然类型:含铜镍钴硫化物矿石和氧化矿石。

矿物组合:矿石矿物有黄铜矿、镍黄铁矿、磁黄铁矿及孔雀石;脉石矿物有黄铁矿、辉石、斜长石、绢云母、绿泥石。

矿石结构构造:浸染状结构、粒状结构,条带状构造、团块状构造。

围岩蚀变:矽卡岩化、硅化、黄铁矿化、绢云母化、绿泥石化、蛇纹石化。

主元素含量:铜0.196%~0.285%;镍0.167%~0.304%;钴0.019%~0.0374%。

3. 矿床成因类型及成矿时代

根据亚干地区的预普查报告,成矿与新元古代辉长岩有关,矿体赋存于新元古代辉长岩中,因此,其成矿时代为新元古代,矿床成因类型为岩浆熔离型铜镍钴矿床。

(二)矿床成矿模式

根据区域成矿地质背景及矿床特征、矿床成因类型,总结亚干铜镍钴矿床成矿模式(图11-1)。

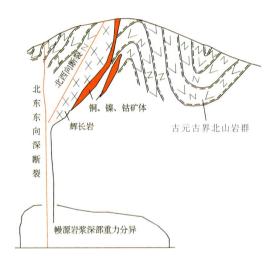

图11-1 亚干式岩浆型铜镍钴矿典型矿床成矿模式

二、典型矿床地球物理特征

1. 矿床所在位置航磁、激电异常特征

矿区一带具叠加磁场特征,总体呈北北西走向,北、南两端次级异常峰值为400nT及300nT,异常总体长700m,宽150~200m。

矿区的激电异常特征:视电阻率为300~1000Ω·m,视极化率为3%~5%,为围岩4倍以上,具高阻、高极化率的异常特征。

2. 矿床所在区域重力特征

亚干式岩浆型铜镍钴矿床位于低值布格重力异常低值区,剩余布格重力异常图上在编号为L蒙-783与L蒙-784两个负异常之间的零值区,该剩余重力低异常推测由酸性岩体所致,因此,在成因上亚干式岩浆型铜镍钴矿床与剩余重力低异常反映的酸性岩体有关。矿区尚有总体呈北北西走向的磁异常,具叠加磁场特征,北、南两端次级异常峰值为400nT及300nT,异常总体长700m,宽150~200m。

三、典型矿床地球化学特征

亚干式岩浆型铜镍钴矿矿区主成矿元素为 Cu、Ni、Co，伴生 Au、Ag、Pt，Cu、Ni 异常有明显的浓集中心，强度高，并有良好的浓度分带；在矿区周围 Au 元素成高背景分布，分布范围广，连续性好；区域上出现 Fe、Mg、Ni、Co、Ti 等铁族元素组合的区域高背景带或异常带，在隐伏铜镍矿上方没有明显的 Cu、Ni 异常，但出现 As、Cd、Au，以及 Sb、Hg、Ag、Ba、Mo 等组合异常。

四、典型矿床预测要素

根据典型矿床成矿要素和矿区航磁、重力、激电、化探资料，确定典型矿床预测要素，编制典型矿床预测要素图。总结典型矿床综合信息特征，编制典型矿床预测要素表（表 11-1）。

表 11-1 亚干式岩浆岩型铜矿典型矿床预测要素表

预测要素		内容描述			要素类别
储量		铜金属量：12.84×10^4 t	平均品位	铜 0.245%	
特征描述		与基性—超基性侵入岩有关的岩浆熔离型铜矿床			
地质环境	构造背景	天山-兴蒙造山系、额济纳旗-北山弧盆系、红石山裂谷			必要
	成矿环境	磁海-公婆泉铁、铜、金、铅、锌、钨、锡、铷、钒、铀、磷成矿带（Ⅲ级），珠斯楞-乌拉尚德铜、金、铅、锌成矿亚带（Ⅳ级），赋矿地质体为辉长岩			必要
	成矿时代	新元古代（Pt_3）			必要
矿床特征	矿体形态	脉状，具有膨胀收缩、分支复合现象			次要
	岩石类型	新元古代辉长岩、橄榄辉石岩			重要
	岩石结构	中粒结构			次要
	矿物组合	黄铜矿、镍黄铁矿、磁黄铁矿及孔雀石			重要
	结构构造	结构：浸染状结构、粒状结构；构造：条带状构造、团块状构造			次要
	蚀变特征	矽卡岩化、硅化、黄铁矿化、绢云母化、绿泥石化、蛇纹石化			重要
	控矿条件	严格受新元古代辉长岩及北西向构造破碎带控制			必要
地球物理特征	重力异常	矿床位于低值布格重力异常低值区			次要
	磁法异常	异常值在 300～400nT 之间			重要
	激电异常	矿区视极化率为 3%～5%			重要
地球化学特征		矿区主成矿元素为 Cu、Ni、Co，伴生 Au、Ag、Pt，Cu、Ni 异常			必要

第二节 预测工作区研究

一、区域地质特征

预测工作区大地构造位置属天山-兴蒙造山系、额济纳旗-北山弧盆系、红石山裂谷。成矿区带划分属磁海-公婆泉铁、铜、金、铅、锌、钨、锡、铷、钒、铀、磷成矿带（Ⅲ级）、珠斯楞-乌拉尚德铜、金、铅、锌成矿亚带（Ⅳ级）。

古生代地层分区属塔里木-南疆地层大区,在中南天山-北山地层区、中天山-北山地层分区、中天山-马鬃山地层小区;中新生代地层属阿拉善地层区、巴丹吉林地层分区。出露地层有古元古界北山岩群、上二叠统双堡塘组和方山口组、下白垩统巴音戈壁组和上白垩统乌兰苏海组、第四系全新统及更新统。侵入岩有新元古代辉长岩,志留纪片麻状二长花岗岩,二叠纪石英闪长岩、英云闪长岩、石英二长岩、黑云母二长花岗岩及中酸性脉岩等。

预测工作区处于亚干断裂带和恩格尔乌苏蛇绿混杂带之间,以褶皱、断裂和片理化构造为主。主要褶皱构造为亚干复背斜和嘎顺陶来复向斜。近东西向或北西西向构造控制前中生代岩浆岩分布。含矿建造为基性—超基性侵入岩建造,与本次预测成矿类型有直接关系的为新元古代辉长岩类。

二、区域地球物理特征

重力异常特征为预测工作区范围较小,区域重力场基本反映出北部重力低、南部重力高的特点。预测工作区北部为椭圆状低重力异常带,重力最低值在-185×10^{-5} m/s^{2}左右,剩余重力图中显示为等轴状剩余重力负异常,此区域地表局部出露中酸性岩,故将其推断为面状酸性岩体。预测工作区东部出现重力等值线同向扭曲,与北部地质条件类似,同样推断为酸性岩体。预测工作区中部重力值相对较高,最高值达到-165×10^{-5} m/s^2,反映到剩余重力图中为面状剩余负异常,此地区地表局部出露二叠系,因此,推断剩余负异常由古生代地层引起。另外中北部地区零星出露超基性岩,并伴有不规则的剩余重力正异常,推断为超基性岩的反映。

阿拉善左旗亚干铜镍钴多金属矿位于中北部重力高上,表明该类矿床与超基性岩体有关。预测工作区内重力推断解释断裂构造4条,中—酸性岩体2个,地层单元2个,中—新生代盆地2个。

三、区域地球化学特征

区域上分布有Cu、Au、Ag、Sb及As等元素组成的高背景区带,在高背景区带中有以Cu、Au、Cd、Sb、As为主的多元素局部异常。区内各元素正异常多集中于预测工作区西部和南部。预测工作区内共有8个Ag异常,5个As异常,3个Au异常,7个Cd异常,6个Cu异常,4个Mo异常,5个Pb异常,2个Sb异常,7个W异常,2个Zn异常。

Cu、Au、As、Cd、Sb元素在全区形成大规模的高背景区带,在高背景区带中分布有明显的局部异常,Ag、Pb、Zn在区域上呈背景及低背景分布。Cu元素在亚干以南有一处高异常区,异常分布范围广,连续性好,呈环状分布,圈闭性好;Au元素异常在预测工作区分布广,连续性好,高异常值近东西向呈带状分布;W元素在预测工作区呈背景、高背景分布,在亚干西南约10km处有两个浓集中心,浓集中心明显,强度高;Sb、Cd元素异常在预测工作区内分布范围广,在敖干奥日布格以西和亚干西南呈高异常分布,有多处浓集中心,浓集中心明显,强度高;As元素在预测工作区呈高背景分布,高背景值主要分布于敖干奥日布格以西和亚干西南,在距亚干西南5km处有一大范围异常区,有两个浓集中心,浓集中心明显,强度较高。

预测工作区元素异常组合较好的编号为AS1,异常元素为Cu、Pb、Zn、Ag,Cu元素有明显的异常分带,Pb、Zn、Ag分布于Cu异常区,AS1与亚干式岩浆型铜镍矿床一样,产于灰绿色、黑绿色纤闪石化辉长岩中,可以推测有找矿前景。

四、区域预测要素

根据预测工作区区域成矿要素、化探、航磁、重力资料编制预测工作区预测要素图和总结区域预测要素表(表11-2)。

表 11-2 亚干式侵入岩体型铜镍钴矿预测工作区预测要素表

区域预测要素		描述内容	要素类别
地质环境	大地构造位置	天山-兴蒙造山系、额济纳旗-北山弧盆系、红石山裂谷	必要
	成矿区(带)	磁海-公婆泉铁、铜、金、铅、锌、钨、锡、铷、钒、铀、磷成矿带(Ⅲ级)、珠斯楞-乌拉尚德铜、金、铅、锌成矿亚带(Ⅳ级)	必要
	区域成矿类型及成矿期	岩浆熔离型、新元古代	必要
控矿地质条件	赋矿地质体	新元古代辉长岩及橄榄辉石岩	重要
	控矿侵入岩	新元古代辉长岩及橄榄辉石岩	重要
	主要控矿构造	北西向断裂	重要
区内相同类型矿产		成矿区带内有1个铜矿点	重要
地球物理特征		重力正异常,剩余重力起始值$(0\sim4)\times10^{-5}$ m/s^2	必要
地球化学特征		隐伏铜镍矿上方没有明显的Cu、Ni异常,但出现As、Cd、Au,以及Sb、Hg、Ag、Ba、Mo等组合异常	次要
遥感特征		遥感解译线形构造、环形构造发育	次要

第三节 矿产预测

一、综合地质信息定位预测

1. 变量提取及优选

根据典型矿床及预测工作区研究成果,进行综合信息预测要素提取。本次选择网格单元法作为预测单元,预测底图比例尺为1:10万,利用规则网格单元作为预测单元,网格单元大小为1.0km×1.0km。

地质体(新元古代基性—超基性侵入岩如辉长岩、橄榄辉石岩)要素进行单元赋值时采用区的存在标志;化探、剩余重力则求起始值的加权平均值,在变量二值化时利用异常范围值人工输入变化区间。对已知1个同类型矿点进行缓冲区处理,对区文件求其存在标志。

2. 最小预测区圈定及优选

本次利用证据权重法,采用1.0km×1.0km规则网格单元,在MRAS2.0下,利用少模型预测方法(因预测区除典型矿床外只有1个已知矿点)进行预测区的圈定与优选。然后在MapGIS下,根据优选结果圈定成为不规则形状。

3. 最小预测区圈定结果

在预测单元图的基础上,叠加地质、矿产、物化探异常等各类预测要素并结合成矿地质体分布,进行最小预测区圈定。将工作区内最小预测区级别分为A、B、C三个等级,其中A级最小预测区1个,B级最小预测区8个,C级最小预测区4个(图11-2,表11-3)。

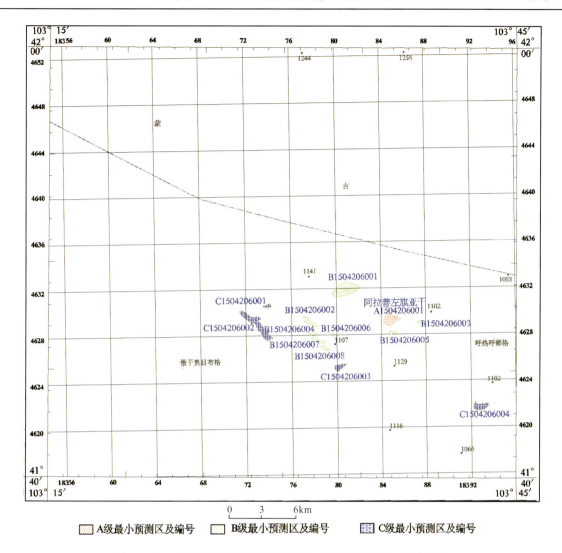

图 11-2 亚干式侵入岩体型铜矿预测工作区最小预测区圈定结果

4. 最小预测区地质评价

本次工作共圈定各级最小预测区中 A 级区总面积 933 267m², B 级区总面积 3 098 708m², C 级区总面积 3 042 552m²。各级别面积分布合理,且已知矿床均分布在 A 级最小预测区内,说明最小预测区优选分级原则较为合理;最小预测区圈定结果表明,最小预测区总体与区域成矿地质背景和物探异常吻合程度较好,特征见表 11-4。

二、综合信息地质体积法估算资源量

1. 典型矿床深部及外围资源量估算

查明的资源储量、延深等数据来源于 2010 年 5 月宁夏回族自治区地质调查院编写的《内蒙古自治区阿拉善左旗恩得尔台苏海—亚干一带铜金锰多金属预查续作评估报告》。矿床面积($S_{典}$)为该矿床含矿地质体(新元古代辉长岩)的面积,在 MapGIS 软件下读取数据,然后依据比例尺计算出实际面积 303 042.87m²(图 11-3)。矿体延深依据该矿点勘查线剖面图(图 11-4)。具体数据见表 11-5。

表 11-3 亚干式侵入岩体型铜矿预测工作区最小预测区圈定结果及资源量估算成果表

最小预测区编号	最小预测区名称	$S_{预}$ (m^2)	$H_{预}$ (m)	Ks	$K(t/m^3)$	α	$Z_{预}$ (t)	资源量级别
A1504206001	亚干	933 267	80	1		1	46 789.82	334-1
B1504206001	傲干奥日布格北东1141高地东南	1 615 308	250	1		0.3	75 802.37	334-3
B1504206002	傲干奥日布格北西1141高地南	389 463	200	1		0.3	14 621.22	334-3
B1504206003	呼热呼都格西1102高地南	101 916	90	1		0.2	1147.84	334-3
B1504206004	傲干奥日布格北东1107高地北西	236 783	90	1		0.3	4000.17	334-3
B1504206005	呼热呼都格西	169 071	90	1	0.000 625 7	0.2	1904.17	334-3
B1504206006	傲干奥日布格北东1107高地北	140 138	90	1		0.2	1578.32	334-3
B1504206007	傲干奥日布格北东1107高地西	259 481	90	1		0.3	4383.65	334-3
B1504206008	傲干奥日布格北东1107高地西南	186 548	90	1		0.2	2101.02	334-3
C1504206001	傲干奥日布格北东1141高地西南	178 632	90	1		0.1	1005.93	334-3
C1504206002	傲干奥日布格东	1 836 438	250	1		0.1	28 726.48	334-3
C1504206003	傲干奥日布格北东1107高地南	370 246	200	1		0.1	4633.26	334-3
C1504206004	呼热呼都格南	657 236	200	1		0.1	8224.65	334-3

表 11-4 亚干式侵入岩体型铜矿最小预测区成矿条件及找矿潜力表

最小预测区编号	最小预测区名称	综合信息
A1504206001	亚干	该区出露地层为古元古界北山岩群变质岩,岩浆岩为新元古代辉长岩。断裂以北东向和近东西向为主。区内有亚干铜矿1处,形成于新元古代辉长岩中。该区内有明显的重力异常及重力异常推断的隐伏基性岩体,在亚干铜矿北侧有铜化探异常。成矿条件有利,找矿潜力大
B1504206001	傲干奥日布格北东1141高地东南	该区出露地层为古元古界北山岩群变质岩,岩浆岩为新元古代辉长岩。断裂以北东向和近北西向为主。该区内有明显的重力异常及重力异常推断的隐伏基性岩体,有铜化探异常。成矿条件较有利,有找矿潜力
B1504206002	傲干奥日布格北西1141高地南	该区出露地层为古元古界北山岩群变质岩,岩浆岩为新元古代辉长岩。断裂以北东向和近北西向为主。该区内重力异常不明显,但有重力异常推断的隐伏基性岩体。成矿条件较有利,有找矿潜力
B1504206003	呼热呼都格西1102高地南	该区出露地层为古元古界北山岩群变质岩,岩浆岩为新元古代辉长岩。断裂以北东向和近北西向为主。该区内有明显的重力异常及重力异常推断的隐伏基性岩体。成矿条件较有利,有找矿潜力

续表 11-4

最小预测区编号	最小预测区名称	综合信息
B1504206004	傲干奥日布格北东1107高地北西	该区出露地层为古元古界北山岩群变质岩,岩浆岩为新元古代辉长岩。断裂以北东向和近北西向为主。该区内重力异常不明显,但有重力异常推断的隐伏基性岩体。成矿条件较有利,有找矿潜力
B1504206005	呼热呼都格西	
B1504206006	傲干奥日布格北东1107高地北	
B1504206007	傲干奥日布格北东1107高地西	
B1504206008	傲干奥日布格北东1107高地西南	
C1504206001	傲干奥日布格北东1141高地西南	出露地层为古元古界北山岩群变质岩,岩浆岩为新元古代辉长岩。断裂以北东向和近北西向为主。该区内重力异常不明显。成矿条件较一般,找矿潜力差
C1504206002	傲干奥日布格东	
C1504206003	傲干奥日布格北东1107高地南	
C1504206004	呼热呼都格南	

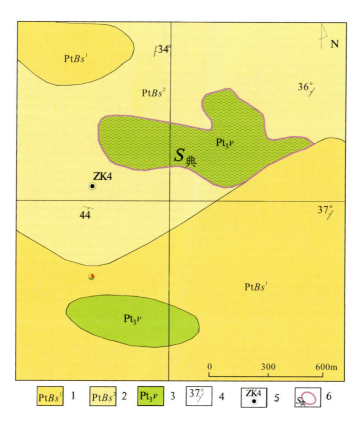

图 11-3 亚干铜矿典型矿床面积圈定方法

1. 古元古界北山岩群下岩组；2. 古元古界北山岩群上岩组；3. 新元古代暗灰绿色中粗粒辉长岩；4. 产状；5. 钻孔及编号；6. 矿体聚集区段边界范围

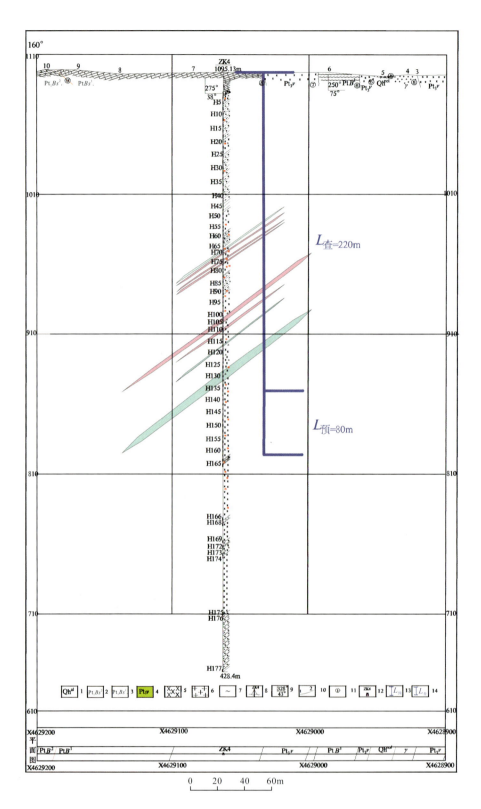

图 11-4 亚干铜矿典型矿床矿体延深确定方法及依据

1. 第四纪冲积层：砂砾、细砂岩；2. 古元古界北山岩群上岩组；3. 古元古界北山岩群下岩组；4. 新元古代暗灰绿色中粗粒辉长岩；5. 辉长岩；6. 花岗岩；7. 绿泥石；8. 剖面钻孔位置及编号；9. 产状；10. 导线号；11. 层号；12. 平面钻孔位置及编号；13. 矿体预测深度；14. 矿体探明深度（浅蓝色为铜矿体、粉红色为镍钴矿体）

表 11-5 亚干铜镍钴矿典型矿床深部及外围资源量估算一览表

典型矿床		深部及外围		
已查明资源量(t)	128 400	深部	面积(m²)	303 040.87
面积(m²)	303 040.87		深度(m)	80
深度(m)	220	外围	面积(m²)	—
品位(%)	0.245%		深度(m)	—
比重(t/m³)	2.81	预测资源量(t)		46 789.82
体积含矿率(t/m³)	0.001 93	典型矿床资源总量(t)		175 189.82

2. 模型区的确定、资源量及估算参数

模型区为典型矿床所在的最小预测区。亚干典型矿床已查明资源量4252t,按本次预测技术要求计算模型区资源总量为46 789.82t。模型区内无其他已知矿点存在,则模型区资源总量=典型矿床资源总量,模型区面积为依托MRAS软件采用少模型工程神经网络法优选后圈定,延深根据典型矿床最大预测深度确定。由于模型区内含矿地质体边界可以确切圈定,且面积与模型区面积一致,由模型区含地质体面积/模型区总面积得出,模型区含矿地质体面积参数为1。由此计算含矿地质体含矿系数(表11-6)。

表 11-6 亚干式铜矿模型区预测资源量及其估算参数表

编号	名称	模型区资源总量(t)	模型区面积(m²)	延深(m)	含矿地质体面积(m²)	含矿地质体面积参数	含矿地质体含矿系数
A1504206001	亚干	175 189.82	933 267	300	933 267	1	0.000 625 7

3. 最小预测区预测资源量

亚干铜矿预测工作区最小预测区资源量定量估算采用地质体积法进行估算。

(1)估算参数的确定。最小预测区面积是依据综合地质信息定位优选的结果;延深的确定是在研究最小预测区含矿地质体地质特征、含矿地质体的形成深度、断裂特征、矿化类型,并在对比典型矿床特征的基础上综合确定的;相似系数的确定,主要依据MRAS生成的成矿概率及与模型区的比值,参照最小预测区地质体出露情况、化探及重砂异常规模及分布、物探解译隐伏岩体分布信息等进行修正。

(2)最小预测区预测资源量估算结果。本次铜预测资源总量为19.49×10^4t,各最小预测区预测资源量详见表11-3。

4. 预测工作区资源总量成果汇总

亚干铜矿预测工作区地质体积法预测资源量,依据资源量级别划分标准,根据现有资料的精度,可划分为334-1和334-3两个资源量精度级别;根据各最小预测区内含矿地质体、物化探异常及相似系数特征,预测延深参数均在2000m以浅。

根据矿产资源潜力评价预测资源量汇总标准,亚干式铜矿亚干预测工作区按精度、预测深度、可利用性、可信度统计分析结果见表11-7。

表 11-7 亚干式铜矿预测工作区预测资源量估算汇总表

按预测深度			按精度			按可利用性		按可信度		
500m 以浅	1000m 以浅	2000m 以浅	334-1	334-2	334-3	可利用	暂不可利用	≥0.75	≥0.5	≥0.25
19.49	19.49	19.49	4.68	—	14.81	4.68	14.81	4.68	4.98	19.49
合计:19.49			合计:19.49			合计:19.49		合计:19.49		

注:表中预测资源量单位均为 $\times 10^4$ t。

第十二章 奥尤特式火山岩型铜矿预测成果

第一节 典型矿床特征

一、典型矿床及成矿模式

(一)矿床特征

奥尤特铜矿床位于东乌珠穆沁旗东方红公社西北约20km,属东方红公社管辖,北距中蒙国境约10km。矿区地理坐标:东经$116°02'43''—116°05'50''$,北纬$45°34'19''—45°37'42''$。区内属低山丘陵,相对高差不大,交通方便。

1. 矿区地质

该矿分为南、北两个地段,北部奥尤特乌拉地段,有上泥盆统安格尔音乌拉组砂岩及上侏罗统玛尼吐组安山质及英安质凝灰岩出露,并有二叠纪二长花岗岩侵入。以石英斑岩为主的后期脉岩较为发育,多呈北北东向分布,一般长可达1~3km,宽20~100m。后期又有石英脉贯入,呈北西向,切穿石英斑岩脉,一般长可达1.5km以上,宽10~20m。南部奥尤特地段,主要出露上侏罗统玛尼吐组火山岩,上泥盆统安格尔音乌拉组砂岩少量出露。

区内主要构造线方向为北东向,有两组节理较为发育,一组北北东向,另一组为北西向。前者形成较早,后者较晚,控制着矿化带及矿体的分布(图12-1)。

2. 矿床地质

在奥尤特南部地段,地表浅部(淋失带)矿化现象大多在中生代流纹质碎屑岩中,少数在流纹岩中,从铜元素地球化学图来看,矿化基本与褐铁矿化范围相符(即有淋失空洞的部位,铜的含量也较高)。地表氧化铁,因风化淋失,加之古代的开采(见有古代开采的旧矿坑27处),残留不多。后来通过浅井揭露在深15m左右发现有较好的氧化矿体共25条,呈条带状,一般长60~120m,宽1~3m,最宽达12m,并多呈北西向分布。倾向北东,倾角为$60°~70°$。矿石矿物为蓝铜矿、孔雀石,及少量的赤铜矿、黑铜矿,局部见辉铜矿。经刻槽取样化验,铜最高含量为11.77%,最低为1%,大部分为1%~3%。

经钻探验证,矿化垂直分带现象明显,地表至下15m为地表氧化淋失带;15~30m为氧化富集带;30~50m为淋失带;50~55m为次生硫化富集带;55m以下为原生带。

在奥尤特乌拉北部地段,矿化现象见于石英斑岩两侧(褐铁矿化的原生硫化矿物)及三角点以东一带。地表观察皆为淋失的原生硫化物残留空洞,偶尔可见孔雀石。在三角点以东经钻探了解,在31m厚的淋失带之下为次生富集带,其中发现有矿体,厚5m左右,但长宽规模不清,矿体中见有孔雀石及铅、锌小细脉。一般铜平均含量在0.56%左右,最高为0.78%,最低为0.25%,铅、锌一般含量为0.2%~0.4%,最高达0.85%。次生富集带之下为原生带,有铜,但很贫。

矿区热液蚀变特征如下。

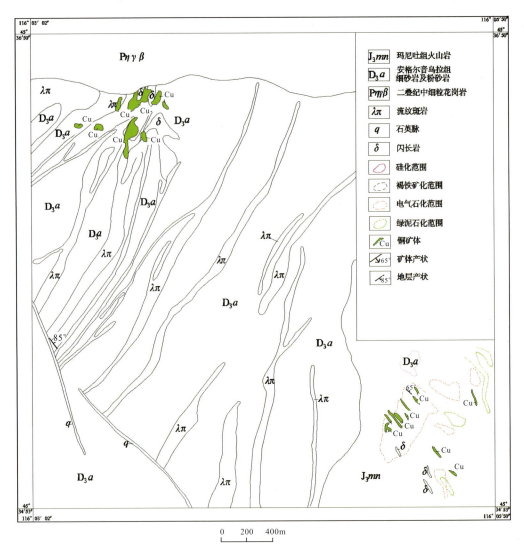

图 12-1　奥尤特铜矿矿区地质图(据李毅,2008 修改)

电气石化:在矿区南部奥尤特地段,中酸性火山碎屑岩中较为显著;在北部奥尤特乌拉地段,可见电气石化闪长岩,使岩石呈蓝色或蓝灰色,电气石呈长柱状,多沿节理或裂隙分布。伴随电气石化,褐铁矿化亦较显著。

绿泥石化:主要分布在南部奥尤特地段,在中酸性火山岩中较多,多与绢云母化伴生。在北部奥尤特乌拉地段的闪长岩中也有分布。

硅化:分布较普遍,对岩性选择不强。在北部奥尤特乌拉地段,局部蚀变较重者使砂岩变为次生石英岩;南部奥尤特地段电气石化重者硅化亦较重。

褐铁矿化:在南部奥尤特地段火山碎屑岩及凝灰岩中较发育,在北部奥尤特乌拉地段的石英斑岩脉两侧往往也有出现。

伴生有益元素:除上述 Pb、Zn 之外,经光谱全分析,与 Cu 含量成正比的有 Bi(铋)0.001%～0.1%;Sb(锑)0.01%～1%;In(铟)0.001%～0.1%;Ba(钡)0.001%～0.1%;Ag(银)含 Cu 大于 1%的比例为 0.1%～1%,在 1%时比例为 0.01%～0.1%。与 Cu 含量无关,普遍存在 Ga、Be,一般均很少,为 0.001%～0.01%。

矿石构造为细脉浸染状构造。

3. 铜矿床成因类型及成矿时代

成矿与燕山期火山岩及浅成相石英斑岩脉有关。在奥尤特乌拉地段，矿化带均分布在石英斑岩脉附近，受燕山期花岗岩侵入时产生的北北东向裂隙控制。在奥尤特地段，矿化带呈北东向，受构造破碎带控制，而矿体呈北西向，受次一级构造裂隙控制。地表氧化矿规模小，品位低，无工业价值。但在地表以下的次生富集带部位有较好的矿体存在。总的来说，铜矿床的形成与燕山期晚期火山-次火山岩浆活动有关。

成矿时间应是在燕山晚期较晚阶段。

（二）矿床成矿模式

矿床成矿的主要因素是侏罗纪晚期岩浆热液，含矿地质体为玛尼吐组中酸性火山碎屑岩，局部为晚侏罗世晚期次火山岩，控矿构造为北东向断裂，其次是北西向断裂。由上述矿床地质特征总结其成矿模式（图12-2）。

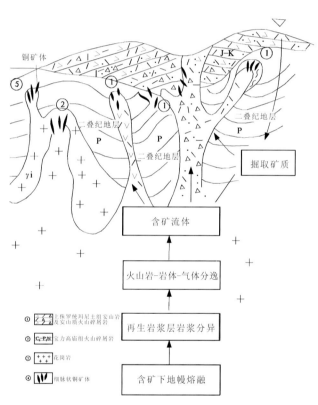

图 12-2　奥尤特火山岩型铜矿典型矿床成矿模式

二、典型矿床地球物理特征

1. 矿床所在位置磁电异常特征

1:50万航磁平面等值线图显示，磁场表现为低缓的正异常，变化范围不大，在0～100nT之间，异常特征不明显。

1:1万地磁数据显示，磁场总体表现为正磁场，异常呈条带形，走向近似北东向。

1:1万电法数据显示，电阻率在200～600Ω·m范围内，变化范围不大，且比较凌乱；充电率等值线图显示，有3个较为明显的异常。

2. 矿床所在区域重力特征

1:50万重力异常图显示,矿区处在相对重力低异常中。奥尤特铜矿位于低布格重力异常背景下相对高值带上。布格重力异常值 Δg 为 $(-110\sim-108)\times10^{-5}\,\mathrm{m/s^2}$,矿区南部为布格重力低异常带,$\Delta g$ 为 $(-126.91\sim-123.01)\times10^{-5}\,\mathrm{m/s^2}$。在剩余重力异常图上,奥尤特铜矿位于编号为C蒙-333的剩余重力正异常区,Δg 为 $3.36\times10^{-5}\,\mathrm{m/s^2}$,是古生代地层的反映。奥尤特铜矿处于平稳变化磁场中,重磁场特征显示矿区南侧有北北东向断裂通过。铜矿与酸性火山岩或次火山岩有关。

三、典型矿床地球化学特征

异常元素组合为 Ag-Zn-Cu-Cd 及 Au-As-Sb,异常面积约 $3\,\mathrm{km^2}$,异常强度大,发育二级浓度分带,铜单元素异常值为 18×10^{-6}。

四、典型矿床预测模型

根据典型矿床成矿要素和矿区航磁、重力、化探资料,确定典型矿床预测要素,编制典型矿床预测要素图。矿床所在地区的系列图表达典型矿床预测模型(图12-3)。总结典型矿床综合信息特征,编制典型矿床预测要素表(表12-1)。

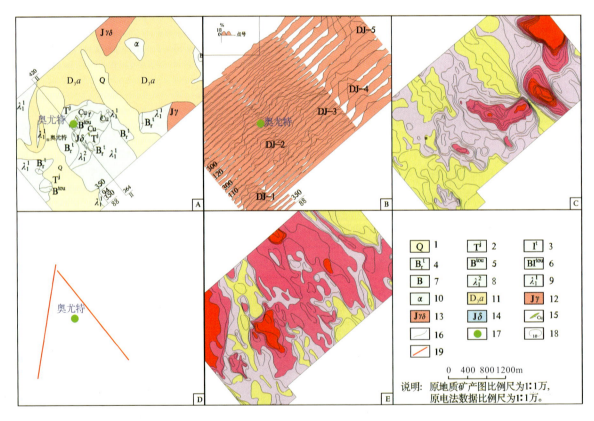

图 12-3 奥尤特铜矿典型矿床所在位置地质矿产及物探剖析图

1.第四纪腐殖土;2.侏罗系下兴安岭组:晶屑凝灰岩;3.侏罗系下兴安岭组:熔结凝灰岩;4.侏罗系下兴安岭组:凝灰质火山角砾岩;5.侏罗系下兴安岭组:电气石化火山角砾岩;6.侏罗系下兴安岭组:电气石化角砾熔岩;7.侏罗系下兴安岭组:火山角砾岩;8.侏罗系下兴安岭组:第二次喷出流纹岩;9.侏罗系下兴安岭组:第一次喷出流纹岩;10.侏罗系下兴安岭组:安山岩;11.泥盆系安格尔音乌拉组:变质砂岩夹碳质板岩;12.花岗岩;13.花岗闪长岩;14.闪长岩;15.铜矿体;16.地质界线;17.矿床所在位置;18.等值线及注记;19.磁法推断Ⅲ级断裂

表 12-1 奥尤特火山岩型铜矿典型矿床预测要素表

预测要素		描述内容			成矿要素分级
储量		小型（铜储量 20 000t）	平均品位	铜 0.47%～0.66%	
特征描述		中生代陆相火山-次火山热液型铜矿床			
地质环境	构造背景	古生代属大兴安岭弧盆系扎兰屯-多宝山岛弧东乌旗复背斜，中生代属陆相火山喷发带基底隆起区			必要
	成矿环境	东乌珠穆沁旗-嫩江（中强挤压区）铜、钼、铅、锌、金、钨、锡、铬成矿带；奥尤特-古利库钨、钼、金、铜、铋成矿亚带，中生代陆相火山岩中心赋矿地层为下兴安岭组（上侏罗统玛尼吐组）			必要
	成矿时代	晚侏罗世			必要
矿床特征	矿体形态	脉状、浸染状			重要
	岩石类型	主要为岩屑凝灰岩、玄武安山岩、安山岩、火山角砾岩及流纹岩			必要
	岩石结构	岩屑凝灰结构、火山角砾结构、安山结构及斑状结构			次要
	矿物组合	黄铜矿、黄铁矿、黄钾铁矾、孔雀石、蓝铜矿，辉铜矿、方铅矿次之			次要
	结构构造	结构：细粒半自形粒状结构、胶状结构；构造：浸染状构造、斑杂状构造及角砾状构造			次要
	蚀变特征	赋矿围岩蚀变主要有电气石化、绿泥石化、硅化、绢云母化、褐铁矿化			重要
	控矿条件	受北东向主断裂及北西向次级断裂及中生代火山地层及火山构造控制			必要
地球物理地球化学特征	化探	异常元素组合为 Ag、Zn、Cu、Cd 及 Au、As、Sb，铜二级浓度分带，铜单元素异常值为 18×10^{-6}			重要
	重力	低布格重力异常背景下相对高值带上。布格重力异常值 Δg 为 $(-110\sim-108)\times10^{-5}\mathrm{m/s^2}$			次要
	地磁	地磁数据显示，奥尤特铜矿所处磁场总体表现为正磁场，中央存在条带形正异常，近似北东走向			次要

第二节 预测工作区研究

一、区域地质特征

1. 成矿地质背景

预测工作区所处大地构造位置为天山-兴蒙造山系大兴安岭弧盆系扎兰屯-多宝山岛弧。

预测工作区内构造复杂，小型褶皱较为发育，其中西伯图背斜、达拉土倒转背斜为两个明显的背斜。

区内地层间存在广泛的角度不整合等特点，说明预测工作区主要构造运动有 4 期：白云鄂博运动、海西运动、燕山运动和喜马拉雅运动。其中海西构造运动表现最为强烈，是本预测工作区主要褶皱期。

近东西向构造是区内发育的主要构造，其中白云鄂博运动、海西构造运动表现最为强烈，在区域南北向应力作用下，形成了一系列东西向的褶皱、挤压破碎带、逆冲断层、片理化带，这也是本区主要的控岩控矿构造。区内构造运动，一般都反映出继承性和长期性活动的特点。

地层：预测工作区内古生代地层属兴安地层区、东乌-呼玛地层分区，出露的地层如下。

上泥盆统安格尔音乌拉组分布于矿区中部，岩性为黄绿色粉砂岩，局部夹凝灰质砂岩或凝灰岩、碳质板岩，是本区的含矿地层。在与燕山期花岗岩体的接触带上普遍发育有明显热变质和角岩化。

中石炭统宝力高庙组火山岩，中石炭统宝力高庙组岩性组合为岩屑（晶屑）凝灰岩、含砾晶屑凝灰岩、火山角砾岩、熔结凝灰岩、含砾熔结凝灰岩、电气石化火山角砾岩和含暗色包体的流纹岩（或流纹斑岩），其中电气石化火山角砾岩、含砾熔结凝灰岩和流纹岩(或流纹斑岩)是奥尤特铜-锌矿区主要的容矿围岩。

上侏罗统玛尼吐组及满克头鄂博组为一套以中性为主偏基性、酸性火山岩及火山碎屑岩的陆相喷发火山岩,是与火山岩成矿有关的主要含矿地层。

区内岩浆岩较发育,以燕山早期中细粒黑云母花岗岩、中粒斑状花岗岩、花岗闪长岩类为主,脉岩发育,主要呈北东向、北西向产出,岩性为花岗岩脉、花岗斑岩脉、闪长岩脉、石英斑岩脉。

本区构造变动强烈,褶皱和断裂发育,断裂以北东向压扭性最发育,其次为北北东向压性和北西向张性断裂。

2. 区域成矿模式

成矿区带划分属滨太平洋成矿域(叠加在古亚洲成矿域之上)(Ⅰ级),大兴安岭成矿省(Ⅱ级),Ⅲ-7:阿巴嘎-霍林河铬、铜(金)挤压区)铜、钼、铅、锌、金、钨、锡、铬成矿带(Ⅲ级),朝不楞-博克图钨、铁、锌、铅成矿亚带(Ⅳ级),奥尤特铜远景区(Ⅴ级)。

根据预测工作区成矿规律研究成果,成矿系列划分为与晚古生代—中生代火山岩有关的火山岩型铜锌金成矿系列,其成矿模式见图12-2。其中最主要成矿地质体为晚侏罗世中酸性火山岩及次火山岩。

二、区域地球物理特征

1. 磁异常特征

1:20万航磁平面等值线图显示,预测工作区磁场表现为低缓的正异常,变化范围不大,在0～100nT之间,异常特征不明显。

2. 重力异常特征

预测工作区范围较小,基本位于二连-贺根山-乌拉盖重力高值带以北,区内重力场较平稳。重力变化范围在$(-128\sim-108)\times10^{-5}\mathrm{m/s^2}$之间。总体来说,预测工作区中部沿奥尤特—罕布音布敦一线北东向展布的带状区域相对重力值较高,两侧重力相对较低。预测工作区内多处出露酸性岩,布格重力负异常多呈北东向条带状分布,推断此区域为晚古生代S型花岗岩带。中间高重力异常带局部出露石炭系、二叠系及泥盆系,在布格重力图中为北东向正异常带,将其推断为古生代地层。高重力带北侧重力低区域,地表酸性岩体出露较多,推断为岩体;高重力带南侧重力低区域,反映到布格重力图中为带状负异常,地表被第四系覆盖,出露泥盆系、石炭系及二叠系,推断为中新生代沉积盆地。

东乌珠穆沁旗奥尤特乌拉铜多金属矿位于中部高重力异常带上,表明该类矿床与古生代地层有关。

预测工作区内重力推断解释断裂构造6条,中—酸性岩体2个,地层单元2个,中—新生代盆地1个。

三、区域遥感影像及解译特征

本预测工作区遥感共解译出线要素90条(中型断层28条、小型断层62条),环要素38个,块要素4个,带要素18条。

其中,解译出1条大型断裂带,即伊和高勒苏木-准巴彦塔拉断裂带。该断裂带近于横跨全预测工作区,北东向延伸,清晰伴有与之平行细纹理,出露山前的部分断层三角面可清楚观察到。判断为正断层,总体南倾,地表多以拉张形式呈现。构造带东南为山前平地,西北为山区,目前的判断与解译多以山区为主。

其次,为近东西及北西向构造。近东西向构造中的扎腊构造近于横跨全预测工作区,影纹穿过山脊、沟谷断续北东向展布;显现较老线性构造痕迹,影像上判断为压性构造,且该线性构造经过多套地层体,两侧地层体较复杂,控制南部台区贵金属、多金属的分布。沿北西向构造中的阿拉坦合力西张性构造区域应注意矿化,其影纹特征明显,张性痕迹显著,展布上比较清晰,它与阿拉坦合力南张性构造共同控制着阿拉坦合力环状构造群的展布。

本预测工作区内的小型断裂比较发育,并且以北东向为主,次为近西北向断裂。东北部各构造交会处是重要的铜、多金属矿成矿地段。

区内环形构造比较发育,共圈出35个环形构造。它们在空间分布上主要沿北东向山脉展布,在预测工作区中央环状构造成群展布,最东段环状构造密度也较大。该区岩浆活动痕迹显著,应注意热液型矿化现象。从遥感影像上看,具山区环状构造密集、平原零星的特点。

本预测工作区共解译出18处遥感异常,均位于泥盆系安格尔音乌拉组的黄绿色长石石英细砂岩、细砂岩、粉砂岩、绿黑色斑点板岩、粉砂质板岩及角岩中。奥尤特铜矿与本预测工作区中的羟基异常和铁染异常吻合。

四、区域预测模型

根据预测工作区区域成矿要素、化探、航磁、重力、遥感及自然重砂资料,建立了本预测工作区的区域预测要素,并编制预测工作区预测要素图和预测模型图。

区域预测要素图以区域成矿要素图为基础,综合研究重力、航磁、化探、遥感、自然重砂等致矿信息,总结区域预测要素表(表12-2),并将综合信息各专题异常曲线或区全部叠加在成矿要素图上,在表达时可以出单独预测要素(如航磁)的预测要素图。

表12-2 奥尤特火山岩型铜矿预测工作区预测要素表

区域预测要素		描述内容	要素类别
地质环境	大地构造位置	大地构造位置为内蒙古中部地槽褶皱系,苏尼特右旗晚海西地槽褶皱带,温都尔庙复背斜。按板块理论处于西伯利亚板块南缘(华北板块与西伯利亚板块缝合线北侧),早古生代属岛弧型活动陆缘	必要
	成矿区(带)	东乌珠穆沁旗-嫩江(挤压区)铜、钼、铅、锌、金、钨、锡、铬成矿带,朝不楞-博克图钨、铁、锌、铅成矿亚带,奥尤特铜矿集区	必要
	区域成矿类型及成矿期	成矿类型为与中生代陆相火山-次火山热液型铜矿床;成矿期为燕山期中晚期(晚侏罗世)	必要
控矿地质条件	赋矿地质体	主要为玛尼吐组中酸性火山碎屑岩、次火山岩	必要
	控矿侵入岩	晚侏罗世次流纹岩	重要
	主要控矿构造	查干哈达庙褶皱带中的北东向断裂构造	重要
区内相同类型矿产		已知矿床(点)4处;其中小型矿床1处,矿点3处	重要
地球物理特征	重力异常	1:20万布格重力异常图显示:区内重力场较平稳。重力变化范围在$(-128\sim-108)\times10^{-5}$m/s^{2}之间。处于北东向展布的相对重力值较高值带,两侧重力相对较低	重要
	航磁异常	1:5万航磁平面等值线图显示:磁场总体表现为低缓的负磁场,在奥尤特一带出现一条北东走向长条形正磁场	次要
地球化学特征		圈出一处组合异常,为Ag、Cu、Pb、Zn、Cd元素组合异常	重要
遥感特征		解译出线要素90条(中型断层28条、小型断层62条),环要素38个,块要素4个,带要素18条	重要

预测模型图的编制,以地质剖面图为基础,叠加区域化探、航磁及重力剖面图而形成,简要表示预测要素内容及其相互关系,以及时空展布特征(图12-4)。

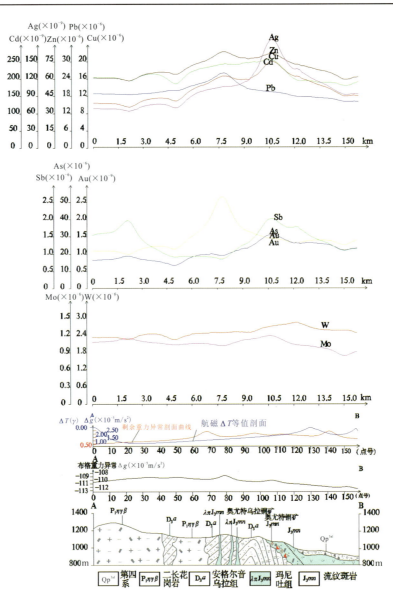

图 12-4　奥尤特火山岩型铜矿预测工作区预测模型图

第三节　矿产预测

一、综合地质信息定位预测

1. 变量提取及优选

根据典型矿床及预测工作区研究成果,进行综合信息预测要素提取。本次选择网格单元法作为预测单元,预测底图比例尺为1:10万,利用规则网格单元作为预测单元,网格单元大小为 $1.0km \times 1.0km$。

地质体(晚侏罗世火山岩)要素进行单元赋值时采用区的存在标志;剩余重力、航磁化极则求起始值的加权平均值,在变量二值化时利用异常范围值人工输入变化区间。对已知 4 个同类型矿床、矿点进行缓冲区处理,对区文件求其存在标志。

2. 最小预测区圈定及优选

本次利用证据权重法,采用 1.0km×1.0km 规则网格单元,在 MRAS2.0 下,利用有模型预测方法[因预测区除典型矿床外有 4 个已知矿床(点)]进行预测区的圈定与优选。然后在 MapGIS 下,根据优选结果圈定成为不规则形状。

3. 最小预测区圈定结果

在预测单元图的基础上,叠加地质、矿产、物化探异常等各类预测要素并结合成矿地质体分布,进行最小预测区圈定。本次工作共圈定最小预测区 15 个,总面积 81.207km²,其中 A 级最小预测区 5 个,面积 55.747km²;B 级最小预测区 3 个,面积 16.062km²;C 级最小预测区 7 个,面积 9.398km²(图 12-5,表 12-3)。

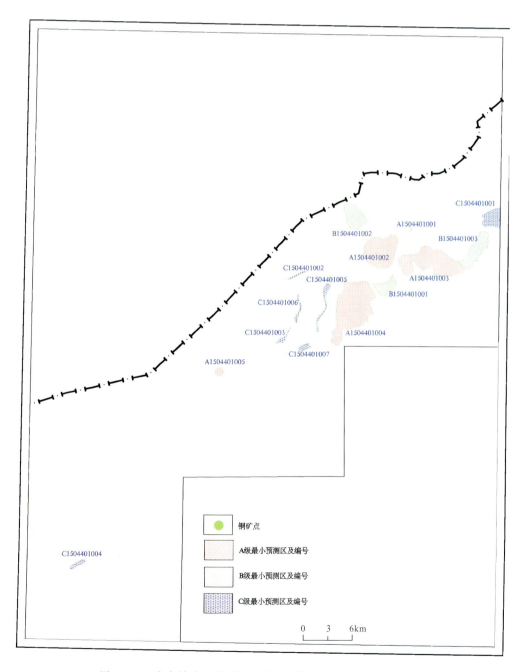

图 12-5 奥尤特火山岩型铜矿预测工作区最小预测区圈定结果

表 12-3 奥尤特火山岩型铜矿预测工作区最小预测区圈定结果及资源量估算成果表

最小预测区编号	最小预测区名称	$S_{预}$ (km²)	K_s	$H_{预}$ (m)	K	α	$Z_{预}$ (t)	资源量级别
A1504401001	奥尤特北东	0.113	0.67	200		0.51	67.11	334-2
A1504401002	奥尤特	13.006	1.00	365		1.00	27 605.56	334-1
A1504401003	奥尤特东南	17.749	0.88	365		0.34	12 808.19	334-1
A1504401004	奥尤特西南	24.106	0.76	365		0.30	15 349.61	334-2
A1504401005	阿坦合力苏木海拉斯	0.773	0.45	217		0.51	497.17	334-1
B1504401001	奥尤特南	3.442	0.78	200		0.28	1120.81	334-2
B1504401002	奥尤特北西	5.763	0.58	300		0.27	1809.70	334-2
B1504401003	奥尤特东	6.857	0.73	300	0.000 005 815 5	0.28	3349.23	334-2
C1504401001	巴彦吉拉嘎嘎查西南	4.284	0.4	300		0.20	1494.69	334-2
C1504401002	奥尤特西	0.384	0.79	200		0.20	89.42	334-2
C1504401003	阿坦合力苏木海拉斯北东	0.681	0.71	200		0.20	158.46	334-2
C1504401004	巴彦杭盖嘎查	0.922	0.78	200		0.20	214.54	334-2
C1504401005	奥尤特南西	1.606	0.49	200		0.20	373.46	334-2
C1504401006	阿坦合力嘎查北	0.699	0.46	200		0.20	162.69	334-2
C1504401007	阿坦合力嘎查北西	0.822	0.47	200		0.20	191.10	334-2

4. 最小预测区地质评价

最小预测区圈定结果表明,预测区总体与区域成矿地质背景和高磁异常、剩余重力等吻合程度较好。预测工作区位于中蒙边境,气候属于典型的干旱大陆气候,干旱、少雨、多风,气温日差较大,冬季漫长而寒冷;夏季短暂而酷热。以牧业为主。交通相对较为便利,有国道、省道由预测工作区内通过。依据预测工作区内地质综合信息等对每个最小预测区进行综合地质评价,特征见表 12-4。

表 12-4 奥尤特火山岩型铜矿最小预测区成矿条件及找矿潜力评价表

最小预测区编号	最小预测区名称	综合信息	评价
A1504401001	奥尤特北东	该最小预测区矿床主要赋存在玛尼吐组中酸性火山碎屑岩中。主要为岩屑凝灰岩、玄武安山岩、安山岩、火山角砾岩及流纹岩。与成矿关系密切的围岩蚀变为电气石化、绿泥石化、硅化、褐铁矿化,其次是绢云母化和硅化。航磁化极等值线起始值在 0~300nT 之间,布格重力起始值范围取(-120~-100)×10^{-5}m/s² 之间;预测区在 Cu 综合化探异常区内	找矿潜力极大

续表 12-4

最小预测区编号	最小预测区名称	综合信息	评价
A1504401002	奥尤特	该最小预测区矿床主要赋存在玛尼吐组中酸性火山碎屑岩中。主要为岩屑凝灰岩、玄武安山岩、安山岩、火山角砾岩及流纹岩。主要构造线方向为北东向。前者形成较早,后者较晚,控制着矿化带及矿体的分布。与成矿关系密切的围岩蚀变为电气石化、绿泥石化、硅化、褐铁矿化,其次是绢云母化和硅化。航磁化极等值线起始值在 $0\sim300\mathrm{nT}$ 之间,布格重力异常值 Δg 为 $(-110\sim-108)\times10^{-5}\mathrm{m/s^2}$,矿区南部为布格重力低异常带,$\Delta g$ 为 $(-126.91\sim-123.01)\times10^{-5}\mathrm{m/s^2}$。在剩余重力异常图上,奥尤特铜矿位于编号为 C 蒙-333 的剩余重力正异常区,Δg 为 $3.36\times10^{-5}\mathrm{m/s^2}$;预测区在 Cu 综合化探异常区内。奥尤特铜矿位于本预测区	找矿潜力极大
A1504401003	奥尤特东南	该最小预测区矿床主要赋存在玛尼吐组中酸性火山碎屑岩中。主要为岩屑凝灰岩、玄武安山岩、安山岩、火山角砾岩及流纹岩。与成矿关系密切的围岩蚀变为电气石化、绿泥石化、硅化、褐铁矿化,其次是绢云母化和硅化。航磁化极等值线起始值在 $0\sim300\mathrm{nT}$ 之间,布格重力起始值范围取 $(-120\sim-100)\times10^{-5}\mathrm{m/s^2}$ 之间;预测区在 Cu 综合化探异常区内。预测区内西部有一矿化点	找矿潜力极大
A1504401004	奥尤特西南	该最小预测区矿床主要赋存在玛尼吐组中酸性火山碎屑岩中。主要为岩屑凝灰岩、玄武安山岩、安山岩、火山角砾岩及流纹岩。与成矿关系密切的围岩蚀变为电气石化、绿泥石化、硅化、褐铁矿化,其次是绢云母化和硅化。航磁化极等值线起始值在 $0\sim300\mathrm{nT}$ 之间,布格重力起始值范围取 $(-120\sim-100)\times10^{-5}\mathrm{m/s^2}$ 之间;预测区在 Cu 综合化探异常区内	找矿潜力极大
A1504401005	阿坦合力苏木海拉斯	该最小预测区矿床主要赋存在玛尼吐组中酸性火山碎屑岩中。主要为岩屑凝灰岩、玄武安山岩、安山岩、火山角砾岩及流纹岩。与成矿关系密切的围岩蚀变为电气石化、绿泥石化、硅化、褐铁矿化,其次是绢云母化和硅化。航磁化极等值线起始值在 $0\sim300\mathrm{nT}$ 之间,布格重力起始值范围取 $(-120\sim-100)\times10^{-5}\mathrm{m/s^2}$ 之间;预测区在 Cu 综合化探异常区内	找矿潜力极大
B1504401001	奥尤特南	该最小预测区矿床主要赋存在玛尼吐组中酸性火山碎屑岩中。航磁化极等值线起始值在 $0\sim300\mathrm{nT}$ 之间,布格重力起始值范围取 $(-120\sim-100)\times10^{-5}\mathrm{m/s^2}$ 之间;预测区在 Cu 综合化探异常区内	找矿潜力较大
B1504401002	奥尤特北西	该最小预测区矿床主要赋存在玛尼吐组中酸性火山碎屑岩中。航磁化极等值线起始值在 $0\sim300\mathrm{nT}$ 之间,布格重力起始值范围取 $(-120\sim-100)\times10^{-5}\mathrm{m/s^2}$ 之间;预测区在 Cu 综合化探异常区内	找矿潜力较大
B1504401003	奥尤特东	该最小预测区矿床主要赋存在玛尼吐组中酸性火山碎屑岩中。航磁化极等值线起始值在 $0\sim300\mathrm{nT}$ 之间,布格重力起始值范围取 $(-120\sim-100)\times10^{-5}\mathrm{m/s^2}$ 之间;预测区在 Cu 综合化探异常区内	找矿潜力较大
C1504401001	巴彦吉拉嘎嘎查西南	该最小预测区矿床主要赋存在玛尼吐组中酸性火山碎屑岩中。预测区在 Cu 综合化探异常区内	找矿潜力较大
C1504401002	奥尤特西	该最小预测区矿床主要赋存在玛尼吐组中酸性火山碎屑岩中。预测区在 Cu 综合化探异常区内	有找矿潜力
C1504401003	阿坦合力苏木海拉斯北东	该最小预测区矿床主要赋存在玛尼吐组中酸性火山碎屑岩中。预测区在 Cu 综合化探异常区内	有找矿潜力
C1504401004	巴彦杭盖嘎查	该最小预测区矿床主要赋存在玛尼吐组中酸性火山碎屑岩中。预测区在 Cu 综合化探异常区内	有找矿潜力

续表 12-4

最小预测区编号	最小预测区名称	综合信息	评价
C1504401005	奥尤特南西	该最小预测区矿床主要赋存在玛尼吐组中酸性火山碎屑岩中。预测区在 Cu 综合化探异常区内	有找矿潜力
C1504401006	阿坦合力嘎查北	该最小预测区矿床主要赋存在玛尼吐组中酸性火山碎屑岩中。预测区在 Cu 综合化探异常区内	有找矿潜力
C1504401007	阿坦合力嘎查北西	该最小预测区矿床主要赋存在玛尼吐组中酸性火山碎屑岩中。预测区在 Cu 综合化探异常区内	有找矿潜力

二、综合信息地质体积法估算资源量

1. 典型矿床深部及外围资源量估算

查明的资源量、体重及全铜品位依据均来源于 2005 年 10 月《内蒙古自治区东乌珠穆沁旗奥尤特乌拉铜多金属矿地质普查总结报告》以及 2008 年 10 月《内蒙古自治区东乌珠穆沁旗奥尤特乌拉铜多金属矿地质成果报告》。矿床面积的确定是根据 1∶5000 奥尤特铜矿矿区地形地质图，各个矿体组成的包络面面积（图 12-6），矿体延深依据主矿体勘探线剖面图（图 12-7），具体数据见表 12-5。

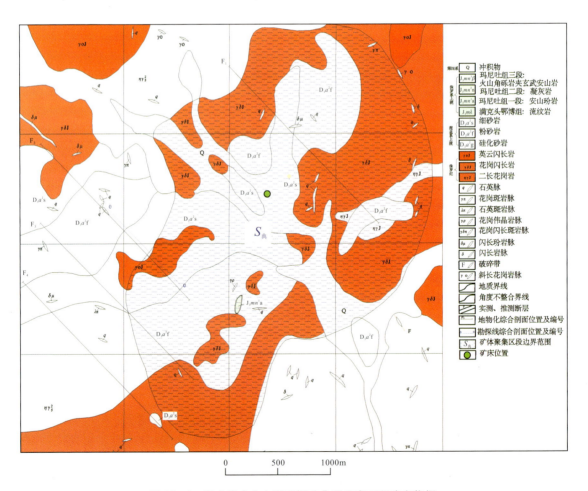

图 12-6 奥尤特式火山岩型铜矿典型矿床面积确定依据

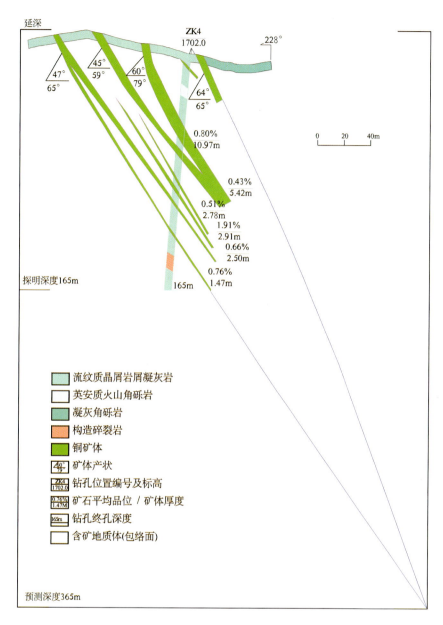

图 12-7 奥尤特式火山岩型铜矿延深确定依据

表 12-5 奥尤特铜矿典型矿床深部及外围资源量估算一览表

典型矿床		深部及外围		
已查明资源量(t)	20 000	深部	面积(m²)	7 097 663.90
面积(m²)	7 097 663.90		深度(m)	365
深度(m)	165	外围	面积(m²)	—
品位(%)	0.80		深度(m)	—
比重(t/m³)	2.77	预测资源量(t)		27 608.17
体积含矿率(t/m³)	0.000 007 72	典型矿床资源总量(t)		47 608.17

2. 模型区的确定、资源量及估算参数

模型区为典型矿床所在的最小预测区。典型矿床查明资源量 20 000t,按本次预测技术要求计算模型区资源总量为 47 608.17t。模型区内无其他已知矿点存在,则模型区资源总量=典型矿床资源总量,模型区面积为依托 MRAS 软件采用少模型工程神经网络法优选后圈定,延深根据典型矿床最大预测深度确定。由于模型区内含矿地质体边界可以确切圈定,但其面积与模型区面积一致,由模型区含地质体面积/模型区总面积得出,模型区含矿地质体面积参数为1。由此计算含矿地质体含矿系数(表 12-6)。

表 12-6 奥尤特式铜矿模型区预测资源量及其估算参数表

编号	名称	模型区资源总量(t)	模型区面积(km^2)	延深(m)	含矿地质体面积(km^2)	含矿地质体面积参数	含矿地质体含矿系数
A1504401002	奥尤特	47 608.17	13.006	365	13.006	1	0.000 005 815 5

3. 最小预测区预测资源量

奥尤特铜矿预测工作区最小预测区资源量定量估算采用地质体积法进行估算。

(1)估算参数的确定。最小预测区面积是依据综合地质信息定位优选的结果;延深的确定是在研究最小预测区含矿地质体的地质特征、含矿地质体的形成深度、断裂特征、矿化类型,并在对比典型矿床特征的基础上综合确定的;相似系数的确定,主要依据 MRAS 生成的成矿概率及与模型区的比值,参照最小预测区地质体出露情况、物化探异常规模、强度等信息等进行修正。

(2)最小预测区预测资源量估算结果。本次铜预测资源总量为 65 291.74t,详见表 12-3。

4. 预测工作区资源总量成果汇总

奥尤特铜矿预测工作区地质体积法预测资源量,依据资源量级别划分标准,根据现有资料的精度,可划分为 334-1 和 334-2 两个资源量精度级别;根据各最小预测区内含矿地质体、物化探异常及相似系数特征,预测延深参数均在 2000m 以浅。

根据矿产资源潜力评价预测资源量汇总标准,奥尤特式铜矿奥尤特预测工作区按精度、预测深度、可利用性、可信度统计分析结果见表 12-7。

表 12-7 奥尤特式铜矿预测工作区预测资源量估算汇总表

按预测深度			按精度		
500m以浅	1000m以浅	2000m以浅	334-1	334-2	334-3
61 330	65 291.74	65 291.74	40 910.92	24 380.82	—
合计:65 291.74			合计:65 291.74		
按可利用性		按可信度			
可利用	暂不可利用	≥0.75	≥0.5	≥0.25	
65 291.74	—	31 500	63 900	65 291.74	
合计:65 291.74		合计:65 291.74			

注:表中预测资源量单位均为 t。

第十三章　小坝梁式火山岩型铜矿预测成果

第一节　典型矿床特征

一、典型矿床及成矿模式

(一) 矿床特征

小坝梁式海相火山岩型铜矿行政区划隶属锡林郭勒盟东乌珠穆沁旗吉脑淖尔苏木,地理坐标:东经 $116°43'45''$—$116°45'35''$,北纬 $45°06'36''$—$45°06'55''$。地貌为平缓丘陵及宽阔盆地。大地构造单元属于天山-兴蒙造山系扎兰屯-多宝山岛弧,贺根山断裂北侧。成矿区带划分属滨太平洋成矿域(叠加在古亚洲成矿域之上),大兴安岭成矿省东乌珠穆沁旗-嫩江(中强挤压区)铜、钼、铅、锌、金、钨、锡、铬成矿带(Ⅲ级),朝不楞-博克图钨、铁、锌、铅成矿亚带(Ⅳ级),小坝梁金铜矿集区(Ⅴ级)。

1. 矿区地质

地层:矿区除广泛分布第四系外,出露地层主要为上石炭统—下二叠统格根敖包组第二岩段($C_2P_1g^2$),该套火山岩地层呈近东西向分布,在矿区呈一单斜构造,倾向南,倾角 $60°\sim80°$,矿区东侧由于受断裂构造的影响而变为北倾,倾角 $50°$ 左右,厚度 1598.40m。按岩性分述如下。

凝灰岩:主要出露于矿区中部,呈东西向分布。岩性特征为灰白色、灰黑色,变余凝灰结构、变余晶屑岩屑砂状结构,厚层状、块状构造。

凝灰质砂岩:出露于矿区西部、北东部,呈薄片状赋存于凝灰岩之中。岩石呈灰色至灰黑色,变余砂状结构,块状构造。

火山角砾岩:零星以夹层形式分布于凝灰岩及粗玄岩之中,在矿区从东至西基本连续,具有一定层位,是原生铜矿体的主要赋矿岩石。岩性可分为凝灰质火山角砾岩、玄武质火山角砾岩与粗玄质火山角砾岩 3 种。凝灰质火山角砾岩呈灰色、灰绿色、灰褐色,火山角砾结构,熔结凝灰角砾结构,角砾状构造、块状构造。玄武质火山角砾岩呈灰黑色、黑褐色,火山角砾结构,块状构造、球状构造。粗玄质火山角砾岩主要出露于矿区东部,岩石呈灰色、灰绿色,火山角砾结构、角砾状结构,块状构造。

粗玄岩:主要出露于矿区中部、东部,岩石呈灰色、灰绿色,间粒结构,块状构造。与凝灰岩、火山角砾岩以互层出现,并呈渐变过渡关系。

岩浆岩:矿区岩浆活动主要为侵入活动。侵入岩主要为海西晚期正长斑岩及零星出露的超基性岩岩枝。海西晚期超基性岩体大面积出露于矿区外围,将矿区下二叠统呈悬垂体托付在其上。

正长斑岩呈灰白色、灰色,斑状结构,块状构造,主要出露于矿区北部,受东西向断裂构造的控制,沿断裂呈不规则脉状侵入于火山岩地层中。岩体走向近东西,南倾,倾角 $65°\sim80°$。

超基性岩为斜辉橄岩，呈灰绿色，交代假象片状结构、网眼结构、变余纤维结构，块状或片状构造，零星出露于矿区中—东部地段，具滑石化、橄榄石蛇纹化、纤纹蛇纹石化。呈近东西向岩枝侵入地层中，是矿区外围超基性岩体之岩枝。

断裂构造：受矿区北部断裂及岩浆岩侵入影响，在其上盘（南部）地层中发育有与其平行且较密集的小断裂构造，这些小断裂总体走向近东西向，大部分倾向南，在矿区西部北侧倾向北，它们多以张性为主，压性或压扭性次之，构成铜矿体之容矿构造。

2. 矿床地质

矿体特征：小坝梁铜矿床矿体断续分布在东西长约2km、宽约150m的狭长地带内，主要赋存于凝灰岩及其附近岩石中，地表及浅部为氧化矿，氧化带深度20～40m，深部及隐伏矿体为原生矿。铜矿床由大小不等的53条矿体组成，可利用的矿体有26条，其中5、6、8、27-1、27-2及28号矿体规模较大，其余矿体规模较小（图13-1）。

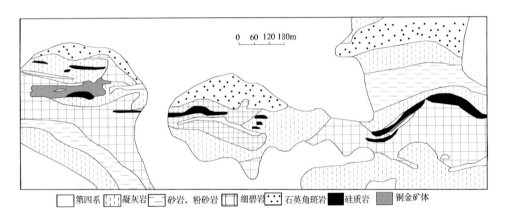

图13-1　小坝梁铜矿矿体分布平面图（据王长明，2009年资料修编）

上述矿体形态呈似透镜状、似层状，走向近东西向，倾向南，倾角62°～83°。

（1）Cu-5号矿体：该矿体为区内主要矿体，位于矿区西部，走向270°，赋存于凝灰岩及其附近岩石构造破碎带中，南倾，倾角60°～68°。沿长280m，总体厚度0.89～28.37m，平均8.03m，铜品位0.5%～2.11%，平均1.12%。

（2）Cu-6号矿体：该矿体为区内主要矿体，位于矿区中部，走向268°，赋存于凝灰岩及其附近岩石构造破碎带中，倾向南，倾角64°～75°。地表露天采坑控制矿体长度310m，控制矿体厚度0.85～12.04m，平均7.67m，铜品位0.52%～2.41%，平均1.05%。

（3）Cu-8号矿体：该矿体为区内主要矿体，位于矿区中部，走向268°，赋存于凝灰岩及其附近岩石构造破碎带中，南倾，倾角74°～76°。地表露天采坑控制矿体长度95m，控制矿体厚度0.93～17.12m，平均7.44m，铜品位0.70%～1.57%，平均1.11%。

（4）Cu-27-1号矿体：该矿体为区内主要矿体，位于矿区中部，走向89°，赋存于凝灰岩及其附近岩石构造破碎带中，倾向南，倾角62°～64°。地表露天采坑控制矿体长度280m，控制矿体厚度0.88～34.08m，平均9.81m，铜品位0.54%～2.21%，平均1.12%。

（5）Cu-27-2号矿体：该矿体为区内主要矿体，属隐伏矿体，位于矿区中部，走向290°，赋存于凝灰岩及其附近岩石构造破碎带中，倾向南，倾角73°～76°。矿体延长265m，控制矿体厚度0.96～5.63m，平均3.32m，铜品位0.42%～1.96%，平均1.12%。

（6）Cu-28号矿体：该矿体为区内主要矿体，位于矿区东部，走向53°，赋存于凝灰岩及其附近岩石构造破碎带中，倾向南东，倾角74°。地表露天采坑控制矿体长度60m，控制矿体厚度0.82～5.57m，平均 2.39m,铜品位 0.74%～1.72%,平均 1.24%。

本区矿石类型分为氧化矿石和硫化矿石两类。氧化矿石的金属矿物主要有褐铜矿、孔雀石、赤铜矿及蓝铜矿、黑铜矿、赤铜矿、微量自然金等,非金属矿物主要有绿泥石、石英、玉髓、长石、高岭土等;硫化矿石可分为块状黄铜矿矿石及细脉浸染状黄铜矿矿石,前者的金属矿物主要有黄铜矿、胶黄铜矿、斑铜矿、铜蓝、闪锌矿、毒砂和微量自然金等,非金属矿物主要有石英、绿泥石等,后者的金属矿物主要有黄铜矿、斑铜矿、辉铜矿及闪锌矿等,非金属矿物主要有石英、绿泥石、碳酸盐岩等。

矿石的化学成分中有益组分主要是 Cu,品位为 0.42%～2.41%,矿床平均品位 1.14%,伴生有益组分为 Au,其他有益组分(如 Pb、Zn、Sn、Ag、Mo、W、Co)及有害杂质(如 As 等)含量较少。

由于矿石中金属矿石及其氧化物成分简单,含量少,所以矿石结构、构造比较简单。具体见表 13-1。

表 13-1 小坝梁铜金矿床矿石结构、构造特征表

矿石类型		结构	构造
氧化矿石		角砾状、不规则粒状、树枝状、网状、放射状及束状结构	角砾状、块状、网脉状、斑状结构
原生矿石	块状(角砾状)	均匀结晶粒状、斑状压碎、交代及同心晕带结构	块状、角砾状构造
	细脉浸染状	压碎胶结、填隙网脉、变余凝灰、变余角粒及变余辉绿结构	块状、细脉浸染状及斑杂状构造

3. 小坝梁铜矿床成因类型及成矿时代

赋矿地层上石炭统—下二叠统格敖包组,成矿时代为二叠纪,矿床成因类型为海相火山岩型铜-金矿床。

(二)矿床成矿模式

小坝梁矿床形成于大洋中脊离散板块的边缘,其成岩成矿作用均发生在蛇绿岩套构造背景之上。西伯利亚古板块与华北古板块的拼合发生于古生代中期,直至早二叠世,本区仍属残余海构造背景。由于区域张应力作用而发生了源自地幔的中、基性火山-次火山活动,岩浆沿东西向断裂上侵,开始为中性岩浆喷发、沉积,形成一套凝灰岩地层;稍后又有地幔重熔富钠质的基性岩浆喷发,形成一套以细碧岩为主体的基性岩组合;最后,由基性岩浆分异形成富钠质的酸性岩浆喷发,形成了石英角斑岩。铜(金)矿化主要发生于细碧岩形成阶段,即伴随裂隙式火山喷发活动,在火山角砾岩与细碧岩中,由火山热液带来的矿质以及从凝灰岩中活化转移的部分矿质,在有利的构造部位及物理化学条件下富集成矿,从而形成了小坝梁铜(金)矿床。

成矿模式图见图 13-2。

二、典型矿床地球物理特征

1. 岩石磁性特征

岩石磁性特征见表 13-2。

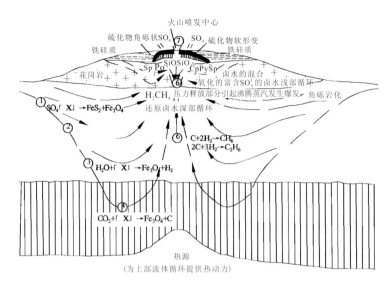

图13-2 小坝梁海相火山岩型铜矿成矿模式

表13-2 小坝梁铜矿床岩石磁性参数统计表

岩矿石名称	块数	磁化率($\times 10^{-5}$SI)			剩磁($\times 10^{-3}$A/m)		
		极大值	极小值	均值	极大值	极小值	均值
凝灰岩	7	9317	118	1485	4638	90	292
火山角砾岩	8	8927	70	3037	3700	27	1019

2. 矿床所在位置航磁特征

1∶50万航磁平面等值线图显示,磁异常呈近东西向条带状,极值达800nT。矿区处在东西向磁异常北部边缘。

1∶2000地磁平面等值线图显示,矿区整体表现为零值附近低缓的正磁场,异常特征不明显。

3. 矿床所在区域重力特征

小坝梁铜矿在布格重力异常图上,位于北北东向窄条带状高重力异常区域背景下的局部重力高异常上,Δg为-89.11×10^{-5}m/s²,编号为G319。在剩余重力异常图上,小坝梁铜矿位于剩余重力正异常区边部零值线附近,Δg为5.54×10^{-5}m/s²,矿区以南方向是近东西向展布的剩余重力负异常。矿区北部的局部重力高异常推测由超基性岩引起。磁场显示为矿区位于正、负磁场交界等值线密集处。根据重磁特征,推断小坝梁铜矿区有近东西向断裂通过。

三、典型矿床预测模型

根据典型矿床成矿要素和矿区航磁、重力资料,确定典型矿床预测要素,编制典型矿床预测要素图。矿床所在地区的系列图表达典型矿床预测模型(图13-3)。总结典型矿床综合信息特征,编制典型矿床预测要素表(表13-3)。

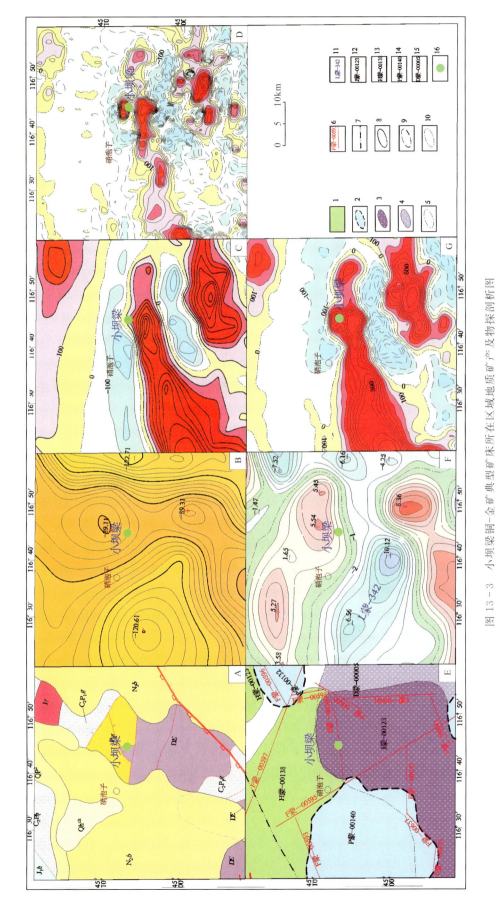

图13-3 小坝梁铜-金矿典型矿床所在区域地质矿产及物探剖析图

1.古生代地层;2.盆地及边界;3.酸性-中酸性岩体;4.酸性-中酸性岩体岩浆岩带;5.半隐伏岩体及岩浆岩带边界;6.重力推断Ⅲ级断裂构造及编号;7.三级构造单元线;8.航磁正等值线;9.航磁负等值线;10.航磁零等值线;11.剩余重力异常等值线;12.地层编号;13.岩浆岩带编号;14.盆地编号;15.酸性-中酸性岩体编号;16.铜矿点

表 13-3　小坝梁式海相火山岩型铜矿典型矿床预测要素表

预测要素		描述内容		要素级别分类
储量		铜金属量：40 181t　　　品位　　　铜 1.14%		
特征描述		海相火山岩型铜矿		
地质环境	构造背景	扎兰屯-多宝山岛弧南缘，晚古生代近东西向构造带		必要
	成矿环境	东乌珠穆沁旗-嫩江（挤压区）铜、钼、铅、锌、金、钨、锡、铬成矿带（Ⅲ），朝不楞-博克图钨、铁、锌、铅成矿亚带（Ⅳ级）火山活动中心带，赋矿地层为格根敖包组火山岩		必要
	成矿时代	二叠纪		必要
矿床特征	矿体形态	呈似透镜状、似层状，走向近东西，倾向南，倾角 62°～83°		重要
	岩石类型	灰白色、灰黑色凝灰岩、凝灰质砂岩、玄武安山质火山角砾岩、粗玄岩		必要
	岩石结构	变余岩屑晶屑凝灰结构、变余砂状结构、火山角砾结构及间粒间隐结构		次要
	矿物组合	以黄铜矿为主，毒砂、闪锌矿、方铅矿、斑铜矿次之，表生条件下形成孔雀石和褐铜矿		次要
	结构构造	结构：粒状结构、交代残余结构、压碎结构；构造：角砾状、块状、网脉状、斑杂状及细脉浸染状		次要
	蚀变特征	硅化、绿泥石化、碳酸盐化及黄铁矿化		重要
	控矿条件	严格受宝力高庙组火山岩及火山构造控制		必要
地球物理特征	重力异常	铜矿床布格重力异常图上，位于北北东向窄条带状高重力异常区域背景下的局部重力高异常上，Δg 为 -89.11×10^{-5}m/s^2，编号为 G319。在剩余重力异常图上，小坝梁铜矿位于剩余重力正异常区边部零值线附近，Δg 为 5.54×10^{-5}m/s^2		重要
	磁法异常	1:2000 地磁平面等值线图显示，磁场呈现出变化不大的梯度带，北东偏高，达 500nT；南西偏低，为 100nT		次要

第二节　预测工作区研究

一、区域地质特征

该预测工作区位于内蒙古自治区东部地区，属东乌珠穆沁旗所辖。预测工作区范围：东经 116°15′—117°45′，北纬 44°40′—45°30′。

1. 成矿地质背景

预测工作区所处大地构造位置属天山-兴蒙造山系大兴安岭弧盆系，扎兰屯-多宝山岛弧及二连-贺根山蛇绿混杂岩带，即西伯利亚板块与华北板块之缝合线——贺根山深断裂北侧附近。本区在泥盆纪以前为内蒙地槽中的孤岛，中泥盆世仅在乌纳格特乌拉接受了海相火山碎屑岩及薄层碧玉岩、大理岩等的沉积。直到二叠纪初，陆壳缓慢下陷，海水侵入，沉积了浅海相碎屑岩，并伴有海底火山活动，形成了中基性火山杂岩系。海西期构造运动使地层褶皱隆起,形成了北东向构造带的基本格架,同时伴有超基性、中酸岩性岩浆活动和矿化作用。

该区地层划为古生代华北地层区、内蒙古草原地层区的锡林浩特-磐石地层分区,博克图-二连浩特地层小区。预测工作区内出露的主要地层有泥盆系、下二叠统、中下侏罗统、下白垩统、新近系、上新统和第四系。第四系分布广泛,其他地层均零星出露。

本区铜矿体主要赋存于火山角砾岩及基性岩中,表明了矿化明显受层位的控制,沿着东西向火山喷发通道在后期又有构造叠加,并在局部地段形成构造角砾岩。

本预测工作区内与小坝梁式海相火山岩型铜矿有关的地层为下二叠统格根敖包组,岩性主要为火山角砾岩、安山玢岩、凝灰岩、粗玄岩。该组岩层是小坝梁铜矿床的赋矿层位。

侵入岩:区内岩浆岩分布较广,有超基性、中酸性侵入岩。该超基性岩带是内蒙古超基性岩北带主体,总面积可达 2000km²。酸性侵入岩亦发育,多以岩株产出。中性侵入岩次之,一般以小型岩脉产出。岩浆期后脉岩种类较多,在分布、大小及成分上与母岩有亲缘关系。

构造上预测工作区以海西期北东向构造带为主体,并受后期北北东向构造带的叠加。

2. 区域成矿模式

根据预测工作区成矿地质背景并结合典型矿床及区域成矿特征,建立区域成矿模式(图 13-4)。

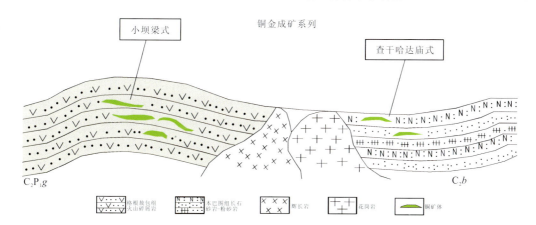

图 13-4 小坝梁式海相火山岩型铜矿区域成矿模式

二、区域地球物理特征

1. 磁异常特征

在航磁 ΔT 等值线平面图上小坝梁预测工作区磁异常幅值范围为 $-1200\sim1000$nT,异常表现为北高南低。其中,北侧以强度不大,但梯度变化较大的北东向正异常区为主,形态不规则。南侧以大面积东西向负磁异常为主,夹杂着一些小范围正异常,异常较为杂乱,无明显异常形态。中西部有一强度较高的正异常区,但异常形态不完整。小坝梁铜矿区位于预测工作区中西部,位于中西正异常区梯度变化带上。

小坝梁预测工作区磁法推断地质构造图显示,磁法推断的断裂构造走向主要为北东向,磁场上表现为磁异常梯度带。参考地质信息,预测工作区北部磁异常主要推断解释为酸性侵入岩体,中东部负磁异常背景里的正异常推断解释为中酸性侵入岩体,西部面积较大、磁场强度和梯度变化大的磁异常推断为基性侵入岩体。

小坝梁预测工作区磁法共推断断裂 2 条、侵入岩体 22 个。

2. 重力异常特征

预测工作区处于相对平稳的区域重力场中，布格重力异常值在$(-125\sim-85)\times10^{-5}\,\mathrm{m/s^2}$之间。预测工作区内高、低布格重力异常均为条带状呈北东向和北北东向展布，由西向东相间排列。依据地质资料，区内超基性、中酸性岩体分布广泛，并局部出露石炭系、二叠系及泥盆系。参考预测工作区剩余重力异常及航磁异常的分布，推断区内同时具有布格重力高值异常、剩余重力异常、高磁异常分布的区域是超基性岩带的显示，而有带状剩余重力正异常分布，航磁资料显示为低磁或无磁的区域推断为古生代地层的反映。局部低重力异常区依据地表酸性岩的出露及第四系覆盖分别推断为酸性岩体和盆地。在古生代地层与盆地分界的等值线密集区推断为Ⅰ级断裂——二连-东乌珠穆沁旗断裂。

东乌珠穆沁旗小坝梁铜矿位于局部高重力异常带上，矿区广泛分布海西晚期超基性侵入岩，表明该类矿床与超基性侵入岩有关。

预测工作区内重力推断解释断裂构造 44 条，中—酸性岩体 2 个，地层单元 7 个，中—新生代盆地 12 个。

三、区域遥感影像及解译特征

预测工作区位于内蒙古自治区东乌珠穆沁旗、新庙、朝克乌拉和西乌珠穆沁旗，遥感共解译出线要素 68 条（巨型断层 1 条、大型断层 4 条、中型断层 9 条、小型断层 54 条），色要素 16 个，环要素 31 个，块要素 2 个，带要素 62 处。

构造以北东西向构造为主，解译出 1 条巨型板块缝合带，即二连-贺根山断裂带，正断层痕迹，走向北东，线性影像，直线状水系分布，负地形，沿沟谷、凹地延伸，山前断层三角面清楚，线性展布特征明显。

其次，在近东西向构造中，胡尔勒-巴彦花苏木断裂带表现出压形构造特点，影像判断线性构造两侧地层体较复杂，线性构造经过多套地层体，影像线性纹理清晰。西南方向、预测工作区中部断裂交会部位是重要的铜成矿地段。

本预测工作区内的环形构造比较发育，在预测工作区内为西侧分布密集，东侧分布稀少；从遥感影像上看具山区密集、平原零星的特点。

本预测工作区遥感共解译出 62 处带要素：为二叠系格根敖包组，黑色凝灰质粉砂岩、深灰色岩屑晶屑凝灰岩夹长石砂岩、砂砾岩深灰色安山岩夹少量火山角砾岩。

已知铜矿点与本预测工作区中的羟基异常吻合的有额吉淖尔苏木小坝梁铜矿、阿尔善宝拉格苏木铜矿。

四、区域预测模型

根据预测工作区区域成矿要素、化探、航磁、重力、遥感资料，建立了本预测工作区的区域预测要素，并编制预测工作区预测要素图和预测模型图。

区域预测要素图以区域成矿要素图为基础，综合研究重力、航磁等致矿信息，总结区域预测要素表（表 13-4），并将综合信息各专题异常曲线或区全部叠加在成矿要素图上，在表达时可以出单独预测要素（如航磁）的预测要素图。

预测模型图的编制，以地质剖面图为基础，叠加区域航磁及重力剖面图而形成，简要表示预测要素内容及其相互关系，以及时空展布特征（图 13-5）。

表 13-4 小坝梁火山岩型铜矿预测工作区预测要素表

区域预测要素		描述内容	要素类别
地质环境	大地构造位置	天山-兴蒙造山系大兴安岭弧盆系,二连-贺根山蛇绿混杂岩带(Pz_2)	重要
	成矿区(带)	滨太平洋成矿域(叠加在古亚洲成矿域之上),大兴安岭成矿省东乌珠穆沁旗-嫩江(挤压区)铜、钼、铅、锌、金、钨、锡、铬成矿带(Ⅲ级),朝不楞-博克图钨、铁、锌、铅成矿亚带(Ⅳ级),小坝梁金铜矿集区(Ⅴ级)	重要
	区域成矿类型及成矿期	区域成矿类型:海相火山型;成矿期:海西晚期	重要
控矿条件	赋矿地质体	上石炭统—下二叠统格根敖包组二岩段中—基性火山岩	必要
	主要控矿构造	火山构造及东西向断裂控制	重要
围岩蚀变标志		具有较强的绿泥石化及碳酸盐化,具较强烈的褐铁矿化、黄钾铁矾化、硅化、赤铁矿化、孔雀石化等表生蚀变	重要
区内相同类型矿点		小型矿床两个,矿点两个	必要
区域成矿物探特征	航次异常特征	1∶50万航磁平面等值线图显示,磁异常呈条带状,走向为近东西向,极值达800nT。提取航磁化极值范围150~250nT	次要
	重力异常特征	预测工作区处于相对平稳的区域重力场中,布格重力异常均为条带状呈北东向、北北东向展布,剩余重力异常则基本呈近东西走向,形态主要为长椭圆状;重力正异常,异常值为$(1\sim5)\times10^{-5}m/s^2$	重要

第三节 矿产预测

一、综合地质信息定位预测

1. 变量提取及优选

根据典型矿床及预测工作区研究成果,进行综合信息预测要素提取。本次选择网格单元法作为预测单元,预测底图比例尺为1∶10万,利用规则网格单元作为预测单元,网格单元大小为1.0km×1.0km。

地质体(上石炭统—下二叠统格根敖包组)要素进行单元赋值时采用区的存在标志;化探、剩余重力、航磁化极则求起始值的加权平均值,在变量二值化时利用异常范围值人工输入变化区间。对已知矿点进行缓冲区处理。

2. 最小预测区圈定及优选

本次利用证据权重法,采用1.0km×1.0km规则网格单元,在MRAS2.0下,利用有模型预测方法[因预测区除典型矿床外有3个已知矿床(点)]进行预测区的圈定与优选。然后在MapGIS下,根据优选结果圈定成为不规则形状(图13-6)。

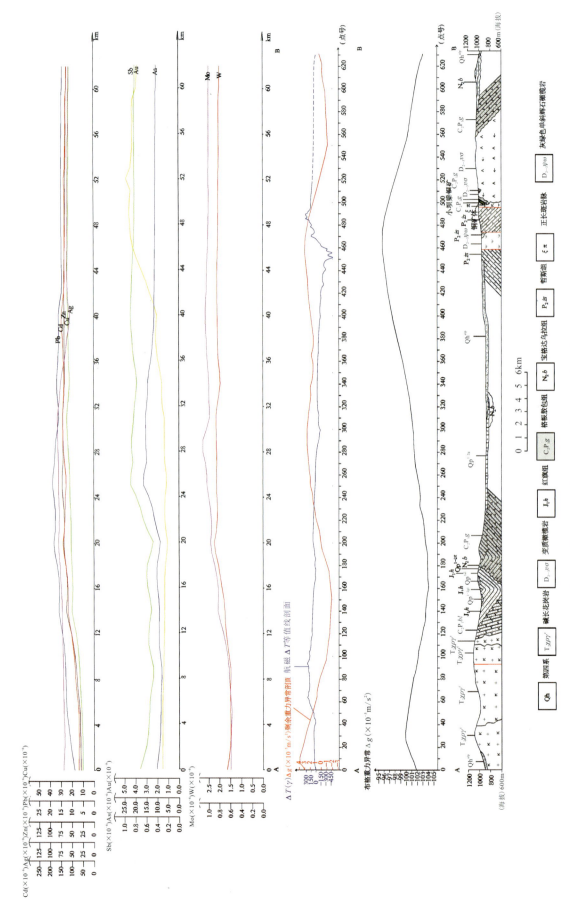

图 13-5 小坝梁式火山岩型铜矿小坝梁预测工作区找矿预测模型

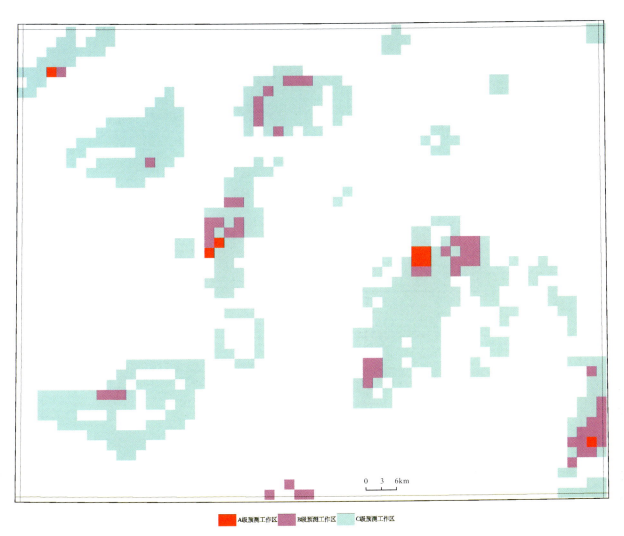

图 13-6 小坝梁预测工作区定位预测色块图

3. 最小预测区圈定结果

本次工作共圈定各级异常区 21 个,其中 A 级最小预测区 4 个,总面积 109.61km^2;B 级最小预测区 9 个,总面积 274.42km^2;C 级最小预测区 8 个,总面积 317.72km^2。各级别面积分布合理,且已知矿床均分布在 A 级预测区内,说明预测区优选分级原则较为合理;最小预测区圈定结果表明,预测区总体与区域成矿地质背景和磁异常、剩余重力异常吻合程度较好(表 13-5,图 13-7)。

4. 最小预测区地质评价

依据本区成矿地质背景并结合资源量估算和预测区优选结果,各级别面积分布合理,且已知矿床均分布在 A 级预测区内,说明预测区优选分级原则较为合理;最小预测区圈定结果表明,预测区总体与区域成矿地质背景、航磁异常、剩余重力异常吻合程度较好。因此,所圈定的最小预测区,特别是 A 级最小预测区具有较好的找矿潜力。

依据预测区内地质综合信息等对每个最小预测区进行综合地质评价,各最小预测区特征见表 13-6。

表 13-5 小坝梁火山岩型铜矿预测工作区最小预测区圈定结果及资源量估算成果表

最小预测区编号	名称	面积(km²)	延深(m)	品位(%)	相似系数	$Z_{预}$(t)	资源量级别
A1504402001	小坝梁	8.98	500	1.14	1.00	13 836	334-1
A1504402002	巴彦都兰	3.20	255	1.60	0.80	392	334-1
B1504402001	阿尔善宝拉格苏木	4.46	200	1.67	0.55	5887	334-2
B1504402002	喜挂图嘎查东南	12.73	280	1.14	0.55	21 173	334-3
B1504402003	扎宾道包格	4.05	220	1.08	0.70	6361	334-2
C1504402001	莫图昂格内东	10.65	250	1.14	0.25	7189	334-3
C1504402002	布日敦北	5.93	220	1.14	0.35	5480	334-3
C1504402003	巴音查干西	3.36	200	1.14	0.30	2419	334-3
C1504402004	洪格尔嘎查西南	12.61	250	1.14	0.25	7566	334-3
C1504402005	锡林布敦西南	15.05	250	1.14	0.40	14 448	334-3
C1504402006	额吉淖尔嘎查	16.60	300	1.14	0.30	12 547	334-3
C1504402007	额吉淖尔苏木北	9.67	220	1.14	0.25	3829	334-3
C1504402008	格根敖包音乌拉	3.11	120	1.14	0.25	784	334-3
C1504402009	石灰窑	28.95	280	1.14	0.25	14 591	334-3

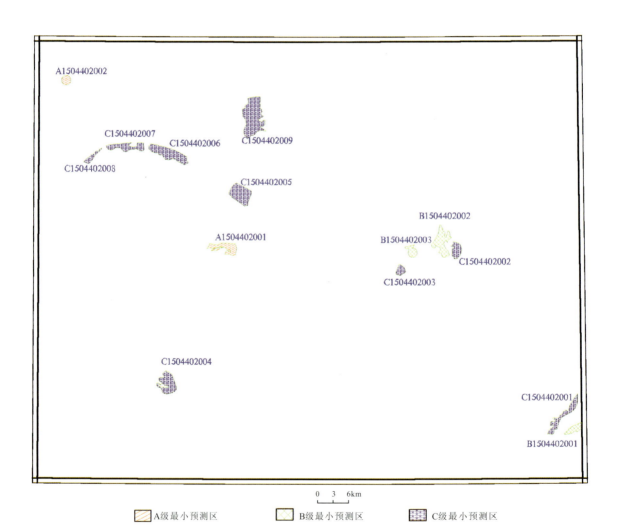

图 13-7 小坝梁火山岩型铜矿预测工作区最小预测区圈定结果

表 13-6 小坝梁火山岩型铜矿最小预测区成矿条件及找矿潜力表

最小预测区编号	最小预测区名称	综合信息特征
A1504402001	小坝梁	该最小预测区出露的地层为上石炭统—下二叠统格根敖包组火山碎屑岩、流纹岩、安山岩;区内有一硅化蚀变带,有东西向断层1条,重力推断断裂1条,小坝梁铜矿小型矿床位于该预测区内,航磁化极异常与重力异常套合好
A1504402002	巴彦都兰	该最小预测区出露的地层为上石炭统—下二叠统宝力高庙组火山碎屑岩、流纹岩、安山岩;巴彦都兰铜矿小型矿床位于该预测区内,航磁化极异常与重力异常套合较好
B1504402001	阿尔善宝拉格苏木	该最小预测区出露的地层为上石炭统—下二叠统格根敖包组火山碎屑岩、流纹岩、安山岩;有一矿化点位于该预测区内,航磁化极异常与重力异常套合较好
B1504402002	喜挂图嘎查东南	该最小预测区出露的地层为上石炭统—下二叠统格根敖包组火山碎屑岩、流纹岩、安山岩;有一东西向断层在该最小预测区内,航磁化极异常与重力异常套合较好
B1504402003	扎宾道包格	该最小预测区出露的地层为第四系及上石炭统—下二叠统格根敖包组火山碎屑岩、流纹岩、安山岩;有一矿化点位于该预测区内,航磁化极异常与重力异常套合较好
C1504402001	莫图昂格内东	该最小预测区出露的地层为上石炭统—下二叠统格根敖包组火山碎屑岩、流纹岩、安山岩;航磁化极异常与重力异常套合较好
C1504402002	布日敦北	该最小预测区出露的地层为上石炭统—下二叠统格根敖包组火山碎屑岩、流纹岩、安山岩;航磁化极异常与重力异常套合较好
C1504402003	巴音查干西	该最小预测区出露的地层为第四系及上石炭统—下二叠统格根敖包组火山碎屑岩、流纹岩、安山岩;航磁化极异常与重力异常套合较好
C1504402004	好来浑迪东南	该最小预测区出露的地层为第四系及上石炭统—下二叠统格根敖包组火山碎屑岩、流纹岩、安山岩;航磁化极异常与重力异常套合较好
C1504402005	锡林布敦西南	该最小预测区出露的地层为第四系及上石炭统—下二叠统格根敖包组火山碎屑岩、流纹岩、安山岩;航磁化极异常与重力异常套合较好
C1504402006	额吉淖尔嘎查	该最小预测区出露的地层为上石炭统—下二叠统格根敖包组火山碎屑岩、流纹岩、安山岩;航磁化极异常与重力异常套合较好
C1504402007	额吉淖尔苏木北	该最小预测区出露的地层为第四系及上石炭统—下二叠统格根敖包组火山碎屑岩、流纹岩、安山岩;航磁化极异常与重力异常套合较好
C1504402008	格根敖包音乌拉	该最小预测区出露的地层为第四系及上石炭统—下二叠统格根敖包组火山碎屑岩、流纹岩、安山岩;航磁化极异常与重力异常套合较好
C1504402009	石灰窑	该最小预测区出露的地层为第四系及上石炭统—下二叠统格根敖包组火山碎屑岩、流纹岩、安山岩;航磁化极异常与重力异常套合较好

二、综合信息地质体积法估算资源量

1. 典型矿床深部及外围资源量估算

查明的矿床体重、铜品位、最大延深依据来源于内蒙古自治区赤峰市兴源矿业技术咨询服务有限责任公司 2007 年 9 月提交的《内蒙古自治区东乌珠穆沁旗小坝梁矿区铜矿资源储量核实报告》。

已查明铜金属量在上述储量核实报告中为 69 890.86t，在内蒙古自治区国土资源厅 2010 年 5 月编写的《截至 2009 年底内蒙古自治区矿产资源储量表 第三册有色金属矿产》中为 40 181t，本书采用后者。

矿床面积（$S_{总}$）是根据 1∶1 万矿区地形地质图，各个矿体组成的包络面面积圈定（图 13-8、图 13-9），在 MapGIS 软件下读取数据。图 13-10 为铜矿床 2 号勘探线剖面。矿床最大延深依据 ZK201 资料，具体数据见表 13-7。

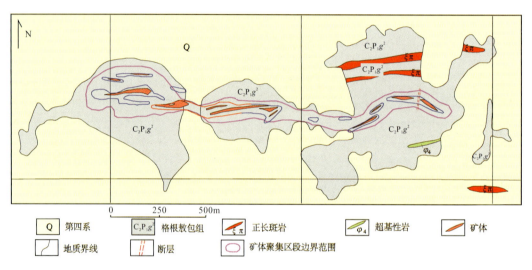

图 13-8 小坝梁铜矿典型矿床总面积圈定方法及依据图

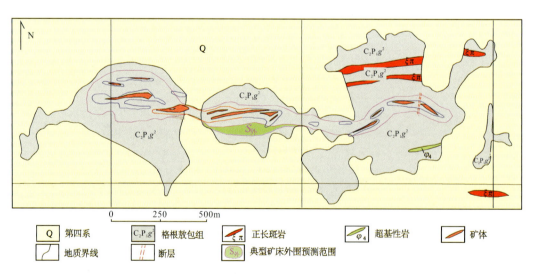

图 13-9 小坝梁铜矿典型矿床外围面积圈定方法及依据图

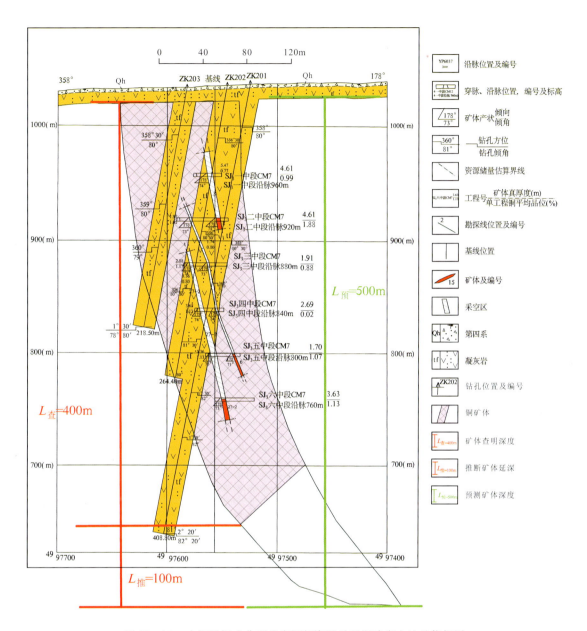

图 13-10 小坝梁铜矿典型矿床深部资源量延深确定方法及依据图
（据矿区 2 号勘探线剖面图）

表 13-7 小坝梁火山岩型铜矿典型矿床深部及外围资源量估算一览表

典型矿床		深部及外围		
已查明资源量（t）	40 181	深部	面积（m²）	217 562
面积（m²）	217 562		深度（m）	100
深度（m）	400	外围	面积（m²）	16 414.4
品位（%）	1.14		深度（m）	500
比重（t/m³）	3.45	预测资源量（t）		13 834.67
体积含矿率（t/m³）	0.000 462	典型矿床资源总量（t）		54 015.67

2. 模型区的确定、资源量及估算参数

模型区为典型矿床所在的最小预测区。小坝梁典型矿床查明资源量40 181t,按本次预测技术要求计算模型区资源总量为54 015.67t。模型区内无其他已知矿点存在,则模型区资源总量＝典型矿床资源总量,模型区面积为依托MRAS软件采用少模型工程神经网络法优选后圈定,延深根据典型矿床最大预测深度确定。由于模型区内含矿地质体边界可以确切圈定,但其面积与模型区面积一致,由模型区含地质体面积/模型区总面积得出,模型区含矿地质体面积参数为1。由此计算含矿地质体含矿系数（表13-8）。

表13-8 小坝梁式火山岩铜矿模型区预测资源量及其估算参数表

编号	名称	模型区资源总量(t)	模型区面积(m^2)	延深(m)	含矿地质体面积(m^2)	含矿地质体面积参数	含矿地质体含矿系数
A1504402001	小坝梁	54 015.67	8 983 874.82	500	8 983 874.82	1	0.000 012

3. 最小预测区预测资源量

小坝梁铜矿预测工作区最小预测区资源量定量估算采用地质体积法进行估算。

(1) 估算参数的确定。最小预测区面积是依据综合地质信息定位优选的结果;延深的确定是在研究最小预测区含矿地质体地质特征、含矿地质体的形成深度、断裂特征、矿化类型,并在对比典型矿床特征的基础上综合确定的;相似系数的确定,主要依据MRAS生成的成矿概率与模型区的比值,参照最小预测区地质体出露情况、物探异常规模及分布、物探解译隐伏岩体分布信息等进行修正。

(2) 最小预测区预测资源量估算结果。本次铜预测资源总量为$11.65×10^4$t,详见表13-4。

4. 预测工作区资源总量成果汇总

小坝梁铜矿预测工作区地质体积法预测资源量,依据资源量级别划分标准,根据现有资料的精度,可划分为334-1、334-2和334-3三个资源量精度级别;根据各最小预测区内含矿地质体、物化探异常及相似系数特征,预测延深参数均在2000m以浅。

根据矿产资源潜力评价预测资源量汇总标准,小坝梁式铜矿小坝梁预测工作区按精度、预测深度、可利用性、可信度统计分析结果见表13-9。

表13-9 小坝梁式铜矿预测工作区预测资源量估算汇总表

按预测深度			按精度			按可利用性		按可信度		
500m以浅	1000m以浅	2000m以浅	334-1	334-2	334-3	可利用	暂不可利用	≥0.75	≥0.5	≥0.25
11.65	11.65	11.65	1.42	1.22	9.00	11.65	—	1.42	2.65	11.65
合计:11.65			合计:11.65			合计:11.65		合计:11.65		

注:表中预测资源量单位均为$×10^4$t。

第十四章　欧布拉格复合内生型铜矿预测成果

第一节　典型矿床特征

一、典型矿床及成矿模式

(一)矿床特征

1. 矿区地质

欧布拉格热液型铜矿床位于内蒙古自治区乌拉特后旗那仁宝力格苏木境内。地理坐标：东经$106°18'44''—106°19'53''$，北纬$41°12'55''—41°13'34''$。

石炭系主要分布于矿区包尔汉图地区和阿尔乌苏一带，其余地区零星分布。多被大面积海西期中酸性侵入体所侵位，并被二叠纪火山杂岩覆盖。本区石炭系相当于上石炭统本巴图组，为海相碎屑岩-碳酸盐岩沉积建造，未见顶、底，总厚度大于730m。中—下二叠统大石寨组(原普查报告称为上侏罗统欧布拉格火山杂岩组)：为一套火山杂岩建造，覆盖于石炭系及海西晚期花岗岩之上。局部地段第三系不整合覆盖其上。未见顶、底，出露面积约$70km^2$，总厚度大于500m。另外，零星分布中—新生代的陆相沉积岩系，如白垩纪、第三纪及第四纪松散堆积物。

区内岩浆活动频繁，从深成花岗岩到超浅成喷出岩，从酸性到基性均有产出，如海西晚期花岗岩和花岗闪长岩。燕山期火山岩、次火山岩的岩性有石英斑岩及石英闪长玢岩，常侵入于晚侏罗世火山杂岩之中，呈小岩体或小岩株状产出，与成矿关系密切。局部地段第三系不整合其上。

区内构造形态复杂，褶皱、断裂构造均较发育。褶皱构造因受海西晚期岩浆岩侵位和中生代火山活动影响，其形态难于恢复。区域内断裂构造按其规模和产状大致归纳为3组。

第一组：近于南北向的正断层，规模最大，长约11km，火山岩分布其两侧。

第二组：走向$280°\sim310°$，倾向南西，倾角$60°\sim70°$，性质不明。

第三组：走向$50°\sim60°$，倾向北西，倾角$60°\sim70°$，性质不明，规模较小。

2. 矿床地质

矿体呈不规则透镜体产出，局部有分支现象，内部有夹石，矿体形态复杂程度属复杂。后期断层使矿体局部切断、抬升，最大断距$10\sim20m$，构造影响程度为中等。矿体平均厚度$6.56\sim53.54m$，厚度变化系数为128%，厚度稳定程度属较稳定。共圈出4个工业矿体，以Cu-5和Cu-1矿体最大，长者长275m，平均厚28.12m，铜平均品位1.17%，金1.87×10^{-6}，后者长300m，厚19.12m，含铜品位0.83%，金0.5×10^{-6}。欧布拉格外围东段和南区虽然普查未见工业矿体，但均发现了重要找矿线索，在认识上有较大突破，为今后找矿指明了方向。

矿石工业类型:黄铜矿石。

矿石矿物:黄铜矿、辉铜矿、斑铜矿、黝铜矿、自然金、银金矿等。

矿物组合:金属矿物有黄铁矿、磁黄铁矿、磁铁矿、毒砂、闪锌矿、斜方砷铁矿、方铅矿、辉钼矿、白铁矿等;非金属矿物有石英、透辉石、透闪石、绿泥石、绿帘石、长石、方解石、石榴石、阳起石等。

矿石结构以他形粒状结构为主,其次有自形—半自形粒状结构、交代结构、交代残余结构、固熔体分离结构。矿石构造以疏密不均匀的浸染状构造为主,其次为细脉状、网脉状构造及蜂窝状构造。

3. 欧布拉格铜矿床成因类型及成矿时代

综合欧布拉格铜矿地质特征及成矿特征,认为其矿床成因为中低温热液型铜矿床,成矿时期为海西期。

(二)矿床成矿模式

本区铜矿成因类型主要为热液型铜矿,成矿时代为海西期。矿区晚石炭世浅变质岩、早二叠世火山岩次火山岩发育,构造以断裂为主,矿床产于英安质熔结火山角砾岩与燕山期石英斑岩、闪长玢岩之接触带上。由近而远铜金品位由高

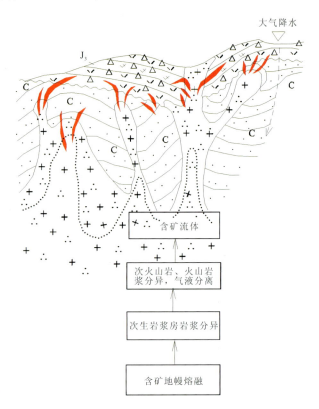

图14-1 欧布拉格式热液型铜矿典型矿床成矿模式示意图

变低,相应出现硅化-硅化+青磐岩化-低温碧玉岩化的蚀变分带。成矿模式见图14-1。

二、典型矿床地球物理特征

1. 矿床所在位置航磁特征

1:5万磁法化极图显示:磁场背景场表现为零值左右的背景场,在矿点处略高,形状近似椭圆形,最大值处达100nT。

2. 矿区激电异常特征

1:1万电法等值线图,矿区激电极化率异常呈条带形,走向东西向,视极化率极值4%。

3. 矿床所在区域重力特征

在区域布格重力异常图上,欧布拉格铜矿所在区域为相对较高的布格重力异常区,Δg为-154.14×10^{-5}m/s^2。在剩余异常图上,欧布拉格铜矿位于G蒙-692剩余重力正异常区的西南部边缘,Δg为5.61×10^{-5}m/s^2,由物性资料和地表地质出露情况,分析此地区为元古宙地层的反映。该异常偏东南的边部为霍各乞铜多金属矿区。矿区磁场为低缓磁场背景中的正、负磁异常带交界处。根据重力场特征推测,北东向的巴丹吉林断裂通过欧布拉格铜矿区。

三、典型矿床地球化学特征

欧布拉格式热液型铜矿附近形成了 Cu、Ag、As、Cd、Cr、Sb 组合异常，内带矿体附近主要为 Cu、Au、Ag 组合异常，矿区原生晕主要指示元素为 Cu、Au、Ag，伴生指示元素为 Pb、Zn、As、Sb、Bi。

Cu 元素在矿区成高背景分布，浓集中心明显，强度高，Ag、As、Cd、Sb、Pb 元素在矿区呈高背景分布，浓集中心明显，强度高。

四、典型矿床预测模型

根据典型矿床成矿要素和矿区航磁、重力资料，确定典型矿床预测要素，编制典型矿床预测要素图。矿床所在地区的系列图表达典型矿床预测模型（图 14-2、图 14-3）。总结典型矿床综合信息特征，编制典型矿床预测要素表（表 14-1）。

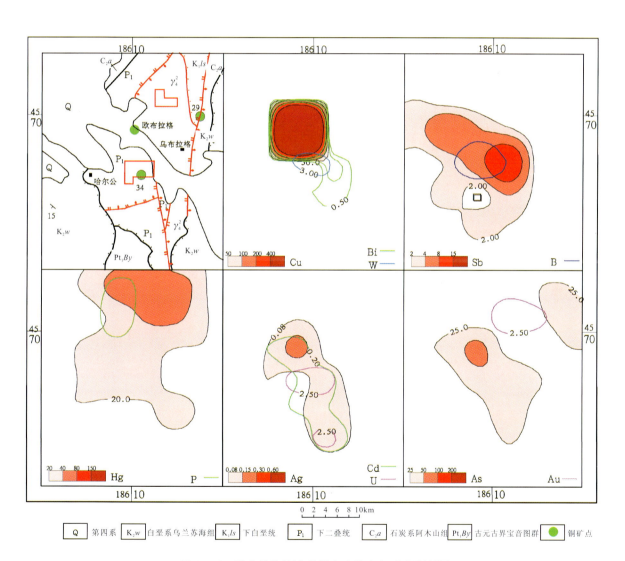

图 14-2 欧布拉格热液型铜矿地质矿产-化探剖析图

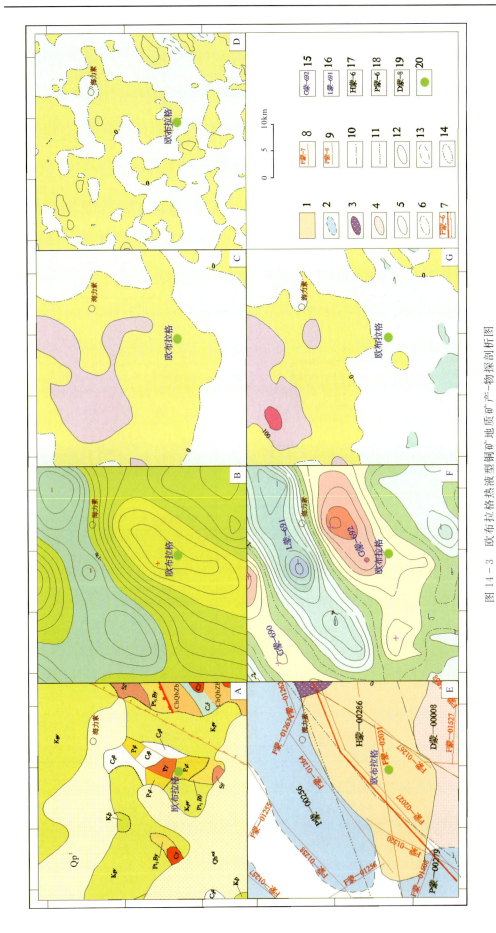

图 14-3 欧布拉格热液型铜矿地质矿产-物系剖析图

1. 元古宙地层；2. 盆地及边界；3. 超基性岩体；4. 酸性—中酸性岩体岩浆岩带；5. 出露岩体边界；6. 半隐伏岩浆岩带边界；7. 重力推断一级断裂构造及编号；8. 重力推断二级断裂构造及编号；9. 重力推断三级断裂构造及编号；10. 一级构造单元线；11. 三级构造单元线；12. 航磁正等值线；13. 航磁负等值线；14. 剩余重力高异常编号；15. 剩余重力低异常编号；16. 地层编号；18. 盆地编号；19. 岩浆岩带编号；20. 铜矿点

表 14-1 欧布拉格热液型铜矿典型矿床预测要素表

特征描述		与海西期火山、次火山岩有关的热液型铜矿床	要素类别
储量		铜金属量:20 088.48t　　　平均品位　　　铜 1.09%	
预测要素			
地质环境	岩石类型	主要为石英斑岩、闪长玢岩及英安质熔结火山角砾岩	必要
	岩石结构	斑状结构、角砾熔结凝灰结构,块状构造	次要
	成矿时代	二叠纪(赋矿地质体为二叠纪大古寨组及浅成石英斑岩体)	必要
	地质背景	哈布其特岩浆弧中生代属乌力吉火山喷发带	必要
	构造环境	海相火山环境	必要
矿床特征	矿物组合	以黄铜矿、黄铁矿为主,斑铜矿、辉铜矿、磁黄铁矿少量	重要
	结构构造	结构:他形晶粒状结构、交代残余结构、充填结构、共边结构。构造:条带状构造、浸染状构造、脉状构造和块状构造	次要
	蚀变	硅化、绢云母化、高岭土化、青磐岩化、碧玉岩化	次要
	控矿条件	与中生代火山岩密切相关的中酸性浅成斑岩体及其内外接触带控制矿体的分布和产出形式	重要
地球物理特征	重力特征	矿床所在区域为相对较高的布格重力异常区,Δg 为 $-154.14\times 10^{-5}\mathrm{m/s^2}$。在剩余重力异常图上,欧布拉格铜矿位于 G蒙-692 剩余重力正异常区的西南部边缘,Δg 为 $5.61\times 10^{-5}\mathrm{m/s^2}$	重要
	地磁特征	正磁异常处于低缓的地磁异常背景中,形态近似椭圆形,走向北西向,极值达357nT	次要
地球化学特征		周围存在 Cu、Ag、As、Cd、Cr、Sb 组合异常,内带矿体附近主要为 Cu、Au、Ag 组合异常,矿区原生晕主要指示元素为 Cu、Au、Ag,伴生指示元素为 Pb、Zn、As、Sb、Bi	次要

第二节　预测工作区研究

一、区域地质特征

欧布拉格铜矿预测工作区位于内蒙古自治区西部地区,属巴彦淖尔市乌拉特后旗所辖。预测区范围:东经 104°00′—106°30′,北纬 40°40′—41°20′。

1. 成矿地质背景

预测工作区大地构造位置主体处于天山-兴蒙造山系、额济纳旗-北山弧盆系之哈特布其岩浆弧-巴音戈壁弧后盆地,东南部小部分处于华北陆块区狼山-阴山陆块之狼山-白云鄂博裂谷。

地层:该区地层区划古生代属华北地层大区,内蒙古草原地层区,锡林浩特-盘石地层分区和华北地层大区,晋冀鲁豫地层区,阴山地层分区;中新生代属阿拉善地层区,巴丹吉林地层分区。出露地层主要有新元古界渣尔泰山群阿古鲁沟组,下石炭统本巴图组碎屑岩及火山岩,上石炭统阿木山组碎屑岩、灰岩,中—下二叠统大石寨组,下白垩统巴音戈壁组、苏红图组,上白垩统乌兰苏海组及第四系。

侵入岩：区内侵入岩出露面积约占全区面积的20%。以石炭纪、二叠纪中酸性侵入岩为主，少量石炭纪辉长岩、橄榄辉石岩等。三叠纪花岗岩零星分布。区内脉岩较发育，主要为花岗斑岩、石英斑岩、次流纹岩、闪长玢岩、次安山岩及石英脉等。岩体受区域构造控制，主要呈近东西向、北东向展布。

欧布拉格一带内岩浆活动具多期性、多相性及产状多样性，从深成之花岗岩到超浅成的喷出岩，从中酸性到中基性均有出露。产出了晚石炭世英云闪长岩，其次为燕山期火山岩、次火山岩，其岩性有石英斑岩及石英闪长玢岩，侵入于晚侏罗世火山杂岩之中，呈小岩体或小岩株状产出，其与成矿关系密切。

欧布拉格铜矿与古生代火山-次火山热液活动关系密切，围岩以石炭纪至二叠纪岩体、地层为成矿有利地区。

构造：本预测工作区位于天山-兴蒙造山系之额济纳旗-北山弧盆系内，东西跨两个三级构造单元——哈特布其岩浆弧和巴音戈壁弧后盆地。

预测工作区西部以沙拉扎山隆起带为主体，构造线以东西向或近东西向为主，由石炭系本巴图组和石炭纪—二叠纪花岗岩类组成，其南、北两侧分别为乌力吉-银根和苏红图两个中生代凹陷。

预测工作区东部以马尼图-善达庙-巴彦戈壁隆起带为主体。其构造线方向以北东向为主。由元古宇宝音图群、古生界本巴图组和大石寨组以及石炭纪—二叠纪花岗岩类构成。上述两个隆起带均以褶皱、断裂、侵入岩和火山岩较发育为特征。

2. 区域成矿要素

预测工作区燕山期含矿火山岩及花岗斑岩类受断裂控制生成就位；成矿组分来源于地壳深部，围岩对铜金的补给起到了一定的作用；北东东向、北西向次一级断裂的交会处为成矿的有利场所（表14-2）。

表14-2 欧布拉格式热液型铜矿预测工作区成矿要素表

成矿要素			要素类别
地质环境	构造背景	哈特布其岩浆弧-巴音戈壁弧后盆地	必要
	成矿环境	阿巴嘎-霍林河铬、铜（金）、锗、煤、天然碱、芒硝成矿带，乌力吉-欧布拉格铜、金成矿亚带，欧布拉格铜金矿集区	必要
	成矿时代	海西期	必要
控矿地质条件	控矿构造	近东西向断裂构造，地表规模大的硅化破碎带，火山机构	必要
	赋矿地层	大石寨组、本巴图组火山岩次火山岩	重要
	控矿侵入岩	石英斑岩、闪长玢岩、二长花岗岩	重要
区域成矿类型及成矿区		火山岩-石英斑岩体或闪长玢岩内外接触带	次要
预测区同类型矿点		2个矿点	次要

二、区域地球物理特征

1. 磁异常特征

在航磁ΔT等值线平面图上，欧布拉格预测工作区磁异常幅值范围为$-900 \sim 1000\text{nT}$，磁异常形态不规则。中北部和西北部梯度变化较大的正异常区形态较为杂乱，并有小面积负磁异常伴生。预测工作区南部磁异常以平缓正磁异常为特征，局部有形态为近椭圆状正磁异常区。欧布拉格铜矿区在预测工作区范围外。

2. 重力异常特征

欧布拉格式热液型铜矿-复合内生型预测工作区位于北西向带状展布的额济纳旗-珠斯楞-乌兰呼海重力高值带与石板井-湖西新村-巴音诺尔公重力低值带交接部位。

区域重力场总体表现为北部重力高、南部重力低的特点。区内局部重力高与局部重力低相间排列，局部重力异常大都呈东西向展布，预测工作区东部则多为北东向展布。

南部布格重力异常最低值为$-190\times10^{-5}\,\mathrm{m/s^2}$。其中低重力背景上相间排列着一些局部异常，在剩余重力异常图中显示为正负异常，依据地质情况，推断局部异常是受到古生代地层和沉积、断陷盆地的影响。靠近预测工作区中部低重力且负航磁异常的相对稳定区域推断为侵入岩体，与地表出露的二叠纪花岗岩相吻合。

北部高重力异常区域极高值在$(-160\sim-150)\times10^{-5}\,\mathrm{m/s^2}$之间。根据物性资料，此区域零星出露古生代地层，大部分被中生代沉积层覆盖。通过剩余重力异常图，推断正剩余异常为古生代地层，负异常为中生代盆地。东西向等值线密集带推断为二级断裂构造，东部北东向等值线密集带推断为一级断裂构造。

乌拉特后旗欧布拉格矿区铜矿位于东部高重力异常上，此区域有元古宙地层零星出露，推断此区域高重力异常由元古宙地层引起，也表明该类矿床可能与元古宙地层有关。

三、区域地球化学特征

区域上分布有Cu、Au、Cd、Pb、Sb、Mo、As等元素组成的高背景区带，在高背景区带中有以Cu、Au、Cd、Pb、Sb、Mo、As为主的多元素局部异常。预测工作区内共有24个Ag异常，25个As异常，55个Au异常，52个Cd异常，30个Cu异常，27个Mo异常，19个Pb异常，26个Sb异常，32个W异常，13个Zn异常。

As元素在欧布拉格矿区和呼和温都尔镇之间呈大面积高异常分布，并有多处浓集中心，As、Cd、Mo、Sb、Zn从呼口额利根到克都敖尔布格呈近东西向的高背景带状分布，As从巴润嘎顺到布达尔干呼都格呈近南北向高背景分布，有多处浓集中心；Au元素在预测工作区西部呈大面积高异常分布；Mo异常在滚呼都格到巴彦郭勒地区之间呈北东向到南西向带状分布，有多处浓集中心，浓集中心明显，强度高，连续性好；As、Cd、Sb在欧布拉格矿区周围呈高背景分布，在矿区以北有多处浓集中心；W元素多呈高背景分布，浓集中心少且分散；Pb多呈低背景分布；Ag在预测工作区呈背景、低背景分布。

元素异常组合套和较好的分别编号为AS1到AS9，其中AS1和AS2的Cu、Cd、Ag套合较好，AS3的Cu、Zn套合较好，AS4、AS6、AS7和AS8的Cu、Zn、Cd套合较好，AS5的Cu、Zn、Ag、Cd套合较好，AS9的Cu、Pb、Ag、Cd套合较好。

四、区域遥感影像及解译特征

预测工作区遥感共解译出线要素648条（大型断层18条、中型断层11条、小型断层619条），色要素9个，环要素9个，块要素6个，带要素13块。

本预测工作区，在遥感图像上主要表现为走向北东及北西的较短的两组构造，近东西向构造为辅，组成本地区的菱形块状构造格架。在构造格架之中形成了环状台地及次级千米级的小构造，而且多数为张性或压扭性小构造，这种构造多数为储矿构造。预测工作区中间部位密集千米级小构造往往有利于成矿，应给予足够重视。

本预测工作区内遥感解译出1条大型断裂带，即叠布斯格断裂带，为左行走滑断层，走向北东，北西盘向南西滑动。

已知铜矿点与本预测工作区中的羟基异常、铁染异常吻合的有土木特陶勒盖铜矿、巴音温都尔苏木欧布拉格铜矿。

五、区域重砂异常特征

本预测工作区利用拐点法确定背景值及异常下限，共圈出2个铜矿异常，2个均为Ⅲ级。自然重砂异常区主要出露二叠系大石寨组，岩性为灰绿色安山质岩屑凝灰岩、晶屑凝灰岩、细砂岩。

六、区域预测模型

根据预测工作区区域成矿要素、化探、航磁、重力、遥感及自然重砂资料，建立了本预测工作区的区域预测要素，并编制预测工作区预测要素图和预测模型图。

区域预测要素图以区域成矿要素图为基础，综合研究重力、航磁、化探、遥感、自然重砂等致矿信息，总结区域预测要素表(表14-3)，并将综合信息各专题异常曲线或区全部叠加在成矿要素图上，在表达时可以出单独预测要素(如航磁)的预测要素图。

表14-3 欧布拉格式热液型铜矿预测工作区预测要素表

预测要素		描述内容				要素类别
	储量	铜金属量：20 088.48t		平均品位	铜1.17%	
	特征描述	中低温热液型铜金矿床				
地质环境	构造背景	哈特布其岩浆弧-巴音戈壁弧后盆地				必要
	成矿环境	阿巴嘎-霍林河铬、铜(金)、锗、煤、天然碱、芒硝成矿带，乌力吉-欧布拉格铜、金成矿亚带，欧布拉格铜金矿集区				必要
	成矿时代	海西期				必要
控矿地质条件	控矿构造	近东西向断裂构造，地表规模大的硅化破碎带，火山机构				必要
	赋矿地层	大石寨组、本巴图组火山岩-次火山岩				必要
	控矿侵入岩	石英斑岩、闪长玢岩、二长花岗岩				重要
区域成矿类型及成矿区		海西期火山岩-次火山岩与石英斑岩体或闪长玢岩内外接触带				次要
预测区同类型矿点		2个矿点				次要
地球物理特征	重力特征	矿床所在区域为相对较高的布格重力异常区，Δg为-154.14×10^{-5}m/s^2。在剩余重力异常图上，欧布拉格铜矿位于剩余重力正异常区的西南部边缘，Δg为5.61×10^{-5}m/s^2				重要
	地磁特征	1∶1万地磁ΔZ平面等值线图显示，正磁异常处于低缓的地磁异常背景中，形态近似椭圆形，走向北西向，极值达357nT				次要
地球化学特征		周围存在Cu、Ag、As、Cd、Cr、Sb组合异常，内带矿体附近主要为Cu、Au、Ag组合异常，矿区原生晕主要指示元素为Cu、Au、Ag，伴生指示元素为Pb、Zn、As、Sb、Bi				必要

预测模型图的编制，以地质剖面图为基础，叠加区域化探、航磁及重力剖面图而形成，简要表示预测要素内容及其相互关系，以及时空展布特征(图14-4)。

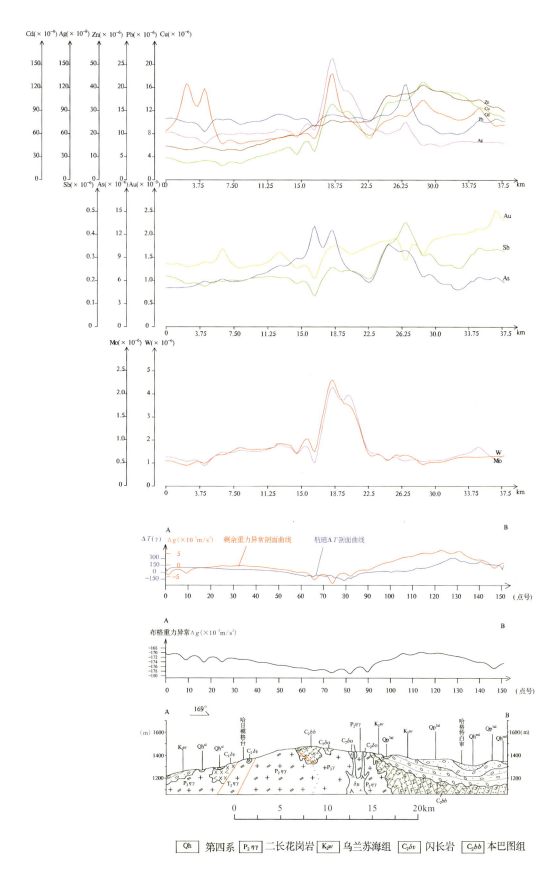

图 14-4 欧布拉格式热液型铜矿预测工作区找矿预测模型

第三节 矿产预测

一、综合地质信息定位预测

1. 变量提取及优选

根据典型矿床及预测工作区研究成果,进行综合信息预测要素提取。本次选择网格单元法作为预测单元,预测底图比例尺为1∶10万,利用规则网格单元作为预测单元,网格单元大小为1.0km×1.0km。

地质体(下石炭统本巴图组、中下二叠统大石寨组及次火山岩-浅成侵入岩)及重砂异常要素进行单元赋值时采用区的存在标志;化探、剩余重力、航磁化极则求起始值的加权平均值,在变量二值化时利用异常范围值人工输入变化区间。对已知矿点进行缓冲区处理。

2. 最小预测区圈定及优选

本次利用证据权重法,采用1.0km×1.0km规则网格单元,在MRAS2.0下,利用有模型预测方法进行预测区的圈定与优选。然后在MapGIS下,根据优选结果圈定为不规则形状。

3. 最小预测区圈定结果

叠加所有预测要素变量,根据各要素边界圈定最小预测区。本次工作共圈定各级异常区25个,其中A级最小预测区7个(含已知矿体),总面积137.05km²;B级最小预测区9个,总面积236.53km²;C级最小预测区9个,总面积239.48km²(表14-4,图14-5)。

表14-4 欧布拉格式复合内生型铜矿预测工作区最小预测区圈定结果及资源量估算成果表

最小预测区编号	最小预测区名称	$S_{预}$ (km³)	$H_{预}$ (m)	Ks	K (t/m³)	α	$Z_{预}$ (t)	资源量级别
A1504601001	欧布拉格	13.39	500	1.0	0.000 013	0.409	40 127.75	334-1
A1504601002	保格切	24.57	500	0.6	0.000 013	0.282	27 022.08	334-2
A1504601003	木和尔	12.43	400	0.8	0.000 013	0.547	28 284.71	334-2
A1504601004	阿拉格毛尔东	35.47	500	0.8	0.000 013	0.282	5 2013.20	334-2
A1504601005	依很达日布盖	23.22	500	0.6	0.000 013	0.438	39 664.40	334-2
A1504601006	呼和沙拉	12.43	400	0.8	0.000 013	0.208	10 755.43	334-2
A1504601007	尚丹北	15.54	400	0.8	0.000 013	0.247	15 967.66	334-2
B1504601001	查其	20.06	400	0.4	0.000 013	0.286	11 933.29	334-3
B1504601002	阿木乌苏	14.83	400	0.4	0.000 013	0.477	14 713.73	334-3
B1504601003	布勒格苏	47.54	500	0.4	0.000 013	0.282	34 856.32	334-3
B1504601004	伊和鲁	58.91	500	0.4	0.000 013	0.385	58 968.91	334-3

续表 14-4

最小预测区编号	最小预测区名称	$S_{预}$ (km³)	$H_{预}$ (m)	Ks	K (t/m³)	α	$Z_{预}$ (t)	资源量级别
B1504601005	爱哼呼鲁森东	11.13	400	0.4	0.000 013	0.205	4745.83	334-3
B1504601006	呼仁陶勒盖哈沙	3.05	400	0.4	0.000 013	0.159	1008.69	334-3
B1504601007	巴音高勒	30.42	400	0.4	0.000 013	0.385	24 360.33	334-3
B1504601008	照勒吉干北	8.02	400	0.4	0.000 013	0.311	5187.97	334-3
B1504601009	阿尔格林	42.57	400	0.4	0.000 013	0.282	24 969.85	334-3
C1504601001	布尔罕图	27.31	400	0.1	0.000 013	0.286	4061.54	334-3
C1504601002	善达庙	4.54	400	0.1	0.000 013	0.275	649.22	334-3
C1504601003	啦嘛道本南	21.26	500	0.1	0.000 013	0.282	3896.95	334-3
C1504601004	查干陶勒盖	68.34	500	0.1	0.000 013	0.183	8129.04	334-3
C1504601005	温都尔毛道嘎查	9.36	400	0.1	0.000 013	0.01	48.67	334-3
C1504601006	嘎拉伯尔台南	29.00	500	0.1	0.000 013	0.113	2130.05	334-3
C1504601007	哈尔得勒	6.09	400	0.1	0.000 013	0.113	357.84	334-3
C1504601008	查干播日格西	8.43	400	0.1	0.000 013	0.113	495.34	334-3
C1504601009	依克额布勒金	65.15	500	0.1	0.000 013	0.268	11 349.13	334-3

图 14-5 欧布拉格复合内生型铜矿预测工作区最小预测区圈定结果

4. 最小预测区地质评价

依据本区成矿地质背景并结合资源量估算和预测区优选结果，各级别面积分布合理，且已知矿床均分布在 A 级预测区内，说明预测区优选分级原则较为合理；最小预测区圈定结果表明，预测区总体与区域成矿地质背景、化探异常、航磁异常、剩余重力异常吻合程度较好。因此，所圈定的最小预测区，特别是 A 级最小预测区具有较好的找矿潜力。

依据预测区内地质综合信息等对每个最小预测区进行综合地质评价，各最小预测区特征见表 14-5。

表 14－5 欧布拉格复合内生型铜矿最小预测区成矿条件及找矿潜力评价表

最小预测区编号	最小预测区名称	综合信息	评价
A1504601001	欧布拉格	出露地层主要为古生界上石炭统本巴图组及大石寨组火山岩。海西晚期花岗岩和花岗闪长岩发育,燕山期火山岩、次火山岩如石英斑岩及石英闪长玢岩,常侵入于上述火山岩之中,呈小岩体或小岩株状产出,其与成矿关系密切。矿区内的近矿围岩及含矿层蚀变均较强烈。该区含环状铜铅锌综合化探异常 1 处;航磁化极异常 1 处,范围－100～100nT;矿点北东段重力高,矿点处及南西段重力低。其他各异常与铜铅锌综合异常区套合好	有成型矿床,物化探异常套合良好,找矿潜力大
A1504601002	保格切	出露地层以本巴图组为主,南部见二叠纪花岗岩及侏罗纪花岗岩,该区岩浆活动强烈,对成矿有利。近东西向、北东向断裂构造发育。该区含铜异常 1 处;铜矿化点 1 处,航磁化极异常 1 处,范围－100～100nT;矿点北东段重力高,矿点处及南西段重力低。其他各异常与铜铅锌综合异常区套合好,是进一步寻找盲矿的有利地区	找矿潜力较大
A1504601003	木和尔	出露的主要地层为石炭系本巴图组,分布于最小预测区的北部;岩体为二叠纪浅肉红、肉红色中粗粒二长花岗岩,花岗岩,花岗闪长岩,分布于最小预测区中部及南部;三叠纪二长花岗岩,花岗岩出露于最小预测区中北部。一铜矿点分布其中,近南北向断裂发育,脉岩发育,化探异常效果较差,航磁、重力均表现平缓,有进一步寻找盲矿的价值	是进一步寻找盲矿的有利地区
A1504601004	阿拉格毛尔东	出露的主要地层为石炭系本巴图组,分布于最小预测区的南部;岩体为二叠纪浅肉红、肉红色中粗粒二长花岗岩,花岗岩,花岗闪长岩,分布于最小预测区中部及北部。4 个铜矿点分布其中,北西向断裂发育,脉岩发育,化探异常效果较差,重力表现为负值,航磁为低缓值	矿点较多,是进一步寻找盲矿的有利地区
A1504601005	依很达日布盖	出露的主要地层为石炭系本巴图组,分布于最小预测区的中部和南部;岩体为二叠纪浅肉红色中粗粒英云闪长岩、二长花岗岩、花岗岩,分布于最小预测区北部。1 个铜矿点分布其中。近东西向断裂发育,含 1 处铜异常,重力表现为正负演变的梯度带,航磁西高东低,南部存在 1 处重砂异常	是进一步寻找盲矿的有利地区
A1504601006	呼和沙拉	出露的主要地层为石炭系本巴图组,分布于最小预测区的北部;岩体主要为石炭纪花岗闪长岩,分布于最小预测区中部及南部,少量二叠纪二长花岗岩呈小岩株分布。1 个铜矿点分布其中,含 1 处铜异常,重力表现为正负演变的梯度带,航磁西高东低	具有一定的找矿潜力
A1504601007	尚丹北	出露的主要地层为石炭系本巴图组,分布于最小预测区的中部和南部;岩体为二叠纪浅肉红色中粗粒英云闪长岩、二长花岗岩、花岗岩,分布于最小预测区北部。一个铜矿点分布其中,近东西向断裂发育,不存在铜异常,重力表现为负值区域,航磁为高值区域,有一定的找矿潜力	有一定的找矿潜力
B1504601001	查其	出露地层主要为上石炭统本巴图组及下二叠统大石寨组,分布于最小预测区中部和东部。石炭系英云闪长岩分布于最小预测区的中西部区域。近南北向断裂发育,含 1 处铜异常,重力表现为东北高西南低	有一定的找矿潜力
B1504601002	阿木乌苏	出露地层主要为下二叠统大石寨组及下白垩统苏红图组,分布于最小预测区大部。石炭纪二长花岗岩分布于最小预测区的东部区域。近南北向和东西向断裂均有发育,重力均一	是寻找盲矿的有利地区
B1504601003	布勒格苏	最小预测区以二叠纪花岗岩及侏罗纪花岗岩为主,北部见本巴图组,构造不发育。航磁化极表现为西部为负值,东部为正值;重力表现为南低北高	有一定的找矿潜力
B1504601004	伊和鲁	最小预测区以二叠纪二长花岗岩及三叠纪二长花岗岩为主,断裂构造发育,北西向、近南北向均有出露,脉岩发育。航磁化极表现为南部为负值,北部为正值;重力表现为南低北高	有一定的找矿潜力

续表 14-5

最小预测区编号	最小预测区名称	综合信息	评价
B1504601005	爱哼呼鲁森东	出露的主要地层为石炭系本巴图组,分布于最小预测区东部、西部和南部;岩体为二叠纪浅肉红、肉红色中粗粒二长花岗岩,花岗岩,花岗闪长岩,分布于最小预测区中部及北部。北西向断裂发育,脉岩较发育,化探异常效果较差,重力表现为负值,航磁为低缓值	有一定的找矿潜力
B1504601006	呼仁陶勒盖哈沙	石炭纪英云闪长岩为最小预测区主要地质体,北西向构造发育。1处铜化探异常分布于西部,重力为负值,具低缓的航磁化极异常	找矿潜力不大
B1504601007	巴音高勒	出露的主要地层为石炭系本巴图组;二叠纪浅肉红色中粗粒英云闪长岩、二长花岗岩、花岗岩,分布于最小预测区北部。近东西向断裂发育,含1处铜异常,重力表现为零到正值快速演变的梯度带,航磁为平缓的负异常	有一定的找矿潜力
B1504601008	照勒吉干北	出露的主要地层为石炭系本巴图组,分布于最小预测区的北部和东部;岩体主要为石炭纪花岗闪长岩,分布于最小预测区中部及西部,少量二叠纪二长花岗岩呈小岩株分布。重力表现为正负演变的梯度带,存在正值航磁异常	有一定的找矿潜力
B1504601009	阿尔格林	最小预测区以岩体为主,岩性为二叠纪浅肉红色中粗粒花岗闪长岩、二长花岗岩、花岗岩。近南北向断裂发育。重力表现为负值区域,航磁为西低东高	有一定的找矿潜力
C1504601001	布尔罕图	出露地层主要为上石炭统本巴图组,南部和北部可见少量下二叠统大石寨组,分布于最小预测区中部和东部。重力较高;具低缓的航磁化极异常	找矿潜力差
C1504601002	善达庙	出露地质体主要为石炭纪二长花岗岩,重力、航磁均较低缓	找矿潜力差
C1504601003	啦嘛道本南	出露的主要地层为石炭系本巴图组,西部与二叠纪二长花岗岩紧邻,重力为高值区,具负航磁化极异常	有一定的找矿潜力
C1504601004	查干陶勒盖	二叠纪二长花岗岩分布于中北部,三叠纪二长花岗岩分布于东部、西部及南部,近东西向断裂构造发育,脉岩发育。存在两个正航磁化极异常,北部为正值,重力表现为负值区域	找矿潜力差
C1504601005	温都尔毛道嘎查	出露地质体主要为二叠纪英云闪长岩,重力、航磁均为低缓的负值区域	找矿潜力差
C1504601006	嘎拉伯尔台南	中部为二叠纪花岗闪长岩,东部和西部为三叠纪二长花岗岩,中部也有零星出露,重力、航磁均为低缓的负值区域	找矿潜力差
C1504601007	哈尔得勒	中部及北部为石炭纪石英闪长岩,南部为二叠纪花岗岩,具高航磁化极异常,重力高	找矿潜力差
C1504601008	查干播日格西	中部及北部为石炭纪石英闪长岩,南部出露少量二叠纪花岗岩,具高航磁化极异常,重力高	找矿潜力差
C1504601009	依克额布勒金	东部和中部为二叠纪花岗闪长岩,西部为石炭纪花岗闪长岩,重力为西部高东部低,西部存在正航磁异常	有一定的找矿潜力

二、综合信息地质体积法估算资源量

1. 典型矿床深部及外围资源量估算

查明的资源储量、延深、品位、体重等数据来源于2006年3月内蒙古自治区有色地质勘查局511队编写的《内蒙古自治区乌拉特后旗欧布拉格矿区铜矿资源储量核实报告》;面积为该矿床各矿体、矿脉聚积区边界范围的面积,采用该储量核实报告中内蒙古自治区乌拉特后旗欧布拉格矿区地形地质图(比例尺1∶2000)在MapGIS软件下读取数据(图14-6),矿体延深依据主矿体勘探线剖面图(图14-7),具体数据见表14-6。

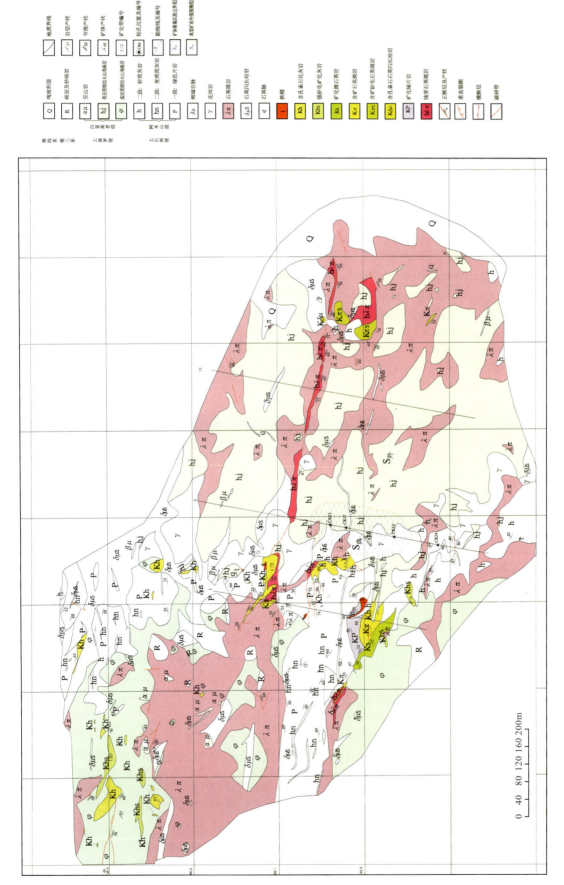

图 14-6 欧布拉格铜矿典型矿床面积确定方法及依据

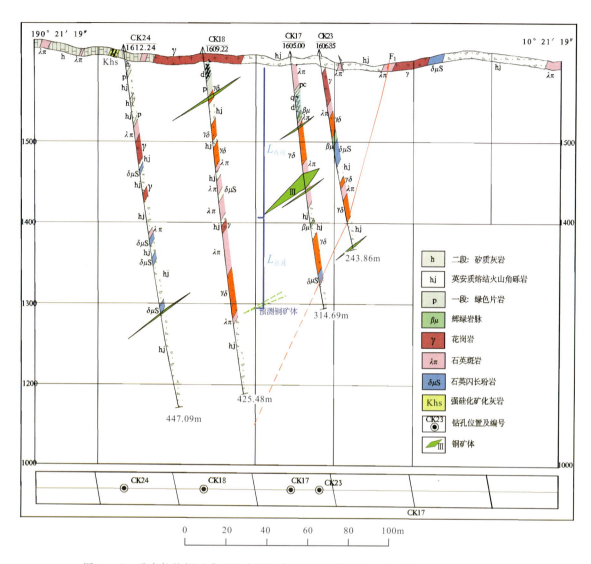

图 14-7 欧布拉格铜矿典型矿床深部资源量延深确定方法及依据(据矿区勘查线剖面)

表 14-6 欧布拉格铜矿典型矿床深部及外围资源量估算一览表

典型矿床		深部及外围		
已查明资源量(t)	20 088.48	深部	面积(m²)	23 035.36
面积(m²)	23 035.36		深度(m)	100
深度(m)	240	外围	面积(m²)	26 009
品位(%)	1.17		深度(m)	340
比重(t/m³)	2.99	预测资源量(t)		40 127.75
体积含矿率(t/m³)	0.0036	典型矿床资源总量(t)		60 216.23

2. 模型区的确定、资源量及估算参数

模型区为典型矿床所在的最小预测区。欧布拉格典型矿床查明资源量 20 088.48t,按本次预测技术要求计算模型区资源总量为 60 216.23t。模型区内无其他已知矿点存在,则模型区资源总量=典型

矿床资源总量，模型区面积为依托 MRAS 软件采用少模型工程神经网络法优选后圈定，延深根据典型矿床最大预测深度确定。由于模型区内含矿地质体边界可以确切圈定，但其面积与模型区面积一致，由模型区含地质体面积/模型区总面积得出，模型区含矿地质体面积参数为 1。由此计算含矿地质体含矿系数（表 14-7）。

表 14-7　欧布拉格式铜矿模型区预测资源量及其估算参数表

编号	名称	模型区资源总量(t)	模型区面积(m^2)	延深(m)	含矿地质体面积(m^2)	含矿地质体面积参数	含矿地质体含矿系数
A1504601001	欧布拉格	60 216.23	13 390 000	340	13 390 000	1	0.000 013

3. 最小预测区预测资源量

欧布拉格铜矿预测工作区最小预测区资源量定量估算采用地质体积法进行估算。

（1）估算参数的确定。最小预测区面积是依据综合地质信息定位优选的结果；延深的确定是在研究最小预测区含矿地质体地质特征、含矿地质体的形成深度、断裂特征、矿化类型，并在对比典型矿床特征的基础上综合确定的；相似系数的确定，主要依据 MRAS 生成的成矿概率及与模型区的比值，参照最小预测区地质体出露情况、化探及重砂异常规模及分布、物探解译隐伏岩体分布信息等进行修正。

（2）最小预测区预测资源量估算结果。本次铜预测资源总量为 425 698.03t，详见表 14-4。

4. 预测工作区资源总量成果汇总

欧布拉格铜矿预测工作区地质体积法预测资源量，依据资源量级别划分标准，根据现有资料的精度，可划分为 334-1、334-2 和 334-3 三个资源量精度级别；根据各最小预测区内含矿地质体、物化探异常及相似系数特征，预测延深参数均在 2000m 以浅。

根据矿产资源潜力评价预测资源量汇总标准，欧布拉格式铜矿预测工作区按精度、预测深度、可利用性、可信度统计分析结果见表 14-8。

表 14-8　欧布拉格式铜矿预测工作区预测资源量估算汇总表

按预测深度			按精度		
500m 以浅	1000m 以浅	2000m 以浅	334-1	334-2	334-3
425 698.03	425 698.03	425 698.03	40 127.75	173 707.51	211 862.78
合计：425 698.03			合计：425 698.03		
按可利用性			按可信度		
可利用	暂不可利用		≥0.75	≥0.5	≥0.25
213 835.26	211 862.78		213 800	394 500	425 698.03
合计：425 698.03			合计：425 698.03		

注：表中预测资源量单位均为 t。

第十五章 宫胡洞式复合内生型铜矿预测成果

第一节 典型矿床特征

一、典型矿床及成矿模式

(一)矿床特征

1. 矿区地质背景

宫胡洞铜矿床位于内蒙古自治区达尔罕茂明安联合旗境内。地理坐标:东经110°28′00″—110°31′00″,北纬41°45′00″—41°46′00″。

矿区主要出露地层为中—新元古界白云鄂博群呼吉尔图组(Qbh),主要岩性由暗灰色钙硅质角岩、硅质泥岩、粉砂岩、泥晶灰岩等组成。

区内岩浆活动主要以海西晚期黑云母花岗岩为主,侵入于白云鄂博群呼尔图组中。主要岩石类型有以下几种:

不等粒似斑状黑云母花岗岩,呈岩基产出,在矿区南部大面积出露,呈东西狭长带状分布,成分为钾长石、斜长石、石英、黑云母,半自形粒状结构,块状构造。

似斑状黑云母花岗岩,分布于东矿化带的南部和东西矿化带之间,出露范围较小,斑晶为石英、正长石,少量的斜长石。斑状结构,块状构造,呈岩株状侵入于白云鄂博群呼尔图组之中。在接触带附近有较多的紫色萤石,是本区的成矿母岩。在接触带上或内接触带有化探异常,并有矽卡岩存在。

岩脉有闪斜煌斑岩、闪长玢岩、闪长岩、石英岩等,均侵入于白云鄂博群之中,破坏了矿体的完整性,并使之贫化。

本区位于狼山-白云鄂博裂谷带纬向构造体系的中北部。额布尔讨来图-合同庙深断裂带南侧,区内地层走向65°~75°,倾向北西,倾角60°~80°,深部地层有倒转现象,基本属于单斜构造。断裂构造走向以近东西向及北西向为主,矿床(矿体)与北西—近东西向构造关系密切,是主要的控矿构造。

2. 矿床地质

矿体的分布形态:本区铜矿化很普遍,矽卡岩型为本矿区主要类型,形成了工业矿体,赋存于外接触带的结晶灰岩顶、底板的矽卡岩之中。

宫胡洞矿区矽卡岩断续出露长达2500m,断层的影响使之沿走向中断,东端相对向南西平移,水平断距达1200m。矿区分为东矿带和西矿带两个矿化带。

东矿带断续出露长达1400m,中间被似斑状黑云母花岗岩吞没并缺失。矿化较弱,矿体规模小,分布不集中,形成工业矿体有4个。

西矿带长1100m,断层的影响使之沿走向中断,西端向北平移,水平断距达170m。矿化较强,形成工业矿体有16个,其中盲矿体5个,主要矿化体均分布于该矿化带东端。

矿体规模大小不一,长27.23～238.66m,厚度1.0～13.94m,延深19.94～279.13m,其中6号、10号、16号、14号4个矿体规模最大,21号矿体规模最小,形态基本可分为透镜状、似层状两种,沿走向或沿倾斜方向有分叉尖灭或膨胀收缩现象,产状与围岩基本一致,走向70°～50°,倾向北西,倾角65°～80°。

6号矿体位于西矿化带东端12线,赋存于结晶灰岩中部的矽卡岩之中。10号矿体位于西矿化带东部的12～4线之间,赋存于结晶灰岩顶板的矽卡岩之中。16号矿体位于西矿化带中部的4～8线(图15-1)之间,赋存于结晶灰岩底板的矽卡岩之中。14号矿体位于4～8线之间,为盲矿体,规模较大,赋存于结晶灰岩底板的矽卡岩之中。

矿石结构、构造特征:矿石结构为自形—半自形晶和他形粒状、雨滴状、乳滴状4种。以他形粒状结构最常见。矿石构造主要为浸染状、细脉浸染状,极少的细脉、团块状和马尾丝状。

1)矿石矿物成分

(1)黄铜矿。矿石中一般含量1%～2%,最高达3%～5%,呈他形粒状,半自形或自形晶,粒径一般为0.01～0.5mm,最大者为2mm,最小者为0.005mm,黄铜矿沿石榴石晶体边缘、石榴石晶体与透辉石晶体接触处或石榴石和透辉石裂隙充填或交代,有的形成环带状构造,与斑铜矿、闪锌矿密集共生,呈粒状或粒状集合体浸染于矽卡岩之中。少数黄铜矿与闪锌矿呈镶嵌结构或雨滴状(粒径一般为0.005～0.3mm),产于闪锌矿晶体内。呈雨滴状者情况有:一种呈他形粒状,具棱角,边缘不平直,具溶蚀现象,为内生交代作用生成;另一种是呈浑圆状,粒径微小(0.01～0.002mm)或更小,分布均匀,为固溶体分离产物。黄铜矿也有呈雨滴状(粒径0.01～0.05mm)产于斑铜矿之中。

(2)斑铜矿。矿石中一般含量1%,最高达2%～3%,呈他形粒状,个别为半自形晶粒状,粒径一般为0.02～0.2mm,大者1.5mm,小者0.01mm,沿矽卡岩主要矿物颗粒或裂隙充填交代,与黄铜矿、闪锌矿一起呈他形粒状或粒状集合体赋存于矽卡岩之中,少数与黄铜矿呈镶嵌结构,或斑铜矿周围有黄铜矿,二者边缘不规则。

(3)闪锌矿。矿石中一般含量0.4%,最高达1%～3%,呈他形粒状,极个别半自形晶粒状,粒径一般为0.03～0.2mm,最大者1.5mm,最小者0.01mm;除与黄铜矿、斑铜矿密集共生赋存于矽卡岩之中外,有的呈脉状充填于矽卡岩裂隙之中,有的与黄铜矿呈镶嵌结构。

(4)辉铜矿。微量,呈他形粒状,与斑铜矿、黄铜矿共生。

(5)黄铁矿和磁黄铁矿。矿石中含量一般为1%～2%,最高者3%～4%,常呈自形晶、半自形晶或他形粒状,粒径一般为0.05～0.2mm,最大者0.9mm,最小者0.005mm,与黄铜矿密集共生,极少数与黄铜矿呈镶嵌结构,并交代黄铜矿。

另外,尚有微量磁铁矿、白铁矿均与铜矿共生,在矿体下部尚有自形晶或半自形之毒砂。

2)脉石矿物

(1)石榴石。呈自形晶、半自形晶和他形粒状,颗粒较粗,粒径为0.5～5mm,少量为0.07～0.3mm,按种属可分为钙铁榴石和钙铝榴石两种。钙铁榴石呈褐红色,常与透辉石组成简单矽卡岩。钙铝榴石呈灰白色,具环带构造,含早期透辉石较多。除被金属矿物交代外,也有被方解石、绿泥石、石英等矿物交代。石榴石油浸测定结果证明:不同种属的石榴石与铜矿物出现与否无特定关系,二者均可含矿。

(2)透辉石。呈短柱状自形晶、半自形晶和他形粒状,颗粒较细,粒径为0.02～0.05mm,少数0.1～0.2mm,呈集合体产状较多,除被金属矿物交代外,尚有被方解石、石英、绿泥石等矿物交代,具少量钙铁辉石。

另外,脉石矿物有方解石、绿泥石、符山石、硅灰石、透闪石、绿帘石、蛇纹石、萤石等。

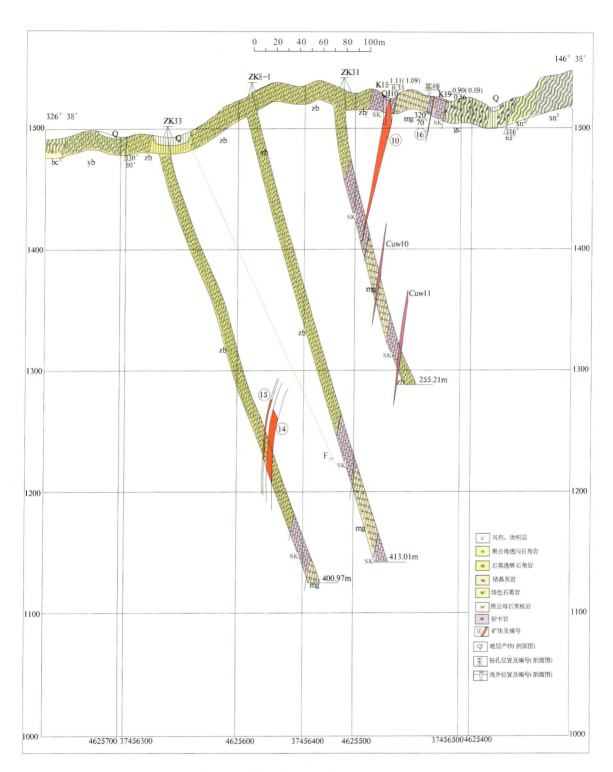

图 15-1　宫胡洞铜矿西矿带 8 号勘探线剖面图

本区共分析样品 1756 个，东矿化带矿体(333)平均品位 0.94%；西矿化带矿体(333+122b)平均品位 0.98%；全矿区矿体(333+122b)平均品位 0.98%，全矿区保有矿体(333+122b)平均品位 0.98%。

Cu 元素呈单矿物产出，地表氧化带主要为孔雀石、黑铜矿，原生带主要为黄铜矿、斑铜矿。

3）矿石类型

根据氧化铜、硫化铜的比例不同，可分为氧化矿石和硫化矿石。

（1）氧化矿石：氧化铜的铜金属含量占总铜金属量的70%以上，地表矿石为氧化矿石。本区的氧化深度一般在8m到十几米之间，最深不超过20m。铜金属氧化矿物主要为孔雀石、黑铜矿和少量的蓝铜矿，氧化矿石中有微量铜的硫化物——黄铜矿浸染于矽卡岩中，褐铁矿化比较发育，矿石较破碎的地段，品位较富。

（2）硫化矿石：根据有用矿物含量的比例、结构、构造分为4种类型。

①黄铜矿型。灰绿色，金属矿物主要是黄铜矿，脉石矿物为石榴石、透辉石，中粒结构，浸染状或细脉浸染状构造，主要分布于10号、16号矿体。一般为贫矿，为主要工业类型之一。

②斑铜矿-黄铜矿型。呈褐色或褐灰色，金属矿物为黄铜矿、斑铜矿，脉石矿物主要为石榴石，少量透辉石，粗、中粒结构，细脉浸染状构造。主要分布于14号、15号体。一般为富矿，为本区主要工业类型之一。

③闪锌矿、斑铜矿、黄铜矿型。呈褐灰色，金属矿物为斑铜矿、黄铜矿及闪锌矿，脉石矿物主要为石榴石、透辉石，粗、中粒结构，斑铜矿、黄铜矿呈细脉浸染体。闪锌矿一般呈褐黑色脉状。

④磁黄铁矿（黄铁矿）-黄铜矿型。矿石呈灰绿色。金属矿物主要为黄铜矿、磁黄铁矿和黄铁矿，脉石矿物主要为透辉石，次为石榴石，中细粒结构，浸染状构造。主要分布于10号矿体，一般为贫矿。

4）围岩蚀变

除矽卡岩化外，围岩蚀变尚有绿泥石化、碳酸盐化、硅化、萤石化、绿帘石化、蛇纹石化。与矿化有关的前五种，特别是绿泥石化及碳酸盐化与矿化关系最密切。本区铜矿工业矿体均赋存于外接触带的矽卡岩中。

5）矽卡岩的分带性

沿含矿层（矽卡岩和结晶灰岩的统称）厚度方向，上、下为矽卡岩带，中间为结晶灰岩、矽卡岩化结晶灰岩、透辉石硅灰石矽卡岩和石榴石硅灰石矽卡岩。上、下矽卡岩带均有分带现象，自下而上按岩性可分为：透辉石矽卡岩、石榴石-透辉石矽卡岩、石榴石硅灰石矽卡岩和透辉石硅灰石矽卡岩。

6）矿化与围岩的关系

矿体与围岩界线不清，呈渐变变化。矿体赋存于矽卡岩之中，矿体主要受断层构造带控制。本矿区矿体顶、底板岩石均较破碎，浸染状矿石与非矿的界线不清，围岩与矿体的区别在于铜的金属富集程度不同。品位大于0.3%时为矿体，小于0.3%时为围岩或夹石。

3. 宫胡洞铜矿床成因类型及成矿时代

矿区南部有二叠纪—三叠纪不等粒似斑状黑云母二长花岗岩或似斑状黑云花岗岩出露，为含矿热液提供了丰富的来源。结合矿石物质成分、共生组合和结构构造，认为本区铜矿属接触交代型铜矿。含矿热液沿结晶灰岩的顶、底板层间断裂运移，并交代结晶灰岩，在矽卡岩化时期形成简单矽卡岩，石英硫化物时期形成铜的工业矿体，矿体均赋存于矽卡岩之中。成矿时代为二叠纪—三叠纪。

（二）矿床成矿模式

根据宫胡洞铜矿床地质特征，其矿床成矿模式如图15-2所示。

二、典型矿床地球物理特征

1. 矿床航磁及地磁特征

1∶50万与1∶5万航磁平面等值线图显示，磁场表现变化范围不大，在0～100nT之间，异常特征

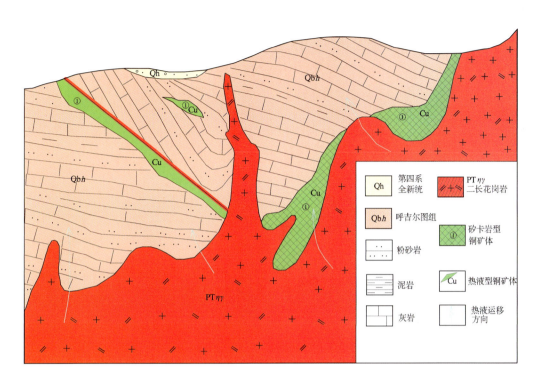

图 15-2 宫胡洞接触交代型矿床成矿模式

不明显。据 1:1 万地磁平面等值线图,磁场总体表现为低缓的负磁场,西北部出现两个正异常,极值达 300nT。

2. 矿床所在区域重力特征

宫胡洞铜矿在布格重力异常图上位于布格重力异常相对低值区,Δg 为 $(-184.91\sim-182.46)\times 10^{-5}\,\mathrm{m/s^2}$,矿区位于两个布格重力异常极低值之间的宽缓处。在剩余重力异常图上,宫胡洞铜矿位于 L 蒙-565 剩余负异常西部,Δg 为 $-8.68\times10^{-5}\,\mathrm{m/s^2}$。根据重力特征,矿区所在的东西向条带状布格和剩余重力异常是酸性岩体的反映。

三、典型矿床地球化学特征

据 1:20 万化探资料,Sn 元素在宫胡洞矿区周围和宫胡洞一带有多处浓集中心,呈串珠状分布,浓集中心明显,强度高;Cu、Cd 元素在预测工作区多为高背景分布,Cu 在预测工作区北西部存在一处浓集中心,浓集中心明显,强度高,且与 Ag、Cd、W 套和较好,Cu 在宫胡洞矿区北西有多处浓集中心,浓集中心明显,强度高,连续性好。

四、典型矿床预测模型

根据典型矿床成矿要素和矿区航磁资料以及区域重力、化探资料,确定典型矿床预测要素,编制典型矿床预测要素图。矿床所在地区的系列图表达典型矿床预测模型(图 15-3、图 15-4)。总结典型矿床综合信息特征,编制典型矿床预测要素表(表 15-1)。

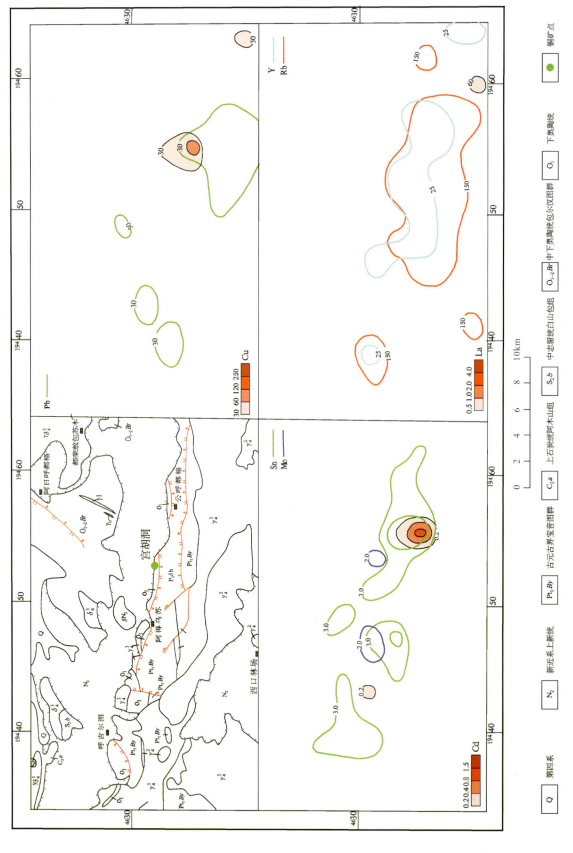

图 15-3 宫胡洞砂卡岩型铜矿化探组合异常剖析图

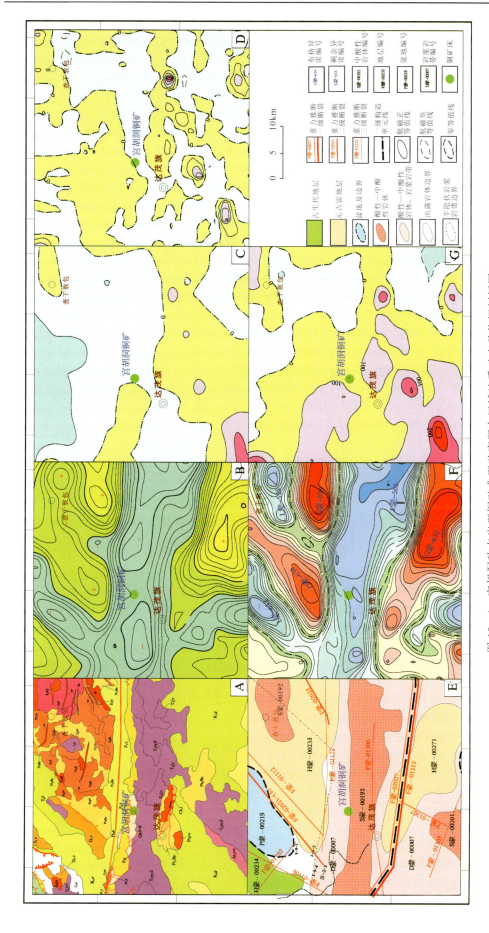

图 15-4 宫胡洞砂卡岩型铜矿典型矿床所在区域地质矿产及物探剖析图

A. 地质矿产图；B. 布格重力异常图；C. 航磁 ΔT 等值线平面图；D. 航磁 ΔT 化极垂向一阶导数等值线平面图；E. 重力推断地质构造图；F. 剩余重力异常图；G. 航磁 ΔT 化极等值线平面图

表 15-1 宫胡洞式矽卡岩型铜矿典型矿床预测要素表

成矿要素		描述内容			要素类别
储量		铜金属量:15 495t	平均品位	铜 0.96%	
特征描述		与海西晚期侵入岩有关的接触交代型铜矿床			
地质环境	构造背景	华北陆块北缘狼山-白云鄂博裂谷			必要
	成矿环境	华北地台北缘西段金、铁、铌、稀土、铜、铅、锌、银、镍、铂、钨、石墨、白云母成矿带,白云鄂博-商都金、铁、铌、稀土、铜、镍成矿亚带			必要
	成矿时代	三叠纪			必要
矿床特征	矿体形态	似层状、透镜状			重要
	岩石类型	主要为条带状结晶灰岩、石英透辉石角岩、石英岩、板岩、黑云母透闪石角岩			必要
	岩石结构	微细粒粒状变晶结构、角岩结构			次要
	矿物组合	以黄铜矿、斑铜矿为主,磁黄铁矿(黄铁矿)次之,闪锌矿、毒砂少量。氧化矿主要为孔雀石、黑铜矿和蓝铜矿			次要
	结构构造	结构:中细—中粗粒粒状结构 构造:细脉浸染状构造、浸染状构造			次要
	蚀变特征	矽卡岩化、绿泥石化、碳酸盐化、硅化、萤石化、绿帘石化			重要
	控矿条件	受呼吉尔图组与海西期斑状黑云母二长花岗岩远离岩体外接触带中矽卡岩化带控制			必要
	风化	黄铜矿出露地表多形成转石,大量存在流失孔、铁帽、孔雀石等表生氧化产物			次要
矿床物化探特征	重力	宫胡洞铜矿在布格重力异常图上位于布格重力异常相对低值区,Δg 为 $-184.91 \sim -182.46 \times 10^{-5}$ m/s²,矿区位于两个布格重力异常极低值之间的宽缓处。在剩余异常图上,宫胡洞铜矿位于 G 蒙-634 剩余正异常与 L 蒙-565 剩余负异常之间的零值区			重要
	航磁	据 1:1 万地磁平面等值线图,磁场总体表现为低缓的负磁场,西北部出现两个正异常,极值达 300nT			次要
	化探	矿床附近形成了 Cu、Ag、Bi、As、Zn、Mo、Sn、Hg、W 等元素组合异常,重要指示元素是 Cu、Ag、Bi、As、Zn、W、Sn、Mo。内带矿体附近主要为 Cu、Au、Ag 组合异常,矿区原生晕主要指示元素为 Cu、Au、Ag,伴生指示元素为 Pb、Zn、As、Sb、Bi			必要

第二节 预测工作区研究

宫胡洞铜矿预测工作区范围:东经 110°15′—116°15′,北纬 41°40′—42°00′。

一、区域地质特征

1. 成矿地质背景

预测工作区大地构造位置位于:①天山-兴蒙造山系(Ⅰ)、包尔汉图-温都尔庙弧盆系(Ⅰ-8)、温都尔庙俯冲增生杂岩带(Ⅰ-8-2);②华北陆块区(Ⅱ)、狼山-阴山陆块(Ⅱ-4)、固阳-兴和陆核(Ⅱ-4-1)。

预测工作区主要出露白云鄂博群的 2 个组:白音布拉格组四段(Qbb^4),分布于矿区南部,走向

$50°\sim60°$，倾向北西，倾角 $60°\sim70°$，主要为深灰色变条石英砂岩；呼吉尔图岩组一至三段，主要为结晶灰岩、石英透辉石角岩、黑云母透闪石角岩、黑云母板岩等。铜矿体赋存在此段的亮晶碳酸盐岩建造中。下二叠统苏吉组（P_1s）凝灰岩分布于矿区北部。其主要控矿地层为白云鄂博群呼吉尔图岩组的一岩段的亮晶碳酸盐岩建造。

预测工作区所出露的晚三叠世岩体类型较多，有二长花岗岩（$T_3\eta\gamma$）、似斑状二长花岗岩（$T_3\pi\gamma$）、花岗岩（$T_3\gamma$）、石英正长岩（$T_3\xi o$）、含霓辉钠闪正长岩（$T_3\chi\xi$）和似斑状花岗岩（$T_3\pi\gamma$）。

出露与成矿有关岩体主要为晚三叠世中酸性花岗岩类，分布于预测工作区的西南部、南部及东南部，平面形态为不规则近东西向展布的条状，呈岩株产出。岩体围岩主要为中新元古界白云鄂博群呼吉尔图组一段（Qbh^1）和二段（Qbh^2）以及白音布拉格组四段（Qbb^4）。成矿岩体主要是晚三叠世二长花岗岩（$T_3\eta\gamma$）侵入白云鄂博群碳酸盐岩建造中，在接触带形成矽卡岩。

灰黄色中粗粒石英正长岩（$T_3\xi o$），岩石为中粗粒结构、块状构造。主要由钾长石（70%）、斜长石（24%）、石英（5%）、黑云母（1%）组成。SiO_2 含量 60.17%，Na_2O 含量 5.07%，K_2O 含量 5.91%，$K_2O>Na_2O$，A/CNK=0.71，属钾质碱性系列岩石。

肉红色粗粒含霓辉钠闪正长岩，岩石为粗粒结构、块状构造。主要由钾长石（80%）、斜长石（10%）、石英（2%）、黑云母（5%）、钠闪石（3%）和少量霓辉石组成。SiO_2 含量 66.68%，Na_2O 含量 4.25%，K_2O 含量 6.33%，$Na_2O<K_2O$，A/CNK=0.97，属钾质碱性系列岩石类型。

灰白色中粒二长花岗岩（$T_3^2\eta\gamma$）：岩石为中粒结构、块状构造。主要由钾长石 25%～30%、斜长石 35%～40%、石英 30%、黑云母 4% 组成。SiO_2 含量 73.78%，Na_2O 含量 3.25%，K_2O 含量 4.64%，$Na_2O<K_2O$，A/CNK=1.16，属钾质过铝质碱性系列岩石。

灰黄色中粒似斑状二长花岗岩（$T_3^2\pi\gamma$）：岩石为似斑状结构、块状构造。主要斑晶：钾长石（5%），基质：钾长石（40%～45%）、斜长石（25%～30%）、石英（20%）、黑云母（5%）。SiO_2 含量 73.89%，Na_2O 含量 3.25%，K_2O 含量 4.48%，$Na_2O<K_2O$，A/CNK=1.10，属钾质碱性系列岩石。

灰白色中粒似斑状花岗岩（$T_3\pi\gamma$）：岩石为似斑状结构、块状构造。主要斑晶：钾长石（5%），基质：钾长石（45%）、斜长石（20%）、石英（28%）、黑云母（2%）。SiO_2 含量 73.89%，Na_2O 含量 3.08%，K_2O 含量 4.92%，$Na_2O<K_2O$，A/CNK=1.16，属钾质过铝质碱性系列岩石。

肉红色粗粒花岗岩（$T_3\gamma$）：岩石为粗粒结构、块状构造。主要由钾长石（60%～75%）、斜长石（2%～12%）、石英（20%～25%）、黑云母（3%）组成。SiO_2 含量 72.34%，Na_2O 含量 2.93%，K_2O 含量 4.93%，$Na_2O<K_2O$，A/CNK=1.0，属高钾偏铝质钙碱性系列岩石。

土黄色粗粒二长花岗岩（$T_3\eta\gamma$）：岩石为粗粒结构、块状构造。主要由钾长石（40%）、斜长石（35%）、石英（25%）和少量黑云母组成。SiO_2 含量 72.54%～75.78%，Na_2O 含量 2.19%～4.18%，K_2O 含量 4.40%～6.88%，$Na_2O<K_2O$，A/CNK=0.97～1.08，属高钾质碱性系列岩石。

灰白—肉红色中粗粒似斑状二长花岗岩：岩石为似斑状结构、块状构造。主要斑晶：钾长石（15%～30%），基质：斜长石（30%～35%）、钾长石（10%～45%）、石英（20%～25%）、黑云母（5%）。SiO_2 含量 73.36%～73.95%，Na_2O 含量 3.29%～3.41%，K_2O 含量 4.66%～4.80%，$Na_2O<K_2O$，A/CNK=1.02～1.08，属钾质过铝质钙碱性系列岩石。

预测工作区总体构造线方向以北东向、北北东向及近东西向为主，断层以逆断层、正断层为主，少量平推断层。预测工作区的褶皱主要为背斜、向斜，其轴部方向以北东向为主。由于受多次造山运动的影响，形成了近东西向的额布尔讨来图-合同庙深断裂，使古生代及其以前的地层发生褶皱和次一级断裂构造，控制了侵入岩和喷出岩呈东西向的条带状分布，以北西向断裂组发育。在深断裂两侧形成有不同次序、不同等级的构造，为矿液上升、运移和富集创造了良好的地质构造条件。矿区位于额布尔讨来图-合同庙深断裂带南侧，属于单斜构造，岩层走向 $65°\sim75°$，倾角 $60°\sim80°$。

预测工作区由于岩体的侵入，沿接触带发生了强烈的交代作用、蚀变作用及热变质作用，形成了一个较宽大的蚀变带。

内蚀变带:其范围仅限于岩体边部至接触带附近,没有明显的界线,该带宽度不一,主要特征为钾长石化、钠长石化、硅化、绿帘石化等。

接触变质蚀变带:此带是岩体与亮晶碳酸盐岩建造的接触带,蚀变较为强烈,矽卡岩带均有分带性,自下而上按岩性分为:①透辉石矽卡岩,一般不含矿,但在围岩蚀变强烈之处铜矿物富集构成工业矿体;②石榴石-透辉石矽卡岩,工业矿体一般赋存其中;③石榴石矽卡岩和透辉石矽卡岩,一般不含矿。

远矿围岩蚀变类型还有有绿泥石化、碳酸盐化、硅化、萤石化、绿帘石化和蛇纹石化等。

2. 区域成矿要素

预测工作区区域成矿特征见成矿要素表(表 15-2)。

表 15-2 宫胡洞预测工作区区域成矿要素表

区域成矿要素		描述内容	要素类别
地质环境	大地构造位置	华北地台北缘西段,狼山-阴山陆块(大陆边缘岩浆弧),狼山-白云鄂博裂谷	重要
	成矿区(带)	Ⅲ-11-①白云鄂博-商都金、铁、铌、稀土、铜、镍成矿亚带	次要
	区域成矿类型及成矿期	矽卡岩型,三叠纪	重要
控矿地质条件	赋矿地质体	白云鄂博群呼吉尔图组与早—晚三叠世二长花岗岩外接触带	重要
	控矿侵入岩	早—晚三叠世二长花岗岩	重要
	主要控矿构造	与北西向(近东西向)断裂构造有一定关系	重要
预测工作区同类型矿点		小型矿床1个、矿点2个	必要

二、区域地球物理特征

1. 磁异常特征

在航磁 ΔT 等值线平面图上,宫胡洞预测工作区磁异常幅值范围为 $-600\sim1400\mathrm{nT}$,全预测工作区以 $0\sim100\mathrm{nT}$ 磁异常值为磁场背景,异常轴向以北东向和北西向为主。预测工作区西北部为正异常区,梯度变化不是很大,异常不封闭;西南有一组类似雁形排列正异常带,幅值和梯度都不大;中南部和东北部均有强度和梯度变化较大的正异常带,异常轴分别为北西向和北东向。宫胡洞铜矿区位于预测工作区西部,磁异常背景为 0nT 等值线附近的低缓异常。

宫胡洞预测工作区磁法推断地质构造图显示,断裂构造与磁异常轴一致,在磁场上,东部断裂表现为磁异常梯度带,西部走滑断层表现为雁行状异常带。预测工作区西北部不封闭异常磁法推断解释为酸性和中酸性岩浆岩体;预测工作区中部和南部正磁区异常与地质上出露的中酸性和酸性侵入岩体对应;预测工作区东北部弧形磁异常带推断解释为中酸性岩浆岩体,其南部串珠状异常推断解释为超基性岩。宫胡洞预测工作区磁法共推断断裂 11 条、侵入岩体 13 个。

2. 重力异常特征

宫胡洞式接触交代型铜矿预测工作区位于呈近东西向展布的宝音图-白云鄂博-商都重力低值带上,该重力低值带的布格重力异常值为 $(-180\sim-160)\times10^{-5}\mathrm{m/s^2}$。

预测工作区区域重力场反映北部重力高、南部重力低的特点。南部带状低重力异常带,最低值达 $-185\times10^{-5}\mathrm{m/s^2}$。在剩余重力异常图上,该区域有近东西向带状展布的负剩余重力异常,地表多处出露酸性岩,由物性资料和地质资料分析,推断此低重力异常为S型花岗岩带的反映。北部高重力异常区在剩余重力异常图上呈面状剩余重力正异常,地表出露为古生代、元古宙地层,据此推测该区高重力异常为老地层所致。预测工作区东北部为重力异常高值区,最高达到$-145\times10^{-5}\,m/s^2$,在剩余重力异常图上表现为椭圆状剩余重力正异常,以及零星出露的中基性岩体,将其推断为基性岩体的反映,其南部的重力等值线同向扭曲带,推断为二级断裂。北部区穿插了一条北东向展布的低重力异常带,此异常带地表被第四系覆盖,在剩余重力图中为面状负异常,将其推断为中生代盆地。盆地南侧重力等值线密集带及串珠状磁异常,推断为二级断裂。

预测工作区内重力推断解释断裂构造9条,中—酸性岩体2个,地层单元3个,中—新生代盆地1个。

三、区域地球化学特征

区域上分布有Cu、Au、Ag、As、Cd、Sb、W等元素组成的高背景区带,在高背景区带中有以Cu、Au、Ag、Cd、Sb、W、As为主的多元素局部异常。预测工作区内共有13个Ag异常,10个As异常,19个Au异常,17个Cd异常,13个Cu异常,13个Mo异常,10个Pb异常,8个Sb异常,22个W异常,5个Zn异常。

Ag元素在预测工作区呈高背景分布,在后苏吉周围存在规模较大的Ag局部异常,有明显的浓度分带和浓集中心;As、Sb元素在预测工作区西部呈高背景分布,东部呈背景及低背景分布,在后苏吉以北存在规模较大的As、Sb组合异常,具有明显的浓度分带和浓集中心,呈北东向条带状分布;Au元素在宫胡洞矿区周围和宫胡洞以北3km处有多处浓集中心,呈串珠状分布,浓集中心明显,强度高;Cu、Cd元素在预测工作区多为高背景分布,Cu在预测工作区北西部存在一处浓集中心,浓集中心明显,强度高,且与Ag、Cd、W套合较好,Cu在宫胡洞矿区北西有多处浓集中心,浓集中心明显,强度高,连续性好;W元素在预测工作区呈高背景分布,在后哈日哈达北西有多处浓集中心,呈串珠状分布;Mo元素在预测工作区呈背景、高背景分布,浓集中心少且分散;Pb、Zn在区内呈背景及低背景分布。

元素异常组合套合较好的分别编号为AS1和AS2。AS1的异常元素为Cu、Pb、Zn,Cu元素浓集中心明显,强度高,存在明显的浓度分带,Pb、Zn套合较好;AS2的异常元素有Cu、Pb、Zn、Cd,Cu元素浓集中心明显,强度高,Zn、Cd与Cu呈同心环状分布,套合好。

四、区域遥感影像及解译特征

预测工作区遥感共解译出线要素93条(巨型断层1条、大型断层1条、中型断层5条、小型断层86条),色要素2个,环要素10个,块要素3个,带要素49块。

本预测工作区在遥感图像上表现为近东西走向,主构造线以压性构造为主;北北东向构造为辅,零星出露短小的北西向构造,组成本地区的弧、菱形断块状构造格架。在大构造之间形成了次级千米级的小构造,而且多数为张性或张扭性小构造,这种构造多数为储矿构造,密集千米级小构造密集区域往往有利于成矿。

本预测工作区内遥感解译出1条巨型断裂带,即华北陆块北缘断裂带,近于横跨全预测工作区,影纹穿过山脊、沟谷断续东西向分布;显现较古老线性构造,影像上判断该线型构造两侧地层体较复杂,线型构造穿过多套地层体,并且是两套地层系统的分界线。

本预测工作区内共圈出10个环形构造。环状构造在预测工作区内为西侧分布密集,其他地区没有分布。

本预测工作区内遥感共解译出色异常2处,均由青磐岩化引起,它们在遥感图像上均显示为深色色调异常,呈细条带状分布,从空间分布上看,区内的色调异常明显与断裂构造及环形构造有关,在西南部断裂交会部位,色调异常呈不规则状分布。

五、自然重砂特征

在预测工作区内,利用拐点法确定背景值及异常下限,共圈出 1 处 Ⅱ 级铜矿自然重砂异常。测区成矿类型为宫胡洞式接触交代型铜矿床,预测工作区主要出露中元古界白云鄂博群呼吉尔图组、上石炭统阿木山组二岩段,岩性为凝灰岩夹灰岩透镜体及细砂岩。志留系巴特敖包群西别河组,岩性为灰岩夹变质砂岩。

铜矿均赋存于灰绿色、草绿色石榴石矽卡岩中,呈透镜状产出。铜矿主要受岩浆活动控制,但构造及围岩性质起着重要作用,围岩碳酸盐岩接触交代多形成含铜矽卡岩,部分富集成矿。本区矿点多,成矿条件好,故是铜矿的远景区。

六、区域预测模型

根据预测工作区区域成矿要素、化探、航磁、重力、遥感及自然重砂资料,建立了本预测工作区的区域预测要素,并编制预测工作区预测要素图和预测模型图。

区域预测要素图以区域成矿要素图为基础,综合研究重力、航磁、化探、遥感、自然重砂等致矿信息,总结区域预测要素表(表 15-3),并将综合信息各专题异常曲线或区全部叠加在成矿要素图上,在表达时可以出单独预测要素(如航磁)的预测要素图。

表 15-3 宫胡洞复合内生型铜矿预测工作区预测要素表

区域成矿要素		描述内容	要素类别
地质环境	大地构造位置	华北地台北缘西段,狼山-阴山陆块(大陆边缘岩浆弧),狼山-白云鄂博裂谷	重要
	成矿区(带)	Ⅲ-11-①白云鄂博-商都金、铁、铌、稀土、铜、镍成矿带	次要
	区域成矿类型及成矿期	复合内生型(Cu),海西晚期	重要
控矿地质条件	赋矿地质体	白云鄂博群呼吉尔图组与早—晚三叠世二长花岗岩外接触带	重要
	控矿侵入岩	早—晚三叠世二长花岗岩	重要
	主要控矿构造	与北西向(近东西向)断裂构造有一定关系	重要
预测工作区同类型矿点		小型矿床 1 个、矿点 2 个	必要
地球物理特征	重力异常	剩余重力异常为重力正异常,异常值$(-1\sim1)\times10^{-5}$ m/s^2	重要
	磁法异常	低缓负磁异常,异常值 $-100\sim0$ nT	重要
地球化学特征		Ⅲ级浓度分带,异常值$(10\sim22)\times10^{-6}$	次要
自然重砂异常		1 处 Ⅱ 级铜矿自然重砂异常	次要
遥感特征		Ⅰ级铁染异常	次要

预测模型图的编制,以地质剖面图为基础,叠加区域化探、航磁及重力剖面图而形成,简要表示预测要素内容及其相互关系,以及时空展布特征(图 15-5)。

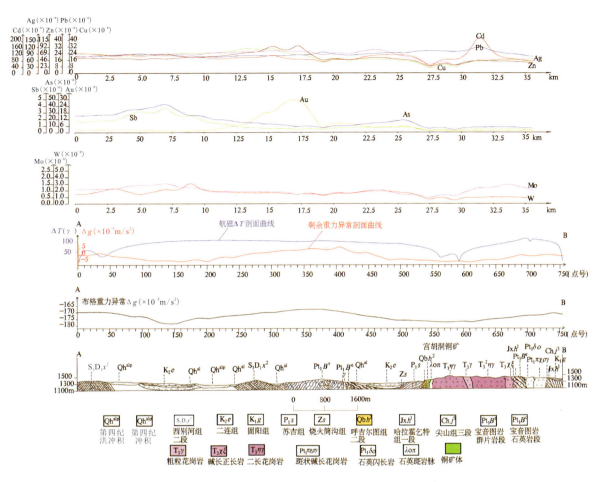

图 15-5 宫胡洞式复合内生型铜矿预测工作区找矿预测模型

第三节 矿产预测

一、综合地质信息定位预测

1. 变量提取及优选

根据典型矿床及预测工作区研究成果，进行综合信息预测要素提取。本次选择网格单元法作为预测单元，预测底图比例尺为1:5万，利用规则网格单元作为预测单元，网格单元大小为 0.5km×0.5km。

地质体(三叠纪花岗岩及白云鄂博群呼吉尔图组)及重砂异常要素进行单元赋值时采用区的存在标志；化探、剩余重力、航磁化极则求起始值的加权平均值，在变量二值化时利用异常范围值人工输入变化区间。

2. 最小预测区圈定及优选

本次利用证据权重法，采用 0.5km×0.5km 规则网格单元，在 MRAS2.0 下，利用少模型预测方法[预测区只有3个已知矿床(点)]进行预测区的圈定与优选。然后在 MapGIS 下，根据优选结果圈定成为不规则形状。

3. 最小预测区圈定结果

叠加所有预测要素变量,根据各要素边界圈定最小预测区。本次工作共圈定各级最小预测区 8 个,其中 A 级最小预测区 1 个(含已知矿床),面积 10.73km²;B 级最小预测区 6 个,面积 50.74km²;C 级最小预测区 1 个,面积 8.66km²。最小预测区总面积 71.13km²(图 15-6,表 15-4)。

图 15-6　宫胡洞矽卡岩型铜矿预测工作区最小预测区圈定结果

表 15-4　宫胡洞矽卡岩型铜矿预测工作区最小预测区圈定结果及资源量估算成果表

最小预测区编号	最小预测区名称	$S_{预}$ (km²)	$H_{预}$ (m)	K_s	K(t/m³)	α	$Z_{预}$(t)	资源量级别
A1504602001	宫胡洞铜矿	10.730	500	1.00	0.00117	1	62 319.80	334-1
B1504602001	宫胡洞东 1km	3.755	500	0.23	0.000 015	0.4	2590.95	334-2
B1504602002	尔登敖包北	30.965	500	0.23	0.000 015	0.4	21 365.85	334-2
B1504602003	伊和日南西	5.110	500	0.23	0.000 015	0.4	3525.90	334-2
B1504602004	查汗朝鲁	11.050	500	0.23	0.000 015	0.3	5718.38	334-3
B1504602005	都荣敖包苏木阿路格龙	0.440	500	0.23	0.000 015	0.3	227.70	334-3
B1504602006	查干敖包苏木加得盖	0.420	500	0.23	0.000 015	0.3	217.35	334-3
C1504602001	额尔登敖包苏木	8.660	500	0.23	0.000 015	0.2	2987.70	334-3

4. 最小预测区地质评价

圈定最小预测区中,已知矿床均分布在 A 级预测区内,说明预测区优选分级原则较为合理;最小预测区圈定结果表明,预测区总体与区域成矿地质背景、化探异常、航磁异常、剩余重力异常吻合程度较好,但与遥感铁染异常、铁族元素重砂异常吻合程度较差(表5-15)。

表15-5 宫胡洞矽卡岩型铜矿最小预测区成矿条件及找矿潜力表

最小预测区编号	最小预测区名称	综合信息特征
A1504602001	宫胡洞铜矿	该最小预测区出露的地层为中新元古界白云鄂博群呼吉尔图组灰色藻席纹层灰岩及粉晶灰岩;南部为早—晚三叠世二长花岗岩;该预测区内有北西向断层1条,近东西向断层6条。呼吉尔图组中有铜矿床1个,航磁化极为低负磁异常,异常值$-100 \sim 0 nT$,剩余重力异常为重力高,异常值$(-1 \sim 1) \times 10^{-5} m/s^2$;铜异常一级浓度分带明显,铜元素化探异常值$(10 \sim 22) \times 10^{-6}$
B1504602001	宫胡洞东1km	该最小预测区出露的地层为中新元古界白云鄂博群呼吉尔图组灰色藻席纹层灰岩及粉晶灰岩;南部为早—晚三叠世二长花岗岩;该预测区内有近东西向断层1条。呼吉尔图组中没有铜矿点,航磁化极为低负磁异常,异常值$-100 \sim 0 nT$,剩余重力异常为重力高,异常值$(-1 \sim 2) \times 10^{-5} m/s^2$;铜异常一级浓度分带不明显
B1504602002	尔登敖包北	该最小预测区出露的地层为中新元古界白云鄂博群呼吉尔图组灰色藻席纹层灰岩及粉晶灰岩;南部为早—晚三叠世二长花岗岩;该预测区内有北西向断层5条,近东西向断层7条,航磁化极为正磁异常,异常值$0 \sim 100 nT$,剩余重力异常为重力低,异常值$(-5 \sim -3) \times 10^{-5} m/s^2$;铜异常一级浓度分带明显,铜元素化探异常值$(10 \sim 22) \times 10^{-6}$
B1504602003	伊和日南西	该最小预测区出露的地层为中新元古界白云鄂博群呼吉尔图组灰色藻席纹层灰岩及粉晶灰岩;南部为早—晚三叠世二长花岗岩;该预测区内有北西向断层5条,近东西向断层7条,航磁化极为正磁异常,异常值$0 \sim 100 nT$,剩余重力异常为重力低,异常值$(-7 \sim -3) \times 10^{-5} m/s^2$;铜异常一级浓度分带明显,铜元素化探异常值$(10 \sim 22) \times 10^{-6}$
B1504602004	查干朝鲁	该最小预测区出露为早—晚三叠世二长花岗岩,航磁化极为正磁异常,异常值$0 \sim 100 nT$,剩余重力异常为重力低,异常值$(-5 \sim -3) \times 10^{-5} m/s^2$;铜异常一级浓度分带明显,铜元素化探异常值$(10 \sim 22) \times 10^{-6}$
B1504603005	都荣敖包苏木阿路格龙	该最小预测区出露的地层为宝音图群石英片岩及角闪石岩;地层中有铜矿化点1个;附近有花岗闪长岩的侵入体;区内航磁化极为正磁异常带,异常值$150 \sim 200 nT$,剩余重力异常为重力低,异常值$(5 \sim 7) \times 10^{-5} m/s^2$
B1504603006	查干敖包苏木加得盖	该最小预测区出露的地层为宝音图群石英片岩及角闪石岩;地层中有铜矿化点1个;附近有花岗闪长岩的侵入体;区内航磁化极为正磁异常带,异常值$150 \sim 200 nT$,剩余重力异常为重力低,异常值$(-3 \sim -1) \times 10^{-5} m/s^2$
C1504602001	额尔登敖包苏木	该最小预测区出露的地层为下二叠统三面井组变质粉砂岩、砂岩及灰岩,可见花岗斑岩脉出露,其下部可能有隐伏岩体,航磁化极为正磁异常,异常值$150 \sim 250 nT$,剩余重力异常为重力高,异常值$(-10 \sim -7) \times 10^{-5} m/s^2$

二、综合信息地质体积法估算资源量

1. 典型矿床深部及外围资源量估算

查明的资源量、体重、铜品位及部分基本数据均来源于包头市同孚矿业有限公司2008年8月编写的《内蒙古自治区达尔罕茂明安联合旗宫胡洞矿区铜矿详查报告》,其中,资源量及品位来自2009年底《内蒙古自治区矿产储量总表》。矿床面积的确定是根据1∶2000宫胡洞铜矿矿区地形地质图及见矿钻孔位置，各个矿体组成的包络面面积(图 15-7)。该矿区矿体绝大多数为地表工程控制矿体，少数为隐伏矿体，矿体延深依据主矿体勘探线剖面图(图 15-8)，具体数据见表 15-6。

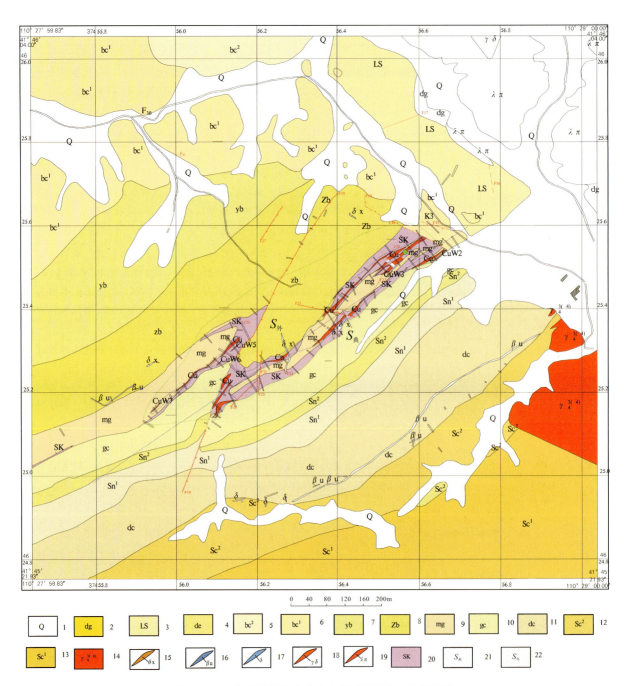

图 15-7 宫胡洞铜矿典型矿床总面积圈定方法及依据

1. 风积、洪积层；2. 苏吉组：凝灰岩；3. 硅质灰岩；4. 石英岩、板岩夹灰岩；5. 黑云母板岩；6. 石英黑云母板岩；7. 黑云母透闪石角岩；8. 石英透辉石角岩；9. 结晶灰岩；10. 淡色石英岩；11. 灰白色变余石英砂岩；12. 黑云母石英板岩；13. 深灰色变余石英砂岩；14. 海西期斑状黑云母花岗岩；15. 闪斜煌斑岩脉；16. 闪长玢岩脉；17. 闪长岩脉；18. 花岗闪长斑岩脉；19. 石英斑岩脉；21. 矿体聚集区段边界范围；22. 典型矿床外围预测范围

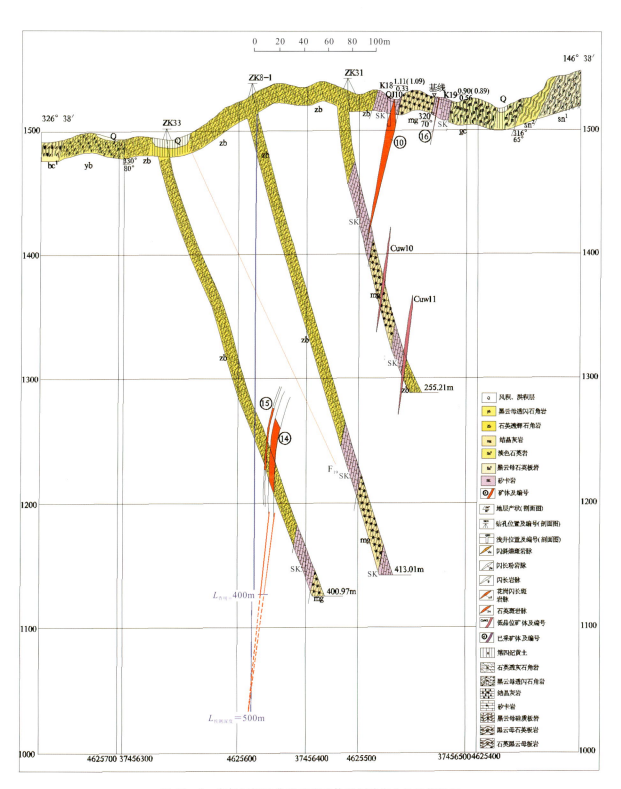

图 15-8 宫胡洞铜矿典型矿床矿体延深确定方法及依据图

表 15-6 宫胡洞铜矿典型矿床深部及外围资源量估算一览表

典型矿床		深部及外围		
已查明资源量(t)	15 495	深部	面积(m²)	32 948
面积(m²)	32 948		深度(m)	100
深度(m)	400	外围	面积(m²)	99 940
品位(%)	0.96		深度(m)	400
比重(t/m³)	3.35	预测资源量(t)		62 319
体积含矿率(t/m³)	0.001 17	典型矿床资源总量(t)		77 814

2. 模型区的确定、资源量及估算参数

模型区为典型矿床所在的最小预测区。宫胡洞典型矿床查明资源量 15 495t，按本次预测技术要求计算模型区资源总量为 77 814t。模型区内无其他已知矿点存在，则模型区资源总量＝典型矿床资源总量，模型区面积为依托 MRAS 软件采用少模型工程神经网络法优选后圈定，延深根据典型矿床最大预测深度确定。由于模型区内含矿地质体边界可以确切圈定，但其面积与模型区面积不一致，由模型区含地质体面积/模型区总面积得出，模型区含矿地质体面积参数为 0.23。由此计算含矿地质体含矿系数（表 15-7）。

表 15-7 宫胡洞铜矿式铜矿模型区预测资源量及其估算参数表

编号	名称	模型区资源总量(t)	模型区面积(m²)	延深(m)	含矿地质体面积(m²)	含矿地质体面积参数	含矿地质体含矿系数
A1504602001	宫胡洞	77 814	132 888	500	32 948	0.23	0.000 015

3. 最小预测区预测资源量

宫胡洞铜矿预测工作区最小预测区资源量定量估算采用地质体积法进行估算。

（1）估算参数的确定。最小预测区面积是依据综合地质信息定位优选的结果；延深的确定是在研究最小预测区含矿地质体地质特征、含矿地质体的形成深度、断裂特征、矿化类型，并在对比典型矿床特征的基础上综合确定的；相似系数的确定，主要依据 MRAS 生成的成矿概率及与模型区的比值，参照最小预测区地质体出露情况、化探及重砂异常规模及分布、物探解译隐伏岩体分布信息等进行修正。

（2）最小预测区预测资源量估算结果。求得最小预测区资源量。本次预测资源总量为 98 953.65t，其中不包括预测工作区已查明资源量，详见表 15-4。

4. 预测工作区资源总量成果汇总

宫胡洞铜矿预测工作区地质体积法预测资源量，依据资源量级别划分标准，根据现有资料的精度，可划分为 334-1、334-2 和 334-3 三个资源量精度级别；根据各最小预测区内含矿地质体、物化探异常及相似系数特征，预测延深参数均在 2000m 以浅。

根据矿产资源潜力评价预测资源量汇总标准，本工作区按精度、预测深度、可利用性、可信度统计分析结果见表 15-8。

表 15-8 宫胡洞式铜矿预测工作区预测资源量估算汇总表

按预测深度			按精度		
500m 以浅	1000m 以浅	2000m 以浅	334-1	334-2	334-3
98 953.65	98 953.65	98 953.65	62 319.82	27 482.70	9151.13
合计:98 953.65			合计:98 953.65		
按可利用性			按可信度		
可利用	暂不可利用		≥0.75	≥0.5	≥0.25
62 319.82	36 633.83		62 319.82	62 319.82	98 953.65
合计:98 953.65			合计:98 953.65		

注:表中预测资源量单位均为 t。

第十六章　盖沙图式复合内生型铜矿预测成果

第一节　典型矿床特征

一、典型矿床及成矿模式

(一) 矿床特征

1. 矿区地质背景

盖沙图铜矿床位于内蒙古自治区乌拉特后旗境内,地处狼山腹地,地理坐标:东经106°23′00″,北纬40°53′00″。

地层:矿区地层为中—新元古界渣尔泰山群增龙昌组及书记沟组。增龙昌组为结晶灰岩、千枚岩夹碳质板岩,容矿岩石为矽卡岩;书记沟组为石英砂岩、含砾石英砂岩及片理化长石石英岩。

岩石普遍遭受轻度的区域变质作用,岩石几乎全部重结晶,在与中酸性火成岩接触部位形成了大量的气液交代变质岩——矽卡岩,并且含有铜、铅、锌等金属矿物,为本区主要赋矿围岩。

岩浆岩:岩浆活动强烈,主要有中元古代辉长岩及二叠纪花岗闪长岩及花岗岩呈岩株或岩脉产出,受构造控制,多呈北东向展布,侵入于渣尔泰山群中。花岗斑岩、闪长玢岩等次火山岩相岩体的分布,为矿体的形成、成矿物质的富集也提供了有利条件。岩体与地层侵入部位基本控制了矿体的分布。

构造:褶皱以北东向紧闭同斜褶皱为主体,发育数条规模不等的次级线性背向斜构造。断裂构造发育,主要以北东向、北西向为主。成矿前构造主要为裂隙构造、层间破碎带以及层间褶皱构造;成矿后构造主要为北东向断裂构造,也是主要的控岩、控矿断裂。

变质作用:区内变质作用主要有区域变质作用和接触变质作用两种,以区域变质作用为主,分布广泛,接触变质作用次之,局部两种变质作用重叠,从而加深了原岩变质程度。接触变质作用区域也是成矿的有利部位。

2. 矿床地质

矿区各矿体分布于不同岩性的岩石构成的构造带中,规模小,品位低,分布不集中,按其赋存部位划分为3个含矿带。

1号含矿带:位于矿区北部15~23号勘探线之间,长约400m,矿带内出露的围岩由北部的英安斑岩和南部的斜长角闪岩组成,以二者接触带为中心,宽约40m。走向NE10°~30°。17号和21号勘探线之间可见有3条较好的矿脉,铜品位达0.3%以上,最高达0.68%,长在150~300m之间,脉宽不足2m,走向NE10°~25°,裂隙矿化。另有长不足百米、宽在1m以下的多条矿脉,分布凌乱。矿脉中金属矿物赋存特点是呈薄膜状沿裂隙充填,局部呈粉末状,偶见有团块儿状。

2号含矿带：位于矿区东部13～25号勘探线之间，长约600m，以F_2断层为界，将含矿带分为南、北两层，总宽度约200m。走向NE30°～45°，倾向南东，倾角60°～80°。其中，17号勘探线发育铁帽矿脉断续出露约600m，宽1～5m，小矿脉不足100m，宽3m左右。矿脉严格受接触带产状控制，走向NE45°～55°(17号勘探线剖面图，图16-1)。

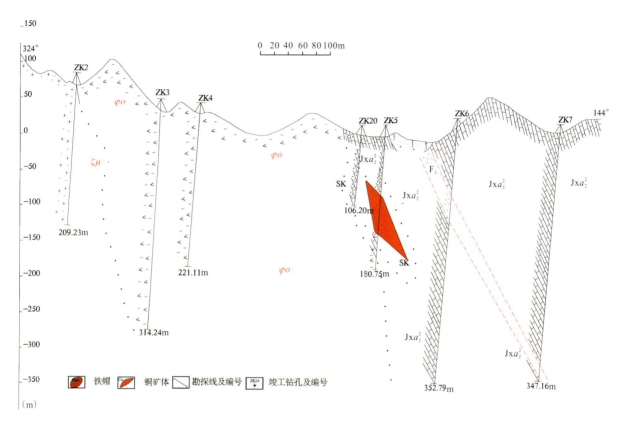

图16-1 盖沙图铜矿矿区17号勘探线剖面图(据中国有色金属工业总公司内蒙古自治区地质勘探公司第一队,1986)

3号含矿带：位于矿区西部的矽卡岩中，以4号勘探线为中心，长约300m，宽约100m，由两条较大矿脉和数条小矿脉组成，矿化主要赋存于构造裂隙中。

1) 花岗闪长斑岩的矿化特征

矿化集中于岩体和英安斑岩内接触带中，分布于5～9号勘探线之间，长近200m。矿化带中岩体具有较强的矽卡岩化、碳酸盐化及断续出现的绿泥石化，与矿化关系密切，是有利的找矿标志。

北矿带为低品位裂隙型，东矿带为高品位矽卡岩型厚大矿体，西矿带为矽卡岩型细网脉状小矿体。矿体形态多呈薄层状、透镜状，北东走向，南东倾，倾角在60°～80°之间。控制矿体最大垂深440m。

2) 矿石质量及类型

矿体矿石矿物组合简单，以黄铜矿、磁黄铁矿为主，含方铅矿、闪锌矿、黄铁矿、白铁矿、毒砂及伴生组分金银等；脉石矿物以透辉石、石榴石、石英为主，含方解石、透闪-阳起石、绿帘石、绿泥石等。

3) 矿石结构构造

矿石结构：他形粒状结构。细粒黄铜矿、磁黄铁矿及闪锌矿颗粒形状不规则，粒度大小不均一，部分呈不混溶共边结构。毒砂和方铅矿主要为半自形—自形粒状，部分为交代残余结构。

矿石构造：稠密浸染状构造仅见于黄铜矿、磁黄铁矿中；中等浸染状构造主要见于黄铜矿矿石中；稀疏浸染状构造见于黄铜矿及黄铁矿矿石中，为矿体主要构造类型之一；条带状构造少见；细脉网脉状构造主要见于磁黄铁矿矿石中；构造破碎带中见有角砾状构造。

4）矿物共生组合、金属矿物生成顺序

矿物共生组合：主要组分中金属矿物为黄铜矿、磁黄铁矿，脉石矿物为透辉石、透闪石、碳酸盐、石英；次要组分中金属矿物有毒砂、黄铁矿、闪锌矿，脉石矿物有绿泥石、石榴石、绿帘石；微量组分中金属矿物有方铅矿、磁铁矿，脉石矿物为绢云母、石墨。

金属矿物生成顺序由早到晚为：磁铁矿→毒砂→黄铁矿→磁黄铁矿→闪锌矿→黄铜矿→方铅矿，其中，黄铁矿、磁黄铁矿、黄铜矿、闪锌矿之间相隔时间较短，而其与磁铁矿、毒砂、方铅矿相隔时间相对较长。

5）矿石化学成分、伴生组分及综合利用

矿石化学组分简单，主要为Cu，构成一系列单一的铜矿体，其中有金属As、Mn、Zn、Au、Ag等，非金属S、SiO_2、Ca、MgO、Al_2O_3及C等。据铜矿床选矿试验报告，原矿中伴生组分Au含量$0.26×10^{-6}$，Ag达$15.8×10^{-6}$，可以综合利用。其他伴生元素含量均低于综合利用指标。

6）围岩蚀变

围岩蚀变可见有透辉石化、透闪石-阳起石化、矽卡岩化、绿泥石化、碳酸盐化、黄铁矿化、绢云母化、钾化等。

7）氧化带特征及深度

矿区氧化带不发育，在垂直方向上分带不明显；氧化带深度一般在20m，最深约33m，地表氧化矿物主要见褐铁矿、孔雀石等。

3. 盖沙图铜矿床成因类型及成矿时代

根据综合研究分析，矿床成因类型为矽卡岩型铜矿床，成矿时代为二叠纪。

（二）矿床成矿模式

二叠纪花岗闪长岩及花岗岩呈岩株或岩脉产出，受构造控制，多呈北东向展布，侵入渣尔泰山群发生渗滤交代作用，形成矽卡岩，混合矽卡流体在矽卡岩内和围岩裂隙交代、充填、沉淀形成硫化物富集成矿。花岗斑岩、闪长玢岩等次火山岩相岩体的分布，为矿体的形成、矿质的富集也提供了有利条件。其矿床成矿模式如图16-2所示。

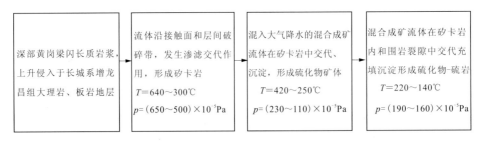

图16-2 盖沙图式矽卡岩型铜矿床成矿模式

二、典型矿床地球物理特征

1. 矿床航磁及地磁特征

1:50万航磁数据显示，磁场表现为低缓的负磁场，变化范围不大，区域中央出现一个圆团状正异常，规模不大。据1:2000地磁数据，磁场表现为低缓的正磁场，变化范围50~400nT。在航磁ΔT等值线平面图上盖沙图铜矿预测工作区的磁异常幅值范围为-300~350nT。

2. 矿床所在区域重力特征

1∶20万剩余重力异常图显示：重力正负异常呈条带状交错出现，属于重力梯度带或重力异常过渡带，走向北东向，南、北两侧为正重力异常，极值 $20.57×10^{-5}$ m/s²，中间为负重力异常，极值 $-5×10^{-5}$ m/s²。1∶20万布格重力异常图上，盖沙图铜矿位于椭圆状布格重力高异常带边缘与低重力异常区过渡带上，Δg 在 $(-158 \sim -156)×10^{-5}$ m/s² 之间。在剩余重力异常图上，矿区位于正异常 G蒙-662 与负异常 L蒙-700 交接带上，正、负剩余异常均为北东向展布，其中正异常值达到 $20.57×10^{-5}$ m/s²，为元古宙—太古宙地层的反映，负异常是由于矿区位于花岗岩带所引起。区域航磁等值线平面图反映矿区位于低缓平稳的负磁场区域中，方向为北东向。根据重、磁资料，推测矿区南部等值线梯级带是北东向断裂构造的反映。

三、典型矿床地球化学特征

据1∶20万化探资料，在盖沙图矽卡岩型铜矿周围形成了 Cu、Ag、Au、As、Cd、Sb 元素的组合异常，Cu 元素是该区的主成矿元素，Ag、Au、As、Cd、Sb 是主要的伴生元素，其中，As、Cd、Sb 浓集中心明显，异常强度高，与 Cu 元素异常套合较好，Ag、Au、W、Mo、Pb、Zn 在矿区呈高背景分布，但浓集中心不明显。

四、典型矿床预测模型

根据典型矿床成矿要素和矿区航磁资料以及区域重力、化探资料，确定典型矿床预测要素，编制典型矿床预测要素图。矿床所在地区的系列图表达典型矿床预测模型（图16-3）。总结典型矿床综合信息特征，编制典型矿床预测要素表（表16-1）。

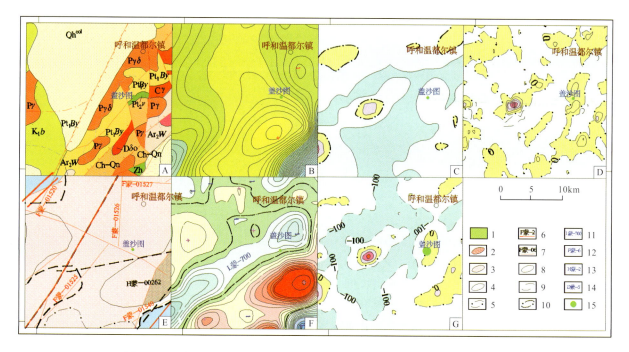

图16-3 盖沙图式矽卡岩型铜矿典型矿床所在区域地质矿产及物探剖析图

1.古生代地层；2.酸性—中酸性岩体；3.酸性-中酸性岩体岩浆带；4.出露岩体边界；5.半隐伏岩体边界；6.重力推断二级断裂构造及编号；7.重力推断三级断裂构造及编号；8.航磁正等值线；9.航磁负等值线；10.航磁零等值线；11.剩余异常编号；12.酸性—中酸性岩体编号；13.地层编号；14.岩浆带编号；15.铜矿点。A.地质矿产图；B.布格重力异常图；C.航磁 ΔT 等值线平面图；D.航磁 ΔT 化极垂向一阶导数等值线平面图；E.重磁推断地质构造图；F.剩余重力异常图；G.航磁 ΔT 化极等值线平面图

表 16-1 盖沙图式矽卡岩型铜矿典型矿床预测要素表

预测要素			描述内容			成矿要素分类
储量			铜金属量：10 195t	平均品位	铜 0.87%	
特征描述			与二叠纪侵入岩有关的矽卡岩型铜矿床			
地质环境	构造背景		狼山-白云鄂博裂谷			必要
	成矿环境		华北成矿省北缘西段金、铁、铌、稀土、铜、铅、锌、银、镍、铂、钨、石墨、白云母成矿带，狼山-渣尔泰山铅、锌、金、铁、铜、铂、镍成矿亚带（Ⅲ级）			必要
	成矿时代		二叠纪			必要
矿床特征	矿体形态		似层状、透镜状，局部可见脉状、不规则条带状			重要
	岩石类型		矽卡岩、灰岩、碳质板岩、花岗闪长岩及辉长岩			必要
	岩石结构		粒状变晶结构、辉长结构、泥质粉砂结构、花岗结构			次要
	矿物组合		黄铜矿、磁黄铁矿、方铅矿、闪锌矿			次要
	结构构造		结构：浸染状结构、粒状结构；构造：条带状构造、团块状构造			次要
	蚀变特征		透辉石化、透闪石-阳起石化、孔雀石化、碳酸盐化			重要
	控矿条件		严格受花岗闪长岩与灰岩、板岩接触带控制			必要
地球物理与地球化学特征	地球物理特征	重力	矿区位于椭圆状布格重力高异常带边缘与低重力异常区过渡带上，Δg 在 $(-700 \sim -158) \times 10^{-5} m/s^2$ 交接带上，正、负剩余异常均为北东向展布，其中正异常值达到 $20.57 \times 10^{-5} m/s^2$			重要
		航磁	1∶2000 地磁数据，磁场表现为低缓的正磁场，变化范围 50～400nT			次要
	地球化学特征		矿床周围形成了 Cu、Ag、Au、As、Cd、Sb 元素的组合异常，Cu 元素是该区的主要成矿元素，Ag、Au、As、Cd、Sb 是主要的伴生元素			必要

第二节 预测工作区研究

预测工作区范围：东经 106°00′—106°30′，北纬 40°30′—41°00′。

一、区域地质特征

1. 成矿地质背景

大地构造单元属于狼山-阴山陆块、狼山-白云鄂博裂谷。成矿区带划分属滨太平洋成矿域（叠加在古亚洲成矿域之上）华北陆块成矿省、华北陆块北缘西段金、铁、铌、稀土、铜、铅、锌、银、镍、铂、钨、石墨、白云母成矿带，狼山-渣尔泰山铅、锌、金、铁、铜、镍成矿亚带（Ⅲ级）。

区域出露地层为中太古界乌拉山岩群，新太古界色尔腾山岩群，中新元古界渣尔泰山群书记沟组、增龙昌组及阿古鲁沟组。侵入岩为中元古代辉长岩、泥盆纪石英闪长岩及二叠纪二长花岗岩及花岗闪长岩。其中，与成矿关系密切的是增龙昌组、阿古鲁沟组、辉长岩及二叠纪花岗闪长岩。

预测工作区内所出露的侵入岩主要为中二叠世花岗闪长岩（$P_2\gamma\delta$）、白垩纪碱长花岗岩（$K\chi\rho\gamma$）、晚二叠世二长花岗岩（$P_3\eta\gamma$）、晚石炭世英云闪长岩（$C_2\gamma\delta o$）、石英闪长岩（$C_2\delta o$）、志留纪伟晶花岗岩（$S\gamma\rho$）、中元古代变辉绿岩（$Pt_2\beta\mu$）、闪长岩（$Pt_2\delta$）、角闪辉长岩（$Pt_2\delta\nu$）、角闪辉石岩（$Pt_2\varphi\psi$）。与成矿有关的侵入岩主要为变辉绿岩（$Pt_2\beta\mu$）、角闪辉长岩（$Pt_2\delta\nu$）及中二叠世花岗闪长岩（$P_2\gamma\delta$）。

预测工作区内构造十分发育，以东北向紧闭同斜褶皱为主体，内发育数条规模不等的次级线性背、向斜构造,断裂构造发育,以北东向、北西向为主,近东西向及近南北向的次之,其中北东向断裂为控岩、控矿断裂。

2. 区域成矿模式

根据预测工作区成矿规律研究,总结成矿模式(图16-4)。

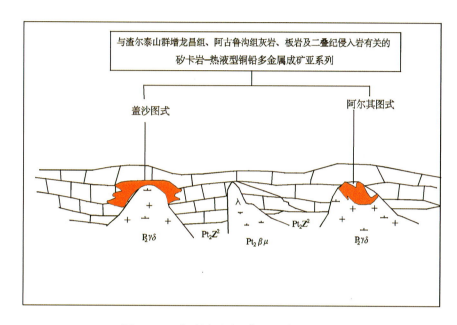

图16-4 盖沙图预测工作区区域成矿模式

二、区域地球物理特征

1. 磁异常特征

在航磁 ΔT 等值线平面图上,盖沙图预测工作区磁异常幅值范围为 $-300 \sim 350 \text{nT}$,预测工作区内磁异常较平缓,在东北部和西南部有北东向磁异常,西南部为北东向带状正负磁异常区,东北部磁异常主要以小面积近椭圆状异常为主,强度和梯度均不大。盖沙图铜矿区位于预测工作区中部,背景为平静磁场区,0nT 等值线附近。

盖沙图铜矿预测工作区磁法推断地质构造图显示,断裂构造呈北东向,在磁场上表现为不同磁场区分界线。参考地质情况,预测工作区最北部两个近椭圆状磁异常推断解释为侵入岩体,其他异常均推断由变质岩地层引起。

盖沙图预测工作区磁法共推断断裂1条、侵入岩体2个、变质岩地层4个。

2. 重力异常特征

预测工作区区域重力场表现出东南部重力低、西部重力低、中间重力高的特点。预测工作区位于布格重力异常相对低值带上,地表有多处出露酸性岩体,推断为晚古生代花岗岩带的显示。预测工作区东南部是布格低重力异常带,最低值为 $-190 \times 10^{-5} \text{m/s}^2$,根据物性资料,推测由中新生代盆地引起。预测工作区中部高重力异常带北东向展布,最高值达到 $-145 \times 10^{-5} \text{m/s}^2$,此区域地表局部出露太古宙地层,对应剩余重力图中显示为带状剩余重力正异常,推断为太古宙地层,另一部分有航磁异常对应的高重力异常推断为基性岩体的反映。预测工作区西部低重力区域出现重力等值线同向扭曲,在剩余重力图中反映为带状、椭圆状正、负异常,此地区大部分被第四系覆盖,局部出露古生代和元古宙地层,因此,推断剩余正、负异常分别为沉积盆地和古生代、元古宙地层的反映。

预测工作区内推断解释断裂构造10条,中—酸性岩体10个,地层单元2个,中—新生代盆地2个。

三、区域地球化学特征

区域上分布有Ag、As、Au、Cd、Cu、Sb、W等元素组成的高背景区带,在高背景区带中有以Ag、As、Au、Cd、Cu、Sb、W为主的多元素局部异常。预测工作区内共有6个Ag异常,3个As异常,14个Au异常,10个Cd异常,4个Cu异常,8个Mo异常,9个Pb异常,5个Sb异常,5个W异常,3个Zn异常。

区域上Ag在南东部呈背景、高背景分布,在北西呈低背景分布,具明显的局部异常;嘎顺努来—阿拉格楚鲁特—盖沙图一带Cu元素成高背景带状分布,有多处浓集中心,浓集中心明显,强度高;预测工作区内As、Cd、W元素高背景区呈北东向带状分布,具有明显的局部异常,As元素在古楞库楞—阿贵庙—盖沙图一带有多处浓集中心,浓集中心明显,强度高,范围大;W元素在高背景区有两处浓集中心,浓集中心明显,强度高,分别位于沙巴嘎图苏木以北和呼和赛尔音阿木地区;Au在预测工作区呈背景、高背景分布,有明显的局部异常;Pb、Zn、Mo在区内呈背景及低背景分布;Sb在预测工作区内有两处浓集中心,分别位于盖沙图和沙巴嘎图苏木以北地区。

在预测工作区异常套合较好的编号为AS1。AS1的异常元素为Cu、Pb、Zn、W、Mo,Cu元素存在明显的浓集中心和浓度分带,呈北东向带状分布,Pb、Zn、W、Mo分布于Cu元素异常区。

四、区域遥感影像及解译特征

预测工作区遥感共解译出线要素39条(大型断层5条、中型断层1条、小型断层33条),环要素4个,块要素8个,带要素13块。在遥感图像上,构造表现为以北东东向和北东向为主,北西向表现为短小并且相对数量较少,3组构造组成本地区的菱形块状构造格架。本预测工作区解译出主要断裂带有两条。

狼山断裂带:推断构造,山前展布,在山前、山区、冲沟、洼地、陡坎等处构造迹象明显,伴有与之平行细纹理延伸。

迭布斯格断裂带:影像上显示左行走滑断层。走向北东,北西盘向南西滑动,控制西侧硅铝层厚度,西厚东薄,在山区、冲沟、洼地、陡坎等处构造迹象明显,伴有与之平行细纹理延伸。

本预测工作区的环型构造比较少,仅有4个,均为由古生代花岗岩类引起,处于预测工作区的西南部。带状要素为中元古界阿古鲁沟组碳质板岩、结晶灰岩的反映。

已知铜矿点与本预测工作区中的羟基异常吻合的有图克木苏木苏得尔图铜矿和沙金套海苏木盖沙图铜矿。已知铜矿点与本预测工作区中的铁染异常吻合的有扣克陶勒盖铜矿点和图克木苏木苏得尔图铜矿。

五、区域预测模型

根据预测工作区区域成矿要素、化探、航磁、重力、遥感及自然重砂资料,建立了本预测工作区的区域预测要素,并编制预测工作区预测要素图和预测模型图。

区域预测要素图以区域成矿要素图为基础,综合研究重力、航磁、化探、遥感、自然重砂等致矿信息,总结区域预测要素表(表16-2),并将综合信息各专题异常曲线或区全部叠加在成矿要素图上,在表达时可以出单独预测要素(如航磁)的预测要素图。

预测模型图的编制,以地质剖面图为基础,叠加区域化探、航磁及重力剖面图而形成,简要表示预测要素内容及其相互关系,以及时空展布特征(图16-5)。

表 16-2 盖沙图式复合内生型铜矿预测工作区预测要素表

区域预测要素		描述内容	要素类别
地质环境	大地构造位置	华北陆块北缘,狼山-白云鄂博裂谷,狼山复式背斜的核部、北翼	必要
	成矿区(带)	成矿区(带)划分属滨太平洋成矿域(叠加在古亚洲成矿域之上)华北陆块成矿省华北陆块北缘西段金、铁、铌、稀土、铜、铅、锌、银、镍、铂、钨、石墨、白云母成矿带,狼山-渣尔泰山铅、锌、金、铁、铜、铂、镍成矿亚带(Ⅲ级)。含矿岩系为矽卡岩	必要
	区域成矿类型及成矿期	矽卡岩型、二叠纪	必要
控矿地质条件	赋矿地质体	二叠纪侵入岩和渣尔泰山群增龙昌组、阿古鲁沟组有关的矽卡岩型铜矿床	重要
	控矿侵入岩	灰白色、灰绿色中粗粒花岗闪长岩,以及少量的辉绿辉长岩	重要
	主要控矿构造	严格受花岗闪长岩与灰岩、板岩接触带控制,其中,有一组以走向 NE20°～60° 为主要的导矿和赋矿构造	必要
区内相同类型矿产		图克木苏木苏得尔图铜矿和扣克陶勒盖铜矿	必要
地球物理特征	重力	重力低负异常,布格重力起始值在 $(-176 \sim -152) \times 10^{-5} m/s^2$ 之间	重要
	航磁	航磁 ΔT 化极异常强度起始值为 $-100 \sim 100 nT$	重要
地球化学特征		化探组合异常范围,异常元素以铜为主,异常值为 $(18 \sim 1665.7) \times 10^{-6}$	重要
遥感特征		羟基异常及解译的北东东向线性构造	次要

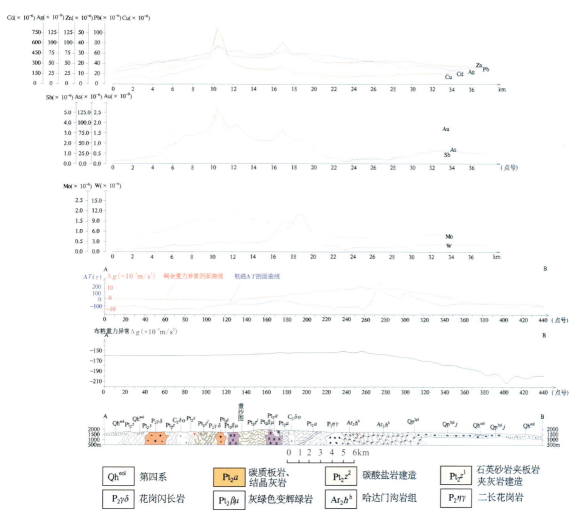

图 16-5 盖沙图式复合内生型铜矿预测工作区找矿预测模型

第三节 矿产预测

一、综合地质信息定位预测

1. 变量提取及优选

根据典型矿床及预测工作区研究成果,进行综合信息预测要素提取。本次选择网格单元法作为预测单元,预测底图比例尺为1:10万,利用规则网格单元作为预测单元,网格单元大小为1km×1km。

地质体(二叠纪花岗闪长岩及渣尔泰山群增龙昌组)要素进行单元赋值时采用区的存在标志;化探、剩余重力、航磁化极则求起始值的加权平均值,在变量二值化时利用异常范围值人工输入变化区间。

2. 最小预测区圈定及优选

本次利用证据权重法,采用1km×1km规则网格单元,在MRAS2.0下,利用有模型预测方法[预测区有6个已知矿床(点)]进行预测区的圈定与优选。然后在MapGIS下,根据优选结果圈定成为不规则形状。

3. 最小预测区圈定结果

依据最小预测区地质矿产、物探、化探、遥感异常等综合特征,并结合资源量估算和预测区优选结果,本次工作共圈定最小预测区24个,其中A级最小预测区3个,面积21.86 km²;B级最小预测区9个,面积96.61 km²;C级最小预测区12个,面积95.79 km²。

各级别面积分布合理,说明预测区优选分级原则较为合理;最小预测区圈定结果表明,预测区总体与区域成矿地质背景、剩余重力异常吻合程度较好(表16-3,图16-6)。

表16-3 盖沙图式矽卡岩型铜矿预测工作区最小预测区圈定结果及资源量估算成果表

最小预测区编号	最小预测区名称	$S_{预}$ (m²)	$H_{预}$ (m)	K_s	K	α	$Z_{预}$ (t)	资源量级别
A1504607001	沙金套海苏木盖沙图	10 227 756	500			1.00	21 273.73	334-1
A1504607002	扣克陶勒盖	5 670 574	500			0.35	4128.18	334-2
A1504607003	图克木苏木苏得尔图	5 962 090	500			0.30	3720.34	334-2
B1504607001	沙尔布拉格	15 844 815	500			0.20	6591.44	334-3
B1504607002	塔日彦塔拉阿木西	13 451 750	500			0.20	5595.93	334-3
B1504607003	呼和赛尔音阿木北	12 270 007	500			0.20	5104.32	334-3
B1504607004	阿贵庙北东	8 218 213	500	1	0.000 004 16	0.15	2564.08	334-3
B1504607005	哈腾套海苏木吉克根	14 624 618	500			0.25	7604.80	334-2
B1504607006	沙巴嘎图呼木北西	5 565 578	500			0.15	1736.46	334-3
B1504607007	阿都亥	14 625 503	500			0.20	6084.21	334-3
B1504607008	那尔特北西	4 904 453	500			0.20	2040.25	334-3
B1504607009	敖龙图	7 104 506	500			0.25	3694.34	334-2
C1504607001	沙尔毛都北北西	1 785 036	500			0.15	556.93	334-3
C1504607002	呼和赛尔音阿木东	9 289 768	500			0.10	1932.27	334-3
C1504607003	查干楚鲁图	3 304 886	500			0.10	687.42	334-3
C1504607004	哈尔哈图东	12 643 462	500			0.10	2629.84	334-3

续表 16-3

最小预测区编号	最小预测区名称	$S_{预}$ (m²)	$H_{预}$ (m)	K_s	K	α	$Z_{预}$ (t)	资源量级别
C1504607005	阿贵庙	21 411 873	500			0.10	4453.67	334-3
C1504607006	阿贵庙南东	8 605 718	500			0.10	1789.99	334-3
C1504607007	呼和陶勒盖南	4 633 485	500			0.15	1445.65	334-3
C1504607008	沙尔萨拉	6 929 981	500	1	0.000 004 16	0.15	2162.15	334-3
C1504607009	古楞库楞	11 632 122	500			0.15	3629.22	334-3
C1504607010	浩尧尔毛德	3 889 101	500			0.10	808.93	334-3
C1504607011	嘎顺努来南西	7 149 727	500			0.10	1487.14	334-3
C1504607012	哈拉陶勒盖南	4 513 937	500			0.10	938.90	334-3
预测总计							92 660.21t	

图 16-6 盖沙图矽卡岩型铜矿预测工作区最小预测区圈定结果

4. 最小预测区地质评价

圈定最小预测区中,已知矿床均分布在 A 级预测区内,说明预测区优选分级原则较为合理;最小预测区圈定结果表明,预测区总体与区域成矿地质背景、化探异常、航磁异常、剩余重力异常吻合程度较好,但与遥感铁染异常吻合程度较差。

本次所圈定的 24 个最小预测区,在含矿建造的基础上,其面积均小于 50km²,A 级最小预测区绝大多数分布于已知矿床外围或化探铜铅锌Ⅲ级浓度分带区且有已知矿点,存在或可能发现铜矿产地的可能性高,具有一定的可信度。

二、综合信息地质体积法估算资源量

1. 典型矿床深部及外围资源量估算

查明的资源量、品位均来源于截至 2009 年的《内蒙古自治区主要矿区资源储量表》(第三分册,有色金属矿产)。矿石体重、矿床面积($S_{典}$)是根据中国有色金属工业总公司内蒙古自治区地质勘探公司第一队于 1986 年 3 月提交的《内蒙古自治区磴口县盖沙图铜矿床详细普查报告》及 1∶2000 矿区综合地质图(图 16-7)确定的,矿体延深($H_{典}$)依据控制矿体最深的 21 号和 17 号勘探线剖面图确定(图 16-8),具体数据见表 16-4。

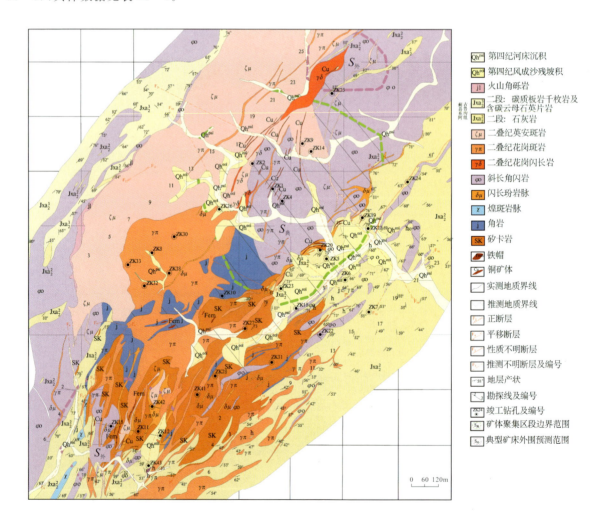

图 16-7 盖沙图铜矿典型矿床总面积圈定方法及依据

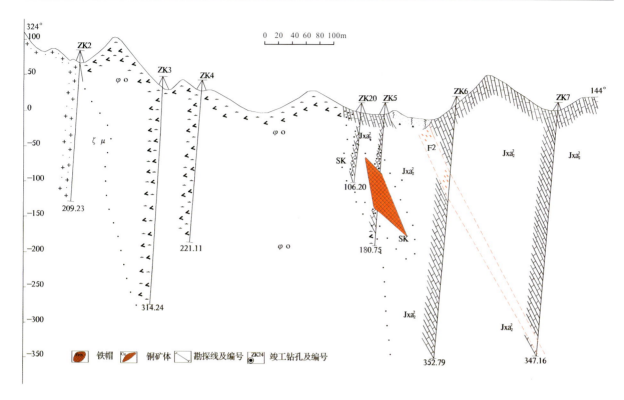

图 16-8 盖沙图铜矿典型矿床矿体延深确定方法及依据

表 16-4 盖沙图铜矿典型矿床深部及外围资源量估算一览表

典型矿床		深部及外围		
已查明资源量(t)	13 068	深部	面积(m^2)	411 160.04
面积(m^2)	411 160.04		深度(m)	75
深度(m)	425	外围	面积(m^2)	157 854.53
品位(%)	0.26		深度(m)	500
比重(t/m^3)	3.26	预测资源量(t)		8210.37
体积含矿率(t/m^3)	0.000 074 8	典型矿床资源总量(t)		21 278.68

2. 模型区的确定、资源量及估算参数

模型区为典型矿床所在的最小预测区。盖沙图典型矿床查明资源量为 13 068t，按本次预测技术要求计算模型区资源总量为 21 278.68t。模型区内无其他已知矿点存在，则模型区资源总量＝典型矿床资源总量，模型区面积为依托 MRAS 软件采用少模型工程神经网络法优选后圈定，延深根据典型矿床最大预测深度确定。由于模型区内含矿地质体边界可以确切圈定，但其面积与模型区面积一致，由模型区含矿地质体面积/模型区总面积得出，模型区含矿地质体面积参数为 1。由此计算含矿地质体含矿系数(表 16-5)。

表 16-5 盖沙图铜矿式铜矿模型区预测资源量及其估算参数表

编号	名称	模型区资源总量(t)	模型区面积(m^2)	延深(m)	含矿地质体面积(m^2)	含矿地质体面积参数	含矿地质体含矿系数
A1504607001	盖沙图	21 278.68	10 227 756	500	10 227 756	1	0.000 004 16

3. 最小预测区预测资源量

盖沙图铜矿预测工作区最小预测区资源量定量估算采用地质体积法进行估算。

(1)估算参数的确定。最小预测区面积是依据综合地质信息定位优选的结果;延深的确定是在研究最小预测区含矿地质体地质特征、含矿地质体的形成深度、断裂特征、矿化类型,并在对比典型矿床特征的基础上综合确定的;相似系数的确定,主要依据 MRAS 生成的成矿概率及与模型区的比值,参照最小预测区地质体出露情况、化探和重砂异常规模及分布、物探解译隐伏岩体分布信息等进行修正。

(2)最小预测区预测资源量估算结果。求得最小预测区资源量。本次预测资源总量为 92 660.21t,其中,不包括预测工作区已查明资源量,详见表 16-3。

4. 预测工作区资源总量成果汇总

盖沙图铜矿预测工作区地质体积法预测资源量,依据资源量级别划分标准,根据现有资料的精度,可划分为 334-1、334-2 和 334-3 三个资源量精度级别;根据各最小预测区内含矿地质体、物化探异常及相似系数特征,预测延深参数均在 2000m 以浅。

根据矿产潜力评价预测资源量汇总标准,盖沙图式铜矿预测工作区按精度、预测深度、可利用性、可信度统计分析结果见表 16-6。

表 16-6 盖沙图式铜矿预测工作区预测资源量估算汇总表

按预测深度			按精度		
500m 以浅	1000m 以浅	2000m 以浅	334-1	334-2	334-3
92 660.21	92 660.21	92 660.21	21 273.73	19 147.66	52 238.82
合计:92 660.21			合计:92 660.21		
按可利用性			按可信度		
可利用	暂不可利用		≥0.75	≥0.5	≥0.25
92 660.21	—		25 401.91	60 277.16	92 660.21
合计:92 660.21			合计:92 660.21		

注:表中预测资源量单位均为 t。

第十七章　罕达盖式复合内生型铜矿预测成果

第一节　典型矿床特征

一、典型矿床及成矿模式

(一)矿床特征

1. 矿区地质

罕达盖式矽卡岩型铜矿行政区划隶属呼伦贝尔市新巴尔虎左旗乌布尔宝力格苏木管辖。地理上位于大兴安岭西坡,地理坐标:东经119°38′30″,北纬47°25′34″。

矿区内出露的地层为中奥陶统多宝山组(O_2d)变质粉砂岩、大理岩、矽卡岩、安山岩等;地表为大面积分布的第四纪残坡积砂土、腐殖土层,及冲积、沼泽堆积砂砾、淤泥。

侵入岩主要为古生代中酸性侵入岩,岩性为石炭纪石英闪长岩、石英二长闪长岩、花岗闪长岩及泥盆纪二长花岗岩。脉岩较发育,多为花岗斑岩、闪长玢岩脉等,对矿体起破坏作用。

该铁铜多金属矿赋存于石炭纪石英二长闪长岩与多宝山组、裸河组外接触带矽卡岩中,矿体多呈似层状、脉状、不规则状产出,矿体产状与岩体和地层接触带及矽卡岩的产状一致。

多宝山组,总体上呈北东东向分布。主要岩性为变质粉砂岩、大理岩、安山岩等,在与岩体接触带多见有矽卡岩。主要岩性如下。

变质粉砂岩:岩石呈浅灰色、灰白色、浅灰绿色,变余粉砂状结构,普遍具碎裂结构,块状构造。变余粉砂碎屑以石英为主,长石少量,呈0.2~0.05mm次棱角状不均匀分布,部分粉砂碎屑相对集中呈薄层状,显示变余层理。岩石多具角岩化特征,胶结物多已重结晶为云母类矿物,局部岩石具矽卡岩化特征。该岩石为矿区铁铜矿的近矿围岩。

大理岩:岩石呈浅灰色、灰白色,粒状镶嵌变晶结构,块状构造。岩石主要由方解石组成,局部见磁黄铁矿呈0.2~0.3mm多边形粒状集合体不均匀分布于岩石中,少量黄铜矿与磁黄铁矿共生在一起。该岩石为矿区铁铜矿的近矿围岩。

矽卡岩:矿区铁铜矿的主要赋矿岩石。岩石由石榴石(含量60%~90%)及少量透辉石(含量5%~15%)组成,石榴石为无色钙铝榴石,透辉石少量,石英呈0.2~1mm细粒状分布于钙铝榴石间,少部分石榴石被晚期绿泥石交代,方解石呈脉状沿岩石裂隙分布。

安山岩:矿区铜矿的主要赋矿岩石之一,多呈夹层状产出于变质粉砂岩中。

矿区构造,受区域构造运动的影响,主要为呈北东向的断裂构造和北西向构造。罕达盖铁铜矿构造上位于罕达盖背斜南翼。

2. 矿床地质

矿体赋存于石炭纪石英二长闪长岩与奥陶系多宝山组外接触带的矽卡岩中。根据矿体分布特点，矿区内可分为 C1、C2 高磁异常区两个矿段（图 17-1）。

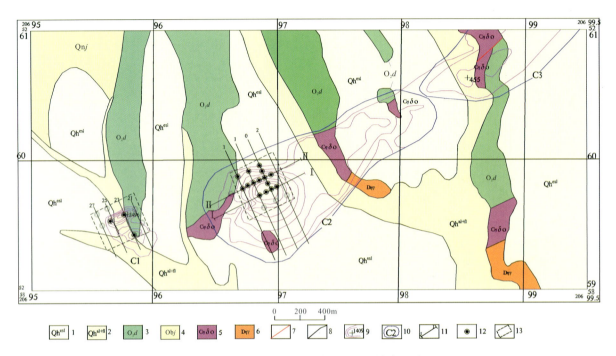

图 17-1 罕达盖林场铁铜多金属矿区综合地质图

1. 第四纪残坡积砂土层；2. 第四纪冲洪积层；3. 中奥陶统多宝山组；4. 青白口系佳疙瘩组；5. 石炭纪石英二长闪长岩；6. 泥盆纪二长花岗岩；7. 实测性质不明断层；8. 实测地质界线；9. 1∶1 万高精度磁异常及高值点；10. 1∶1 万高精度磁异常编号；11. 勘探线；12. 钻孔；13. 1∶1 万高精度磁法面积测量范围

1）C1 高磁异常区

该异常区面积约 0.12km²（图 17-2），矿区 18 个钻孔（钻探总进尺为 7843.63m，孔深多在 300～700m）中共有 9 个孔见矿，圈定了 13 个铁、铜矿体，均呈透镜状、脉状、不规则囊状赋存于矽卡岩中，矿床埋藏较浅，多数在地表出露，最深为 110m。主要矿体特征简介如下。

1 号铜矿体：位于 C1 高磁异常区的北侧子异常中，由 ZK2501 控制，铜矿体赋存于矽卡岩中，矿层顶板为大理岩，底板为安山岩，与围岩界线清晰，呈透镜状、脉状产出，矿体走向延长为 100m，倾向延伸为 145m，厚度 7.65m，矿体产状为 335°∠35°。Cu 品位 0.34%～2.19%，平均品位为 0.899%，变化系数为 65.15%。

2 号铁矿体：位于 C1 高磁异常区的北侧子异常中，由 ZK2305、ZK2308、SK23-1 控制，呈脉状产出于矽卡岩中，矿体走向延长为 120m，倾向延伸为 120m，厚度为 1.76～18.67m，矿体产状为 335°∠40°。在 ZK2305 中为铁矿体，TFe 品位 27.92%～56.08%，平均品位为 41.60%；mFe 品位 8.33%～44.31%，平均品位 25.06%。

5 号铁矿体：位于 C1 高磁异常区的南侧子异常中，由 ZK2302、ZK2303、HRTC1、TC23-1 控制。矿体长 90m，走向为 60°，总体上近直立，向下部延伸 20m。地表工程控制铁矿体品位为：TFe 平均品位 42.33%～64.64%，mFe 平均品位 30.01%～51.90%，伴生 Cu 平均品位 0.061%～0.322%。

C1 区铁矿石资源量（332+333）为 25×10⁴t，Cu 金属量为 1058t。

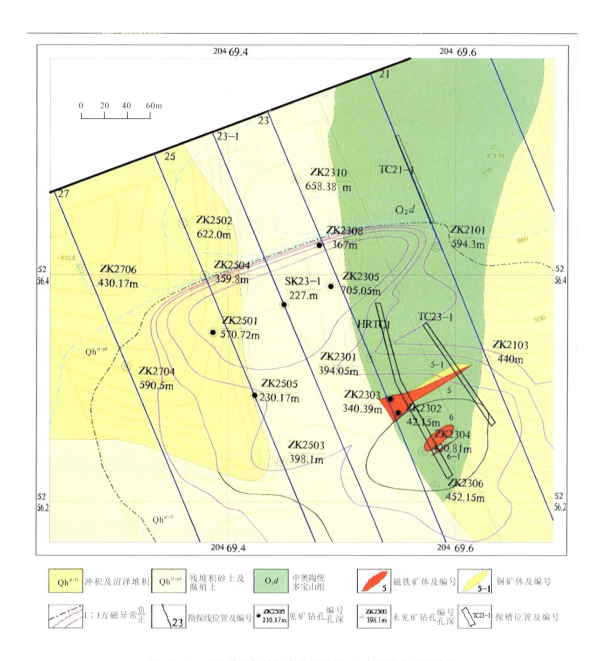

图 17-2 罕达盖林场铁铜多金属矿区 C1 高磁异常区地质图

2)C2 高磁异常区

C2 高磁异常区(图 17-3),第四系覆盖层厚在 20~40m,40~130m 主体为泥盆纪二长花岗岩、石炭纪石英二长闪长岩,130~700m 主体为多宝山组变质粉砂岩、大理岩地层,其下部以石炭纪石英二长闪长岩、花岗闪长岩为主,在 C2 高磁异常区的南、东部均以石炭纪石英二长闪长岩、花岗闪长岩为主体岩性。

在石炭纪石英二长闪长岩与裸河组和多宝山组的接触带附近见上、下两大层铁铜矿体,矿体的产状随着岩体与地层的接触带及矽卡岩总体产状的变化而改变,总体以呈不规则囊状产出为主,其次呈脉状、透镜状产出,局部出现分支复合、尖灭再现的现象。

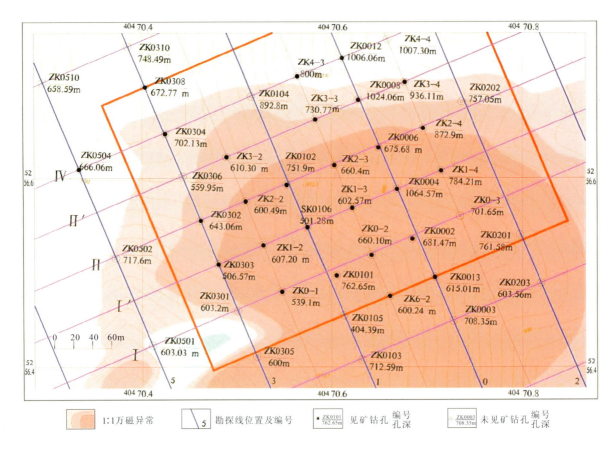

图 17-3 罕达盖林场铁铜多金属矿区 C2 高磁异常区磁异常及工程分布图

C2 高磁异常区上部铁铜矿体产出深度在 130~360m,赋存于矽卡岩中,总体上呈北西倾,倾角为 30°~40°,圈定了 9 个铁、铜矿体,均呈透镜状、脉状、不规则囊状赋存于矽卡岩中(图 17-4、图 17-5)。

Ⅰ号铁矿体:矿体呈透镜状、不规则囊状产出于矽卡岩中,矿层顶板为矽卡岩,底板为变质粉砂岩。矿体走向延长为 300m,倾向延伸为 50~70m,厚度为 2.57~24.98m,平均厚度为 8.30m。矿体总体上呈一不规则囊状产出,总体上呈北西倾,倾角为 30°~40°。矿体厚度在走向、倾向上变化均较大,且呈分支复合现象,矿体平均品位为 TFe 48.65%,变化系数为 28.61%;mFe 品位 42.63%,变化系数为 28.30%;伴生 Cu 品位 0.163%,变化系数为 91.95%;矿体厚度变化系数为 110.64%。

Ⅴ号铁铜矿体:铁铜矿体赋存于矽卡岩中,呈透镜状、脉状产出,矿体走向延长为 50m,倾向延伸为 100m,厚度 19.77m,矿体产状为 250°∠30°。TFe 品位 52.01%~66.23%,平均品位为 59.54%,变化系数为 17.04%;mFe 品位 45.90%~62.03%,平均品位为 52.50%,变化系数为 23.24%;Cu 品位 0.22%~3.86%,平均品位为 0.892%,变化系数为 88.07%。下部铁铜矿体产出深度在 240~940m,赋存于矽卡岩中,总体呈北西倾,倾角在 20°~40°。圈定了 46 个铁、铜矿体,其中,主矿体长 100m,最厚 8.39m,平均厚度 3.35m,平均品位:TFe 为 38.33%,mFe 为 25.79%,Cu 为 0.41%。

Ⅸ号(铁)铜矿体:铁铜矿体赋存于矽卡岩中,呈透镜状、脉状产出,矿体走向延长为 100m,倾向延伸为 75m,矿体总体产状呈北西倾,倾角 30°。矿体在走向、倾向上变化较大,沿走向由南向北(ZK0002 至 ZK0004)由单一的铜矿体(厚度为 14.98m,Cu 平均品位为 1.043%)变为次边际铜矿体(厚度为 2.41m,Cu 平均品位为 0.245%)及铁矿体(厚度为 3.94m,mFe 平均品位为 24.32%,伴生 Cu 平均品位为 0.027%)。

Ⅹ号(铁)铜矿体:呈脉状产出于矽卡岩中,矿体走向延长为 250m,倾向延伸为 50~100m,矿体总体产状呈北西倾,倾角 30°。在倾向上矿体厚度、品位变化均较大,呈现中部厚度大、品位高而向两侧厚度变小、品位降低的趋势。中部(ZK0004)呈现出顶底为铁铜矿体、中间为铜矿体。

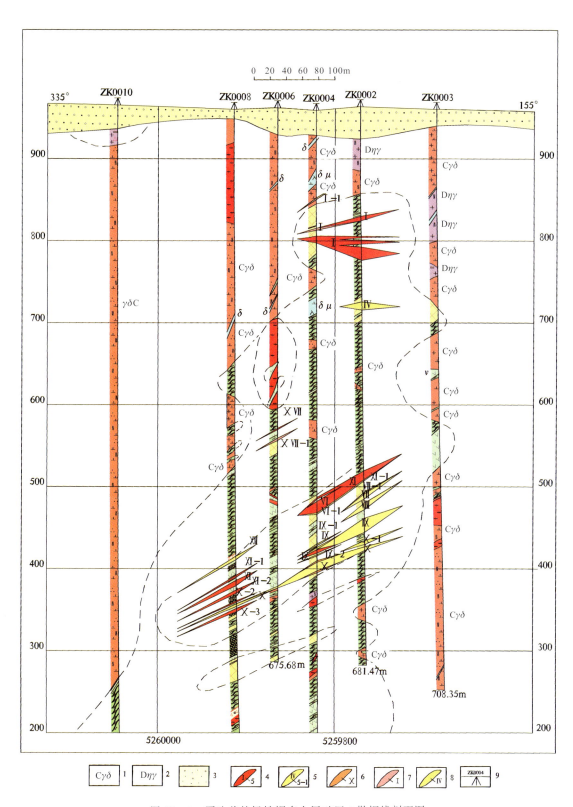

图 17-4 罕达盖林场铁铜多金属矿区 0 勘探线剖面图

1. 石炭纪花岗闪长岩；2. 泥盆纪二长花岗岩；3. 第四系；4. 铁矿体及编号；5. 铜矿体及编号；6. 铁铜矿体；
7. 铁矿化体；8. 铜矿化体；9. 钻孔位置及编号

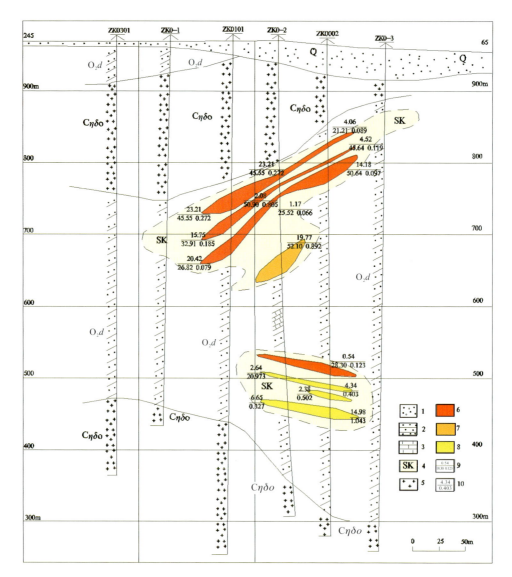

图 17-5 罕达盖林场铁铜多金属矿区 I 勘探线剖面图

1. 第四系;2. 多宝山组变质砂岩、变质粉砂岩;3. 多宝山组大理岩;4. 矽卡岩;5. 石炭纪石英二长闪长岩;6. 铁矿体;7. 铁铜矿体;8. 铜矿体;9. 矿体厚度(m)/mFe Cu(%);10. 矿体厚度(m)/Cu(%)

3)矿石质量

矿石结构构造:矿石结构主要为半自形粒状结构、粒状变晶结构、碎裂结构、交代残留结构。矿石的构造主要为块状构造、浸染状构造、细脉浸染状构造。

矿石物质组分:矿石矿物成分主要为磁铁矿、黄铜矿、黄铁矿、赤铁矿,少量磁黄铁矿、辉钼矿、闪锌矿。脉石矿物主要为石榴石、透辉石、绿泥石、方解石、石英等。

矿石的化学成分:矿石中主要有用元素(Fe、Cu)分布较为均匀,全矿区铁矿体 TFe 平均品位 41.41%,最高品位 67.34%,最低品位 25.27%;mFe 平均品位 35.67%,最高品位 64.96%,最低品位 15.52%;伴生 Cu 平均品位 0.113%。全矿区铜矿体 Cu 平均品位 0.687%,最高品位 18.76%,最低品位 0.20%。

矿石的自然类型及工业类型:矿区内铜矿石的自然类型可划分为含铜矽卡岩矿石及含铜磁铁矿石,矿区内前者为主;矿区内铜矿石的工业类型为矽卡岩型铜矿石。

3. 罕达盖铜矿床成矿时代及成因类型

与成矿有直接关系的侵入体石英二长闪长岩单颗粒锆石 U‐Pb 表面年龄为 308.8±1.2Ma（武利文，2008），因此，其成矿时代为晚石炭世。铁铜矿床成因类型为矽卡岩型。

（二）矿床成矿模式

矿床产于奥陶纪岛弧区，在火山喷发沉积的初期，富含矿质的流体通过黏土吸附、络合物形式把成矿物质运移至岛弧及弧后盆地，集中于多宝山组砂板岩、火山岩及碳酸盐岩地层内，形成矿源层。

石炭纪石英二长闪长岩侵位于奥陶系多宝山组中，岩浆热液在接触带发生渗透交代作用，形成矽卡岩。同时混入大气降水的混合含矿流体在矽卡岩中交代、沉淀，形成金属硫化物矿体和磁铁矿体。进一步，混合含矿流体在矽卡岩内和围岩裂隙内交代、充填形成硫化物-铁氧化物。成矿模式见图 17-6。

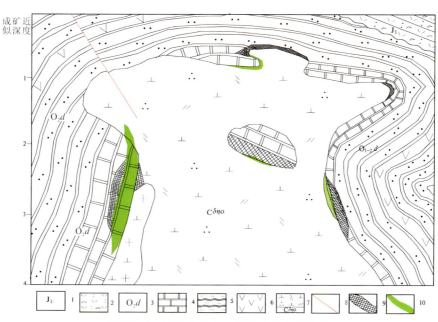

图 17-6 罕达盖式矽卡岩型矿床成矿模式
1. 上侏罗统；2. 流纹质角砾凝灰岩；3. 中奥陶统多宝山组；4. 大理岩；5. 粉砂质板岩；
6. 安山岩；7. 石炭纪石英二长闪长岩；8. 断层；9. 矽卡岩；10. 铜矿体

二、典型矿床地球物理特征

1. 矿床航磁、地磁及电法特征

1∶50万航磁平面等值线图显示，矿区处在低缓负磁场中。磁场表现变化不大，在 -100~100nT 之间，异常特征不明显。

据 1∶1 万地磁平面等值线图，在负磁场背景中，局部呈现出圆团状正异常，在化极垂向一阶导数等值线平面图上显示更为明显。

据 1∶1 万电法平面等值线图，电阻率呈现 1000~1500Ω·m 的高值，极化率变化范围 2.0%~2.5%，矿点处表现为高阻高极化。

2. 矿床所在区域重力特征

1∶50万重力异常图显示，矿区处在相对重力高中。剩余重力异常图显示为东西向的重力高异常带。

1∶20万剩余重力异常图显示：重力正负异常呈条带状交错出现，属于重力梯度带或重力异常过渡带，走向东西向，南、北两侧为负重力异常，极值$4.5×10^{-5}$m/s^2，中间为正重力异常，极值$-8.6×10^{-5}$m/s^2。

在1∶20万区域布格重力异常图上，罕达盖铜矿处在布格重力异常等值线北北东向延伸背景下的等值线同向扭曲处，Δg为$-72.52×10^{-5}$m/s^2。在剩余重力异常图上，罕达盖铜矿位于东西向条带状重力正异常带上，Δg为$(8.67～9.32)×10^{-5}$m/s^2。在其南、北两侧均为剩余重力负异常区，主要是由酸性侵入岩引起。矿区所在正异常与古生代地层有关，磁场为面状负磁场边缘。根据重磁特征，可推断矿区附近有东西向断裂存在。

三、典型矿床地球化学特征

矿床附近形成了Cu、Fe、Ag、AS、Au、Cd、Sb等元素组合异常，Cu、Fe是该区主要的成矿元素，也是重要的指示元素，Ag、AS、Au、Cd、Sb是主要的伴生元素。

四、典型矿床预测模型

根据典型矿床成矿要素和矿区航磁资料以及区域重力、化探资料，确定典型矿床预测要素，编制典型矿床预测要素图。矿床所在地区的系列图表达典型矿床预测模型（图17-7、图17-8）。总结典型矿床综合信息特征，编制典型矿床预测要素表（表17-1）。

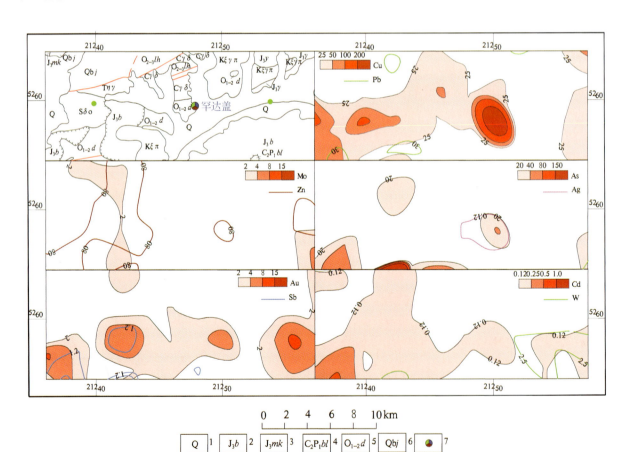

图17-7 罕达盖式矽卡岩型铜矿典型矿床所在区域地质矿产及化探剖析图
1. 第四系；2. 侏罗系白音高老组；3. 侏罗系满克头鄂博组；4. 上石炭统宝力高庙组；
5. 奥陶系多宝山组；6. 新元古界佳疙瘩组；7. 铜多金属矿床

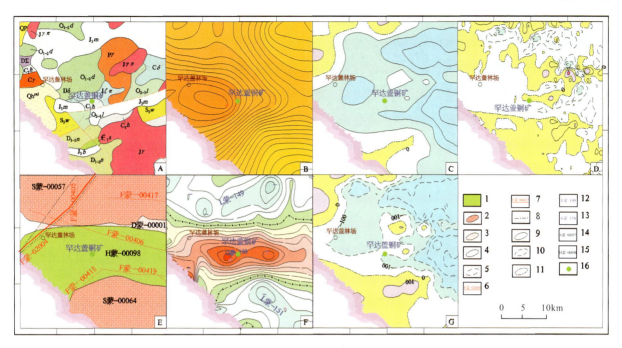

图 17-8 罕达盖式矽卡岩型铜矿典型矿床所在区域地质矿产及物探剖析图

1.古生代地层;2.酸性-中酸性岩体;3.酸性-中酸性岩体岩浆带;4.出露岩体边界;5.隐伏岩体边界;6.重力推断二级断裂构造及编号;7.重力推断三级断裂构造及编号;8.一级构造单元;9.航磁正等值线;10.航磁负等值线;11.航磁零等值线;12.剩余重力低异常编号;13.剩余重力高异常编号;14.酸性-中酸性岩体编号;15.地层编号;16.铜矿点。A.地质矿产图;B.布格重力异常图;C.航磁 ΔT 等值线平面图;D.航磁 ΔT 化极垂向一阶导数等值线平面图;E.重力推断地质构造图;F.剩余重力异常图;G.航磁 ΔT 化极等值线平面图

表 17-1 罕达盖式矽卡岩型铜矿典型矿床预测要素表

预测要素		描述内容		要素类别
储量		铜金属量:18 000t	平均品位　铜 1.17%	
特征描述		与石炭纪石英二长闪长岩有关的矽卡岩型铜矿床		
地质环境	构造背景	大兴安岭弧盆系扎兰屯-多宝山岛弧		必要
	成矿环境	东乌珠穆沁旗-嫩江(中强挤压区)铜、钼、铅、锌、金、钨、锡、铬成矿带,朝不楞-博克图钨、铁、锌、铅成矿亚带,塔尔其-梨子山铁矿集区		必要
	成矿时代	石炭纪		必要
矿床特征	矿体形态	薄层状、透镜状、不规则囊状,矿体产状变化较大,总体产状为北西向		重要
	岩石类型	变质粉砂岩、大理岩、矽卡岩、安山岩、石英二长闪长岩		必要
	岩石结构	微细粒粒状变晶结构、粒状变晶结构、斑状结构、半自形粒状结构		次要
	矿物组合	磁铁矿、黄铜矿、黄铁矿、赤铁矿,另见少量磁黄铁矿、辉钼矿、闪锌矿		次要
	结构构造	结构:半自形粒状结构、粒状变晶结构、碎裂结构、交代残留结构;构造:块状构造、浸染状构造、细脉浸染状构造		次要
	蚀变特征	矽卡岩化、角岩化、硅化及碳酸盐化		重要
	控矿条件	严格受多宝山组、裸河组与石炭纪石英二长闪长岩接触带控制		必要
地球物理特征	重力异常	剩余重力异常为剩余正异常,异常值为$(6\sim10)\times10^{-5}$m/s^2		重要
	磁法异常	航磁化极等值线表现为低缓负磁异常,异常值 $-100\sim0$nT		次要
地球化学特征		铜金银砷异常区,铜Ⅲ级浓度分带,异常值$(28\sim1900)\times10^{-6}$		必要

第二节 预测工作区研究

阿尔山-苏格河地区罕达盖铜矿预测工作区范围：东经118°30′—122°15′，北纬47°00′—48°30′。

一、区域地质特征

1. 成矿地质背景

预测工作区大地构造位置属天山-兴蒙造山系、大兴安岭弧盆系扎兰屯-多宝山岛弧及海拉尔-呼玛弧后盆地。成矿区带属于滨太平洋成矿域（叠加在古亚洲成矿域之上）（Ⅰ级），大兴安岭成矿省（Ⅱ级），东乌珠穆沁旗-嫩江（中强挤压区）铜、钼、铅、锌、金、钨、锡、铬成矿带（Ⅲ级），朝不楞-博克图钨、铁、铜、锌、铅成矿亚带（Ⅳ级），罕达盖林场铜矿集区（Ⅴ级）。

预测工作区内出露的主要地层除断陷盆地内沉积的中新生界白垩系、第三系外，出露的主要地层如下。

新元古界：佳疙瘩组绢云石英片岩、变中基性火山岩夹板岩。额尔古纳河组砂泥岩及碳酸盐岩。

下古生界：奥陶系哈拉哈河组($O_{1-2}hl$)[相当于铜山组($O_{1-2}t$)]、多宝山组(O_2d)和裸河组O_3lh），为海相、浅海相火山岩（细碧岩、石英角斑岩）及碎屑、碳酸盐岩组合。

上古生界：中—下泥盆统泥鳅河组($D_{1-2}n$)、中—上泥盆统大民山组($D_{2-3}d$)，塔尔巴格特组($D_{2-3}t$)，为浅海相、滨海相碎屑岩，火山岩及碳酸盐岩系；下石炭统红水泉组(C_1h)、莫尔根河组(C_1m)砂泥岩建造及海相火山岩建造，上石炭统宝力高庙组(C_2b)陆相中酸性火山岩、火山碎屑岩夹黑色砂板岩；中二叠统大石寨组海相火山岩建造、上二叠统林西组内陆湖沼相粉砂岩-泥岩建造。

中生界：下三叠统老龙头组(T_1l)砂泥岩夹陆相火山岩建造，中侏罗统塔木兰沟组(J_2t)陆相中基性火山岩和上侏罗统满克头鄂博组(J_3m)、玛尼吐组(J_3mn)和白音高老组(J_3b)陆相火山岩、次火山岩及火山碎屑岩。

地层呈北东东向展布，其中奥陶系出露于中部，总体构成北东东向复背斜的核部；泥盆系、石炭系—二叠系构成两翼，而中生代火山岩大面积集中分布于该区东部，构成大兴安岭火山岩浆岩带西部的一部分。

与罕达盖式矽卡岩型铜矿有直接成矿关系的地层单元是中—下奥陶统多宝山组。建造类型为岛弧火山岩建造及砂板岩夹火山岩及灰岩组成的类复理石建造，其中，后者为赋矿地质体。

侵入岩：预测工作区内出露侵入岩主要为古生代及中生代中-酸性侵入岩，岩体受控于区域构造，呈北东向展布。志留纪—泥盆纪为壳幔混合源拉斑系列、钙碱性系列、英云闪长岩-石英闪长岩-花岗闪长岩-花岗岩系列岛弧型构造岩浆组合。石炭纪侵入岩为钙碱性大陆边缘弧石英二长闪长岩-花岗闪长岩-二长花岗岩-花岗岩组合。二叠纪为高钾钙碱性后碰撞环境石英闪长岩-二长花岗岩-花岗岩组合。三叠纪为后碰撞挤压-拉张构造体制转换机制下形成的白岗质花岗岩-二长花岗岩组合。侏罗纪为陆内碰撞造山环境下形成的石英闪长岩-二长花岗岩-花岗岩构造岩石组合。白垩纪为拉张环境下形成的中酸性高钾钙碱性深成侵入岩及浅成中酸性斑岩体。

与本次预测成矿类型有直接关系的侵入岩为石炭纪石英二长闪长岩、石英闪长岩及花岗岩类。

构造：预测工作区北东—北东东向深大断裂发育，除二连-贺根山深断裂从该区南部通过外，北部有查干敖包-五叉沟大断裂从复背斜南翼通过，两条大断裂均属区域控岩、控矿构造。

巨型北北东向大兴安岭重力梯度带纵贯该带，东高西低，地震剖面和大地电磁测深证实该梯度带是深大断裂的反映。后者是整个大兴安岭重要的控岩控矿构造。

2. 区域成矿模式

根据预测工作区成矿规律研究，总结成矿模式（图17-9）。

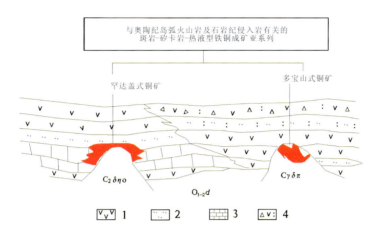

图17-9 罕达盖式铁铜矿预测工作区区域成矿模式
1.安山岩；2.砂岩；3.灰岩；4.安山质角砾凝灰岩

二、区域地球物理特征

1. 磁异常特征

阿尔山-苏格河地区罕达盖铜矿预测工作区在航磁ΔT等值线平面图上磁异常幅值范围为$-1800\sim2800$nT，全预测工作区异常形态杂乱，正负相间，异常轴向北东向，预测工作区东部磁异常值明显比西部高，东部以$0\sim100$nT为磁场背景，西部以$-100\sim0$nT为磁场背景。罕达盖铜矿区位于预测工作区西部边缘，磁异常背景为低缓磁异常区，0nT等值线附近。

罕达盖预测工作区磁法推断地质构造图显示，断裂构造走向主要为北西向和北东向，磁场标志主要表现为不同磁场区分界线。综合分析地质情况，预测工作区内杂乱的磁异常主要是由火山岩地层和侵入岩体共同引起。

罕达盖预测工作区磁法共推断断裂13条、侵入岩体13个、火山岩地层26个、火山构造1个。

2. 重力异常特征

罕达盖式矽卡岩型铜多金属矿预测工作区位于北东向的大兴安岭主脊重力低值带上。重力低值带北起甘源林场，向南经兴安里、五岔沟、汗乌拉至西拉木伦河北岸，长约1350km，宽150~300km，布格重力异常值为$(-140\sim-80)\times10^{-5}$m/s^2，主要为大兴安岭幔凹和中酸性火山岩、花岗岩类所致。

预测工作区区域重力场总体表现为东部重力高、西部重力低的特点。区内重力低、高异常分别达到-50×10^{-5}m/s^{2}和110×10^{-5}m/s^2。预测工作区中部和东部为布格重力异常相对稳定带，布格重力异常等值线沿北北东方向延伸，其上叠加同向扭曲。对应的剩余重力异常多呈近东西向条带状展布，部分为等轴状。此区域地表成片出露酸性岩体，据此推断剩余重力负异常为中酸性花岗岩带的反映，而局部高重力异常区域为古生代、元古宙地层的反映。预测工作区西部等值线相对密集，布格重力异常高、低值区相间排列，在剩余重力异常图上则显示为北东向的剩余重力正、负异常相间排列。参考物性资料，推断为古生代地层和中生代盆地的反映。北东向的等值线密集带，推断由一级断裂所引起。

区内重力共推断断裂构造 64 条，中—酸性岩体 9 个，地层单元 12 个，中—新生代盆地 11 个。

三、区域地球化学特征

区域上分布有 Ag、As、Au、Cd、Sb、Pb、Zn、W、Mo 等元素组成的高背景区带，在高背景区带中有以 Ag、As、Au、Cd、Mo、Sb、W 为主的多元素局部异常。预测工作区内共有 42 个 Ag 异常，28 个 As 异常，42 个 Au 异常，39 个 Cd 异常，29 个 Cu 异常，47 个 Mo 异常，61 个 Pb 异常，26 个 Sb 异常，51 个 W 异常，40 个 Zn 异常。

Ag、Cd 在预测工作区呈大规模高背景分布，罕达盖林场北西—阿尔山—浩绕山一带存在规模较大的 Ag、Cd 局部异常，有明显的浓度分带和浓集中心；在巴日浩日高斯太西南部存在明显的 Ag、Cd、Sb 元素异常，具有明显的浓度分带和浓集中心；Au 元素在预测工作区多呈低背景分布，只在罕达盖和巴日浩日高斯太西南部存在高背景值；在预测工作区中部阿尔山地区 Pb、Zn、W、Mo 多元素呈高背景分布，从阿尔山到蛤蟆沟林场之间存在大规模 Mo 异常，有多处浓集中心，浓集中心明显，强度高；As 元素在预测工作区西部呈高背景分布，在巴日浩日高斯太地区北东部有多处浓集中心；Cu 元素在罕达盖及其西部呈高背景分布，有多处浓集中心，浓集中心呈北西向带状分布，在巴日浩日高斯太地区，Cu 元素呈北东向高背景分布，有多处浓集中心。

预测工作区内元素异常组合套合较好的编号为 AS1，该异常元素为 Cu、Pb、Zn。Cu 元素浓集中心明显，强度高，存在明显的浓度分带，在罕达盖以西呈北西向带状分布，Pb、Zn 套合较好，分布于 Cu 异常区内。

四、区域遥感影像及解译特征

预测工作区遥感共解译出线要素 329 条（巨型断层 2 条、大型断层 13 条、中型断层 14 条、小型断层 300 条），色要素 18 个，环要素 10 个，块要素 8 个，带要素 18 块。

本预测工作区在遥感图像上表现为北东走向，主构造线以压性构造为主，北西向构造为辅。两构造组成本地区的菱形块状构造格架，其构造块体内短小构造密集呈现。在两组构造之中形成了次级千米级的小构造，而且多数为张性或张扭性小构造。

本预测工作区内遥感解译出 1 条巨型断裂带，即大兴安岭主脊-林西深断裂带，沿大兴安岭主峰及其两侧分布。断裂带较宽，且多表现为张性特征，带内有糜棱岩带及韧性剪切带，表现为先张后压的多期活动特点。断裂带形成于晚侏罗世，白垩纪继续活动，形成大兴安岭主脊垒、堑构造体系，北东向冲沟、陡坎及洼地。

另外，解译出 1 条巨型断裂带，即伊列克得-加格达奇断裂带，正断层痕迹，线性影像，直线状水系分布，负地形，沿沟谷、凹地延伸，为地壳拼接断裂带。

本预测工作区内共圈出 15 个环形构造。环状构造在预测工作区内分布不均，只在山区内较为密集，西北由于进入山前平地后环形构造均没有显示。

本预测工作区内共解译出带要素 18 个，为侏罗系玛尼吐组灰绿色、紫褐色中性火山熔岩，中酸性火山碎屑岩及火山机构的反映。

已知铜矿点与本预测工作区中的羟基异常吻合的有巴升河铜矿、敖尼尔河北山铜矿和巴林镇巴林铜矿。已知铜矿点与本预测工作区中的铁染异常吻合的有乌布尔宝力格巴伦莫铜矿。

五、自然重砂特征

本预测区利用拐点法确定背景值与异常下限，圈出 1 处Ⅲ级铜矿异常。预测区成矿类型为罕达盖式矽卡岩型铜矿。预测工作区主要出露奥陶系多宝山组,岩性为灰绿色细碧岩、石英角斑岩、结晶灰岩、蚀变凝灰岩夹石英砂岩。

六、区域预测模型

根据预测工作区区域成矿要素、化探、航磁、重力、重砂及遥感资料,建立了本预测工作区的区域预测要素,并编制预测工作区预测要素图和预测模型图。

区域预测要素图以区域成矿要素图为基础,综合研究重力、航磁、化探、遥感等致矿信息,总结区域预测要素表(表17-2),并将综合信息各专题异常曲线或区全部叠加在成矿要素图上。预测模型图的编制,以地质剖面图为基础,叠加区域化探、航磁及重力剖面图而形成,简要表示预测要素内容及其相互关系,以及时空展布特征(图17-10)。

表 17-2 罕达盖复合内生型铜矿床预测工作区区域预测要素表

区域预测要素		描述内容	要素级别
区域成矿地质环境	大地构造单元	天山-兴蒙造山系、大兴安岭弧盆系、扎兰屯-多宝山岛弧及海拉尔-呼玛弧后盆地	重要
	主要控矿构造	北东向断裂及北北东向断裂	次要
	主要赋矿地层	中奥陶统多宝山组	必要
	控矿沉积建造	岛弧火山岩建造及粉砂岩-泥岩建造	重要
	控矿侵入岩	石炭纪石英二长闪长岩及花岗岩	必要
	区域变质作用及建造	低绿片岩相变质建造、区域低温动力变质作用	次要
区域成矿特征	成矿期及区域成矿类型	海西中期矽卡岩型铜铁矿	重要
	含矿建造	粉砂岩-碳酸盐岩建造、岛弧火山岩建造	重要
	含矿构造	北东向矽卡岩化带	重要
	矿石建造	磁铁矿-黄铜矿-黄铁矿建造	次要
	围岩蚀变	矽卡岩化、角岩化、硅化及碳酸盐化	重要
	矿床式	罕达盖式	重要
	矿点	小型矿床1个、矿点6个	重要
区域物化遥特征	航磁异常特征	低缓负磁异常,异常值-100~0nT	重要
	重力异常特征	剩余重力异常为重力正异常,异常值$(6\sim10)\times10^{-5}$m/s^2	重要
	化探异常特征	Ⅲ级浓度分带,异常值$(28\sim1900)\times10^{-6}$	重要
	自然重砂特征	局部重砂异常,但表现不明显	次要
	遥感异常特征	Ⅰ级铁染异常	次要

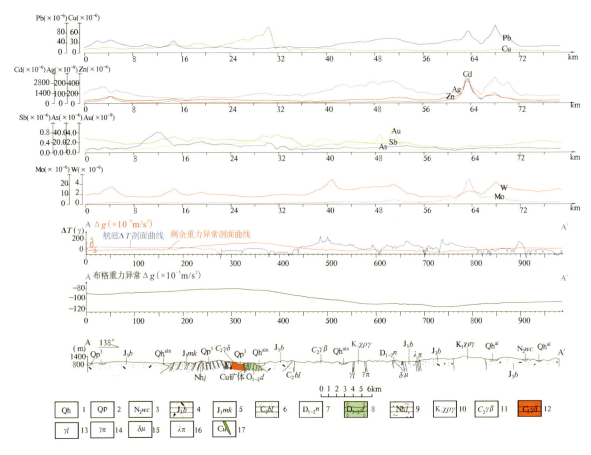

图 17-10 罕达盖铜矿预测工作区找矿模型

1.第四系全新统;2.第四系更新统;3.五叉沟组;4.白音高老组;5.满克头鄂博组;6.宝力高庙组;7.泥鳅河组;8.多宝山组;9.佳疙瘩组;10.碱长花岗岩;11.黑云母花岗岩;12.花岗闪长岩;13.花岗细晶岩脉;14.花岗斑岩脉;15.闪长玢岩脉;16.流纹(石英)斑岩脉;17.铜矿体

第三节 矿产预测

一、综合地质信息定位预测

1. 变量提取及优选

根据典型矿床及预测工作区研究成果,进行综合信息预测要素提取。本次选择网格单元法作为预测单元,预测底图比例尺为1:10万,利用规则网格单元作为预测单元,网格单元大小为1km×1km。

地质体(石炭纪石英二长闪长岩及奥陶系多宝山组)要素进行单元赋值时采用区的存在标志;化探、剩余重力、航磁化极则求起始值的加权平均值,在变量二值化时利用异常范围值人工输入变化区间。

2. 最小预测区圈定及优选

本次利用证据权重法,采用1km×1km规则网格单元,在MRAS2.0下,利用有模型预测方法[预测区有7个已知矿床(点)]进行预测区的圈定与优选。然后在MapGIS下,根据优选结果圈定成为不规则形状。

3. 最小预测区圈定结果

本次于预测工作区共圈定各级异常区22个,其中A级最小预测区4个,总面积146.43km²;B级最小预测区9个,总面积185.36km²;C级最小预测区9个,总面积154.43km²。各级别最小预测区面积分布合理(表17-3,图17-11)。

表17-3 罕达盖式复合内生型铜矿预测工作区最小预测区圈定结果及资源量估算成果表

最小预测区编号	最小预测区名称	$S_{预}$ (km²)	$H_{预}$ (m)	K_s	K (t/m³)	α	$Z_{预}$ (t)	资源量级别
A1504603001	罕达盖	15.82	494	0.7		1.0	79 307.10	334-1
A1504603002	沙金尼·呼吉尔	56.63	400	0.7		0.6	161 735.28	334-2
A1504603003	巴升河南西	32.29	400	0.8		0.4	70 263.04	334-2
A1504603004	巴林铜矿	41.69	300	0.6		0.3	38 271.42	334-2
B1504603001	罕达盖嘎查南东1127高地北东	3.54	400	0.9		0.6	12 998.88	334-3
B1504603002	罕达盖嘎查南东1127高地西	30.25	600	0.5		0.4	61 710.00	334-3
B1504603003	罕达盖嘎查南东1127高地南	17.76	600	0.8		0.4	57 968.64	334-3
B1504603004	伊尔施镇北	20.29	200	0.4		0.2	5518.88	334-3
B1504603005	1048高地	16.43	600	0.7	0.000 017	0.3	35 193.06	334-3
B1504603006	巴润浩日高斯太东	24.54	300	0.6		0.3	22 527.72	334-3
B1504603007	三道桥	37.41	500	0.4		0.4	50 877.6	334-3
B1504603008	二公里东	27.52	600	0.8		0.3	67 368.96	334-3
B1504603009	营林区东	7.62	500	0.8		0.5	25 908.00	334-3
C1504603001	朝古拉干特音那尔斯北西	7.04	500	0.3		0.3	5385.60	334-3
C1504603002	朝古拉干特音那尔斯	16.51	800	0.9		0.2	40 416.48	334-3
C1504603003	1007高地	10.88	500	0.6		0.3	16 646.40	334-3
C1504603004	那日斯特	27.06	600	0.5		0.4	55 202.40	334-3
C1504603005	巴日图林场	32.45	400	0.8		0.5	88 264.00	334-3
C1504603006	老二段西	31.45	300	0.8		0.3	38 494.80	334-3
C1504603007	三颗桩北西	15.15	400	0.9		0.3	6953.85	334-2
C1504603008	五十四公里南东	10.17	200	0.7		0.3	7261.38	334-3
C1504603009	1177高地北	3.72	300	0.3		0.4	2276.64	334-3

4. 最小预测区地质评价

预测工作区罕达盖式矽卡岩型铁铜矿赋矿地质体为岛弧火山喷发沉积岩系奥陶系多宝山组和石炭纪中酸性侵入岩。矿床、矿点的空间分布上,总体表现为北东东向,与含矿地层多宝山组展布方向一致。构造上预测区主体位于查干敖包-五叉沟大断裂以北。区域构造线方向总体为北东东向,岩浆活动以及地层空间分布与成矿作用,均明显受其控制。控岩控矿断裂多为近东西向断裂与北东东向断裂。

本次于预测工作区共圈定各级异常区22个,且已知矿床及具找矿前景铜矿点均分布在A级预测区内,说明预测区优选分级原则较为合理;最小预测区圈定结果表明,预测区总体与区域成矿地质背景、区化异常、航磁化极异常、剩余重力异常吻合程度较好,但与遥感铁染异常、重砂异常吻合程度较差。

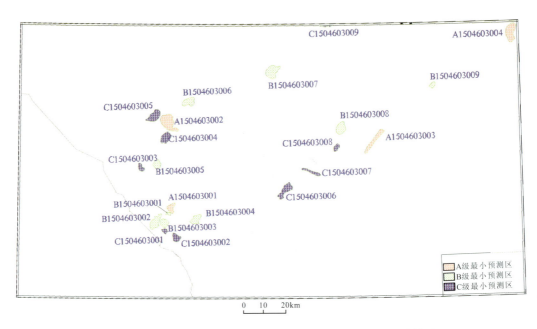

图 17-11 罕达盖复合内生型铜矿预测工作区最小预测区圈定结果

二、综合信息地质体积法估算资源量

1. 典型矿床深部及外围资源量估算

查明的资源量、体重及铜品位依据均来源于内蒙古自治区地质调查院于 2010 年 8 月编写的《内蒙古自治区新巴尔虎左旗罕达盖林场铁铜多金属 C1、C2 磁异常区详查及外围普查报告》。矿床面积的确定是根据 1:1 万罕达盖铁铜矿矿区地形地质图及见矿钻孔位置，各个矿体组成的包络面面积（图 17-12）。该矿区矿体绝大多数为隐伏矿，矿体延深依据主矿体勘探线剖面图（图 17-13），具体数据见表 17-4。

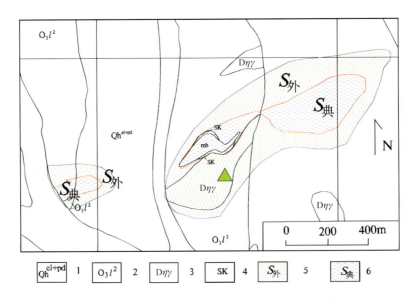

图 17-12 罕达盖铜矿典型矿床总面积圈定方法及依据

1. 第四纪残坡积砂土及腐殖质土层；2. 上奥陶统裸河组二岩段：变质粉砂岩、变质细砂岩、粉砂质、板岩夹大理岩；3. 泥盆纪二长花岗岩；4. 矽卡岩；5. 典型矿床外围预测范围；6. 矿体聚集区段边界范围

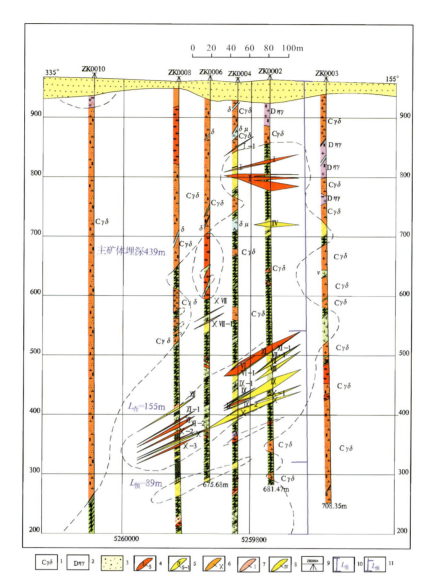

图 17-13 罕达盖铜矿典型矿床矿体延深确定方法及依据

1. 石炭纪花岗闪长岩；2. 泥盆纪二长花岗岩；3. 第四纪冲洪积层；4. 铁矿体及编号；
5. 铜矿体及编号；6. 铁铜矿体及编号；7. 次边际铁矿体及编号；8. 次边际铜矿体及编号；
9. 钻孔位置及编号(剖面图)；10. 矿体查明深度；11. 矿体预测深度

表 17-4 罕达盖铜矿典型矿床深部及外围资源量估算一览表

典型矿床		深部及外围		
已查明资源量(t)	18 000	深部	面积(m²)	97 710.0
面积(m²)	97 710.0		深度(m)	86
深度(m)	155	外围	面积(m²)	240 360.0
品位(%)	1.17		深度(m)	241
比重(t/m³)	3.48	预测资源量(t)		79 307.4
体积含矿率(t/m³)	0.0012	典型矿床资源总量(t)		97 307.4

2. 模型区的确定、资源量及估算参数

模型区为典型矿床所在的最小预测区。罕达盖典型矿床查明资源量 18 000t,按本次预测技术要求计算模型区资源总量为 97 307.4t。模型区内无其他已知矿点存在,则模型区资源总量＝典型矿床资源总量,模型区面积为依托 MRAS 软件采用少模型工程神经网络法优选后圈定,延深根据典型矿床最大预测深度确定。由于模型区内含矿地质体边界可以确切圈定,但其面积与模型区面积不一致,由模型区含地质体面积/模型区总面积得出,模型区含矿地质体面积参数为 0.72。由此计算含矿地质体含矿系数(表 17-5)。

表 17-5 罕达盖铜矿式铜矿模型区预测资源量及其估算参数表

编号	名称	模型区资源总量(t)	模型区面积(km^2)	延深(m)	含矿地质体面积(km^2)	含矿地质体面积参数	含矿地质体含矿系数
A1504603001	罕达盖	97 307.4	15.82	493.55	11.39	0.72	0.000 017

3. 最小预测区预测资源量

罕达盖铜矿预测工作区最小预测区资源量定量估算采用地质体积法进行估算。

(1)估算参数的确定。最小预测区面积是依据综合地质信息定位优选的结果;延深的确定是在研究最小预测区含矿地质体地质特征、含矿地质体的形成深度、断裂特征、矿化类型,并在对比典型矿床特征的基础上综合确定的;相似系数的确定,主要依据 MRAS 生成的成矿概率及与模型区的比值,参照最小预测区地质体出露情况、化探及重砂异常规模及分布、物探解译隐伏岩体分布信息等进行修正。

(2)最小预测区预测资源量估算结果。按地质体积法估算,本次预测资源总量为 950 550.1t,其中,不包括预测工作区已查明资源量,详见表 17-3。

4. 预测工作区资源总量成果汇总

罕达盖铜矿预测工作区地质体积法预测资源量,依据资源量级别划分标准,根据现有资料的精度,可划分为 334-1、334-2 和 334-3 三个资源量精度级别;根据各最小预测区内含矿地质体、物化探异常及相似系数特征,预测延深均在 2000m 以浅。

本预测工作区预测资源量按精度、预测深度、可利用性、可信度统计结果见表 17-6。

表 17-6 罕达盖式复合内生型铜矿预测工作区预测资源量估算汇总表

按预测深度			按精度			按可利用性		按可信度		
500m 以浅	1000m 以浅	2000m 以浅	334-1	334-2	334-3	可利用	暂不可利用	≥0.75	≥0.5	≥0.25
825 967.07	950 550.1	950 550.1	79 307.1	277 223.6	594 019.4	560 918.3	389 631.8	79 307.1	117 578.52	92 660.21
合计:950 550.1			合计:950 550.1			合计:950 550.1		合计:950 550.1		

注:表中预测资源量单位均为 t。

第十八章　白马石沟式复合内生型铜矿预测成果

第一节　典型矿床特征

一、典型矿床及成矿模式

(一)矿床特征

1. 矿区地质

白马石沟热液型铜矿床位于内蒙古自治区赤峰市敖汉旗境内,地理坐标:东经119°46′15″—119°47′15″,北纬42°22′45″—42°23′30″。

地层:下二叠统大石寨组(P_1d)由砂岩、板岩、凝灰质砂岩互层夹碳酸盐岩透镜体组成,单斜地层,地层走向280°～320°,倾向南西,倾角40°～60°。碳酸盐岩夹层多已被交代成透辉石石榴石矽卡岩,是含铜磁铁矿矽卡岩唯一赋矿部位。上侏罗统金刚山组(J_3j)岩性主要为流纹质含角砾晶屑凝灰岩、熔结凝灰岩,厚度不大,仅分布在矿区北部,出露面积小。

侵入岩:主要为燕山早期花岗岩类,岩性为花岗岩、二长花岗岩、钾长花岗岩等。次为海西晚期闪长玢岩、细粒闪长岩等,少量晚期花岗细晶岩、花岗斑岩呈脉状分布。海西晚期闪长玢岩、闪长岩类,呈岩基状产出,北西向分布于二叠系大石寨组与花岗岩之间。燕山早期花岗岩类分布在闪长岩东北部,呈岩基状北西向展布,边部与闪长岩接触,分布范围大。花岗岩是矿区唯一的成矿母岩,也是矿体的围岩,铜矿物常呈含铜石英脉或细脉浸染状赋存于花岗岩裂隙中或蚀变花岗岩中。

构造:矿体及含矿蚀变带主要产在花岗岩体中,矿区构造主要以断裂为主,北西向、近东西向、近南北向均为容矿断裂,北西向、北东向断裂为成矿后断裂,对矿体及含矿蚀变体有一定的错动,破坏不大。矿区西南部北西向断裂发育在下二叠统大石寨组中,控制了4号矿体及含矿矽卡岩;矿区中部一组北西向断裂带发育在花岗岩中,控制了2号、6号、9－17号等矿体及含矿蚀变带;矿区西部一组近南北向断裂带发育在花岗岩中,控制了7号、8号、8－1号矿体及含矿蚀变带。

围岩蚀变:花岗岩中绢云母化、硅化发育,闪长玢岩中绿泥石化较发育,矽卡岩中绿帘石化、硅化明显。

2. 矿床地质

矿床主要由9条矿体组成,主要赋存于燕山早期二长花岗岩体中北西向、近东西向、近南北向断裂及围岩透辉石石榴石矽卡岩中。

矿床的三度空间分布特征:矿体走向305°～345°,0°～15°;向北东或东倾;倾角55°～80°,矿体呈小透镜状、细脉状。

矿物组合:主要金属矿物为黄铁矿、黄铜矿、辉钼矿;脉石矿物主要为石英、长石、绢云母、绿泥石等。

矿石结构、构造：矿石结构有他形、半自形、自形粒状结构，交代结构和包含结构。构造有浸染状构造、团块状构造和网脉状构造。

黄铜矿占金属矿物总量20%～30%，黄铁矿占金属矿物总量50%～70%，辉钼矿占5%。

矿石工业类型：矽卡岩型铜矿石、热液脉状铜矿石。自然类型：氧化矿石、原生矿石。

3. 白马石沟铜矿床成因类型及成矿时代

与成矿有直接关系的侵入体为侏罗纪花岗岩，矿体赋存于该期岩体中的北西向、近东西向、近南北向断裂及围岩透辉石石榴石矽卡岩中，故认为该铜矿床形成时代为侏罗纪，矿床成因类型为热液型。

（二）矿床成矿模式

根据矿床成矿地质背景及矿床成矿特征，其典型矿床成矿模式见图18-1。

二、典型矿床地球物理特征

1. 矿床航磁、地磁特征

矿区磁场显示为低缓负磁场背景上的负磁异常，异常走向近东西向，磁场特征显示有北东向断裂通过该区域。

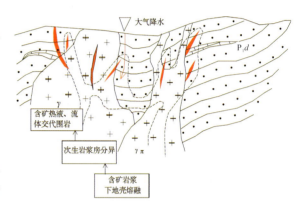

图18-1 白马石沟热液型铜矿矿床成矿模式

2. 矿床所在区域重力特征

白马石沟铜矿在布格重力异常图上，位于面积很大的面状布格重力低异常区北边部，矿区南侧有重力等值线同向扭曲，形成重力极低值，Δg为-68.78×10^{-5} m/s^2。在剩余重力异常图上，白马石沟铜矿位于条带状负异常带L蒙-284上。该异常呈东西向带状展布，Δg为-5.05×10^{-5} m/s^2。在该剩余重力异常区地表出露有第三系、侏罗系，推断为中生代盆地的反映。

三、典型矿床地球化学特征

矿床附近形成了Cu、Mo、W、Pb、Ag、Cd、Sb组合异常，主成矿元素为Cu，Mo、W、Pb、Ag、Cd、Sb为主要的共伴生元素，内带矿体附近主要为Cu、W、Mo异常，外带为Ag、Cd、Pb、Sb组合异常。

与预测工作区相比较，赤峰白马石沟-喇嘛洞白马石沟式热液型铜矿矿区Cu元素为高背景值，成环状分布，闭合性好，浓集中心明显，异常强度高，与W和Mo异常套合较好，后者是主要的伴生元素。矿区周围Ag、Cd、Pb、Sb元素呈零星的高背景分布，有明显的浓集中心。

四、典型矿床预测模型

根据典型矿床成矿要素和矿区航磁资料以及区域重力、化探资料，确定典型矿床预测要素，编制典型矿床预测要素图。矿床所在地区的系列图表达典型矿床预测模型（图18-2至图18-4）。总结典型矿床综合信息特征，编制典型矿床预测要素表（表18-1）。

第十八章 白马石沟式复合内生型铜矿预测成果

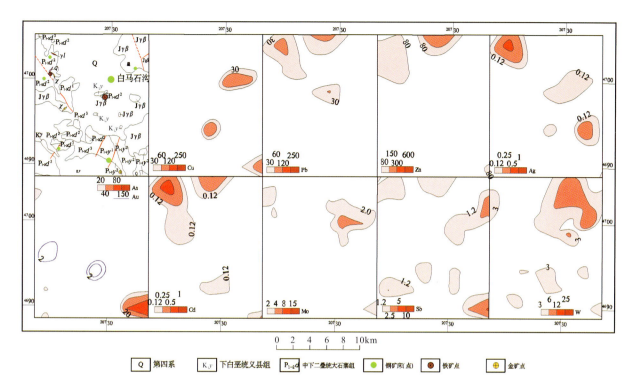

图 18-2 白马石沟热液型铜矿典型矿床化探异常剖析图

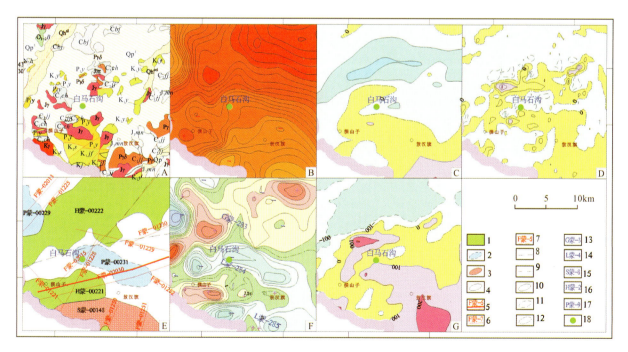

图 18-3 白马石沟热液型铜矿典型矿床所在区域地质矿产及物探（航磁、重力）剖析图

1. 古生代地层；2. 盆地边界；3. 酸性—中酸性岩体；4. 超基性岩体；5. 出露岩体边界；6. 重力推断一级断裂构造及编号；7. 重力推断Ⅱ级断裂构造及编号；8. 一级构造单元；9. 二级构造单元；10. 航磁正等值线；11. 航磁负等值线；12. 航磁零等值线；13. 剩余重力高异常编号；14. 剩余重力低异常编号；15. 酸性—中酸性岩体编号；16. 地层编号；17. 盆地编号；18. 铜矿体。A. 地质矿产图；B. 布格重力异常图；C. 航磁 ΔT 等值线平面图；D. 航磁 ΔT 化极垂向一阶导数等值线平面图；E. 重力推断地质构造图；F. 剩余重力异常图；G. 航磁 ΔT 化极等值线平面图

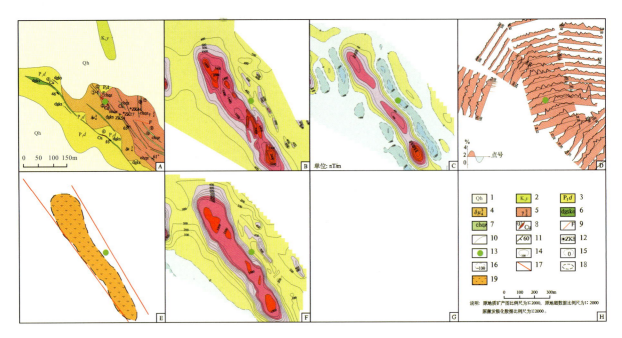

图 18-4 白马石沟矿床 1∶2.5 万地质及物探(地磁及电法)剖析图

A. 地质矿产图；B. 地磁 ΔZ 等值线平面图；C. 地磁 ΔZ 化极垂向一阶导数等值线平面图；D. 视极化率 η 剖面平面图；E. 推断地质构造图；F. 地磁 ΔZ 化极等值线平面图。1. 第四系；2. 下白垩统义县组：含角砾晶屑凝灰岩；3. 二叠系大石寨组：板岩夹砂岩；4. 闪长玢岩；5. 斑状黑云母花岗岩；6. 透辉石石榴石矽卡岩；7. 矿化蚀变带及编号；8. 铜矿体及编号；9. 断层；10. 实测地质界线；11. 产状；12. 钻孔位置及编号；13. 矿点位置；14. 正等值线及注记；15. 零等值线及注记；16. 负等值线及注记；17. 磁法推断Ⅲ级断裂；18. 磁法推断隐伏岩体边界；19. 磁法推断中基性侵入岩体

表 18-1 白马石沟复合内生型铜矿典型矿床预测要素表

典型矿床成矿 (预测)要素		内容描述			要素 类别
储量		铜金属量:4915.95t	平均品位	铜 0.55%	
特征描述		热液型铜矿床			
地质 环境	构造背景	天山-兴蒙造山系(Ⅰ),松辽地块(Ⅰ-2),松辽断陷盆地(Ⅰ-2-1),包尔汉图-温都尔庙弧盆系温都尔庙俯冲增生带			必要
	成矿环境	吉黑成矿省,松辽盆地西南缘铜钼钨、铅锌、油气成矿带,库里图-汤家杖子钼、铜、铅锌钨金成矿亚带,温都尔庙俯冲增生杂岩带			必要
	成矿时代	侏罗纪			必要
矿床 特征	矿体形态	脉状			
	岩石类型	花岗岩			重要
	岩石结构	中粒结构、似斑状结构			次要
	矿物组合	矿石矿物:以黄铜矿、辉钼矿为主,黄铁矿次之。脉石矿物:石英、斜长石、角闪石、绿泥石、绿帘石和绢云母等			重要
	结构构造	结构:自形—他形晶粒状结构、交代残余结构、包含结构; 构造:浸染状构造、团块状构造、网脉状构造			次要
	蚀变特征	绿泥石化、绿帘石化、绢云母化、硅化			次要
	控矿条件	控矿构造:受北西向张扭性断裂构造控制。赋矿岩石:晚侏罗世中粒花岗岩、似斑状黑云母花岗岩既是成矿母岩也是赋矿围岩			必要

续表 18-1

典型矿床成矿 （预测）要素			内容描述				要素 类别
	储量		铜金属量：4915.95t		平均品位	铜 0.55%	
	特征描述		热液型铜矿床				
地球物理 与 地球化学 特征	地球物理特征	重力	白马石沟铜矿在布格重力异常图上，位于面状布格重力低异常区北边部，矿区南侧有重力等值线同向扭曲，形成重力极低值，Δg 为 -68.78×10^{-5} m/s^2。在剩余重力异常图上，白马石沟铜矿位于东西走向的条带状负异常带上，Δg 为 -5.05×10^{-5} m/s				次要
		航磁	1∶2000 磁法化极图显示磁异常表现为条带状正磁异常，沿南东方向延伸				
	地球化学特征		矿床附近形成了 Cu、Mo、W、Pb、Ag、Cd、Sb 组合异常，主成矿元素为 Cu、Mo、W、Pb、Ag、Cd、Sb 为主要的共伴生元素，内带矿体附近主要为 Cu、W、Mo 异常，外带为 Ag、Cd、Pb、Sb 组合异常				必要

第二节　预测工作区研究

白马石沟预测工作区行政区划隶属于内蒙古自治区赤峰市和通辽市管辖，地理坐标：东经118°00′—122°00′，北纬 42°20′—43°10′。

一、区域地质特征

1. 成矿地质背景

预测工作区大地构造位置处于天山-兴蒙造山系（Ⅰ），松辽地块（Ⅰ-2）、松辽断陷盆地（Ⅰ-2-1）、包尔汉图-温都尔庙弧盆系（Ⅰ-8）、温都尔庙俯冲增生带（Ⅰ-8-2）。

区域上出露的地层有志留系晒勿苏组、八当山火山岩，志留系—泥盆系西别河组，石炭系白家店组、石咀子组，上石炭统酒局子组砂岩、板岩，下二叠统三面井组，二叠系于家北沟组杂砂岩、额里图组安山岩、中酸性晶屑凝灰岩，中侏罗统新民组，上侏罗统满克头鄂博组、玛尼吐组、白音高老组，及下白垩统义县组火山岩、九佛堂组砂页岩等。

区内侵入岩主要为燕山早期的花岗岩类，岩性为花岗岩、二长花岗岩、钾长花岗岩等。次为海西晚期闪长玢岩、细粒闪长岩等，见有少量晚期花岗细晶岩、花岗斑岩呈脉状分布。海西晚期闪长玢岩、闪长岩类，呈岩基状北西向分布于二叠系大石寨组与花岗岩之间。燕山早期花岗岩类分布在闪长岩东北部，呈岩基状北西向展布，边部与闪长岩接触，分布范围大。与成矿有直接成因联系的为燕山早期中酸性侵入岩（花岗岩、闪长玢岩、斜长花岗岩）。花岗岩是矿区唯一的成矿母岩，也是矿体的围岩，铜矿物常呈含铜石英脉或细脉浸染状赋存于花岗岩裂隙中或蚀变花岗岩中。

区内断裂主要以北西向和近东西向为主。近东西向者受多期构造影响表现为硅化破碎带，规模一般较大，长者达1000m，宽约20m，带内可见铜矿化，为区内主要导矿控矿构造。另一方面，这些深断裂构造带具有活动时间长的特点，在其一侧或两旁常分布形成不同时代的矿床。

2. 区域成矿模式

根据预测工作区成矿规律研究，燕山早期花岗岩类侵入岩及岩浆期后形成的断裂、构造裂隙为岩浆期后含矿热液提供了空间和通道，在成矿期的断裂裂隙中形成铜矿体及含矿蚀变带，成矿模式见图 18-1。

二、区域地球物理特征

1. 磁异常特征

白马石沟铜矿预测工作区在航磁 ΔT 等值线平面图上磁异常幅值范围为 $-1800 \sim 6800$ nT，磁异常轴向基本以北东向为主。预测工作区西部区域主要以大面积形态不规则、梯度变化较大的正磁异常区为主。预测工作区东部主要以正负相间磁异常为主，形态较西部规则，主要以北东向椭圆状和圆状磁异常为主，梯度变化没有西部磁异常大。白马石沟铜矿区在预测工作区中南部，磁场背景为平缓负磁异常区，$-150 \sim -100$ nT 等值线附近。

预测工作区磁法推断地质构造图显示，磁法推断断裂在磁场上主要表现为不同磁场区分界线和磁异常梯度带。预测工作区西部杂乱磁异常主要由火山岩地层和侵入岩体共同引起，预测工作区东部磁异常推断主要由侵入岩体引起，其中东南部一北东向条带状异常推断解释为变质岩地层。

预测工作区内磁法共推断断裂 24 条、侵入岩体 29 个、火山岩地层 14 个、变质岩地层 1 个。

2. 重力异常特征

白马石沟式热液型铜矿复合内生型预测工作区位于纵贯全国东部地区的大兴安岭-太行山-武陵山北北东向巨型重力梯度带上，并且与反映华北板块北缘的东西向重力异常带复合。该巨型重力梯度带东、西两侧重力场下降幅度达 80×10^{-5} m/s^2，下降梯度约 1×10^{-5} m·s^{-2}/km。由地震和大地电磁测深资料可知，大兴安岭-太行山-武陵山巨型宽条带重力梯度带是一条超地壳深大断裂带的反映。该深大断裂带是环太平洋构造运动的结果。沿深大断裂带侵入了大量的中新生代中酸性岩浆岩，喷发、喷溢了大量的中新生代火山岩。

预测工作区重力场特征：总体趋势是东部重力高、西部重力低，预测工作区西北部反映局部重力低异常，该局部重力低异常走向东西向，异常幅值高达 40×10^{-5} m/s^2，根据物性资料和地质出露情况，推测是中—酸性岩体的反映；预测工作区南部是重力场过渡带，并且局部形成重力低异常，推断是中—酸性岩体与前寒武纪地层接触带的反映。

白马石沟铜矿位于东部局部低重力区域，矿区内第四系广泛覆盖，出露基岩极少。基底为古生代地层，周围有侏罗纪花岗岩零星出露，表明该矿床成矿成因条件复杂。

预测工作区内重力共推断解释断裂构造 74 条，中—酸性岩体 6 个，地层单元 19 个，中—新生代盆地 18 个。

三、区域地球化学特征

区域上分布有 Ag、As、Cd、Cu、Mo、Sb、W、Pb、Zn 等元素组成的高背景区带，在高背景区带中有以 Ag、Pb、Zn、Cd、Cu、Mo、Sb、W 为主的多元素局部异常。区内各元素西北部多异常，东南部多呈背景及低背景分布。预测工作区内共有 38 个 Ag 异常，27 个 As 异常，9 个 Au 异常，51 个 Cd 异常，28 个 Cu 异常，44 个 Mo 异常，41 个 Pb 异常，41 个 Sb 异常，41 个 W 异常，38 个 Zn 异常。

在预测工作区西部 Ag、Zn、Cd 元素都呈背景、高背景分布，高背景中有两条明显的 Ag、Pb、Zn、Cd 浓度分带，一条从黄家营子到头分地乡红石碰子，一条从山咀子乡王家营子到翁牛特旗，都呈北东向带状分布，浓集中心明显、范围广、强度高；Cu 元素在预测工作区西南部呈半环状高背景分布，浓集中心明显、强度高、范围广，在北东部呈背景、低背景分布；W 元素在土城子镇、翁牛特旗和白马石沟周围呈高背景分布，有多处浓集中心；Mo 在预测工作区呈背景、高背景分布，在土城子和翁牛特旗之间有多处浓集中心，浓集中心分散且范围较小；Sb 在区内呈大面积高背景分布，有两处范围较大的浓集中心，分布于桥头镇武家沟和大城子镇周围；Au 在预测工作区呈低背景分布。

预测工作区内元素异常套合较好的编号为 AS1 和 AS2。AS1 的异常元素为 Cu、Pb、Zn、Cd，Cu 元素浓集中心明显，强度高，存在明显的浓度分带，呈近南北向带状分布；AS2 的异常元素为 Cu、Ag、Cd，Cu 元素浓集中心明显，强度高，呈环状分布，Ag、Cd 呈环状分布，分布于 Cu 异常周围。

四、区域遥感影像及解译特征

白马石沟预测工作区遥感共解译出线要素 159 条（巨型断层 1 条、大型断层 11 条、中型断层 6 条、小型断层 141 条），色要素 16 个，环要素 39 个，块要素 4 个，带要素 42 块。

本预测工作区在遥感图像上表现为近东西走向，主构造线以压性构造为主；北西向及北东向、北东东向构造为辅，两组构造形成本地区的菱形块状构造格架。在两组构造之中形成了次级千米级的小构造，而且多数为张或张扭性小构造，这种构造多数为储矿构造，有利于成矿。

预测工作区内遥感解译出 1 条巨型断裂带，即华北陆块北缘断裂带。该断裂带影纹穿过山脊、沟谷断续东西向分布；显现较古老线性构造，影像上判断线性构造两侧地层体较复杂，且线性构造穿过多套地层体，并且是两套地层系统的分界线，控制南部台区贵金属、多金属的分布。

本预测工作区内的环形构造比较发育，共圈出 39 个环型构造。环型构造在预测工作区内为东、西两侧分布密集，中间少；东南、西北部密集，相反方向零散；从遥感影像上来看，具山区密集、平原零星的特点。

本预测工作区内遥感共解译出色要素 16 处，4 处由青磐岩化引起，它们在遥感图像上均显示为深色色调异常，呈细条带状分布；12 处为角岩化引起，它们在遥感图像上均显示为亮色色调异常。从空间分布上来看，区内的色调异常明显与断裂构造及环形构造有关，在西北方向断裂交会部位以及环形构造集中区，色调异常呈不规则状分布。

本预测工作区内遥感共解译出带要素 42 个，均位于侏罗系满克头鄂博组流纹质凝灰岩、流纹岩出露区。

已知铜矿点与本预测工作区中的羟基异常吻合的有青龙山镇五步登高铜矿、南湾子乡丁家杖子铜矿、杜家地乡朝阳沟铜矿、桥头镇武家沟铜矿、山咀子乡王家营子铜矿、四道林房乡北井子铜矿、头分地乡月明山铜矿、头分地乡红石砬子铜矿、翁牛特旗毛山东乡老铜矿、毛山东乡小王家营子铜矿、书声乡庙子沟铜矿和太平庄铜矿。

已知铜矿点与本预测工作区中的铁染异常吻合的有白音昌乡五家子铜矿、青龙山镇五步登高铜矿、白音昌乡金厂沟铜矿、南湾子乡丁家杖子铜矿、玛尼罕乡双庙铜矿、乌兰公社白马石沟村铜矿、山咀子乡王家营子铜矿、桥头镇武家沟铜矿、杜家地乡朝阳沟铜矿、四道林房乡北井子铜矿、头分地乡月明山铜矿、头分地乡红石砬子铜矿、翁牛特旗毛山东乡老铜矿、毛山东乡小王家营子铜矿、书声乡庙子沟铜矿和太平庄铜矿。

五、区域预测模型

根据预测工作区区域成矿要素、化探、航磁、重力及遥感资料，建立了本预测工作区的区域预测要素，并编制预测工作区预测要素图和预测模型图。

区域预测要素图以区域成矿要素图为基础，综合研究重力、航磁、化探、遥感等致矿信息，总结区域预测要素表（表 18-2），并将综合信息各专题异常曲线或区全部叠加在成矿要素图上。预测模型图的编制，以地质剖面图为基础，叠加区域化探、航磁及重力剖面图而形成，简要表示预测要素内容及其相互关系，以及时空展布特征（图 18-5）。

表 18-2 白马石沟复合内生型铜矿床预测工作区区域预测要素表

区域预测要素		描述内容	要素级别
区域成矿地质环境	大地构造单元	天山-兴蒙造山系（Ⅰ），松辽地块（Ⅰ-2），松辽断陷盆地（Ⅰ-2-1），包尔汉图-温都尔庙弧盆系温都尔庙俯冲增生带	必要
	成矿区带	吉黑成矿省，松辽盆地西南缘铜钼钨、铅锌、油气成矿带，库里图-汤家杖子钼、铜、铅锌钨金成矿亚带，温都尔庙俯冲增生杂岩带	必要
	控矿侵入岩	晚侏罗世中粒花岗岩、似斑状黑云母花岗岩既是成矿母岩，也是赋矿围岩	必要
区域成矿特征	区域成矿类型及成矿期	区域成矿类型：热液型；成矿期：侏罗纪	必要
	含矿建造	晚侏罗世中粒花岗岩、似斑状黑云母花岗岩既是成矿母岩，也是赋矿围岩	重要
	含矿构造	受北西向张扭性断裂构造控制	重要
	围岩蚀变	花岗岩中绢云母化、硅化发育，闪长玢岩中绿泥石化较发育，矽卡岩中绿帘石化、硅化明显	重要
	矿床式	白马石沟式	重要
	矿点	成矿区带内有17个铜矿点	重要
区域物化遥特征	航磁异常特征	磁场背景为平缓负磁异常区，-150～-100nT 等值线附近，航磁化极异常强度起始值在 -200～200nT 之间	重要
	重力异常特征	重力低负异常，剩余重力起始值在 $(-3\sim2)\times10^{-5}$ m/s² 之间	次要
	化探异常特征	预测工作区北部主要分布有 As、Sb、Cu、Pb、Ag、Cd、W、Mo 等元素异常，南部元素异常不明显；Cu 元素具有明显的浓度分带和浓集中心，浓集中心呈北东向带状展布。铜异常强度起始值在 $(28\sim62)\times10^{-6}$ 之间	重要
	遥感异常特征	环要素（隐伏岩体）及遥感羟基铁染异常区	次要

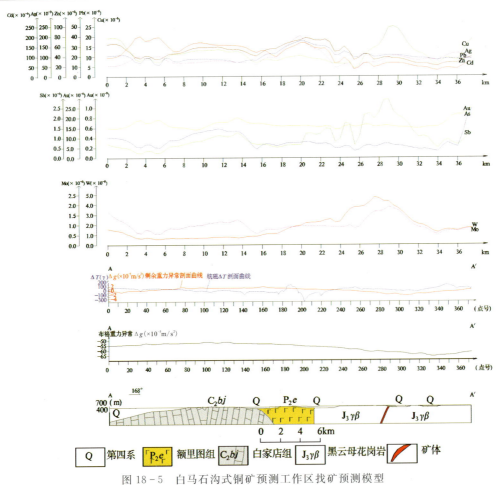

图 18-5 白马石沟式铜矿预测工作区找矿预测模型

第三节 矿产预测

一、综合地质信息定位预测

1. 变量提取及优选

根据典型矿床及预测工作区研究成果,进行综合信息预测要素提取。本次选择网格单元法作为预测单元,预测底图比例尺为1:10万,利用规则网格单元作为预测单元,网格单元大小为1km×1km。

地质体(晚侏罗世中粒花岗岩、似斑状黑云母花岗岩)及北西向张扭性断裂构造等要素进行单元赋值时采用区的存在标志,与成矿有关断裂进行缓冲区处理(500m缓冲区);化探、剩余重力、航磁化极则求起始值的加权平均值,在变量二值化时利用异常范围值人工输入变化区间。

2. 最小预测区圈定及优选

本次利用证据权重法,采用1km×1km规则网格单元,在MRAS2.0下,利用有模型预测方法[预测区有17个已知矿床(点)]进行预测区的圈定与优选。然后在MapGIS下,根据优选结果圈定成为不规则形状。

3. 最小预测区圈定结果

白马沟预测工作区预测底图精度为1:10万,根据成矿有利度[含矿岩体、矿(化)点、找矿线索及化探异常]和其他相关条件,将工作区内最小预测区级别分为A、B、C三个等级,其中A级最小预测区4个,B级最小预测区6个,C级最小预测区8个(表18-3,图18-6)。

表18-3 白马石沟式复合内生型铜矿预测工作区最小预测区圈定结果及资源量估算成果表

最小预测区编号	最小预测区名称	$S_{预}(m^2)$	$H_{预}(m)$	K_s	K (t/m^3)	α	$Z_{预}(t)$	资源量级别
A1504604001	哈图嘎查	64 082 420	180	1		0.4	3229.75	334-3
A1504604002	天桥沟	42 925 808	180	1		0.4	2163.46	334-3
A1504604003	毕家营子	31 408 220	180	1		0.4	1582.97	334-3
A1504604004	白马石沟	37 347 430	245	1		1	6405.08	334-1
B1504604001	新艾里	17 211 150	130	1		0.2	313.24	334-3
B1504604002	查干朝鲁嘎查	28 856 323	130	1	0.000 000 7	0.2	525.19	334-3
B1504604003	西沟里	66 957 930	130	1		0.2	1218.63	334-3
B1504604004	武家沟	69 713 000	130	1		0.2	1268.78	334-3
B1504604005	平房村南	5 325 217	130	1		0.2	96.92	334-3
B1504604006	青龙镇	22 169 850	130	1		0.2	403.49	334-3
C1504604001	小胡吉日图嘎查	25 131 520	80	1		0.1	140.74	334-3

续表 18-3

最小预测区编号	最小预测区名称	$S_{预}(m^2)$	$H_{预}(m)$	Ks	K (t/m^3)	α	$Z_{预}(t)$	资源量级别
C1504604002	大石砬	35 061 300	80	1		0.1	196.34	334-3
C1504604003	禹家营子	35 136 090	80	1		0.1	196.76	334-3
C1504604004	小北队	75 776 910	80	1		0.1	424.35	334-3
C1504604005	北沟	20 085 630	80	1	0.000 000 7	0.1	112.48	334-3
C1504604006	敖包沟山羊场	41 562 990	80	1		0.1	232.75	334-3
C1504604007	小官家地	26 989 770	80	1		0.1	151.14	334-3
C1504604008	敖音勿苏乡西	40 011 070	80	1		0.1	224.06	334-3

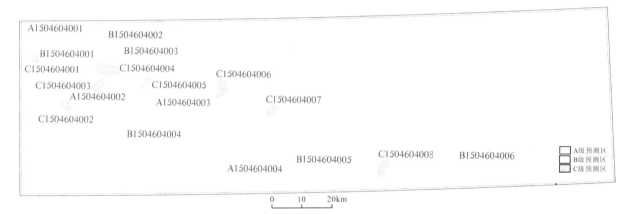

图 18-6 白马石沟式复合内生型铜矿预测工作区最小预测区圈定结果

4. 最小预测区地质评价

本次工作共圈定各级异常区 18 个，其中 A 级最小预测区 4 个（含已知矿体），总面积 175.6km²；B 级最小预测区 6 个，总面积 255.13km²；C 级最小预测区 8 个，总面积 299.61km²，面积分布合理，且已知矿床均分布在 A 级预测区内，说明预测区优选分级原则较为合理；最小预测区圈定结果表明，预测区总体与区域成矿地质背景和化探异常、断层、蚀变套合程度较好。

依据本区成矿地质背景并结合资源量估算和预测区优选结果，各级别面积分布合理，且已知矿床均分布在 A 级预测区内，说明预测区优选分级原则较为合理；最小预测区圈定结果表明，预测区总体与区域成矿地质背景、化探异常、航磁异常、剩余重力异常、遥感铁染异常吻合程度较好。

因此，所圈定的最小预测区，特别是 A 级最小预测区具有较好的找矿潜力。

二、综合信息地质体积法估算资源量

1. 典型矿床深部及外围资源量估算

查明的资源储量、延深、品位、体重等数据来源于 2007 年 9 月内蒙古自治区物华天宝矿物资源有限公司编写的《内蒙古自治区敖汉旗白马石沟矿区铜矿详查报告》；面积为该矿点各矿体、矿脉聚集区边界范围的面积，据白马沟矿区地形地质图（比例尺 1∶2000）在 MapGIS 软件下读取数据，然后依据比例尺计算出实际平面积（图 18-7）。已查明矿体的最大延深为 245m，向下预测 100m，用已查明延深＋预测深度确定该延深为 245＋100＝345(m)，其中，矿体倾角 57°～80°，矿体延深约等于垂深，见图 18-8。具体数据见表 18-4。

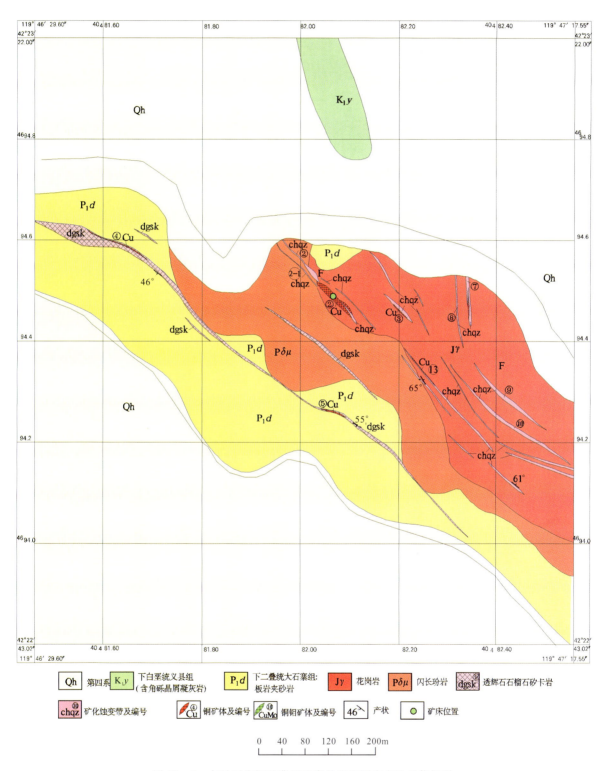

图 18-7　白马石沟铜矿典型矿床总面积圈定方法及依据图

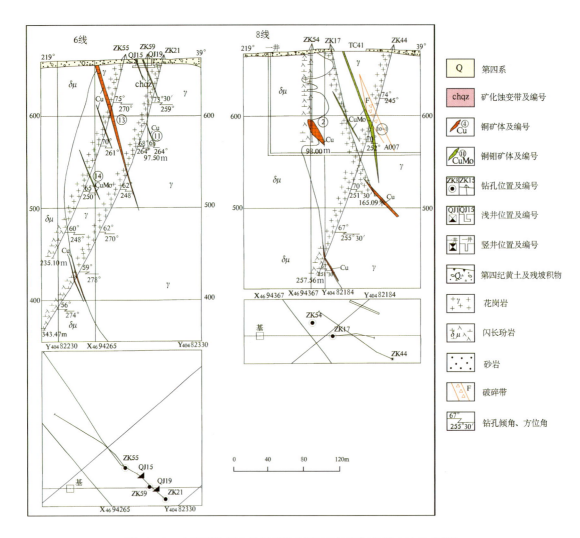

图 18-8 白马石沟铜矿体深部控制图(矿体延深确定方法及依据)

表 18-4 白马石沟铜矿典型矿床深部及外围资源量估算一览表

典型矿床		深部及外围		
已查明资源量(t)	4915.95	深部	面积(m²)	127 978
面积(m²)	127 978		深度(m)	100
深度(m)	245	外围	面积(m²)	110 000
品位(%)	0.55		深度(m)	245
比重(t/m³)	2.78	预测资源量(t)		4449.67
体积含矿率(t/m³)	0.000 15	典型矿床资源总量(t)		9365.62

2. 模型区的确定、资源量及估算参数

模型区为典型矿床所在的最小预测区。白马石沟典型矿床查明资源量 4915.95t,按本次预测技术要求计算模型区资源总量为 9365.62t。模型区内无其他已知矿点存在,则模型区资源总量＝典型矿床资源总量,模型区面积为依托 MRAS 软件采用少模型工程神经网络法优选后圈定,延深根据典型矿床

最大预测深度确定。由于模型区内含矿地质体边界可以确切圈定,但其面积与模型区面积一致,由模型区含地质体面积/模型区总面积得出,模型区含矿地质体面积参数为1。由此计算含矿地质体含矿系数(表18-5)。

表18-5 白马石沟式铜矿模型区预测资源量及其估算参数表

编号	名称	模型区资源总量(t)	模型区面积(m^2)	延深(m)	含矿地质体面积(m^2)	含矿地质体面积参数	含矿地质体含矿系数
A1504604004	白马石沟铜矿	9365.62	37 347 430	345	37 347 430	1	0.000 000 7

3. 最小预测区预测资源量

白马石沟铜矿预测工作区最小预测区资源量定量估算采用地质体积法进行估算。

(1)估算参数的确定。最小预测区面积是依据综合地质信息定位优选的结果;延深的确定是在研究最小预测区含矿地质体地质特征、含矿地质体的形成深度、断裂特征、矿化类型,并在对比典型矿床特征的基础上综合确定的;相似系数的确定,主要依据MRAS生成的成矿概率及与模型区的比值,参照最小预测区地质体出露情况、化探、重砂异常规模及分布、物探解译隐伏岩体分布信息等进行修正。

(2)最小预测区预测资源量估算结果。按综合信息地质体积法估算,本次预测资源总量为18 886.13t,其中不包括预测工作区已查明资源量,详见表18-3。

4. 预测工作区资源总量成果汇总

白马石沟铜矿预测工作区地质体积法预测资源量,依据资源量级别划分标准,根据现有资料的精度,可划分为334-1和334-3两个资源量精度级别;根据各最小预测区内含矿地质体、物化探异常及相似系数特征,预测延深参数均在2000m以浅。

根据矿产资源潜力评价预测资源量汇总标准,白马石沟式铜矿白马石沟预测工作区按精度、预测深度、可利用性、可信度统计分析结果见表18-6。

表18-6 白马石沟式复合内生型铜矿预测工作区预测资源量估算汇总表

按预测深度			按精度		
500m以浅	1000m以浅	2000m以浅	334-1	334-2	334-3
18 886.13	18 886.13	18 886.13	6405.08	—	12 481.05
合计:18 886.13			合计:18 886.13		
按可利用性			按可信度		
可利用		暂不可利用	≥0.75	≥0.5	≥0.25
13 384.33		5501.8	6405.08	17 207.54	18 886.13
合计:18 886.13			合计:18 886.13		

注:表中预测资源量单位均为t。

第十九章　布敦花式复合内生型铜矿预测成果

第一节　典型矿床特征

一、典型矿床及成矿模式

(一)矿床特征

布敦花热液型铜矿位于兴安盟科右中旗布敦花苏木,矿区范围地理坐标:东经121°21′00″—121°24′00″,北纬44°54′00″—44°66′00″,地貌为低山丘陵区。

1. 矿区地质

矿区位于大兴安岭火山岩带的中南段,与哈德营子-布敦花区域性东西向构造带的交会部位。

出露地层主要为下二叠统大石寨组(P_1d)的海相碎屑岩-火山岩建造及少量礁灰岩,岩性主要为片理化凝灰质砂岩、火山凝灰岩、硅质岩夹灰岩,在本区出露厚度为680m。

中侏罗统万宝组(J_2w),主要岩性下部为厚层砂岩夹含砾砂岩、粗砂岩,上部为细砂岩、粉砂岩及泥岩,本区出露厚度为900m,是金鸡岭矿床的主要围岩。

呼日格组(J_3h),相当于满克头鄂博组,下部中酸性含角砾晶屑凝灰岩夹流纹岩、凝灰质砂岩及安山岩,上部为角砾状凝灰熔岩夹凝灰质砂岩。

矿区构造以东西向与北北东向为主,形成3个挤压带,均呈北东向展布,由北至南分别为草格吐-查顺花挤压带、布敦花挤压带和五九山冲断带。分布在矿田中部的布敦花复式背斜,是布敦花挤压带的主要组成部分,其轴部为布敦花杂岩体,两翼地层均为大石寨组,由于后期构造活动伴生有近南北向和近东西向的扭裂、北西向的张裂构造。其中,南北向复合破裂带及北西向扭张破裂带分别为孔雀山矿区和金鸡岭矿区的主要构造。

布敦花杂岩体由黑云母花岗闪长岩、斜长花岗斑岩及花岗斑岩组成。斜长花岗斑岩隐伏于金鸡岭矿区下部。此外,中酸性脉岩闪长岩、闪长斑岩、安山玢岩等亦较发育。

布敦花杂岩体中的花岗斑岩呈岩墙状产出,与其北侧的黑云母花岗闪长岩呈侵入接触关系。而隐伏于金鸡岭矿区之下的斜长花岗斑岩与前者无接触关系。据Rb-Sr法同位素资料,三者年龄吻合,属同源不同期次的产物。

斜长花岗斑岩Rb-Sr等时线年龄为166±2Ma,相关系数γ为0.9998。岩石化学成分特征,如Si、Al、Ti、Fe、Mg、Ca、Na/K以及稀土元素也均表现出良好的演化关系。因此,可确定布敦花杂岩体的第一阶段为黑云母花岗闪长岩,第二阶段为斜长花岗斑岩,第三阶段为花岗斑岩。第一、第二阶段岩体伴有铜矿化,第三阶段未见明显的矿化。

区内中酸性脉岩,如闪长玢岩、安山玢岩及黑云母闪长岩等较发育,多数是成矿前形成的。

2. 矿床地质

布敦花铜矿床是一个与燕山期布敦花杂岩体有关的岩浆高—中温热液型矿床,其成矿作用相当于斑岩型与火山热液型的过渡类型。空间上受构造控制，常与次火山岩相伴赋存。

布敦花铜矿床包括网脉浸染状铜矿体和脉状铜矿体两类，前者构成金鸡岭矿段，后者见于孔雀山等矿段。

1）金鸡岭脉状浸染型铜矿区

金鸡岭矿段铜矿化东西长 3000m，南北宽 1500m，矿化较分散，矿石较贫，铜品位一般为 0.2%～0.5%。矿体埋深通常 250～300m，最大埋深为 600m。

矿体赋存于斜长花岗斑岩的内外接触带中，主要在外带。矿体围岩除斜长花岗斑岩外，还有砂岩、含砾砂岩、凝灰质含砾砂岩等。矿化受斜长花岗斑岩形态及二叠系和侏罗系不整合面的控制。在岩体突出与凹陷部位的外接触带矿化较好，尤其是在二叠系与侏罗系的不整合面上矿化富集。矿化主要为浸染状及脉状。据品位圈定的矿体形态复杂，有透镜状、树枝状、网状等，常以脉带形式出现。单矿体长几十米至百余米，厚 1～3m。

矿石矿物有黄铜矿、磁黄铁矿、闪锌矿、方铅矿、毒砂、斜方砷铁矿、黄铁矿等。脉石矿物主要有石英、长石、角闪石、黑云母、绿泥石、方解石、电气石等。矿石含铜一般 0.3%～0.5%，伴生有益组分银达 17.5×10^{-6}，金 0.48×10^{-6}，铟 0.0052%。伴生元素常以类质同象形式赋存在黄铜矿、黄铁矿、磁黄铁矿等矿物中。

矿石以半自形晶粒结构和交代溶蚀结构最重要，次为交代残余结构、变晶结构、固溶体分解结构等。矿石构造主要为细脉状和稀疏细脉浸染状，部分为斑杂状。

2）成矿作用可分 4 个阶段

磁黄铁矿-黄铜矿阶段是最重要的铜矿化阶段；另外还有磁黄铁矿-闪锌矿-方铅矿-黄铜矿阶段；黄铜矿-黄铁矿阶段；黄铁矿-碳酸盐阶段。

3）围岩蚀变及其分带

区内广泛发育一套高温到中低温的蚀变，包括钾长石化、黑云母化、电气石化、硅化、绢云母化、绿泥石化、绿帘石化、碳酸盐化、高岭土化等。自岩体向外可分为下列蚀变带：在斜长花岗斑岩体内有钾长石化、黑云母化、电气石化带；在外接触带含砾砂岩、变质砂岩中靠近岩体处为硅化-电气石化带；远离岩体为绢英岩化带；绢云母-绿泥石-碳酸盐化带。其中，绢英岩化带与矿化关系最为密切。

上述特征表明，金鸡岭铜矿段与国内的一些斑岩型铜矿床有相近的矿床地质标志。

3. 矿床成因类型及成矿时代

1）成矿物理化学条件——流体包裹体特征

包裹体特征：矿区内矿物流体包裹体普遍存在液相、气相及具盐晶（子矿物）的三相型包裹体。包裹体气液比变化大，为 10%～90%，常见均一成气相与均一成液相包裹体并存，高气液化与低气液化的包裹体并存，高盐度与低盐度的包裹体并存的现象。资料表明，在成矿过程中，温度在 170～198℃，184～208℃，420～430℃ 等区间成矿流体发生过沸腾。无疑，成矿流体的沸腾对金属元素在成矿流体中的沉淀富集起了有益的作用。

成矿温度、盐度、密度和压力：区内包裹体均一温度和流体的盐度变化范围很大，均一温度为 600～100℃，盐度 $w(NaCl)$ 为 58%～5.4%。流体密度为 0.85～1.11g/cm³。均一温度直方图具有 3 个以上峰值。温度-盐度-流体密度关系图也具有 3 个集中区，表明成矿作用过程中至少有 3 次矿化活动，三者在温度、盐度上均有较大的差异。第一阶段矿化活动，成矿温度主要在 520～560℃，盐度 $w(NaCl)$ 为 45%～50%，密度大于 0.9g/cm³，多数包裹体均一为气相，代表了成矿作用气成阶段的地球化学参数；第二阶段矿化活动发生在 310～470℃，盐度 $w(NaCl)$ 为 36%～58%，密度为 0.96～1.11g/cm³，代表了中高温热液矿化阶段的地球化学参数；第三阶段成矿温度较低，发生在 140～310℃，盐度 $w(NaCl)$ 也较低（19.3%～5.4%），代表了中低温热液矿化阶段。金鸡岭矿段和孔雀山矿段的矿化形式虽然完全不同（前者为网脉浸染状，后者以大脉状为主），但二者包裹体地球化学特征是一致的。

据 $NaCl-H_2O$ 体系 $p-T-X$ 相图估算区内成矿时期的压力为 $(110～400) \times 10^5 Pa$，成矿初始压力

较低,正反映了成矿是在近于开放系统中进行的。

流体包裹体成分及据其计算的氧化还原参数:从气相色谱仪和液相色谱仪分析的流体包裹体结果可以看出,气体主要成分是水蒸气,H_2O 的摩尔百分数占总含量的 98% 以上,排除最大含量的 H_2O 外,CO_2 占其他成分的 80% 左右。因此,可以认为布敦花矿床富 CO_2 型的成矿流体。

包裹体液相成分表明,成矿溶液中阳离子主要为 K^+ 和 Ca^{2+},阴离子主要为 F^-、Cl^- 和 SO_4^{2-}。因此,成矿溶液属富 CO_2 的 $NaCl-KCl-CaSO_4-H_2O$ 体系。

据流体包裹成分资料计算得出的氧逸度 f_{O_2} 为 $10^{-33} \sim 10^{-22}$ Pa,成矿流体从弱还原环境的磁黄铁矿-黄铜矿阶段向中性环境的方铅矿-闪锌矿-黄铜矿阶段转变。

2)稳定同位素地球化学

硫同位素特征:矿床分析硫同位素样近 40 个,涉及黄铜矿、黄铁矿、磁黄铁矿、方铅矿、闪锌矿、毒砂等。除个别晚期脉岩(闪长玢岩中的黄铁矿 $\delta^{34}S$ 为 $-9.27‰$)和矿石中的黄铜矿、方铅矿有较大的负值外,绝大多数样品 $\delta^{34}S$ 值为 $-2‰ \sim 1‰$,平均为 $-0.9‰$,表明主要成矿期的硫源单一,来自深源,且成矿过程中介质的物理化学性质变化不大。

氢、氧、碳同位素特征:据矿石中石英的氢、氧、碳同位素分析,其 $\delta^{18}O_{SMOW}$ 为 $7.9‰ \sim 11.5‰$,计算的成矿流体 $\delta^{18}O$ 为 $3.6‰ \sim 7.8‰$,矿物包裹体水的 δD 为 $-73‰ \sim 83‰$,CO_2 气体的 $\delta^{13}C$ 为 $-14.2‰ \sim 18.8‰$。据王关玉研究结果,本区中生代平均大气降水的 $\delta^{18}O$ 为 $-16‰$,并假定岩浆水的平均 $\delta^{18}O$ 为 $7‰$,由此,从计算出成矿热液中大气降水在热液水中各阶段的比值,可以看出早期成矿阶段,也就是成矿的主要阶段(磁黄铁矿-黄铜矿阶段),成矿热液中基本不含大气降水,而晚期方铅矿-闪锌矿-黄铜矿成矿阶段约有 20% 的溶液来自大气降水。碳同位素有较大的负值也表明在成矿过程中有有机碳参入。

锶同位素:对布敦花斜长花岗斑岩、黑云母花岗闪长岩和花岗斑岩进行了 Rb-Sr 同位素测定。通过斜长花岗斑岩 5 个样品得出初始 $^{87}Sr/^{86}Sr$ 值为 0.7055 ± 0.00007,加上黑云母花岗闪长岩和花岗斑岩各一个样品得出的初始 $^{87}Sr/^{86}Sr$ 为 0.7053 ± 0.00016,同样具有良好的线性关系,相关系数仍可达到 0.9939。现今上地幔的 $^{87}Sr/^{86}Sr$ 初始值平均为 0.7037,一般认为初始值 $^{87}Sr/^{86}Sr < 0.705$ 者为幔源,>0.710 者为壳源。把本区锶同位素初始值投影在上地幔及大陆壳同位素的演化图中,其点落入玄武岩源区。因此,上述资料表明:区内三类岩体是同源岩浆的产物;区内岩浆岩可能属起源于上地幔的玄武岩源的演化产物。

铅同位素:对矿区 3 个方铅矿进行铅同位素测定(王湘云,1995),其结果见表 19-1。3 个样品在铅同位素关系图上的投点均落在地幔线附近,单阶段铅模式年龄与斜长花岗斑岩的 Rb-Sr 年龄(166Ma)相比,其中 2 个样品年龄小于斜长花岗斑岩的 Rb-Sr 年龄,1 个样品则稍大于岩体的 Rb-Sr 年龄。3 个样品的平均模式年龄约 145Ma,可能基本代表了成矿年龄。

表 19-1 布敦花矿区铅同位素组成表

样号	^{204}Pb	^{206}Pb	^{207}Pb	^{208}Pb	$^{206}Pb/^{204}Pb$	$^{207}Pb/^{204}Pb$	$^{208}Pb/^{204}Pb$	Th/U	模式年龄(a)
BK108	1.3750	25.1305	21.3007	52.1940	18.276	15.491	37.959	3.58	128
BK32	1.3767	25.1230	21.3071	52.1931	18.248	15.476	37.911	3.37	130
806-125	1.3710	25.0750	21.3010	52.2530	18.290	15.537	28.113	3.65	176

3)成矿作用、矿床成因及成矿时代

(1)布敦花铜矿的形成与燕山期中酸性杂岩体的演化密切相关。随着燕山期多次构造活动,具有地幔物质来源的深部岩浆房中经过充分分异的中酸性岩浆,沿着深大断裂系统多次上侵,形成浅成、超浅成布敦花杂岩体,并伴随着矿化作用。

(2)由于控矿构造因素上的差异,南北矿段在矿化形式上有明显的不同。在北矿区(孔雀山矿段)远离岩体的围岩中形成了受南北破裂带控制的孔雀山脉状铅铜矿体;在南矿区(金鸡岭矿段)近岩体的围岩和岩体内部形成了金鸡岭脉状和浸染状铜矿体。

(3)布敦花铜矿成矿流体具有较高盐度 $w(NaCl) = 5\% \sim 50\%$ 和高密度($>0.85 g/cm^3$),基本上属

岩浆水,成矿作用是在 150～600℃温度和 $(110～400)×10^5$ Pa 压力条件下进行的。

西巴彦花 1:5 万区调报告成果显示铜矿赋存于中侏罗统万宝组及下二叠统寿山沟组砂板岩中,与成矿有关的斑状花岗闪长岩体单颗粒锆石 U-Pb 表面年龄介于 $(152.3±0.6)～(157.0±0.7)$ Ma 之间,故成矿时代应为晚侏罗世(J_3)。结合前人测年成果,该矿床成矿时间为燕山早期$(166～145$Ma$)$。矿床成因类型为热液型矿床。

（二）矿床成矿模式

布敦花铜矿床的形成主要是岩浆岩、构造、地层(岩性)和热液蚀变四大因素相互作用的结果。燕山晚期花岗杂岩体是成矿母岩,岩浆分异较好,早期相对富 Ca、Mg,贫 K,不利于深部岩浆分馏出 Cu 而进入晚期。晚期富含挥发组分,热液活动强烈,K 量随着岩浆富碱而继续增长,铜质转入气-液向上迁移,使 Cu 元素集聚在溶液中,含矿溶液沿着岩体接触带附近裂隙最发育地段所提供的良好导矿、容矿空间,迁移、聚集,铜的高背景岩石为矿质的补充来源,硅铝质围岩如闪长玢岩等脉岩起着良好的屏蔽作用,矿液在迁移过程与围岩发生交代蚀变,其性质不断发生变化,主要表现为 K、Na 带出,Ca、Mg 带入,导致 Cu 的沉淀富集、堆积成矿。布敦花铜矿成矿模式图见图 19-1。

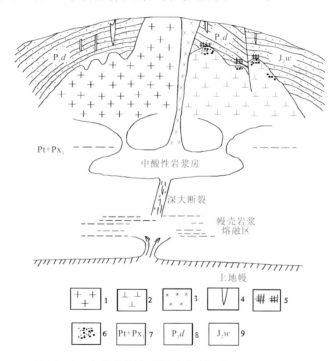

图 19-1 布敦花热液型铜矿成矿模式(据邵和明,2002)
1. 黑云母花岗闪长岩;2. 斜长花岗斑岩;3. 花岗斑岩;4. 脉状铜矿;5. 网脉状铜矿;
6. 浸染状铜矿;7. 元古宙—早古生代地层;8. 下二叠统大石寨组;9. 中侏罗统万宝组

二、典型矿床地球物理特征

1. 矿床所在位置航磁特征

1:50 万航磁等值线图显示,矿床所在区区域磁场变化范围不大,在 $-100～100$nT 之间,异常特征不明显。

2. 矿床所在区域重力特征

布敦花铜矿位于布格重力异常等值线梯度带同向扭曲处。其所在区域重力值相对较低,Δg 为

$(-28\sim-26)\times10^{-5}\mathrm{m/s^2}$。在剩余重力异常图上，矿区位于 G蒙-231 北端外围零值线上。G蒙-876 主要与古生代基底(出露二叠纪及侏罗纪地层)隆起有关，矿区北端局部剩余重力负异常与酸性岩体相关。

三、典型矿床地球化学特征

布敦花式热液铜矿床附近形成了 Cu、Pb、Zn、Ag、Cd 组合异常，主成矿元素为 Cu，Cu 正异常出现在赋矿地层上，面积大，包围已知矿和成矿岩体，浓集中心明显，强度高。Pb、Zn、Ag、Cd 是主要的伴生元素，它们的多元素正异常在本区出现在二叠系和侏罗系，矿区存在明显的正异常，是该矿床直接的指示元素。

矿区还出现了 As-Sb 多元素正异常，包含已知矿和成矿岩体，异常强度高，浓集中心明显；W-Mo-Bi 多元素组合正异常分布在赋矿地层上，包含已知矿和成矿岩体，与 As-Sb 异常套合较好。

四、典型矿床预测模型

根据典型矿床成矿要素和矿区区域航磁、重力资料，确定典型矿床预测要素，编制典型矿床预测要素图。矿床所在地区的系列图表达典型矿床预测模型(图 19-2、图 19-3)。总结典型矿床综合信息特征，编制典型矿床预测要素表(表 19-2)。

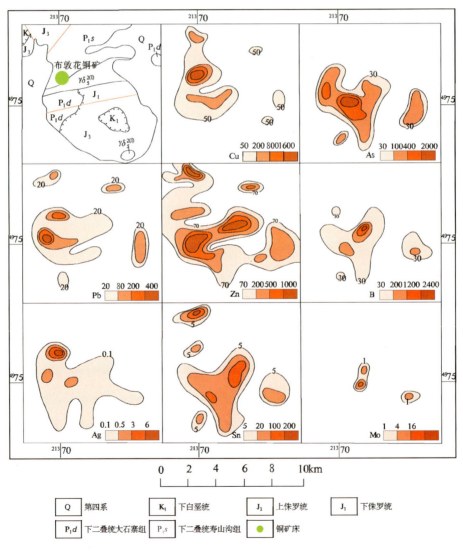

图 19-2 布敦花典型矿床所在区域地质矿产及化探剖析图

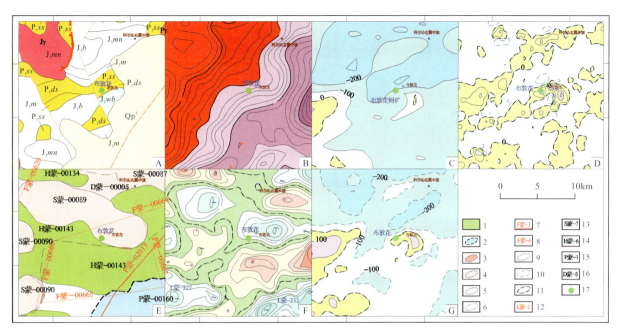

图 19-3 布敦花典型矿床所在区域地质矿产及物探剖析图

1. 古生代地层；2. 盆地边界；3. 酸性-中酸性岩体；4. 酸性-中酸性岩体岩浆岩带；5. 出露岩体边界；6. 半隐伏岩体和岩浆岩带边界；7. 重力推断二级断裂构造及编号；8. 重力推断三级断裂构造及编号；9. 航磁正等值线；10. 航磁负等值线；11. 航磁零等值线；12. 剩余异常编号；13. 酸性-中酸性岩体编号；14. 基性-超基性岩体编号；15. 地层编号；16. 盆地编号；17. 铜矿体。A. 地质矿产图；B. 布格重力异常图；C. 航磁 ΔT 等值线平面图；D. 航磁 ΔT 化极垂向一阶导数等值线平面图；E. 重力推断地质构造图；F. 剩余重力异常图；G. 航磁 ΔT 化极等值线平面图

表 19-2 布敦花式热液型铜矿典型矿床预测要素表

典型矿床预测要素		内容描述		要素类别
储量		铜金属量：67 609t	平均品位　　　　铜 0.41%	
特征描述		与燕山期中酸性侵入岩有关的热液型铜矿		
地质环境	构造背景	位于大兴安岭弧盆系锡林浩特岩浆弧		必要
	成矿环境	燕山期晚造山阶段中酸性岩浆活动		必要
	成矿时代	燕山期		必要
矿床特征	矿体形态	矿体形态复杂，有透镜状、树枝状、网状等，常以脉带形式出现		
	岩石类型	粉砂质板岩、凝灰质砂岩、凝灰质砾岩、花岗闪长岩、斜方花岗斑岩		重要
	岩石结构	微细粒鳞片粒状变晶结构、凝灰砂状结构、中细粒花岗结构、斑状结构		次要
	矿物组合	磁黄铁矿、黄铜矿、黄铁矿、斜方砷铁矿、毒砂、闪锌矿、方铅矿、磁铁矿等		重要
	结构构造	结构：半自形晶粒结构和交代溶蚀结构最重要，次为交代残余结构、变晶结构、固溶体分解结构；构造：细脉状和稀疏细脉浸染状，部分为斑杂状		次要
	蚀变特征	黑云母化、绿泥石化、碳酸盐化和强绢英岩化		次要
	控矿条件	北东向断裂构造为控矿构造，北北西向次级断裂为容矿构造		必要
地球物理与地球化学特征	地球物理特征	重力	布格重力梯度带，剩余重力低值区	次要
		航磁	低缓磁异常中的局部正异常	次要
	地球化学特征	铜单元素异常，铜铅锌银组合好		重要

第二节 预测工作区研究

一、区域地质特征

该预测工作区位于内蒙古东部大兴安岭中南段,属内蒙古自治区通辽市科右中旗-兴安盟突泉地区。预测工作区范围地理坐标:东经120°00′—122°00′,北纬43°20′—46°10′。

1. 成矿地质背景

预测工作区古生代属大兴安岭弧盆系锡林浩特岛弧(内蒙古中部晚海西褶皱带),中生代属大兴安岭火山岩带。成矿带划分属滨太平洋成矿域(叠加在古亚洲成矿域之上);(Ⅱ)大兴安岭成矿省;(Ⅲ)林西-孙吴铅、锌、铜、钼、金成矿带;(Ⅳ)莲花山-大井子铜、银、铅、锌成矿亚带。

区内主要出露上古生界和中新生界,大面积分布于中生代火山沉积地层。古生界主要出露有石炭系本巴图组灰岩夹砂板岩建造,零星分布于预测工作区南部;二叠系寿山沟组砂板岩建造、大石寨组安山质火山碎屑岩及火山熔岩建造、哲斯组杂砂岩夹泥岩建造、林西组砂页岩板岩建造,零星出露,古生界构成中生代火山沉积盆地的基底。中生界有下侏罗统红旗组含煤细碎屑岩建造、中侏罗统万宝组/新民组含煤复成分砂砾岩建造/火山碎屑岩建造,上侏罗统满克头鄂博组、玛尼图组和白音高老组火山碎屑岩及火山熔岩建造,白垩系梅勒图组基性火山岩。

区内岩浆活动十分强烈,除大量的火山喷发外,侵入作用也十分强烈。根据其活动特点和演化规律,可分为海西晚期、燕山早期和燕山晚期3个旋回。海西晚期岩体主要呈岩株、岩基状,主要呈北东走向,少数近东西走向,岩石类型以酸性的花岗岩类为主,少数为中性的闪长岩类,主要侵入于早中二叠世地层,被侏罗纪火山岩覆盖。

燕山期是岩浆活动的高峰期,不但火山岩广布,且花岗岩类侵入体也非常发育。火山岩主要分布在北东向呈菱形块体展布断陷盆地中,以晚侏罗世最发育。侵入岩岩体形态复杂,不仅受北东向和东西向断裂控制,许多岩体还受北北东向和北西向断裂控制,主要分布在隆坳交接带附近。燕山早期岩性以浅成超浅成的中酸性花岗岩类为主,燕山晚期岩性以花岗岩类及碱性花岗岩类为主。由南东向北西,岩体的侵位时代逐渐变新,岩性也向酸性及碱性成分演化。

区内燕山期岩浆活动主要受控于多期活动的近东西向西拉木伦河深断裂带和滨太平洋构造域形成的北北东向嫩江深大断裂,在此作用下形成次级北西向和近南北向断裂构造。

2. 区域成矿模式

根据预测工作区成矿地质背景并结合典型矿床及区域成矿特征,燕山期晚造山阶段,局部伸展环境下,下地壳发生部分熔融形成中—中酸性岩浆,沿深大断裂(主要为嫩江断裂)上升侵位到地表附近或喷出地表,矿质富集在岩浆晚期热液中,向上运移过程中同时萃取了围岩中的成矿物质,定位于岩体接触带附近的围岩裂隙中。区域成矿模式如图19-4所示。

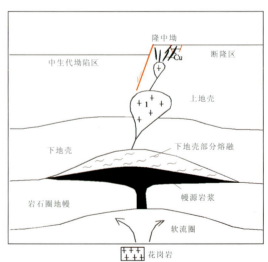

图19-4 布敦花式热液型铜矿
预测工作区区域成矿模式

二、区域地球物理特征

1. 磁异常特征

在航磁 ΔT 等值线平面图上布敦花预测工作区磁异常幅值范围为 $-900\sim2400$ nT，以杂乱的梯度变化较大的正负相间异常为主，轴向多为北东向。布敦花铜矿区位于预测工作区东部，磁场背景为低缓负磁异常区、$-200\sim300$ nT 等值线附近。

布敦花预测工作区磁法推断地质构造：断裂构造与磁异常轴相同，多为北东向，磁场标志多为不同磁场区分界线。预测工作区北部除西北角磁异常推断为火山岩地层外，其他磁异常推断解释为侵入岩体；预测工作区南部磁异常较规则，解释推断为火山岩地层和侵入岩体。

布敦花预测工作区磁法共推断断裂 22 条，侵入岩体 24 个，火山岩地层 11 个。

2. 重力异常特征

预测工作区就位于纵贯全国东部地区的大兴安岭-太行山-武陵山北北东向巨型重力梯度带上。该巨型重力梯度带东、西两侧重力场下降幅度达 80×10^{-5} m/s²，每千米下降梯度约为 1×10^{-5} m/s²。由地震和大地电磁测深资料可知，大兴安岭-太行山-武陵山巨型宽条带重力梯度带是一条超地壳深大断裂带的反映。该深大断裂带是环太平洋构造运动的结果。沿深大断裂带侵入了大量的中新生代中酸性岩浆岩，喷发、喷溢了大量的中新生代火山岩。

预测工作区区域重力场总体反映为东部重力高、西部重力低的特点。东部布格重力异常最高值为 8×10^{-5} m/s²，西部低异常值在 -90×10^{-5} m/s² 左右。预测工作区虽然处于巨型重力梯度带上，但是从剩余布格重力异常图可见，在巨型重力梯度带上叠加着许多局部重力低异常，这些异常主要是中—酸性岩体、次火山岩和火山岩盆地所致。北部有局部高重力区域伴有航磁异常，推测由基性岩体引起。

预测工作区内重力共推断解释断裂构造 55 条，中—酸性岩体 12 个，地层单元 21 个，中—新生代盆地 23 个。

三、区域地球化学特征

区域上分布有 Cu、Ag、As、Mo、Pb、Zn、Sb、W 等元素组成的高背景区带，在高背景区带中有以 Ag、As、Cu、Sb、Pb、Zn、W 为主的多元素局部异常。预测工作区内共有 107 个 Ag 异常，78 个 As 异常，94 个 Au 异常，73 个 Cd 异常，48 个 Cu 异常，72 个 Mo 异常，98 个 Pb 异常，89 个 Sb 异常，82 个 W 异常，69 个 Zn 异常。

预测工作区北东部 As、Sb 呈高背景分布，有明显的浓度分带和浓集中心，浓集中心从突泉县-杜尔基镇-九龙乡后新立屯呈北东向带状分布，As 元素在预测工作区南部也呈高背景分布，有明显的浓度分带和浓集中心；Pb 元素在预测工作区呈高背景分布，浓集中心明显，强度高，浓集中心主要位于巴彦杜尔基苏木到代钦塔拉苏木之间、巴雅尔图胡硕镇、嘎亥图镇和布敦花地区；在预测工作区中部 Ag、Zn 元素呈高背景分布，有多处浓集中心，浓集中心明显，强度高，与 Pb 元素的浓集中心套合较好；Ag 从乌兰哈达苏木伊罗斯以西到嘎亥图镇有一条明显的浓度分带，浓集中心明显，强度高；Au 在预测工作区多呈低背景分布；Cd 元素在预测工作区呈背景、低背景分布，有几处明显的浓集中心，分别位于代钦塔拉苏木、乌兰哈达苏木、嘎亥图镇和布敦花地区；W 元素在预测工作区中部呈高背景分布，有明显的浓度分带和浓集中心。

预测工作区内元素异常组合套合较好的编号为 AS1、AS2 和 AS3。AS1 的异常元素为 Cu、Pb、Zn、Ag、Cd，Cu 元素浓集中心明显，强度高，存在明显的浓度分带，Pb、Zn、Ag、Cd 分布于 Cu 异常的周围，呈北东向条带状分布；AS2 和 AS3 的异常元素为 Cu、Pb、Zn、Ag、Cd，Cu 元素浓集中心明显，强度高，呈环状分布，Pb、Zn、Ag、Cd 呈同心环状分布，分布于 Cu 异常周围。

四、区域遥感影像及解译特征

预测工作区遥感共解译出线要素165条(大型断层21条、中型断层17条、小型断层127条),色要素9个,环要素46个,块要素8个,带要素230块。

本预测工作区线性结构在遥感图像上表现以北东向为主、北西向为辅。

本预测工作区解译出2条大型断裂带。一条是大兴安岭主脊-林西深断裂带。该断裂带近于横跨全预测工作区,控制大兴安岭多金属的分布。沿大兴安岭主峰及其两侧分布,向南延入河北省境内。断裂带较宽,且多表现为张性特征,带内有糜棱岩带及韧性剪切带,表现为先张后压的多期活动特点。构造线沿北东向冲沟、陡坎及洼地延伸,影像特征极其明显。

另一条是额尔格图-巴林右旗断裂带。该断裂带近于横跨全预测工作区,其伴生的北西向次级构造与矿产的关系更加密切。构造线沿预测工作区中间北东向展布,呈压扭性特点,构造断续显现,应为较老的构造特征。

扎鲁特旗断裂带:推断为压扭性构造,串珠状湖泊及水系分布,负地形,沿沟谷、凹地延伸影像,也为兴安岭中段东南山前断裂带。

宝日格斯台苏木-宝力召断裂带:切割古生代以来的地层及岩体,沿断裂带有中生代花岗岩侵入,北西向较大型冲沟及河流直流段。影像特征明显,易于判断。

巴仁哲里木-高力板断裂带:北西走向,影像上通过河流、沟谷、山前断层三角面清晰;地表色彩异常变化明显,构造线切割地层显著,延伸连续性好,影像易于判断。

本预测工作区内的环形构造比较发育,环状构造在预测工作区内为北东向分布且密集成群展布,从遥感影像上来看,具山区密集、平原零星的特点。

其中,巨日合镇环形构造群:呈北西向展布,环状清晰,由周边沟谷组成,环内色彩同一,明显成为一个块体,从图像上来看,山体风化程度较低,应为燕山期岩浆岩形成。北西向构造交会部位与环状构造交会处,注意外业工作。

义合背环形构造:环形清楚,边缘由小构造和山边缘组成,从图像上来看,这个环状群所在的位置为一个块体地形区域,山体风化中等,应为燕山早期岩浆活动所致。环块体清楚,应注意环状边缘矿化特点。

本预测工作区内遥感共解译出色要素9处,8处由青磐岩化引起,它们在遥感图像上均显示为深色色调异常,呈细条带状分布;1处为角岩化引起,它们在遥感图像上均显示为亮色色调异常。从空间分布上来看,区内的色调异常明显与断裂构造及环形构造有关,在西北方向断裂交会部位以及环形构造集中区,色调异常呈不规则状分布。

已知铜矿点与本预测工作区中羟基异常吻合的有格日朝鲁苏木老道沟铜矿、乌兰哈达苏木伊罗斯铜矿、乌兰哈达苏木四家子铜矿、莲花山矿区北部铜矿、莲花山铜矿和九龙乡后新立屯铜矿。

已知铜矿点与本预测工作区中铁染异常吻合的有阿鲁科尔沁旗敖仑花铜矿、巴音达拉苏木红光铜矿、格日朝鲁苏木同西乌铜矿、巨力黑乡联合屯镇扎铜矿和白辛乡白家窑铜矿。

五、区域预测模型

根据预测工作区区域成矿要素、化探、航磁、重力、遥感资料,建立了本预测工作区的区域预测要素,并编制预测工作区预测要素图和预测模型图。

区域预测要素图以区域成矿要素图为基础,综合研究重力、航磁等致矿信息,总结区域预测要素表(表19-3),并将综合信息各专题异常曲线或区全部叠加在成矿要素图上,在表达时可以出单独预测要素(如航磁)的预测要素图。

表 19-3 布敦花式复合内生型铜矿预测工作区预测要素表

区域预测要素		描述内容	要素类别
地质环境	大地构造位置	大兴安岭弧盆系锡林浩特岩浆弧	必要
	成矿区（带）	滨太平洋成矿域（Ⅰ）（叠加在古亚洲成矿域之上）,大兴安岭成矿省（Ⅱ）,林西-孙吴铅、锌、铜、钼、金成矿带（Ⅲ）,莲花山-大井子铜、银、铅、锌成矿亚带（Ⅳ）	必要
	区域成矿类型及成矿期	热液型铜矿床、燕山期	必要
控矿条件	赋矿地质体	二叠纪地层	必要
	主要控矿构造	近东西向和北东向深大断裂为主要控岩、控矿构造,北西向次级断裂为主要容矿构造	重要
	控矿侵入岩	燕山期中—中酸性浅成-超浅成侵入岩	重要
区内相同类型矿点		区内 21 个矿点、矿化点	重要
区域成矿物探特征	航磁	正负磁场交接带正磁场一侧局部正异常,或负磁场背景中的局部正异常	次要
	重力	重力梯度带,特别是局部重力异常扭曲的部位	次要
地球化学特征		Cu、Pb、Zn、Ag、Cd 异常组合好,Cu 单元素异常	重要
遥感特征		最小预测区及羟基异常	次要

预测模型图的编制,以地质剖面图为基础,叠加区域航磁及重力剖面图而形成,简要表示预测要素内容及其相互关系,以及时空展布特征(图 19-5)。

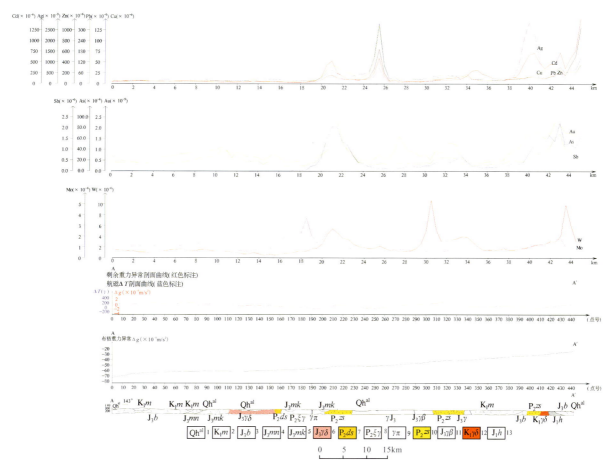

图 19-5 布敦花复合内生型铜矿布敦花预测工作区找矿预测模型

1. 第四纪冲积物；2. 下白垩统梅勒图组；3. 上侏罗统白音高老组；4. 上侏罗统玛尼吐组；5. 上侏罗统满克头鄂博组；6. 晚侏罗世花岗闪长岩；7. 中二叠统大石寨组；8. 中二叠世正长花岗岩；9. 花岗斑岩脉；10. 中二叠统哲斯组；11. 晚侏罗世黑云母花岗岩；12. 早白垩世花岗闪长岩；13. 下侏罗统红旗组

第三节 矿产预测

一、综合地质信息定位预测

1. 变量提取及优选

根据典型矿床及预测工作区研究成果,进行综合信息预测要素提取。本次选择网格单元法作为预测单元,预测底图为建造构造图(比例尺为1:25万),利用规则网格单元作为预测单元,网格单元大小为 $2.0km \times 2.0km$。

地质体(二叠系寿山沟组砂板岩建造、大石寨组碎屑岩-火山岩建造、哲斯组杂砂岩-碳酸盐岩建造及林西组砂页岩板岩建造,晚侏罗世—早白垩世中酸性花岗岩类:闪长岩、闪长玢岩、英云闪长岩、花岗闪长岩等),区域性深大断裂(主要为嫩江断裂,北东向、北西向及东西向断裂)要素进行单元赋值时采用区的存在标志;化探、剩余重力、航磁化极则求起始值的加权平均值,在变量二值化时利用异常范围值人工输入变化区间。对已知矿点及成矿构造进行缓冲区处理。

2. 最小预测区圈定及优选

本次利用证据权重法,采用 $2.0km \times 2.0km$ 规则网格单元,在MRAS2.0下,利用有模型预测方法[因预测区除典型矿床外有20个已知矿床(点)]进行预测区的圈定与优选。然后在MapGIS下,根据优选结果圈定成为不规则形状。

3. 最小预测区圈定结果

在MRAS圈定的色块图的基础上,依据典型矿床、区域成矿规律研究结果,手工圈定最小预测区。最终圈定40个最小预测区,其中A级最小预测区3个,B级最小预测区10个,C级最小预测区27个。(表19-4,图19-6)。

表19-4 布敦花复合内生型铜矿预测工作区最小预测区圈定结果及资源量估算成果表

预测区编号	预测区名称	$S_{预}$ (m^2)	$H_{预}$ (m)	Ks	K	α	$Z_{预}$ (t)	已查明 (t)	资源量级别
A1504605001	布敦花	44 446 854	570	1		1	10 132	143 349	334-1
A1504605002	长春岭村	37 975 282	570	1		0.6	49 155	83 318	334-3
A1504605003	闹牛山	11 861 089	570	1		0.3	19 830	4168	334-3
B1504605001	汉家屯	57 903 406	570	1		0.2	36 807		334-3
B1504605002	三合屯	35 932 887	570	1	0.001 36	0.2	22 841		334-3
B1504605003	布敦花苏木西南	19 009 821	570	1		0.2	12 084		334-3
B1504605004	呼和哈达牧铺	25 553 046	570	1		0.2	16 243		334-3
B1504605005	嘎亥图镇	23 187 589	570	1		0.2	14 740		334-3
B1504605006	额默勒花嘎查	19 200 152	570	1		0.2	12 205		334-3
B1504605007	毛道营子牧场东	14 346 742	570	1		0.2	9120		334-3

续表 19-4

预测区编号	预测区名称	$S_{预}$ (m²)	$H_{预}$ (m)	Ks	K	α	$Z_{预}$ (t)	已查明 (t)	资源量级别
B1504605008	芒和图	56 307 133	570	1		0.2	35 792		334-3
B1504605009	红光羊场	28 159 543	570	1		0.2	17 900		334-3
B1504605010	查布嘎图苏木	15 479 783	570	1		0.2	9840		334-3
C1504605001	巴彦格尔嘎查东	44 732 087	450	1		0.1	11 224		334-3
C1504605002	黄贺图	45 875 009	450	1		0.1	11 511		334-3
C1504605003	北牛窝铺	33 700 877	450	1		0.1	8456		334-3
C1504605004	巴彦乌拉嘎查	63 073 953	450	1		0.1	15 827		334-3
C1504605005	珠日很恩格热	20 845 454	450	1		0.1	5231		334-3
C1504605006	查干淖尔嘎查	40 159 888	450	1		0.1	10 077		334-3
C1504605007	好老鹿场西	20 317 346	450	1		0.1	5098		334-3
C1504605008	地质队农场	39 166 725	450	1		0.1	9828		334-3
C1504605009	哈达艾里嘎查	19 612 018	450	1		0.1	4921		334-3
C1504605010	扎鲁特原种场第二农业大队	31 941 261	450	1		0.1	8015		334-3
C1504605011	永丰村	38 320 595	450	1		0.1	9615		334-3
C1504605012	巴格背嘎查	56 953 608	450	1	0.001 36	0.1	14 291		334-3
C1504605013	西沙拉牧场南	23 652 016	450	1		0.1	5935		334-3
C1504605014	东胜村	49 629 456	450	1		0.1	12 453		334-3
C1504605015	哈尔花宝力高	19 125 057	450	1		0.1	4799		334-3
C1504605016	水泉镇	24 051 961	450	1		0.1	6035		334-3
C1504605017	白音套海	13 629 784	450	1		0.1	3420		334-3
C1504605018	双金嘎查	42 541 504	450	1		0.1	10 675		334-3
C1504605019	查干楚鲁	61 242 253	600	1		0.1	20 489		334-3
C1504605020	巴彦花	38 559 093	450	1		0.1	9675		334-3
C1504605021	白音哈拉牧铺北	26 997 054	450	1		0.1	6774		334-3
C1504605022	巴仁杜尔基林场	16 752 378	450	1		0.1	4204		334-3
C1504605023	巴雅尔图胡硕配种站东南	34 430 460	450	1		0.1	8639		334-3
C1504605024	巴彦乌拉嘎查	25 420 847	450	1		0.1	6379		334-3
C1504605025	赛汗温都尔嘎查	34 945 482	450	1		0.1	8769		334-3
C1504605026	乌散嘎查牧铺北	9 311 727	450	1		0.1	2336		334-3
C1504605027	开荒嘎查	14 163 554	450	1		0.1	3554		334-3
总计							494 919	230 835	

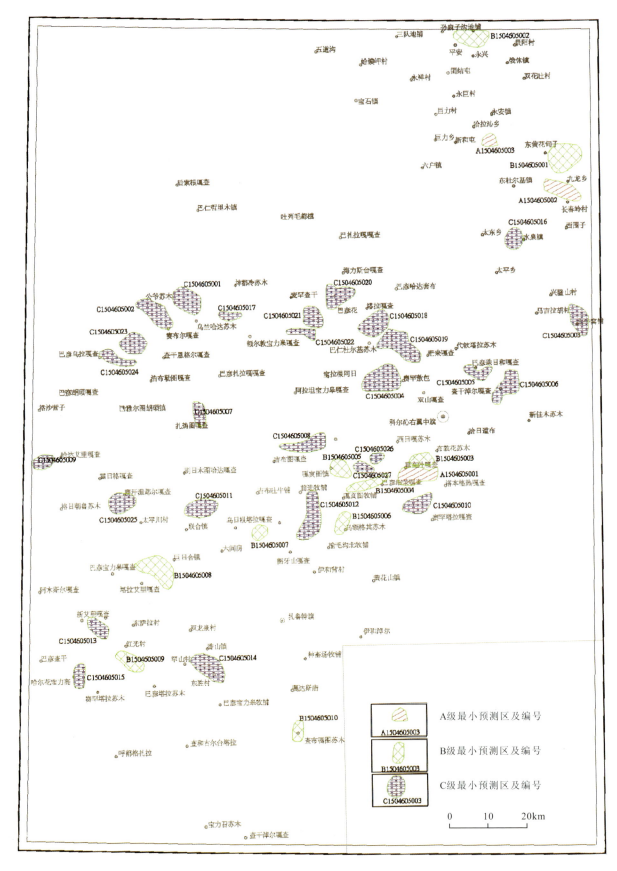

图 19-6 布敦花复合内生型铜矿最小预测区圈定结果

4. 最小预测区地质评价

依据本区成矿地质背景并结合资源量估算和预测区优选结果,本次预测共圈定最小预测区40个,其预测铜资源量494 919t,伴生金10 100kg,A级、B级和C级最小预测区预测铜资源量分别为93 901t、162 608t和197 854t。334-1的铜资源量为10 132t,334-3为484 787t;500m以浅为450 586t,1000m以浅为494 919t,500m以浅占预测总量的91%;预测资源量可信性估计概率≥0.75的有79 117t,≥0.5的有284 152t,≥0.25的有495 919t,评价可信度为0.487。

依据预测区内地质综合信息等对每个最小预测区进行综合地质评价,各最小预测区特征见表19-5。

表19-5 布敦花复合内生型铜矿最小预测区综合信息评述

最小预测区编号	最小预测区名称	综合信息评述
A1504605001	布敦花	出露有燕山期花岗闪长岩,二叠系哲斯组,矿床3处,矿点1处。重力梯度带、扭折带,铜单元素异常,Cu、Pb、Zn、Ag、Cd组合好
A1504605002	长春岭村	出露有燕山期闪长岩、闪长玢岩、英云闪长岩,二叠系哲斯组,矿床1处,矿点1处。重力梯度带、扭折带,铜单元素异常,Cu、Pb、Zn、Ag、Cd组合较好
A1504605003	闹牛山	出露哲斯组,矿床1处。剩余重力较高区。铜单元素异常,Cu、Ag组合较好
B1504605001	汉家屯	出露燕山期英云闪长岩、花岗闪长岩,二叠系哲斯组,矿点1处。重力梯度带、扭折带,Cu、Ag、Cd组合较好
B1504605002	三合屯	出露燕山期花岗闪长岩,二叠系哲斯组,矿点1处。剩余重力低值区,铜单元素异常,Cu、Zn、Cd组合较好
B1504605003	布敦花苏木西南	出露燕山期花岗闪长岩,二叠系哲斯组,重力梯度带、扭折带,铜单元素异常,Cu、Pb、Zn组合较好
B1504605004	呼和哈达牧铺	出露燕山期花岗闪长岩,二叠系哲斯组,剩余重力高值与低值过渡区,Cu、Zn、Ag组合较好
B1504605005	嘎亥图镇	出露燕山期花岗闪长岩,二叠系哲斯组,剩余重力高值与低值过渡区,铜单元素异常,Cu、Zn、Ag组合较好
B1504605006	额默勒花嘎查	出露燕山期闪长玢岩,二叠系哲斯组,剩余重力低值区,Pb、Zn、Ag、Cd组合较好,见硅化、黄铁矿化
B1504605007	毛道营子牧场东	出露燕山期闪长岩,二叠系林西组,矿点1处,剩余重力低值区,Pb、Zn、Ag、Cd组合较好
B1504605008	芒和图	出露大石寨组,矿点1处,剩余重力高值区,铜单元素异常,Cu、Pb、Zn、Ag组合较好
B1504605009	红光羊场	出露燕山期花岗闪长岩,二叠系林西组,矿点1处,剩余重力低值区,铜单元素异常,Cu、Pb、Zn、Ag组合较好
B1504605010	查布嘎图苏木	出露燕山期闪长岩,二叠系哲斯组。剩余重力高值与低值过渡区,铜单元素异常
C1504605001	巴彦格尔嘎查东	出露闪长岩,二叠系大石寨组,矿点1处,剩余重力高值与低值过渡区,铜单元素异常
C1504605002	黄贺图	出露大石寨组,矿点1处,剩余重力高值与低值过渡区,铜单元素异常
C1504605003	北牛窝铺	出露哲斯组,剩余重力高值与低值过渡区,铜单元素异常
C1504605004	巴彦乌拉嘎查	出露哲斯组,矿点1处,剩余重力高值与低值过渡区,铜单元素异常,Cu、Pb、Zn、Ag组合较好

续表 19-5

最小预测区编号	最小预测区名称	综合信息评述
C1504605005	珠日很恩格热	出露哲斯组,剩余重力低值区,铜单元素异常,Cu、Pb、Zn、Ag、Cd 组合较好
C1504605006	查干淖尔嘎查	出露哲斯组,剩余重力低值区,铜单元素异常,Cu、Pb、Zn、Ag、Cd 组合较好
C1504605007	好老鹿场西	出露花岗闪长岩,二叠系大石寨组,剩余重力低值区,铜单元素异常,Cu、Pb、Zn、Ag、Cd组合较好
C1504605008	地质队农场	出露燕山期石英闪长岩,二叠系哲斯组,剩余重力高值与低值过渡区,铜单元素异常,Cu、Pb、Zn、Ag 组合较好
C1504605009	哈达艾里嘎查	出露哲斯组,矿点1处,剩余重力高值与低值过渡区,Pb、Zn、Ag、Cd 组合较好
C1504605010	扎鲁特原种场第二农业大队	出露哲斯组,重力梯度带、扭折带,铜单元素异常
C1504605011	永丰村	出露哲斯组,矿点1处,剩余重力高低值过渡区,Pb、Zn、Ag、Cd 组合较好
C1504605012	巴格背嘎查	出露哲斯组,剩余重力高值与低值过渡区,铜单元素异常,Cu、Pb、Zn、Ag、Cd 组合较好
C1504605013	西沙拉牧场南	出露林西组。矿点1处,剩余重力低值区,铜单元素异常,Cu、Pb、Zn、Ag、Cd 组合较好
C1504605014	东胜村	出露寿山沟组,剩余重力高值与低值过渡区,铜单元素异常
C1504605015	哈尔花宝力高	出露林西组,剩余重力高值与低值过渡区,铜单元素异常
C1504605016	水泉镇	出露闪长玢岩,火山构造发育,见硅化、黄铁矿化,剩余重力低值区
C1504605017	白音套海	出露大石寨组,剩余重力低值区,Pb、Zn、Ag、Cd 组合较好
C1504605018	双金嘎查	出露哲斯组,剩余重力高低值过渡区,铜异常,Cu、Pb、Zn、Ag、Cd 组合较好
C1504605019	查干楚鲁	多被第四系覆盖,Pb、Zn、Ag、Cd 组合较好
C1504605020	巴彦花	出露哲斯组,闪长岩脉,矿点1处,剩余重力高值与低值过渡区,铜单元素异常
C1504605021	白音哈拉牧铺北	出露哲斯组,闪长岩脉,剩余重力低值区,铜单元素异常
C1504605022	巴仁杜尔基林场	出露大石寨组,剩余重力高值与低值过渡区,铜单元素异常
C1504605023	巴雅尔图胡硕配种站东南	出露闪长岩,二叠系大石寨组,剩余重力高值与低值过渡区,铜单元素异常
C1504605024	巴彦乌拉嘎查	出露大石寨组,剩余重力高值与低值过渡区,铜单元素异常
C1504605025	赛汗温都尔嘎查	出露中生代火山岩,矿点1处,剩余重力低值区,Pb、Zn、Ag、Cd 组合较好
C1504605026	乌散嘎查牧铺北	出露哲斯组,剩余重力低值区,铜单元素异常,见硅化、矽卡岩化
C1504605027	开荒嘎查	出露哲斯组,剩余重力高值与低值过渡区,铜单元素异常

二、综合信息地质体积法估算资源量

1. 典型矿床深部及外围资源量估算

据《布敦花铜矿金鸡岭矿区详细普查地质报告》(内蒙古自治区 114 地质队,1980),金鸡岭矿区查明铜矿矿石量 16 418 271t,铜金属量 67 609t。矿床面积($S_{总}$)是根据矿区中进行储量计算的矿体及钻孔见矿情况,在 1∶5000 矿区地质图手工进行圈定(图 19-7);矿体延深($L_{查}$)依据控制矿体最深的 4 号勘探线剖面图确定为 520m(图 19-8),具体数据见表 19-6。

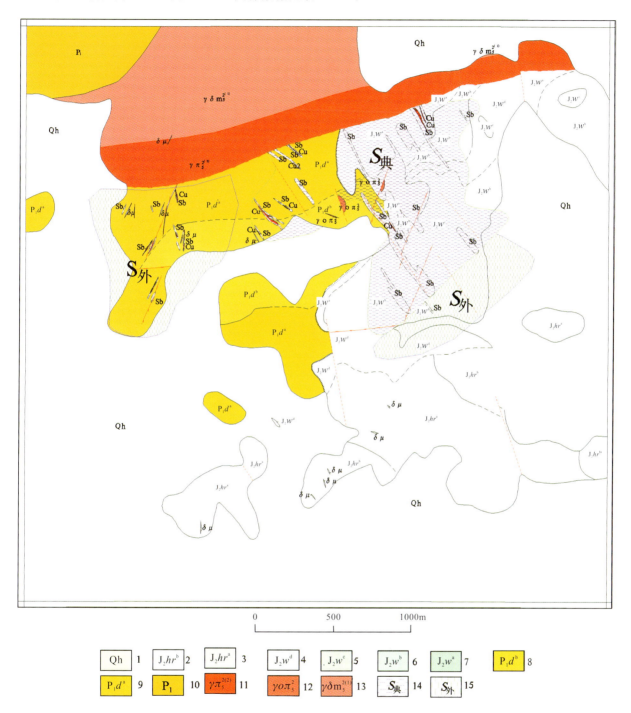

图 19-7 布敦花铜矿典型矿床总面积圈定方法及依据

1.第四系;2.英安质晶屑岩屑凝灰岩、凝灰角砾岩夹流纹质晶屑岩屑凝灰岩;3.流纹质晶屑岩屑凝灰岩夹火山灰凝灰岩;4.细砂岩夹粉砂岩;5.砾岩、砂砾岩;6.含砾砂岩、中砂岩夹粉砂岩夹火山灰凝灰岩;7.凝灰质砾岩夹凝灰质砂岩、火山灰凝灰岩晶屑岩屑凝灰岩;8.片理化变质砂岩;9.云母石英片岩夹片理化变质砂岩;10.变质砂岩及角岩;11.花岗斑岩;12.斜长花岗斑岩;13.黑云母花岗闪长岩;14.矿体聚集区段边界范围;15.典型矿床外围预测范围

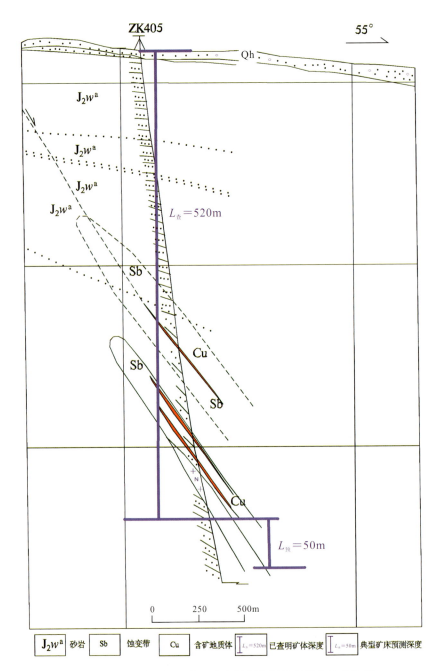

图 19-8 布敦花铜矿典型矿床深部资源量延深方法及依据

表 19-6 布敦花复合内生型铜矿典型矿床深部及外围资源量估算一览表

典型矿床		深部及外围		
已查明资源量(t)	67 609	深部	面积(m²)	1 419 275
面积(m²)	1 419 275		深度(m)	50
深度(m)	520	外围	面积(m²)	1 131 975
品位(%)	1.41		深度(m)	570
比重(t/m³)	2.87	预测资源量(t)		64 600
体积含矿率(t/m³)	0.022	典型矿床资源总量(t)		132 209

2. 模型区的确定、资源量及估算参数

模型区为典型矿床所在的最小预测区。布敦花典型矿床查明资源量 40 181t，按本次预测技术要求计算模型区资源总量为 153 481t。模型区内有已知通榆山矿点及其他矿段存在，则模型区资源总量＝典型矿床资源总量＋其他查明资源量，模型区面积为依托 MRAS 软件采用少模型工程神经网络法优选后圈定，延深根据典型矿床最大预测深度确定。由于模型区内含矿地质体边界可以确切圈定，但其面积与模型区面积一致，由模型区含地质体面积/模型区总面积得出，模型区含矿地质体面积参数为 1。由此计算含矿地质体含矿系数（表 19-7）。

表 19-7 布敦花式复合内生型铜矿模型区预测资源量及其估算参数表

编号	名称	模型区资源总量 (t)	模型区面积 (m^2)	延深 (m)	含矿地质体面积(m^2)	含矿地质体面积参数	含矿地质体含矿系数
A1504605001	布敦花	153 481	44 446 854	570	44 446 854	1	0.001 36

3. 最小预测区预测资源量

布敦花铜矿预测工作区最小预测区资源量定量估算采用地质体积法进行估算。

(1) 估算参数的确定。最小预测区面积是依据综合地质信息定位优选的结果；延深的确定是在研究最小预测区含矿地质体地质特征、含矿地质体的形成深度、断裂特征、矿化类型，并在对比典型矿床特征的基础上综合确定的；相似系数的确定，主要依据 MRAS 生成的成矿概率及与模型区的比值，参照最小预测区地质体出露情况物探异常规模及分布、物探解译隐伏岩体分布信息等进行修正。

(2) 最小预测区预测资源量估算结果。本次铜预测资源总量为 494 919t，详见表 19-4。据《内蒙古自治区矿产资源储量表，2010》布敦花铜矿金鸡岭矿区共探明铜量为 122 077t，本次预测由于收集不到《布敦花铜矿金鸡岭矿区普查报告》，因此，采用详细普查地质报告中的铜金属量 67 609t 作为典型矿床的资源量进行预测，其深部及外围共预测铜金属量 64 600t，典型矿床资源总量为 132 209t。在《内蒙古自治区矿产资源储量表，2010》中已探明资源量采用 122 077t，模型区预测资源量为 10 132t。

4. 预测工作区资源总量成果汇总

布敦花式铜矿预测工作区地质体积法预测资源量，依据资源量级别划分标准，根据现有资料的精度，可划分为 334-1 和 334-3 两个资源量精度级别；根据各最小预测区内含矿地质体、物化探异常及相似系数特征，预测延深参数均在 2000m 以浅。

根据矿产资源潜力评价预测资源量汇总标准，布敦花式复合内生型铜矿布敦花预测工作区按精度、预测深度、可利用性、可信度统计分析结果见表 19-8。

表 19-8 布敦花式复合内生型铜矿预测工作区预测资源量估算汇总表

按预测深度			按精度		
500m 以浅	1000m 以浅	2000m 以浅	334-1	334-2	334-3
450 586	494 919	494 919	10 132	—	484 787
合计：494 919			合计：494 919		
按可利用性			按可信度		
可利用	暂不可利用		≥0.75	≥0.5	≥0.25
494 919	—		79 117	284 152	495 919
合计：494 919			合计：495 919		

注：表中预测资源量单位均为 t。

第二十章　道伦达坝式复合内生型铜矿预测成果

第一节　典型矿床特征

一、典型矿床及成矿模式

(一)矿床特征

道伦达坝热液型铜矿床位于内蒙古自治区锡林郭勒盟西乌珠穆沁旗道伦达坝苏木北东约 3km 处。矿区范围：东经 117°57′20″—117°59′00″，北纬 44°13′40″—44°14′40″。矿区中心地理坐标：东经 117°57′00″，北纬 44°14′00″。矿区大地构造位置处于天山-兴蒙造山系，大兴安岭弧盆系，锡林浩特岩浆弧，成矿区带位于西伯利亚板块、华北板块缝合带北侧，道伦达坝铜多金属矿区正处于该板块的南部边缘地带。

1. 矿区地质

矿区出露地层单一，主要为上二叠统林西组，在区域上分布于晚二叠世—早三叠世的北北东向展布的兴安凹陷之中，岩石类型主要是粉砂质板岩、粉砂质泥岩、粉砂岩及细粒长石石英杂砂岩夹少量泥质胶结的中—细粒长石石英砂岩。从化石特征来看，属大型湖泊的浅湖相沉积。

侵入岩活动强烈，主要为印支期黑云母花岗岩，受区域构造控制，多呈 50°左右延伸。侵入到砂板岩，呈岩基状产出，在接触带处有云英岩化、角岩化等围岩蚀变。区内脉岩发育，主要有花岗细晶岩脉、细粒花岗岩脉及石英脉等。

矿区位于米生庙-阿拉腾郭勒复背斜北东段南东翼的第三挤压破碎带内，褶皱及断裂构造极为发育，其中汗白音乌拉背斜及北东向成矿前断裂是矿区内主要的控矿和容矿构造，直接控制矿区矿体的形态和分布。

2. 矿床地质

道伦达坝铜矿床矿体集中分布在东西长约 400m、南北宽 150m 的北东向狭长带内，矿体受控于构造破碎带和构造裂隙。矿体形态呈似层状和脉状。按矿石品位氧化矿 0.5%、原生矿 0.2%进行圈定矿体，共圈出 15 个矿体，其中，氧化加原生矿体 4 个，原生盲矿体 11 个。各矿体依据已有工程控制，其规模大小不等，控制延长数十米至 250m，延深数十米至 200m，假厚 0.4～13m。在已知的 15 个矿体中规模较大的有 7 个。

1 号矿体：控制长 35m，走向近东西向，倾向 NW345°，倾角 53°～57°。地表及其浅部控制工程均为氧化铜矿，平均假厚 2.23m，氧化铜平均品位 1.25%。银平均品位 34.7×10^{-6}。该矿体向深部有尖灭趋势。

2 号矿体：控制长 140m，走向北东向，倾向 NW284°～315°，倾角 67°～77°。地表及其浅部控制工程均为氧化铜矿,平均假厚3.47m,氧化铜平均品位1.58%,银平均品位36.4×10^{-9}。深部为原生黄铜矿,假厚3.00m,平均品位0.89%,银平均品位31.8×10^{-9}。

3号矿体:控制长310m,走向NE40°~45°,倾向NW310°,倾角地表72°~78°,向深部变陡为84°。在矿体中部可能存在一条北西向平推断层(?)将矿体错断,断距约40m,有待进一步证实。矿体地表及其浅部为氧化铜矿,平均假厚3.15m,氧化铜平均品位1.57%,银平均品位65×10^{-9}。深部为原生黄铜矿,平均假厚8.65m,原生铜平均品位1.71%,银平均品位49.1×10^{-9}。

钨锡矿体:主要分布在7~15号勘探线之间,规模较大的有4条矿体,普遍长100~700m,延深200~300m,走向20°~67°,倾角5°~60°,倾向北西或南东,属中小型矿体,矿体形态为脉状,具有膨胀收缩、分支复合、尖灭再现特征,复杂程度属中等,矿体受北东向褶皱和北北东向断裂构造控制。

矿石自然类型为含铜多金属的构造角砾岩型。

由于在矿石中普遍伴生有银、钨、锡等多金属,故矿石工业类型分为:铜矿石为硫化矿石,银、钨、锡矿石分别为银铜矿石、原生钨矿石与原生锡矿石。

矿物组合:矿区内各矿体的矿石物质成分基本相同,金属矿物主要有黄铁矿、磁黄铁矿、黄铜矿、闪锌矿、赤铁矿、黑钨矿、毒砂、自然铜、自然金、自然银、银金矿及次生褐铁矿、孔雀石、蓝铜矿等;脉石矿物:长石、石英、萤石、钾长石、绢云母、方解石、绿泥石。

矿石结构:交代溶蚀、他形粒状、半自形晶粒、包含结构。构造:脉状、网脉状、交错脉状、团斑状、条带状、浸染状、团块状、薄膜状及胶状构造。

围岩蚀变:林西组的砂板岩是矿体的直接围岩,近矿围岩蚀变现象可见硅化、黄铁绢云岩化、碳酸盐化、绿泥石化、高岭土化、钾长石化、云英岩化、萤石化、电气石化,其中硅化、云英岩化、萤石化与矿体关系最为密切。

主元素特征:矿石中有益组分主要是铜,伴生有益组分主要为银、钨、锡,有害组分为砷。其中主元素含量为铜1.105%、锡0.042%、WO_3 0.114%、银35.23×10^{-6}。

3. 矿床成因类型及成矿时代

中高温热液型脉动状矿床,受花岗岩体外接触带板岩层内北东向断裂及褶皱构造的控制,矿体产于顺层侵入的花岗岩枝的两侧,成矿时代为二叠纪—三叠纪。

(二)矿床成矿模式

道伦达坝铜多金属矿区正处于锡林浩特岩浆弧北部边缘地带。矿区位于米生庙-阿拉腾郭勒复背斜带北东段之南东翼的第三挤压破碎带内。矿床属于中高温热液型脉动状矿床,受花岗岩体外接触带板岩层内北东向断裂及褶皱构造的控制,矿体产于顺层侵入的花岗岩枝的两侧。矿区侵入岩体位于区域上的黄岗-甘珠尔庙断裂带上的北大山-马勒根坝构造岩浆岩区的前进场岩体北部边缘。以中酸性岩体为主,如黑云母斜长花岗岩、黑云母二长花岗岩、花岗闪长岩等。侵入于二叠系及古元古界宝音图岩群,又被晚侏罗世花岗岩侵入。矿区岩枝由南东向北西沿着层间构造侵入定位,为成矿提供了热动力和部分成矿物质。道伦达坝铜矿成矿模式如图20-1所示。

二、典型矿床地球物理特征

1. 矿床所在位置航磁及电法特征

1:50万航磁数据显示,磁场表现变化范围不大,局部存在正异常,规模不大。据1:5万航磁化极平面等值线图,所在位置总体表现为负磁异常,只是在矿点附近存在有正异常,极值达40nT,形态近似椭圆形;1:1000电法视极化率剖面平面图显示,所在位置表现为高极化异常,呈狭长细条带状,极值达28nT。

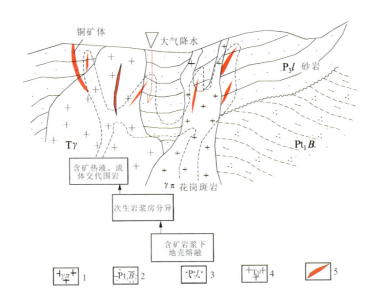

图 20-1 道伦达坝热液型铜矿典型矿床成矿模式
1. 花岗斑岩；2. 古元古界宝音图岩群黑云石英片岩；3. 上二叠统林西组砂岩；
4. 三叠纪花岗岩；5. 铜矿体

2. 矿床所在区域重力特征

道伦达坝铜矿所在区域为布格重力异常北东向延伸梯级带上，Δg 为 $(-114 \sim -112) \times 10^{-5} \mathrm{m/s^2}$。布格重力由东南到西北逐渐增高。矿区在晚古生代—中生代花岗岩带西北端，出露不同期次的中—新生代花岗岩体，对应于剩余重力异常图上，矿区位于 G蒙-240 正异常与 L蒙-404 负异常间零值线处。G蒙-846 号剩余重力异常呈近东西向条带状展布，重力值 Δg 为 $7.59 \times 10^{-5} \mathrm{m/s^2}$，为石炭系及二叠系分布区，边部有基性超基性岩出露。1:20 万剩余重力异常图显示：重力异常呈串珠状，走向近北东向，正异常极值 $7.5 \times 10^{-5} \mathrm{m/s^2}$，负异常极值 $-9.9 \times 10^{-5} \mathrm{m/s^2}$。由航磁资料可见，道伦达坝铜矿处于低缓平稳的区域磁场中，矿区在正负磁异常交替部位，磁异常为北东东走向。重磁场特征显示该区域断裂构造以北东向为主。

三、典型矿床地球化学特征

矿床附近形成了 Cu、Au、Ag、W、Sn、Bi、As 组合异常，主成矿元素为 Cu、W，Au、Ag、Sn、Bi、As 元素是本区主要的伴生元素。

四、典型矿床预测模型

根据典型矿床成矿要素和矿区区域航磁、重力及化探资料，确定典型矿床预测要素，编制典型矿床预测要素图。矿床所在地区的系列图表达典型矿床预测模型（图 20-2、图 20-3）。总结典型矿床综合信息特征，编制典型矿床预测要素表（表 20-1）。

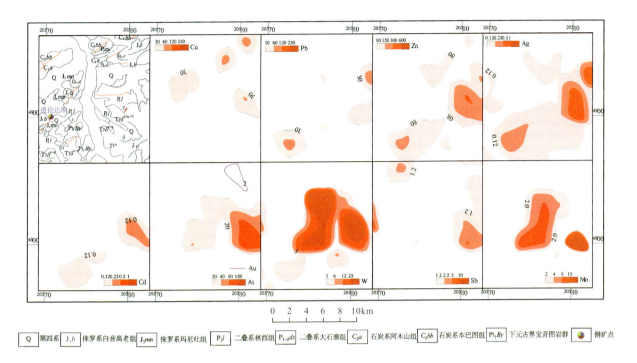

图 20-2 道伦达坝典型矿床所在区域地质矿产及化探剖析图

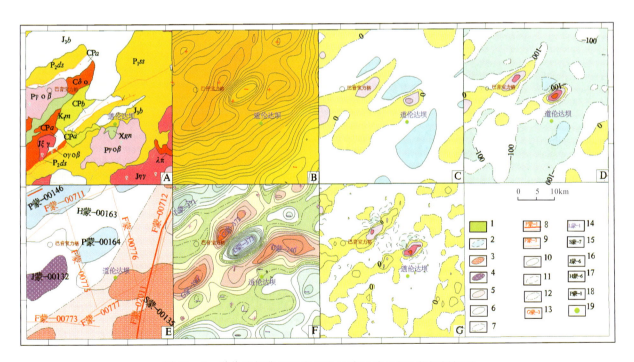

图 20-3 道伦达坝典型矿床所在区域地质矿产及物探剖析图

1.古生代地层;2.盆地边界;3.酸性-中酸性岩体;4.超基性岩体;5.酸性-中酸性岩体岩浆岩带;6.出露岩体边界;7.半隐伏岩体及岩浆岩带边界;8.重力推断一级断裂构造及编号;9.重力推断三级断裂构造及编号;10.航磁正等值线;11.航磁负等值线;12.航磁零等值线;13.剩余重力高异常编号;14.剩余重力低异常编号;15.酸性—中酸性岩体编号;16.基性—超基性岩体编号;17.地层编号;18.盆地编号;19.铜矿体。A.地质矿产图;B.布格重力异常图;C.航磁 ΔT 等值线平面图;D.航磁 ΔT 化极垂向一阶导数等值线平面图;E.重力推断地质构造图;F.剩余重力异常图;G.航磁 ΔT 化极等值线平面图

表 20-1 道伦达坝式热液型铜矿典型矿床预测要素表

典型矿床预测要素			内容描述			要素类别
储量			铜金属量:100 977t	平均品位	铜 1.105%	
特征描述			与上二叠统林西组海西期—印支期花岗岩有关的中高温热液脉型铜矿床			
地质环境	大地构造位置		天山-兴蒙造山系,大兴安岭弧盆系,锡林浩特岩浆弧(Pz_2)			必要
	成矿区(带)		西伯利亚板块、华北板块缝合带北侧,矿区位于米生庙-阿拉腾郭勒复背斜带北东段之南东翼的第三挤压破碎带内			必要
	区域成矿类型及成矿期		热液型,二叠纪—三叠纪			必要
矿床特征	矿体形态		矿体形态为脉状,具有膨胀收缩、分支复合、尖灭再现特征,复杂程度属中等。矿体受北东向褶皱和北北东向断裂构造控制			重要
	岩石类型		粉砂质板岩、长石石英杂砂岩			重要
	岩石结构构造		石英颗粒次生加大、胶结物重结晶、变质层理构造			次要
	矿物组合		矿石矿物:磁黄铁矿、黄铜矿、黑钨矿、毒砂、自然银			重要
	结构构造		结构:交代溶蚀、他形粒状、半自形晶粒结构;构造:脉状、网脉状、交错脉状、团斑状、条带状、浸染状、团块状构造			次要
	蚀变特征		围岩蚀变:硅化、黄铁绢云岩化、碳酸盐化、绿泥石化、高岭土化、钾长石化、云英岩化、萤石化、电气石化,其中硅化、云英岩化、萤石化与矿体关系最为密切			次要
	控矿条件		北东向断裂和褶皱构造控制矿体的规模与定位,黑云母花岗岩提供热动力条件,围岩地层提供金属元素和赋存空间			必要
地球物理与地球化学特征	地球物理特征	重力	矿床位于布格重力异常梯级带上,Δg 为$(-114\sim-112)\times10^{-5}$m/s^2。布格重力由东南到西北逐渐增高。剩余重力异常图上,矿区位于剩余重力正异常与负异常间零值线处			次要
		航磁	据1:5万航磁化极平面等值线图,所在位置总体表现为负磁异常,只是在矿点附近存在有正异常,极值达40nT,形态近似椭圆形			重要
	地球化学特征		主成矿元素为Cu、W、Au、Ag、Sn、Bi、As,元素是主要伴生元素。异常具有北东向分带性,Cu元素具有明显的浓度分带和浓集中心,异常强度高,呈北东向带状展布			必要

第二节 预测工作区研究

一、区域地质特征

道伦达坝铜矿预测工作区位于大兴安岭南段,行政区划主要属赤峰北部、锡林郭勒盟东南部及通辽市北西部。预测工作区地理坐标:东经116°00′—120°30′,北纬43°20′—45°20′。

1. 成矿地质背景

本区大地构造位置处于天山-兴蒙造山系,大兴安岭弧盆系,锡林浩特岩浆弧,成矿区带位于西伯利亚板块、华北板块缝合带南侧,道伦达坝铜多金属矿区正处于该板块的北部边缘地带。矿区位于米生庙-阿拉腾郭勒复背斜带北东段之南东翼的第三挤压破碎带内。

本区出露的基底地层为古元古界宝音图群黑云斜长片麻岩夹少量片岩及变粒岩；石炭系本巴图组硬砂岩、长石砂岩夹含砾砂岩及灰岩；阿木山组海相碎屑岩、碳酸盐岩沉积，及二叠系大石寨组、哲斯组、林西组；上侏罗统玛尼吐组基性喷出岩角度不整合覆盖在二叠系之上，上二叠统白音高老组酸性火山碎屑岩之其上被下白垩统砾岩及第四系不整合覆盖。

本预测工作区内与道伦达坝铜矿关系密切的地层主要为二叠系林西组，次为二叠系大石寨组、哲斯组。在区域上分布于晚二叠世—早三叠世北北东向展布的兴安凹陷之中，岩石类型主要是粉砂质板岩、粉砂质泥岩、粉砂岩及细粒长石石英杂砂岩夹少量泥质胶结的中—细粒长石石英砂岩。从化石特征来看，属大型湖泊的浅湖相沉积。

区内岩浆活动频繁，分布广泛，岩性类型有海西中期石英闪长岩、海西晚期角闪辉长岩、印支期中细粒黑云花岗岩及燕山晚期石英斑岩，主要为印支期黑云母花岗岩，受区域构造控制，多呈50°左右延伸。侵入到砂板岩，呈岩基状产出，在接触带处有云英岩化、角岩化等围岩蚀变。区内脉岩发育，主要有花岗细晶岩脉、细粒花岗岩脉及石英脉等。印支期黑云母花岗岩为成矿提供了热动力条件。

构造上预测工作区位于米生庙-阿拉腾郭勒复背斜北东段南东翼的第三挤压破碎带内，褶皱及断裂构造极为发育，其中汗白音乌拉背斜及北东向成矿前断裂是矿区内主要的控矿和容矿构造，直接控制矿区矿体的形态和分布。

2. 区域成矿模式

根据预测工作区成矿地质背景并结合典型矿床及区域成矿特征，总结其区域成矿模式如图20-1所示。

二、区域地球物理特征

1. 磁异常特征

在航磁 ΔT 等值线平面图上，道伦达坝铜矿预测工作区磁异常幅值范围为$-1800\sim 2400$ nT，总的来说，以大面积杂乱的梯度变化较大的正负相间异常为主，磁异常区走向多为北东向。其中西部区域磁场相对东部区平缓，多呈串珠状正异常；西北和东南区域主要以大面积杂乱正磁异常区为特征，梯度变化较大；东中部地区为低缓负磁异常区，局部负磁异常梯度变化较大。道伦达坝铜矿区位于预测工作区中部，磁场背景为低缓负磁异常区，矿区位于0nT等值线附近。

2. 重力异常特征

西乌珠穆沁旗道伦达坝式热液型铜多金属-复合内生矿预测工作区位于纵贯全国东部地区的大兴安岭-太行山-武陵山北北东向巨型重力梯度带的西侧。该巨型重力梯度带东、西两侧重力场下降幅度达80×10^{-5} m/s^2，下降梯度约1×10^{-5} m/s^2。由地震和大地电磁测深资料可知，大兴安岭-太行山-武陵山巨型宽条带重力梯度带是一条超地壳深大断裂带的反映。该深大断裂带是环太平洋构造运动的结果。沿深大断裂带侵入了大量的中新生代中酸性岩浆岩，喷发、喷溢了大量的中新生代火山岩。

预测工作区沿克什克腾旗—霍林郭勒市一带布格重力异常总体表现为重力低异常带，异常带走向北北东，呈宽条带状。在重力低异常带上叠加着许多局部重力异常，布格重力异常最小值为-150×10^{-5} m/s^2，最大幅度约-25×10^{-5} m/s^2。地表沿北东方向断断续续出露不同期次的中—新生代花岗岩体，推断该重力低异常带是由中—酸性岩浆岩活动区(带)引起。局部重力低异常是花岗岩体和次火山热液活动带所致。参考该区的电测深、航磁资料、地表零星出露超基性岩和老地层，推测呈北东向窄条状分布的剩余重力正异常带，为超基性岩和古生代地层。通过重力等值线密集带、重力梯级带，以及重力等值线同向扭曲转折带，可推断出区内两条北东向延伸一级断裂。布格重力异常平面图显示，花岗岩体和次火山热液型以及脉状热液型铜银铅锌多金属矿均分布在上述局部重力低异常的边部重力等值线密集带上。如花敖包特中低温岩浆热液型银铅锌矿、拜仁达坝银铅矿、黄岗梁铁锌矿等。表明这些矿产形成过程中，中-酸性岩浆岩活动区（带）为其提供了充分的热源和热流。

预测工作区内重力共推断解释断裂构造161条，中-酸性岩体29个，地层单元40个，中—新生代盆地38个。

三、区域地球化学特征

预测工作区主要分布有Au、As、Sb、Cu、Pb、Zn、Ag、Cd、W、Mo等元素异常，异常具有北东向分带性，Cu元素具有明显的浓度分带和浓集中心，异常强度高，呈北东向带状展布。

区域上分布有Ag、As、Cd、Cu、Sb、W、Pb、Zn等元素组成的高背景区带，在高背景区带中有以Cu、Ag、Cd、Mo、Sb、W、Pb、Zn为主的多元素局部异常。预测工作区内共有259个Ag异常，164个As异常，202个Au异常，251个Cd异常，187个Cu异常，149个Mo异常，205个Pb异常，192个Sb异常，233个W异常，211个Zn异常。

Cu、Ag、As、Pb、Zn、Sb、W元素在全区形成大规模的高背景区带，在高背景区带中分布有明显的局部异常，Cu元素在预测工作区沿北东向呈高背景带状分布，浓集中心分散且范围较小；Ag、As、Sb、W元素在预测工作区均具有北东向的浓度分带，且有多处浓集中心，Ag元素在高背景区中存在两处明显的局部异常，主要分布在乌力吉德力格尔—西乌珠穆沁旗，呈北东向带状分布，另一处在敖包吐沟门地区；达来诺尔镇—乌日都那杰嘎查一带存在规模较大的As元素局部异常，有多处浓集中心，浓集中心明显，强度高，范围广；Sb、W在达来诺尔镇和敖脑达巴之间存在范围较大的局部异常，浓集中心明显，强度高；Sb在胡斯尔陶勒盖和西乌珠穆沁旗以南有两处明显的局部异常，浓集中心明显，大体呈环状分布；Pb、Zn高背景值在预测工作区呈北东西带状分布，有多处浓集中心，Pb、Zn、Cd在敖包吐沟门地区分布有大范围的局部异常，浓集中心明显，强度高，Pb、Zn异常套合好；Au和Mo在预测工作区呈背景、低背景分布。预测工作区中元素异常套合特征不明显，没有明显的指向性。

四、区域遥感影像及解译特征

预测工作区遥感共解译出线要素588条（大型断层33条、中型断层50条、小型断层505条），脆韧性变形构造带要素71条，色要素112个，环要素248个，块要素7个，带要素217块。

本预测工作区线性结构在遥感图像上表现以北东向为主，北西向为辅。密集千米级小构造密集区域往往有利于成矿。本预测工作区遥感解译出以下断裂带。

白音乌拉-乌兰哈达断裂带：影纹穿过山脊、沟谷断续北东西向展布，影像上判断线性构造两侧地层体较复杂，线性构造经过多套地层体。

扎鲁特旗深断裂带：断裂具张扭性质，线性影像，在沙地、冲沟、洼地、陡坎等处延伸，影像构成拉张影纹特征，为地壳拼接断裂带。

大兴安岭主脊-林西深断裂带：沿大兴安岭主峰及其两侧分布，向南延入河北省境内。断裂带较宽，且多表现为张性特征，带内有糜棱岩带及韧性剪切带，表现为先张后压的多期活动特点。断裂带形成于晚侏罗世，白垩纪继续活动，形成大兴安岭主脊垒、堑构造体系。

额尔格图-巴林右旗断裂带：北东向影纹特征排列展布明显，经多条河流相似部位，沿线有平直沟谷出现，延续性好，影纹清晰易于辨认。

新木-奈曼旗断裂带：影像上为北西向较大型冲沟及河流直流段。切割中生代以来的地层及岩体，沿断裂带有中生代花岗岩侵入。

宝日格斯台苏木-宝力召断裂带：影像上线形构造过山脊，河流、沟谷均显示线形清晰延伸特点，并通过色调等判断线形构造两侧地层体较复杂。

本预测工作区内遥感共解译出色要素112处，其中，75处由青磐岩化引起，它们在遥感图像上均显示为深色色调异常,呈细条带状分布;37处由角岩化引起,它们在遥感图像上均显示为亮色色调异常。从空间分布上来看,区内的色调异常明显与断裂构造及环形构造有关,在图幅西北方向、东南部、北部断裂交会部位以及环形构造集中区,色调异常呈不规则状分布。

本预测工作区内共解译出带要素230块,为侏罗系白音高老组岩屑晶屑凝灰岩、岩屑晶屑凝灰岩的反映。

已知铜矿床(点)与本预测工作区中羟基异常吻合的有巴彦高勒苏木黑勒塔拉铜矿、西乌旗达青苏木道伦达铜矿、细毛羊场铜矿、查干哈达苏木查干哈达铜矿和巴彦温都尔乌兰哈达山铜矿。

五、区域预测模型

根据预测工作区区域成矿要素、化探、航磁、重力、遥感资料,建立了本预测工作区的区域预测要素,并编制预测工作区预测要素图和预测模型图。

区域预测要素图以区域成矿要素图为基础,综合研究重力、航磁等致矿信息,总结区域预测要素表(表20-2),并将综合信息各专题异常曲线或区全部叠加在成矿要素图上,在表达时可以出单独预测要素(如航磁)的预测要素图。

表20-2 道伦达坝式复合内生型铜矿预测工作区预测要素表

区域预测要素		描述内容	要素类别
地质环境	大地构造位置	天山-兴蒙造山系,大兴安岭弧盆系,锡林浩特岩浆弧	必要
	成矿区(带)	西伯利亚板块、华北板块缝合带南侧,矿区位于米生庙-阿拉腾郭勒复背斜带北东段之南东翼的第三挤压破碎带内	必要
	区域成矿类型及成矿期	热液型,二叠纪—三叠纪	必要
控矿地质条件	赋矿地质体	上二叠统林西组砂板岩	重要
	控矿侵入岩	海西期黑云母花岗岩	重要
	主要控矿构造	北东向断裂和褶皱构造控制矿体的规模与产出	必要
区内相同类型矿产		成矿区(带)内7个矿点、矿化点	重要
地球物理特征	重力异常	沿克什克腾旗—霍林郭勒市一带布格重力异常总体反映重力低异常带,异常带走向北北东,呈宽条带状。在重力低异常带上叠加着许多局部重力异常,布格重力异常最小值为$-150\times10^{-5}\text{m/s}^2$,最大幅度约$-25\times10^{-5}\text{m/s}^2$	重要
	磁法异常	道伦达坝铜矿区磁场背景为低缓负磁异常区,0nT等值线附近	重要
地球化学特征		主成矿元素为Cu、W、Au、Ag、Sn、Bi、As元素是本区主要的伴生元素。异常具有北东向分带性,Cu元素具有明显的浓度分带和浓集中心,异常强度高,呈北东向带状展布	重要
遥感特征		遥感解译线形构造、环状构造发育	次要

预测模型图的编制,以地质剖面图为基础,叠加区域航磁及重力剖面图而形成,简要表示预测要素内容及其相互关系,以及时空展布特征(图20-4)。

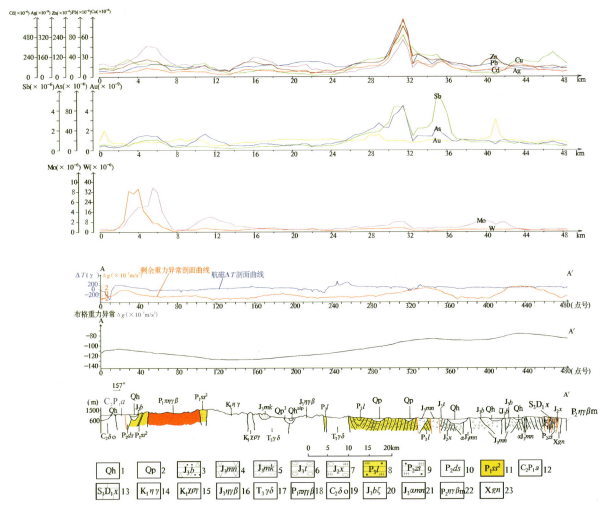

图 20-4 道伦达坝式复合内生型铜矿道伦达坝预测工作区找矿预测模型

1. 第四纪沉积物；2. 第四系更新统；3. 白音高老组；4. 玛尼吐组；5. 满头克鄂博组；6. 土城子组；7. 新民组；8. 林西组；9. 哲斯组；10. 大石寨组；11. 寿山沟组；12. 阿木山组；13. 西别河组；14. 二长花岗岩；15. 文象花岗岩；16. 二长花岗岩；17. 花岗闪长岩；18. 斑状二云母花岗岩；19. 石英闪长岩；20. 次英安岩；21. 次安山岩；22. 二云母花岗岩；23. 片麻岩

第三节 矿产预测

一、综合地质信息定位预测

1. 变量提取及优选

根据典型矿床及预测工作区研究成果，进行综合信息预测要素提取。本次选择网格单元法作为预测单元，预测底图为建造构造图（比例尺为1：25万），利用规则网格单元作为预测单元，网格单元大小为2.0km×2.0km。

地质体（二叠系林西组，二叠纪—三叠纪黑云母花岗岩）要素进行单元赋值时采用区的存在标志；化探、剩余重力、航磁化极则求起始值的加权平均值，在变量二值化时利用异常范围值人工输入变化区间。

对已知矿点及成矿构造进行缓冲区处理。

2. 最小预测区圈定及优选

本次利用证据权重法，采用 2.0km×2.0km 规则网格单元，在 MRAS2.0 下，利用有模型预测方法 [因预测工作区除典型矿床外有 6 个已知矿床(点)]进行预测区的圈定与优选。然后在 MapGIS 下，根据优选结果圈定成为不规则形状。

3. 最小预测区圈定结果

在 MRAS 圈定的色块图的基础上，依据典型矿床、区域成矿规律研究结果，手工圈定最小预测区。本次工作共圈定各级异常区 43 个最小预测区，其中 A 级最小预测区 8 个，B 级最小预测区 15 个，C 级最小预测区 20 个。各最小预测区面积均小于 50km²。A 级最小预测区绝大多数分布于已知矿床外围或化探Ⅲ级浓度分带区且有已知矿点，存在或可能发现铜矿产地的可能性大，具有一定的可信度（表 20-3，图 20-5）。

表 20-3 道伦达坝式复合内生型铜矿预测工作区最小预测区圈定结果及资源量估算成果表

最小预测区编号	最小预测区名称	$S_{预}$ (m²)	$H_{预}$ (m)	Ks	K (t/m³)	α	$Z_{预}$ (t)	资源量级别
A1504606001	巴彦高勒苏木黑勒塔拉	36 827 615	600	0.2		0.3	26 515.88	334-2
A1504606002	道伦达坝	24 041 598	560	0.2		1	53 853.18	334-1
A1504606003	1454 高地	49 811 239	650	0.2		0.3	38 852.77	334-2
A1504606004	幸福之路苏木老龙沟	49 215 168	650	0.2		0.3	38 387.83	334-2
A1504606005	查干哈达庙	23 475 105	500	0.2		0.3	14 085.06	334-2
A1504606006	碧流台乡骆驼场东	29 322 344	600	0.2		0.3	21 112.09	334-2
A1504606007	乌兰达坝苏木	36 885 045	550	0.2		0.3	24 344.13	334-3
A1504606008	990 高地	49 939 538	650	0.2		0.3	38 952.84	334-3
B1504606001	跃进分场东	28 191 811	500	0.2		0.2	11 276.72	334-3
B1504606002	1510 高地	20 980 337	450	0.2		0.3	11 329.38	334-3
B1504606003	1542 高地	44 422 487	600	0.2		0.2	21 322.79	334-3
B1504606004	1382 高地	35 008 915	560	0.2		0.3	23 525.99	334-3
B1504606005	呀马吐	43 846 752	600	0.2		0.2	21 046.44	334-3
B1504606006	塔木花嘎查	18 395 243	400	0.2	0.000 02	0.2	5886.48	334-3
B1504606007	890 高地	48 127 616	650	0.2		0.2	25 026.36	334-3
B1504606008	细毛羊场	24 487 539	450	0.2		0.2	8815.51	334-3
B1504606009	1026 高地北	40 490 821	600	0.2		0.2	19 435.59	334-3
B1504606010	1028 高地西北	35 018 583	600	0.2		0.2	16 808.92	334-3
B1504606011	1415 高地	47 906 575	650	0.2		0.2	24 911.42	334-3
B1504606012	浩不高嘎查	16 858 141	400	0.2		0.2	5394.61	334-3
B1504606013	巴彦温都尔乌兰哈达山	35 580 480	560	0.2		0.2	15 940.06	334-3
B1504606014	1048 高地南	48 656 035	650	0.2		0.2	25 301.14	334-3
B1504606015	600 高地	38 843 829	600	0.2		0.2	18 645.04	334-3
C1504606001	沙迪音嘎查	41 257 964	600	0.2		0.1	9901.91	334-3
C1504606002	查干敖瑞嘎查东	33 162 378	560	0.2		0.1	7428.37	334-3
C1504606003	乌兰和布日嘎查	31 860 437	550	0.2		0.1	7009.30	334-3
C1504606004	1489 高地	31 662 298	550	0.2		0.2	13 931.41	334-3

续表 20-3

最小预测区编号	最小预测区名称	$S_{预}$ (m²)	$H_{预}$ (m)	Ks	K (t/m³)	α	$Z_{预}$ (t)	资源量级别
C1504606005	1362 高地	46 913 618	650	0.2		0.1	12 197.54	334-3
C1504606006	巴彦布拉格嘎查	40 568 258	600	0.2		0.1	9736.38	334-3
C1504606007	1532 高地北	49 471 775	650	0.2		0.1	12 862.66	334-3
C1504606008	两间房村东南	49 197 360	650	0.2		0.1	12 791.31	334-3
C1504606009	1465 高地	32 005 520	560	0.2		0.1	7169.24	334-3
C1504606010	大营子乡	44 247 415	650	0.2		0.1	11 504.33	334-3
C1504606011	冬不冷乡	35 550 904	560	0.2		0.1	7963.40	334-3
C1504606012	宝力格北	26 251 965	500	0.2	0.000 02	0.1	5250.39	334-3
C1504606013	1222 高地	49 687 757	650	0.2		0.1	12 918.82	334-3
C1504606014	1247 高地	43 018 079	600	0.2		0.1	10 324.34	334-3
C1504606015	1327 高地	48 481 360	650	0.2		0.1	12 605.15	334-3
C1504606016	1280 高地南	35 618 107	550	0.2		0.1	7835.98	334-3
C1504606017	1332 高地	16 604 793	450	0.2		0.1	2988.86	334-3
C1504606018	1082 高地南	45 375 964	600	0.2		0.1	10 890.23	334-3
C1504606019	西包特艾勒东	33 445 230	550	0.2		0.1	7357.95	334-3
C1504606020	道伦百姓乡东北	30 228 600	500	0.2		0.1	6045.72	334-3

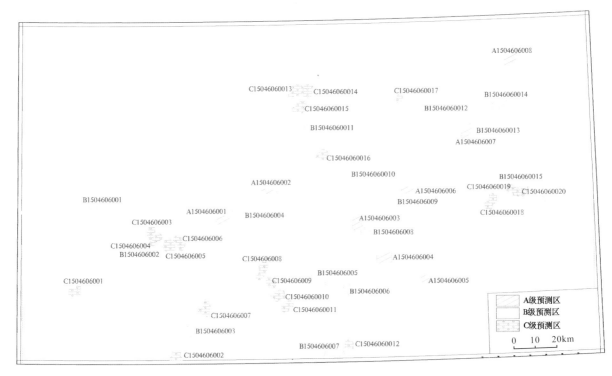

图 20-5　道伦达坝式复合内生型铜矿最小预测区圈定结果

4. 最小预测区地质评价

预测工作区大地构造位置处于天山-兴蒙造山系，大兴安岭弧盆系，锡林浩特岩浆弧（Pz_2）。成矿区（带）位于西伯利亚板块、华北板块缝合带北侧，道伦达坝铜多金属矿区正处于该板块的南部边缘地带。

依据本区成矿地质背景并结合资源量估算和最小预测区优选结果，各级别面积分布合理，且已知矿床均分布在 A 级最小预测区内,说明预测区优选分级原则较为合理;最小预测区圈定结果表明,预测区总体与区域成矿地质背景、化探异常、航磁异常、剩余重力异常、遥感铁染异常吻合程度较好。因此,所圈定的最小预测区,特别是 A 级最小预测区具有较好的找矿潜力。

二、综合信息地质体积法估算资源量

1. 典型矿床深部及外围资源量估算

查明的资源量、体重及铜平均品位、延深和依据均来源于《内蒙古自治区西乌珠穆沁旗道伦达坝二道沟铜多金属矿区详查报告》及内蒙古自治区国土资源厅 2010 年 5 月编制的《内蒙古自治区矿产资源储量表(第三分册)》,矿床面积为该矿床各矿体、矿脉区边界范围的面积,面积的确定是根据 1∶5000 矿区地质图(图 20-6),在 MapGIS 软件下读取数据,然后依据比例尺计算,矿体延深依据控制矿体最深的 11 号勘探线剖面图确定(图 20-7),具体数据见表 20-4。

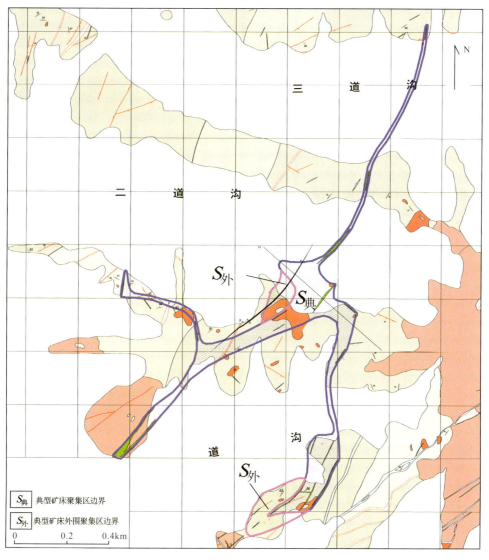

图 20-6 道伦达坝式铜矿典型矿床总面积圈定方法及依据图

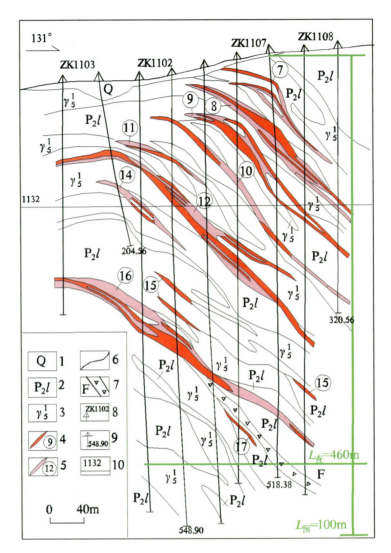

图 20-7 道伦达坝式铜矿典型矿床深部资源量延深确定方法及依据图

1. 第四系；2. 上二叠统林西组粉砂质板岩；3. 印支期黑云母花岗岩；4. 矿体及编号；
5. 矿化蚀变带；6. 地质界线；7. 构造破碎带；8. 钻孔及编号；9. 终孔深度(m)；10. 标高

表 20-4 道伦达坝式复合内生型铜矿典型矿床深部及外围资源量估算一览表

典型矿床		深部及外围		
已查明资源量(t)	176 294.2	深部	面积(m²)	134 825
面积(m²)	134 825		深度(m)	100
深度(m)	460	外围	面积(m²)	34 486.29
品位(%)	1.105		深度(m)	560
比重(t/m³)	2.73	预测资源量(t)		91 825.5
体积含矿率(t/m³)	0.0028	典型矿床资源总量(t)		268 119.7

2. 模型区的确定、资源量及估算参数

模型区为典型矿床所在的最小预测区。道伦达坝典型矿床查明资源量176 294.2t,按本次预测技术要求计算模型区资源总量为268 119.7t。模型区内无其他矿点存在,则模型区资源总量＝典型矿床资源总量,模型区面积为依托MRAS软件采用少模型工程神经网络法优选后圈定,延深根据典型矿床最大预测深度确定。由于模型区内含矿地质体边界可以确切圈定,但其面积与模型区面积一致,由模型区含地质体面积/模型区总面积得出,模型区含矿地质体面积参数为1。由此计算含矿地质体含矿系数(表20-5)。

表20-5　道伦达坝式复合内生型铜矿模型区预测资源量及其估算参数表

编号	名称	模型区资源总量（t）	模型区面积（m^2）	延深（m）	含矿地质体面积（m^2）	含矿地质体面积参数	含矿地质体含矿系数
A1504606002	道伦达坝	268 119.7	24 041 598	560	24 041 598	1	0.000 02

3. 最小预测区预测资源量

道伦达坝式铜矿预测工作区最小预测区资源量定量估算采用地质体积法进行估算。

(1)估算参数的确定。最小预测区面积是依据综合地质信息定位优选的结果;延深的确定是在研究最小预测区含矿地质体地质特征、含矿地质体的形成深度、断裂特征、矿化类型,并在对比典型矿床特征的基础上综合确定的;相似系数的确定,主要依据MRAS生成的成矿概率及与模型区的比值,参照最小预测区地质体出露情况物化探异常规模及分布、物探解译隐伏岩体分布信息等进行修正。

(2)最小预测区预测资源量估算结果。本次铜预测资源总量为699 483.5t,详见表20-3。

4. 预测工作区资源总量成果汇总

道伦达坝式复合内生型铜矿预测工作区地质体积法预测资源量,依据资源量级别划分标准,根据现有资料的精度,可划分为334-1、334-2和334-3三个资源量精度级别;根据各最小预测区内含矿地质体、物化探异常及相似系数特征,预测延深参数均在2000m以浅。

根据矿产资源潜力评价预测资源量汇总标准,道伦达坝式复合内生型铜矿道伦达坝预测工作区按精度、预测深度、可利用性、可信度统计分析结果见表20-6。

表20-6　道伦达坝式复合内生型铜矿预测工作区预测资源量估算汇总表

按预测深度			按精度		
500m以浅	1000m以浅	2000m以浅	334-1	334-2	334-3
589 156.3	699 483.5	699 483.5	53 853.18	100 100.86	545 529.49
合计:699 483.5			合计:699 483.5		
按可利用性			按可信度		
可利用		暂不可利用	≥0.75	≥0.5	≥0.25
67 938.23		631 545.69	53 853	256 104	644 266
合计:699 483.5			合计:644 266		

注:表中预测资源量单位均为t。

第二十一章　内蒙古自治区铜单矿种资源总量潜力分析

第一节　铜单矿种估算资源量与资源现状对比

至 2009 年底,全区铜矿上表单元为 144 个,除 49 个共生上表单元和 42 个伴生上表单元外,以铜为主矿产的铜矿产地 53 处。全区累计查明铜金属资源储量为 670.78×10^4 t,其中基础储量 327.30×10^4 t,资源量 343.48×10^4 t,基础储量和资源量分别占全区查明资源总量的 48.8%、51.2%。全区铜金属保有资源储量为 623.52×10^4 t,居全国第四位。其中,基础储量 289.94×10^4 t,资源量 333.58×10^4 t,基础储量和资源量分别占全区铜金属保有资源储量的 46.5%、53.5%

除共伴生上表单元,全区以铜为主矿产的 53 处矿产地中,查明资源储量规模达大型的有 2 处,保有铜金属资源储量为 225.43×10^4 t;达中型的有 5 处,保有铜金属资源储量为 101.74×10^4 t。大中型矿产地数量合计仅占全区铜矿产地的 13.2%,但铜金属保有资源储量合计占全区保有资源储量的 52.5%。

全区铜矿产资源主要分布有呼伦贝尔市、巴彦淖尔市、赤峰市、锡林郭勒盟和乌兰察布市,5 个盟市储量合计占全区铜金属保有资源储量的 96%。其中,呼伦贝尔市(主要有乌努格吐山大型铜钼矿等)铜金属保有资源储量为 198.69×10^4 t,占全区的 32%;巴彦淖尔市(主要有霍各乞铜多金属一号大型矿等)铜金属保有资源储量为 195.57×10^4 t,占全区的 31%;赤峰市铜金属保有资源储量为 107.82×10^4 t,占全区的 17%;锡林郭勒盟(主要有道伦达坝中型铜多金属矿等)铜金属保有资源储量为 57.51×10^4 t,占全区的 9%;乌兰察布市(主要有白乃庙中型铜矿等)铜金属保有资源储量为 37.19×10^4 t,占全区的 6%。

本次铜单矿种 19 个预测工作区内已查明资源量为 613.96×10^4 t,预测资源量约为 1190.35×10^4 t,预测资源量约为查明资源量的 2 倍。各预测方法类型的已查明资源量、预测资源量及可利用性如表 21-1 所示。

表 21-1　内蒙古自治区铜矿种资源现状统计表

预测方法类型	已探明		预测资源量(t)	预测可利用性	
	储量(t)	与预测资源量对比		资源量(t)	占预测资源量比重(%)
复合内生型	1 189 400	1:2.34	2 781 151	1 505 974	54.15
侵入岩体型	2 194 500	1:1.94	4 253 686	3 171 622	74.56
沉积(变质)型	2 689 500	1:1.74	4 686 885	2 421 702	51.67
火山岩型	66 400	1:2.74	181 794	181 794	100.00
合计	6 139 600	1:1.94	11 903 516	7 281 092	61.17

第二节 预测资源量潜力分析

全区铜单矿种共划分了 19 个预测工作区,预测工作区总面积约 $23\times10^4 km^2$,总计圈定出 388 个最小预测区,查明资源量与预测资源量数量比较合理,可信程度较高。邵和明和张履桥等 2001 年应用矿床异相定位理论(朱裕生,2002)、地球化学块体理论(谢学锦,2001)对全区内的铜矿种的资源潜力进行定量估算,获得铜资源量 $923.70\times10^4 t$,与本次地质体积法预测资源总量较为接近。

本次在预测工作区内所选取 18 个典型矿床深部和外围预测资源量约 $215\times10^4 t$,说明在老矿区随勘查深度增加和技术装备的发展,推断外围及深部仍然有查明资源储量 0.5～1 倍的资源潜力。

总之,由于内蒙古自治区总体地质矿产勘查程度低,提高勘查程度就可能发现更多资源储量,对低勘查程度区的铜资源储量进行类比预测,估算铜资源量是切实可行的。

全区铜矿预测资源量按照精度、预测深度、预测方法类型、可利用性及资源量可信度统计结果见表 21-2 及图 21-1 至图 21-5。

表 21-2 内蒙古自治区铜矿预测资源量综合分类统计表　　　　(资源量单位:t)

预测深度	精度	可利用性		可信度			合计
		可利用	暂不可利用	≥0.75	≥0.5	≥0.25	
500m 以浅	334-1	871 511.5	173 546	408 685.5	1 044 601	1 045 051	1 720 678
	334-2	281 173.25	189 740.25	91 736.5	354 705.75	470 746	1 440 114
	334-3	667 589.75	792 319.75	20 895.5	242 042.5	1 067 750.25	5 271 123
1000m 以浅	334-1	1 743 023	347 092	817 371	2 089 202	2 090 102	3 520 186
	334-2	562 346.5	379 480.5	183 473	709 411.5	941 492	1 863 223
	334-3	1 335 179.5	1 584 639.5	41 791	484 085	2 135 500.5	5 839 636
2000m 以浅	334-1	2 670 359	694 184	1 634 742	4 178 404	4 180 204	4 180 229
	334-2	1 124 693	758 961	366 946	1 418 823	1 882 984	1 883 654
	334-3	2 670 359	3 169 279	83 582	968 170	4 271 001	5 839 636
合计							11 903 519

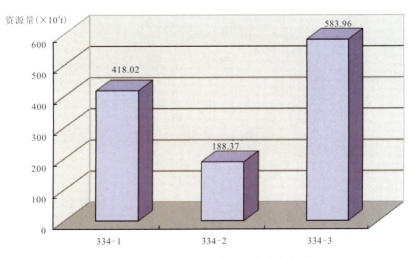

图 21-1 全区铜矿预测资源量按精度统计图

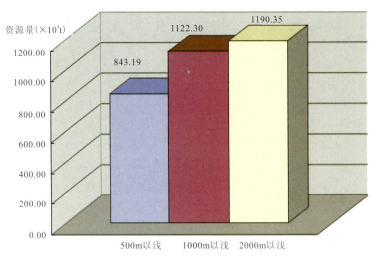

图 21-2　全区铜矿预测资源量按深度统计图

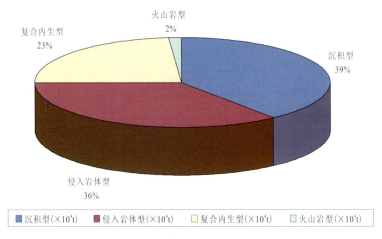

图 21-3　全区铜矿预测资源量按预测方法类型统计图

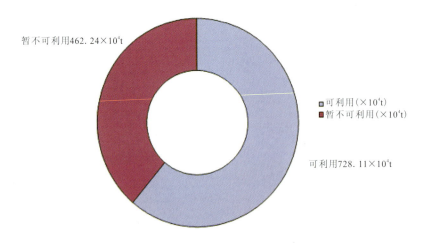

图 21-4　全区铜矿预测资源量按可利用性型统计图

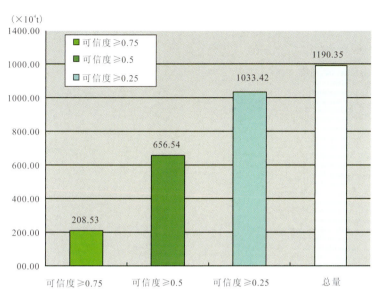

图 21-5 全区铜矿预测资源量按可信度分类统计图

第三节 内蒙古自治区铜矿勘查工作部署建议

一、部署原则

以 Cu 为主,兼顾 Pb、Zn、Ag 等共伴生金属,以探求新的矿产地及新增资源储量为目标,开展区域矿产资源预测综合研究,重要找矿远景区找矿靶区开展矿产勘查工作。

(1)开展矿产预测综合研究。以本次铜预测成果为基础,进一步综合区域地球化学、区域地球物理和区域遥感资料,应用成矿系列理论,进行成矿规律、矿产预测等综合研究,圈定一批找矿远景区,为矿产勘查部署提供依据。

(2)开展矿产勘查工作。依据本次铜矿预测结果,结合已发现铜矿床,进行矿产勘查工作部署。在已知矿区的外围及深部部署矿产勘探工作,在矿点和本次预测成果中的 A、B 级预测区相对集中的地区部署矿产详查工作,在找矿远景区内的找矿靶区部署矿产普查工作。

二、找矿远景区工作部署建议

根据铜矿最小预测区的圈定及资源量估算结果,结合主攻矿床类型,共圈定 18 个找矿远景区(图 21-6)。

1. 霍各乞-炭窑口-东升庙铜找矿远景区

地质背景:大地构造位置属华北陆块区狼山-阴山陆块之狼山-白云鄂博裂谷、色尔腾山-太仆寺旗古岩浆弧及固阳-兴和陆核区。成矿区带属滨太平洋成矿域(叠加在古亚洲成矿域之上)(Ⅰ级),华北成矿省(Ⅱ级),华北陆块北缘西段金、铁、铌、稀土、铜、铅、锌、银、镍、铂、钨、石墨、白云母成矿带(Ⅲ级),霍各乞-东升庙铜、铁、铅、锌、硫成矿亚带(Ⅳ级)。

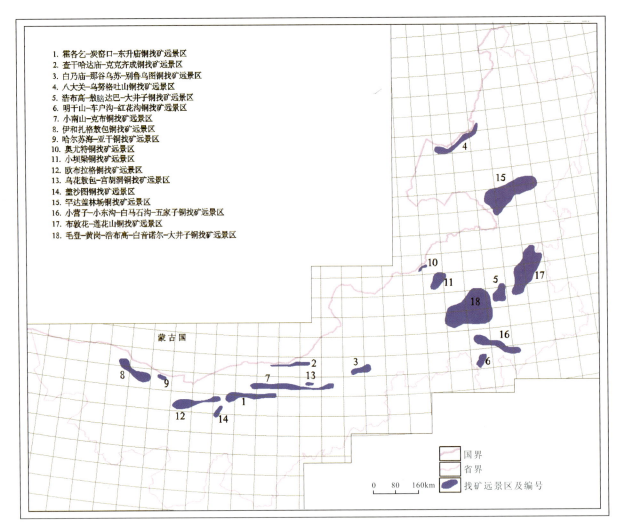

图 21-6 内蒙古自治区铜矿找矿远景区(勘查部署建议)分布图

区域成矿特点：远景区内有沉积型铜矿床及矿点 18 个，多数赋存于渣尔泰山群阿古鲁沟组中，矿床或矿点与地层展布方向一致，均呈近东西向，成因类型为喷流-沉积型。成矿期为中元古代。

勘查工作部署建议：根据本区成矿地质条件，良好的物化探异常和已知矿床矿点的分布特征综合分析，本区有较好的找矿前景，应部署矿产勘查项目。首先，对霍各乞、炭窑口和东升庙等已知矿床应进一步进行矿床外围及深部勘探工作，控制矿体的深部延伸，扩大矿体的资源量。其次，在以往工作成果的基础上，对其他矿点及化探异常区开展大比例尺地物化探综合勘查，圈定异常，选择矿化地段进行深部钻探工作，控制深部矿体，扩大资源量。

2. 查干哈达庙-克克齐成铜找矿远景区

成矿地质背景：大地构造位置属大兴安岭弧盆系、温都尔庙俯冲增生杂岩带，成矿带区划属大兴安岭成矿省（Ⅱ级），阿巴嘎-霍林河铬、铜（金）、锗、煤、天然碱、芒硝成矿带（Ⅲ级），索伦山-查干哈达庙铬、铜成矿亚带（Ⅳ级）。

区内出露地层主要为新古生代火山-沉积岩系，石炭系本巴图组，二叠系大石寨组、哲斯组等。侵入岩为晚古生代基性—超基性及中酸性侵入岩。

区域成矿特征：远景区内有沉积型铜矿床及矿点 3 个，赋矿地质体为下石炭统本巴图组海相火山沉积岩,矿床及矿点严格受地层控制,呈北东东向分布。成矿期为石炭纪。成因类型为块状硫化物型。

勘查工作部署建议:根据本区成矿地质条件,良好的物化探异常和已知矿床矿点的分布特征综合分析,本区有较好的找矿前景。对查干哈达庙矿区开展外围及深部勘探工作。其他地区应在以往工作成果的基础上,根据矿产预测成果,部署详查和普查项目。普查区工作量以1:1万地质物化探工作、地表槽探、浅井及少量钻探工作为主,详查区以1:2000地质物化探工作、浅井及大量钻探工作为主,勘探区以钻探工作为主。

3. 白乃庙-那谷乌苏-别鲁乌图铜找矿远景区

成矿地质背景:大地构造位置属大兴安岭弧盆系、温都尔庙俯冲增生杂岩带,成矿带区划属大兴安岭成矿省(Ⅱ级),阿巴嘎-霍林河铬、铜(金)、锗、煤、天然碱、芒硝成矿带(Ⅲ级),白乃庙-哈达庙铜、金、萤石成矿亚带(Ⅳ级)。

区内出露地质体主要有中新元古界温都尔庙群、白乃庙组,下古生界西别河组、徐尼乌苏组,及上古生界本巴图组、三面井组及额里图组火山-沉积岩系。侵入岩多为加里东期、海西期及燕山期中酸性侵入岩及浅成斑岩体。

区域成矿特点:区内有矿床及矿点9个,与成矿关系密切的地层为新元古界白乃庙组岛弧火山岩系及早二叠世火山-沉积岩系。白乃庙式沉积型铜矿成矿期为早古生代,查干哈达庙(别鲁乌图)式沉积型铜矿成矿期为早石炭世—早二叠世。

勘查工作部署建议:根据本区优越的成矿地质条件,良好的物化探异常和已知矿床矿点的分布特征综合分析,本区有较好的找矿前景,应部署矿产勘查项目。对白乃庙区开展勘探工作,一是对2号、3号、5号矿段进行深部施工,控制矿体的深部延伸,扩大矿体的资源量;二是在以往工作成果的基础上,对矿区外围化探异常区开展大比例尺物化探综合勘查,圈定异常,选择矿化有利地段进行深部钻探工作,控制深部矿体,扩大资源量。对别鲁乌图矿区外围及深部亦进行勘探工作。对远景区内的其他地区,应结合矿产预测成果进行详查或普查工作。

4. 八大关-乌努格吐山铜找矿远景区

成矿地质背景:大地构造位置属大兴安岭弧盆系、额尔古纳岛弧。成矿带区划属大兴安岭成矿省(Ⅱ级)新巴尔虎右旗铜、钼、铅、锌、金、萤石、煤(铀)成矿带(Ⅲ级),额尔古纳铜、钼、铅、锌、银、金、萤石成矿亚带(Ⅳ级)。

区内出露地层有青白口系佳疙瘩组,震旦系额尔古纳河组,下古生界乌宾敖包组、卧都河组,上古生界红水泉组、莫尔根河组,及中生代中下侏罗统万宝组、塔木兰沟组,上侏罗统满克头鄂博组、玛尼吐组及白音高老组。侵入岩主要为侏罗纪—白垩纪中酸性侵入岩。

区域成矿特点:远景区内有铜矿床或矿点4个,呈北北东向分布。铜矿赋矿地质体为中侏罗世黑云母花岗岩及二长花岗斑岩,成矿期为中侏罗世,成因类型为斑岩型。

勘查工作部署建议:根据本区成矿地质条件、物化探异常和已知矿床矿点的分布特征综合分析,本区有较好的找矿前景,应部署寻找斑岩型铜矿床矿产勘查项目。对乌努格吐山矿区开展外围及深部勘探工作。对八大关铜矿地区开展详查工作,对矿产预测圈定的其他地区应在以往工作成果的基础上,开展普查工作。普查区工作量以1:1万地质物化探工作、地表槽探、浅井及少量钻探工作为主,详查区以1:2000地质物化探工作、浅井及大量钻探工作为主,勘探区以钻探工作为主。

5. 浩布高-敖脑达巴-大井子铜找矿远景区

成矿地质背景:大地构造位置属大兴安岭弧盆系、锡林浩特岩浆弧。成矿带区划属大兴安岭成矿省(Ⅱ级),林西-孙吴铅、锌、铜、钼、金成矿带(Ⅲ级),神山-白音诺尔铜、铅、锌、铁、铌(钽)成矿亚带(Ⅳ级)。

区内出露地层主要有中下二统大石寨组、中二叠统哲斯组、上二叠统林西组及上侏罗统中酸性陆相火山岩。侵入岩为印支期、燕山期中酸性深成侵入岩及浅成斑岩体。

区域成矿特征：区内斑岩型铜矿床及矿点8个，呈北北东向分布。围岩为中二叠统哲斯组，赋矿地质体为晚侏罗世石英斑岩，该斑岩体受北北东向断裂控制。成矿期为晚侏罗世—早白垩世。成因类型为斑岩型。

勘查工作部署建议：根据本区成矿地质条件、物化探异常和已知矿床矿点的分布特征综合分析，本区有较好的找矿前景，应部署矿产勘查项目。普查区工作量以1:1万地质物化探工作、地表槽探、浅井及少量钻探工作为主，详查区以1:2000或1:5000地质、物化探工作、浅井及大量钻探工作为主，勘探区以钻探工作为主。

6. 明干山-车户沟-红花沟铜找矿远景区

成矿地质背景：大地构造位置属华北陆块区、冀北大陆边缘岩浆弧。成矿区带属华北成矿省（Ⅱ级），华北地台北缘东段铁、铜、钼、铅、锌、金、银、锰、磷、煤、膨润土成矿带（Ⅲ级），内蒙古隆起东段铁、铜、钼、铅、锌、金、银、锰、磷、煤、膨润土成矿亚带（Ⅳ级）。

区内出露地层有中太古界乌拉山岩群片麻岩、晚侏罗世中酸性火山岩及下白垩统义县组。侵入岩为侏罗纪深成花岗岩及侏罗纪—白垩纪浅成斑岩体。

区域成矿特点：远景区内有铜矿床及矿点6个，赋矿地质体为侏罗纪—白垩纪正长斑岩体。成矿期为侏罗纪—白垩纪。矿床成因类型为斑岩型。

勘查工作部署建议：根据本区成矿地质条件、物化探异常和已知矿床矿点的分布特征综合分析，本区有较好的找矿前景。结合矿产预测成果，普查区工作量以1:1万地质物化探工作、地表槽探、浅井及少量钻探工作为主，详查区以1:2000地质物化探工作、浅井及大量钻探工作为主，勘探区以钻探工作为主。

7. 小南山-克布铜找矿远景区

成矿地质背景：大地构造位置属华北陆块区、狼山-阴山陆块之狼山-白云鄂博裂谷及色尔腾山-太仆寺旗古岩浆弧。成矿区带属滨太平洋成矿域（叠加在古亚洲成矿域之上）（Ⅰ级），华北成矿省（Ⅱ级），华北陆块北缘西段金、铁、铌、稀土、铜、铅、锌、银、镍、铂、钨、石墨、白云母成矿带（Ⅲ级），白云鄂博-商都金、铁、铌、稀土、铜、镍成矿亚带（Ⅳ级）。

区内出露的主要地层有中太古界乌拉山岩群、新太古界色尔腾山岩群、古元古界宝音图岩群。中—新元古界白云鄂博群、渣尔泰山群等古陆基底之上的第一个稳定沉积盖层。上古生界为山间盆地河湖相沉积岩系。侵入岩为新太古代变质花岗岩，中元古代变基性—超基性岩，中晚奥陶世为闪长岩-石英闪长岩-英云闪长岩-花岗闪长岩组合；二叠纪为石英二长闪长岩-花岗闪长岩-二长花岗岩系列。

区域成矿特点：远景区内有铜矿床及矿点7处，赋矿地质体为中元古代基性—超基性岩体，围岩为白云鄂博群尖山组及哈拉霍格特组，矿床或矿点均呈近东西向分布。成矿期为中元古代，矿床成因类型为岩浆熔离型。

勘查工作部署建议：根据本区成矿地质条件、物化探异常和已知矿床矿点的分布特征综合分析，本区有较好的找矿前景，应部署矿产勘查项目。普查区工作量以1:1万地质物化探工作、地表槽探、浅井及少量钻探工作为主，勘探区以钻探工作为主。

8. 伊和扎格敖包铜找矿远景区

成矿地质背景：大地构造位置属额济纳-北山弧盆系、红石山裂谷。成矿区带属古亚洲成矿域（Ⅰ级），准噶尔成矿省（Ⅱ级），觉罗塔格-黑鹰山铜、镍、铁、金、银、钼、钨成矿带（Ⅲ级），黑鹰山-雅干铁、铜、钼成矿亚带（Ⅳ级）。

预测区内出露的地层主要有古元古界北山岩群、中元古界古硐井群、新元古界园藻山群,寒武纪结晶灰岩-硅质条带灰岩-硅质岩、中奥陶世中酸性火山岩建造,志留纪、泥盆纪砂砾岩-碳酸盐岩建造。上古生界:早石炭世(C_1)杂砂岩-石英砂岩-粉砂岩-泥岩-灰岩建造,晚石炭世(C_2)基性—中酸性熔岩-火山碎屑岩建造。下二叠世(P_1)杂砂岩-长石砂岩-粉砂岩-泥岩-复成分砾岩-灰岩、生物碎屑灰岩,中二叠世(P_2)中基性火山岩-凝灰岩-砂岩-粉砂岩-泥岩建造,晚二叠世(P_3)粉砂岩-泥岩-砂岩-砾岩建造。侵入岩主要为海西中期闪长花岗岩、斜长花岗岩及海西晚期二长花岗岩侵入岩。

区域成矿特征:远景区内有铜矿床及矿点5处,与珠斯楞式热液型铜矿有直接成矿关系的地层单元是中泥盆统伊克乌苏组、卧驼山组,与本次预测成矿类型有直接关系的侵入岩为海西中期花岗闪长岩。成矿期为海西期。矿床成因类型为高温热液型。

勘查工作部署建议:根据本区成矿地质条件,物化探异常和已知矿床矿点的分布特征综合分析,本区有较好的找矿前景,结合矿产预测成果,建议布置矿产勘查项目。普查区工作量以1:1万地质物化探工作、地表槽探、浅井及少量钻探工作为主,详查区以1:2000~1:5000地质物化探工作、浅井及大量钻探工作为主,勘探区以钻探工作为主。

9. 哈尔苏海-亚干铜找矿远景区

成矿地质背景:大地构造位置属额济纳-北山弧盆系、红石山裂谷。成矿区带属古亚洲成矿域(Ⅰ级),准噶尔成矿省(Ⅱ级),觉罗塔格-黑鹰山铜、镍、铁、金、银、钼、钨成矿带(Ⅲ级),黑鹰山-雅干铁、金、铜、钼成矿亚带(Ⅳ级)。

区内出露地层有古元古界北山岩群、中—上二叠统方山口组及哈尔苏海组。侵入岩为新元古代辉长岩及二叠纪英云闪长岩等。

区域成矿特征:远景区内有铜矿床1个,含矿地质体为新元古代辉长岩及辉石橄榄岩,赋矿围岩为北山岩群片岩大理岩。成矿期为新元古代,矿床成因类型为岩浆熔离型。

勘查工作部署建议:根据本区成矿地质条件,物化遥异常和已知矿床矿点的分布特征综合分析,本区应部署矿产勘查项目。对亚干外围进行详查,在哈尔苏海呼热呼都格一带开展矿产普查工作。普查区工作量以1:1万地质物化探工作、地表槽探、浅井及少量钻探工作为主,详查区以1:2000地质物化探工作、浅井及大量钻探工作为主。

10. 奥尤特铜找矿远景区

成矿地质背景:大地构造位置属天山-兴蒙造山系大兴安岭弧盆系、扎兰屯-多宝山岛弧。成矿带区划属滨太平洋成矿域(叠加在古亚洲成矿域之上)(Ⅰ级),大兴安岭成矿省(Ⅱ级),东乌珠穆沁旗-嫩江(中强挤压区)铜、钼、铅、锌、金、钨、锡、铬成矿带(Ⅲ级),朝不楞-博克图钨、铁、锌、铅成矿亚带(Ⅳ级)。

区内出露地层有奥陶系乌宾敖包组,泥盆系泥鳅河组、塔尔巴格特组及安格尔音乌拉组,上石炭统—下二叠统宝力高庙组火山岩,上侏罗统玛尼吐组及满克头鄂博组。侵入岩为海西中晚期中酸性侵入岩。

区域成矿特点:远景区内有铜矿床及矿点2个,赋矿地质体为上侏罗统玛尼吐组中性火山岩,围岩为宝力高庙组火山岩。

勘查工作部署建议:根据本区成矿地质条件,物探异常和已知矿床矿点的分布特征综合分析,本区有较好的找矿前景,应部署矿产勘查项目。普查区工作量以1:5000地质物化探工作、地表槽探、浅井及少量钻探工作为主,勘探区以钻探工作为主。

11. 小坝梁铜找矿远景区

成矿地质背景:大地构造位置属天山-兴蒙造山系大兴安岭弧盆系、扎兰屯-多宝山岛弧。成矿带区划属滨太平洋成矿域(叠加在古亚洲成矿域之上)(Ⅰ级),大兴安岭成矿省(Ⅱ级),东乌珠穆沁旗-嫩江铜、钼、铅、锌、金、钨、锡、铬成矿带(Ⅲ级),朝不楞-博克图钨、铁、铜、锌、铅成矿亚带(Ⅳ级)。

区内出露地层有中下泥盆统泥鳅河组、上石炭统宝力高庙组陆相火山岩及格根敖包组海相火山岩,下侏罗统红旗组及下白垩统大磨拐河组。侵入岩主要为泥盆纪超基性杂岩体及侏罗纪花岗岩。

区域成矿特征:区内有铜矿床及矿点3个,赋矿地质体为格根敖包组海相火山岩,赋矿部位与火山构造密切相关,成矿期为石炭纪—二叠纪,矿床成因类型为海相火山岩型(块状硫化物型)。

勘查工作部署建议:根据本区的成矿地质条件、物探、遥感及重砂异常和已知矿床矿点的分布特征综合分析,本区有较好的找矿前景,应部署矿产勘查项目,在小坝梁铜金矿外围进行勘探,在其他地区开展矿产普查工作。普查区工作量以1∶5000地质物化探工作、地表槽探、浅井及少量钻探工作为主,勘探区以钻探工作为主。

12. 欧布拉格铜找矿远景区

成矿地质背景:大地构造位置属天山-兴蒙造山系,额济纳旗-北山弧盆系,哈特布其岩浆弧。成矿带区划属大兴安岭成矿省(Ⅱ级),阿巴嘎-霍林河铬、铜、(金)、锗、煤、天然碱、芒硝成矿带(Ⅲ级),乌力吉-欧布拉格铜、金成矿亚带(Ⅳ级)。

区内出露古生代地层主要有上石炭统阿木山组、中下二叠统大石寨组及中二叠统哲斯组,中生代地层主要为白垩系乌兰苏海组、巴音戈壁组及苏红图组。侵入岩为海西晚期辉长岩、中酸性深成侵入岩及浅成斑岩体。

区域成矿特点:远景区内有铜矿点8个,赋矿地质体为大石寨组火山岩及海西期浅成斑岩体。成矿期为二叠纪,矿床成因类型为热液型。

勘查工作部署建议:根据本区成矿地质条件、物化遥异常和已知矿床矿点的分布特征综合分析,本区有较好的找矿前景,应部署矿产勘查项目。普查区工作量以1∶1万地质物化探工作、地表槽探、浅井及少量钻探工作为主,详查区以1∶2000～1∶5000地质物化探工作、浅井及大量钻探工作为主,勘探区以钻探工作为主。

13. 乌花敖包-宫胡洞铜找矿远景区

成矿地质背景:大地构造位置属横跨华北陆块狼山-白云鄂博裂谷及天山-兴蒙造山系温都尔庙俯冲增生杂岩带,成矿带区划属大兴安岭成矿省(Ⅱ级),阿巴嘎-霍林河铬、铜、(金)、锗、煤、天然碱、芒硝成矿带(Ⅲ级),Ⅲ-7-⑥白乃庙-哈达庙铜、金、萤石成矿亚带(Ⅳ级)。

区域成矿特征:远景区内有铜矿床及矿点4个,赋矿地质体为呼吉尔图组与海西期斑状黑云母花岗岩。成矿期为二叠纪,矿床成因类型为矽卡岩型。

勘查工作部署建议:根据本区成矿地质条件、物化探异常和已知矿床矿点的分布特征综合分析,建议部署矿产勘查项目。普查区工作量以1∶1万地质物化探工作、地表槽探、浅井及少量钻探工作为主,勘探区以钻探工作为主。

14. 盖沙图铜找矿远景区

成矿地质背景:大地构造位置属华北陆块区狼山-阴山陆块之狼山-白云鄂博裂谷。成矿区带属滨太平洋成矿域(叠加在古亚洲成矿域之上)(Ⅰ级),华北成矿省(Ⅱ级),华北陆块北缘西段金、铁、铌、稀土、铜、铅、锌、银、镍、铂、钨、石墨、白云母成矿带(Ⅲ级),霍各乞-东升庙铜、铁、铅、锌、硫成矿亚带(Ⅳ级)。

远景区出露地层有中太古界乌拉山岩群,中新元古界渣尔泰山群浅变质碎屑岩-碳酸盐岩建造。区内古生代岩浆活动强烈,中元古代辉长岩,二叠纪花岗岩广泛分布,石炭纪侵入岩亦较发育。

区域成矿特征:远景区内有铜矿点9个,呈北东向分布,赋矿地质体为渣尔泰山群增龙昌组和二叠纪花岗闪长岩。成矿期为二叠纪，矿床成因类型为矽卡岩型。

勘查工作部署建议：根据本区优越的成矿地质条件，物化探异常和已知矿床矿点的分布特征综合分析，本区有较好的找矿前景，应部署矿产勘查项目。普查区工作量以1：1万地质物化探工作、地表槽探、浅井及少量钻探工作为主，详查区以1：2000地质及1：5000物化探工作，浅井及大量钻探工作为主，勘探区以钻探工作为主。

15. 罕达盖林场铜找矿远景区

成矿地质背景：大地构造位置属天山-兴蒙造山系、大兴安岭弧盆系扎兰屯-多宝山岛弧及海拉尔-呼玛弧后盆地。成矿区带属滨太平洋成矿域（叠加在古亚洲成矿域之上）（Ⅰ级），大兴安岭成矿省（Ⅱ级），东乌珠穆沁旗-嫩江（中强挤压区）铜、钼、铅、锌、金、钨、锡、铬成矿带（Ⅲ级），朝不楞-博克图钨、铁、铜、锌、铅成矿亚带（Ⅳ级）。

出露地层有南华系佳疙瘩组，奥陶系哈拉哈河组、多宝山组和裸河组，中—下泥盆统泥鳅河组、中—上泥盆统大民山组、塔尔巴格特组，下石炭统红水泉组、莫尔根河组，上石炭统宝力高庙组，中二叠统大石寨组、上二叠统林西组及中生代陆相火山岩。侵入岩主要为古生代及中生代中—酸性侵入岩，岩体受控于区域构造，呈北东向展布。区内北东—北东东向深大断裂发育，除二连-贺根山深断裂从该区南部通过外，北部有查干敖包-五叉沟大断裂从复背斜南翼通过。

区域成矿特征：远景区内有铜矿床及矿点7个，呈北东东向分布。赋矿地质体为奥陶系多宝山组，石炭纪石英二长闪长岩、石英闪长岩及花岗岩类。成矿期为石炭纪。矿床成因类型为矽卡岩型。

勘查工作部署建议：根据本区成矿地质条件，物化探异常和已知矿床矿点的分布特征综合分析，结合矿产预测成果及已有勘查程度，本区建议部署矿产勘查项目，包括勘探、详查及普查。

16. 小营子-小东沟-白马石沟-五家子铜找矿远景区

成矿地质背景：大地构造位置属天山-兴蒙造山系包尔汉图-温都尔庙弧盆系温都尔庙俯冲增生杂岩带。成矿区带分属吉黑成矿省（Ⅱ级），松辽盆地油气铀成矿区（Ⅲ级），库里吐-汤家杖子钼、铜、锌成矿亚带（Ⅳ级）和大兴安岭成矿省（Ⅱ级），林西-孙吴铅、锌、铜、钼、金成矿带（Ⅲ级），小东沟-小营子钼、铅、锌、铜成矿亚带（Ⅳ级）。

区内出露地层主要有石炭系朝吐沟组、白家店组、石咀子组和酒局子组，二叠系三面井组、额里图组及于家北沟组。中生代为陆相中酸性火山岩。侵入岩主要为海西晚期、印支期及燕山期中酸性侵入岩。

区域成矿特点：远景区内有铜矿床及矿点18处，呈北东向分布，赋矿地质体为中二叠统额里图组及燕山期花岗岩。成矿期为燕山期，矿床成因类型为热液型。

勘查工作部署建议：根据远景区成矿地质条件物化探异常和已知矿床矿点的分布特征综合分析，本区有较好的找矿前景，应部署矿产勘查项目。普查区工作量以1：1万地质物化探工作、地表槽探、浅井及少量钻探工作为主，详查区以1：2000～1：5000地质物化探工作、浅井及大量钻探工作为主，勘探区以钻探工作为主。

17. 布敦花-莲花山铜找矿远景区

成矿地质背景：本区大地构造位置属天山-兴蒙造山系大兴安岭弧盆系锡林浩特岩浆弧。成矿带区划属大兴安岭成矿省（Ⅱ级），林西-孙吴铅、锌、铜、钼、金成矿带（Ⅲ级），莲花山-大井子铜、银、铅、锌成矿亚带（Ⅳ级）。

区内出露地层主要为石炭系本巴图组，二叠系寿山沟组、大石寨组、哲斯组及林西组，中生代为中下侏罗统万宝组及塔木兰沟组，上侏罗统为陆相中酸性火山岩，白垩系有梅勒图组。侵入岩主要有海西晚期中酸性侵入岩、三叠纪二长花岗岩、晚侏罗世中酸性侵入岩及浅成斑岩体。

区域成矿特征：远景区内有铜矿床及矿点17个，沿北东向断裂分布，赋矿地质体主要为二叠系大石寨组、寿山沟组、哲斯组及晚侏罗世浅成斑岩体。成矿期为晚侏罗世,矿床成因类型为热液型。

勘查工作部署建议:根据本区成矿地质条件,物化探异常和已知矿床矿点的分布特征综合分析,本区有较好的找矿前景,建议部署矿产勘查项目。普查区工作量以1:1万地质物化探工作、地表槽探、浅井及少量钻探工作为主,详查区以1:2000~1:5000地质物化探工作、浅井及大量钻探工作为主,勘探区以钻探工作为主。

18. 毛登-黄岗-浩布高-白音诺尔-大井子铜找矿远景区

成矿地质背景:大地构造位置属天山-兴蒙造山系大兴安岭弧盆系锡林浩特岩浆弧。成矿带划分属大兴安岭成矿省(Ⅱ级),林西-孙吴铅、锌、铜、钼、金成矿带(Ⅲ级),索伦镇-黄岗铁(锡)、铜、锌成矿亚带(Ⅳ级)和神山-白音诺尔铜、铅、锌、铁、铌(钽)成矿亚带(Ⅳ级)。

区内出露地层主要为古元古界宝音图岩群,志留系西别河组,石炭系阿木山组、本巴图组,二叠系寿山沟组、大石寨组、哲斯组及林西组,中生代为中下侏罗统万宝组及塔木兰沟组,晚侏罗世陆相中酸性火山岩,白垩系有梅勒图组及大磨拐河组。侵入岩主要有海西晚期基性—中酸性侵入岩,三叠纪酸性侵入岩及晚侏罗世中酸性侵入岩及浅成斑岩体。

区域成矿特征:区内有铜矿床及矿点几十处,赋矿地体为二叠系寿山沟组、大石寨组、林西组,及印支期、燕山期花岗岩。道伦达坝式铜矿成矿期为三叠纪,矿床成因类型为热液型。

勘查工作部署建议:该远景区是内蒙古自治区重要的有色金属基地。根据本区优越的成矿地质条件,良好的物化探异常和已知矿床矿点的分布特征综合分析,本区有较好的找矿前景,应部署矿产勘查项目。普查区工作量以1:1万地质物化探工作、地表槽探、浅井及少量钻探工作为主,详查区以1:2000~1:5000地质物化探工作、浅井及大量钻探工作为主,勘探区以钻探工作为主。

四、开发基地的划分

依据全区矿产资源特点、地质工作程度、环境承载能力及可开发利用程度不同,统筹考虑全区经济、技术、安全、环境等因素,结合本次矿产资源预测结果,在综合考虑当前矿产资源分布和预测成果等因素的基础上,在前述所划找矿远景区的基础上初步规划了7个铜矿资源开发基地(图21-7)。

1. 霍各乞-欧布拉格铜矿资源开发基地

本区地处内蒙古自治区中部欧布拉格-霍各乞地区,行政区划属阿拉善盟和巴彦淖尔市管辖。本区位于河套平原西北部,阴山西段,海拔一般在100~2364m之间,总地势北西低、南东高。山脉走向北东向,一般南陡北缓,山高谷深。本区气候干旱、地广人稀,策克铁路从本区西部通过,公路多为低等级公路,交通不甚方便。

本区所处构造位置主体为华北陆块北缘,西北部跨越天山-兴蒙造山系、额济纳旗-北山弧盆系,自太古宙—中生代构造岩浆活动非常强烈。

本区由老到新出露地层有中太古界乌拉山岩群、新太古界色尔腾山岩群绿片岩建造及中新元古界渣尔泰山群浅变质沉积岩系,古生代地层主要有上石炭统阿木山组、中下二叠统大石寨组及中二叠统哲斯组,中生代地层主要为白垩系李三沟组、固阳组、乌兰苏海组、巴音戈壁组及苏红图组。区内古生代岩浆活动强烈,二叠纪花岗岩广泛分布,石炭纪侵入岩亦较发育。

本区基础地质勘查程度较低,矿产地质勘查程度相对较高。

区内已知沉积型及热液型铜矿床(点)17个,矿床规模大型为主。其中,大型3个,小型2个。探明铜矿总储量约190×10^4t。本次铜矿预测(2000m以浅),在该区及外围共预测A级资源量194.14×10^4t,B级资源量110×10^4t,C级资源量103×10^4t。铜矿资源潜力巨大。

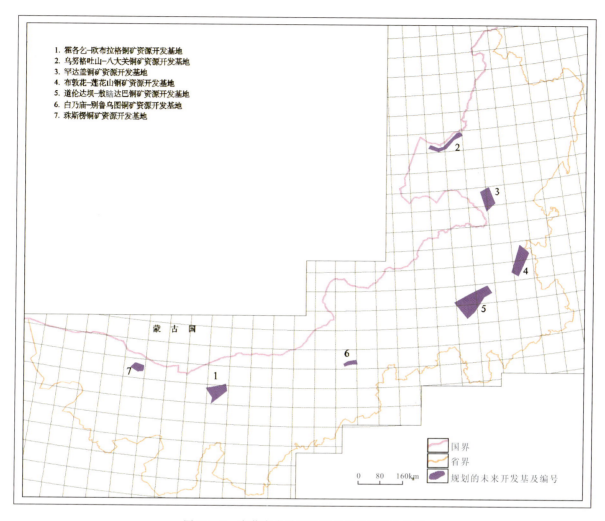

图 21-7　内蒙古自治区铜矿未开发基地分布图

2. 乌努格吐山-八大关铜矿资源开发基地

本区地处内蒙古自治区东北部草原,中俄边境地区,行政区划属呼伦贝尔市管辖。本区位于海拉尔盆地西北部,为低山丘陵区,海拔一般在 770~1008m 之间,总地势北西高、南东低。山脉走向北北东向,一般南陡北缓,沟谷宽缓。本区地广人稀,海拉尔-满洲里铁路从本区中部通过,公路纵横,交通方便。

本区大地构造位置属古生代大兴安岭弧盆系、额尔古纳岛弧,中生代属满洲里侏罗纪—白垩纪火山喷发盆地。

区内出露地层有青白口系佳疙瘩组,震旦系额尔古纳河组,下古生界乌宾敖包组、卧都河组,上古生界红水泉组、莫尔根河组,及中生界中侏罗统万宝组、塔木兰沟组,上侏罗统满克头鄂博组、玛尼吐组及白音高老组。侵入岩主要为侏罗纪—白垩纪中酸性侵入岩。

本区地质矿产勘查程度较低。

区内已知斑岩型铜矿床及矿点 6 个,矿床规模以小型为主,其中,大型 1 个,小型 2 个。探明铜矿总储量接近 $200 \times 10^4 t$。本次铜矿预测(2000m 以浅),在该区内共预测 A 级资源量 $111.11 \times 10^4 t$,B 级资源量 $33.93 \times 10^4 t$,C 级资源量 $225.51 \times 10^4 t$。铜矿资源潜力巨大。

3. 罕达盖铜矿资源开发基地

本区地处内蒙古自治区东北部森林覆盖区,中蒙边境以东,行政区划属呼伦贝尔市和兴安盟管辖。本区位于海拉尔盆地东南部,为中低山区,海拔一般在741～1572m之间,总地势北西低、南东高。山脉走向北北东向,一般南陡北缓,沟谷切割较深。本区地广人稀,海拉尔-阿尔山公路从本区中西部通过,其余均为土路,交通不方便。

本区大地构造位置属古生代大兴安岭弧盆系、扎兰屯-多宝山岛弧,中生代属阿尔山-柴河源火山盆地。出露地层有古元古界兴华渡口岩群、青白口系佳疙瘩组、奥陶系哈拉哈河组、多宝山组和裸河组,中—下泥盆统泥鳅河组,中—上泥盆统大民山组、塔尔巴格特组,下石炭统红水泉组、莫尔根河组、上石炭统宝力高庙组、中二叠统大石寨组、上二叠统林西组及中生代陆相火山岩。侵入岩主要为古生代及中生代中—酸性侵入岩,岩体受控于区域构造,呈北东向展布。区内北东—北东东向深大断裂发育,除二连-贺根山深断裂从该区南部通过外,北部有查干敖包-五叉沟大断裂从复背斜南翼通过。

本区地质矿产勘查程度较低。

区内已知矽卡岩型铜矿床及矿点7个,矿床规模均为小型。探明铜矿总储量约2×10^4t。本次铜矿预测(2000m以浅),在该区内共预测A级资源量34.96×10^4t,B级资源量34.01×10^4t,C级资源量26.09×10^4t。该区目前虽查明资源量较少,但成矿地质条件优越,与多宝山地区完全可以类比,铜矿资源潜力较大。

4. 布敦花-莲花山铜矿资源开发基地

本区地处内蒙古自治区东部。行政区划隶属兴安盟和通辽市。区内交通条件较为便利,通辽-霍林河铁路在测区中部通过;内蒙古自治区区际大通道及乌兰浩特-通辽公路从本区中部通过;旗政府与各乡、镇之间有简易公路相通。

本区位于内蒙古高原东部,大兴安岭中南段东坡与松辽平原接壤地带,地势总体较低,海拔一般在350～1350m之间,为中低山区;切割深度为100～500m。总的地势为西北高、南东低。由于地势的这一特点,西北部基岩出露好,东部则多为风成砂掩盖。

本区属半干旱大陆性气候,四季变化明显,春季干燥多大风。

本区大地构造位置属天山-兴蒙造山系、大兴安岭弧盆系、锡林浩特岩浆弧。区内出露地层主要为石炭系本巴图组、二叠系寿山沟组、大石寨组、哲斯组及林西组,中生代为中下侏罗统万宝组及塔木兰沟组,上侏罗统为陆相中酸性火山岩,白垩系有梅勒图组。侵入岩主要有海西晚期中酸性侵入岩、三叠纪二长花岗岩、晚侏罗世中酸性侵入岩及浅成斑岩体。

本区地质矿产勘查程度较高。

区内已知热液型铜矿床及矿点17个,矿床规模以中小型为主,其中中型铜矿床2个,小型3个。探明铜矿总储量约23.42×10^4t。本次铜矿预测(2000m以浅),在该区内共预测A级资源量7.91×10^4t,B级资源量18.76×10^4t,C级资源量22.82×10^4t。该区为内蒙古自治区东部重要铜金属基地,成矿地质条件优越,铜矿资源潜力较大。

5. 道伦达坝-敖脑达巴铜矿资源开发基地

本区地处内蒙古自治区东部。行政区划隶属赤峰市、锡林郭勒盟和通辽市。区内交通条件较为便利,集通铁路、赤大高速和内蒙古自治区区际大通道及多条国道从本区通过。

本区位于内蒙古高原东部,属大兴安岭中南段主峰、西坡及锡林郭勒草原,地势较高,海拔一般在1000～1800m之间,为中高山区;切割深度为100～600m。总的地势为西北低、南东高。

本区大地构造位置属大兴安岭弧盆系锡林浩特岩浆弧。区内出露地层主要有中—下二叠统大石寨组、中二叠统哲斯组、上二叠统林西组及晚侏罗世中酸性陆相火山岩。侵入岩为印支期、燕山期中酸性深成侵入岩及浅成斑岩体。

本区地质矿产勘查程度较高。

区内已知斑岩型和热液型铜矿床及矿点 27 个，矿床规模以小型为主，其中中型铜矿床 1 个，小型 10 个，探明铜矿总储量约 73×10^4 t（包括共、伴生铜矿）。本次铜矿预测（2000m 以浅），在该区内共预测 A 级资源量 26.46×10^4 t，B 级资源量 26.11×10^4 t，C 级资源量 25.48×10^4 t。该区为内蒙古自治区东部重要铜有色金属基地，成矿地质条件优越，铜矿资源潜力较大。

6. 白乃庙-别鲁乌图铜矿资源开发基地

本区地处内蒙古自治区中部，行政区划属乌兰察布市和锡林郭勒盟管辖。本区位于内蒙古高原中南部，为中低山丘陵区，海拔一般在 1300~1700m 之间，总地势北东低、南东高。山脉走向北东东向，一般南陡北缓，沟谷宽缓。区内有二连浩特-广州 G208 高速及集宁-二连浩特铁路从本区中部通过，并有多条省级公路纵横于区内，总体交通条件较为便利。水系不发育，气候属典型干旱大陆性气候。

大地构造位置属大兴安岭弧盆系、温都尔庙俯冲增生杂岩带。区内出露地质体主要有中、新元古界温都尔庙群、白乃庙组火山-沉积岩系，下古生界西别河组、徐尼乌苏组，及上古生界本巴图组、三面井组及额里图组火山-沉积岩系。侵入岩多为加里东期、海西期和燕山期中酸性侵入岩及浅成斑岩体。

本区地质矿产工作程度总体较高。

区内已知沉积型铜矿床及矿点 9 个，矿床规模以中型为主，中型铜矿床 2 个，小型 1 个，探明铜矿总储量约 50×10^4 t（包括共、伴生铜矿）。本次铜矿预测（2000m 以浅），在该区内共预测 A 级资源量 95.73×10^4 t，B 级资源量 8.2×10^4 t，C 级资源量 7.71×10^4 t。该区为内蒙古自治区中部重要铜有色金属基地，成矿地质条件独特，铜矿资源潜力较大。

7. 珠斯楞铜矿资源开发基地

本区地处内蒙古自治区西部，行政区划属阿拉善盟额济纳旗和阿拉善右旗。该区为沙漠戈壁残山丘陵区，海拔一般在 1000~1300m 之间，总地势北东高、南西低。山脉走向近东西向，沟谷宽缓。区内交通仅有额济纳旗-巴彦浩特公路及临河-策克口岸铁路从本区中部东西向通过，总体交通条件较差。本区地广人稀，水系不发育，植被稀少，冬季寒冷，夏季干旱炎热，气候属典型干旱大陆性气候，自然环境条件恶劣。

大地构造位置属额济纳-北山弧盆系、红石山裂谷。区内出露的地层主要有中元古界古硐井组、新元古界园藻山组，寒武纪结晶灰岩-硅质条带灰岩-硅质岩、中奥陶世中酸性火山岩建造，志留纪、泥盆纪砂砾岩-碳酸盐岩建造。上古生界：早石炭世（C_1）杂砂岩-石英砂岩-粉砂岩-泥岩-灰岩建造，晚石炭世（C_2）基性—中酸性熔岩-火山碎屑岩建造。早二叠世（P_1）杂砂岩-长石砂岩-粉砂岩-泥岩-复成分砾岩-灰岩、生物碎屑灰岩，中二叠世（P_2）中基性火山岩-凝灰岩-砂岩-粉砂岩-泥岩建造，晚二叠世（P_3）粉砂岩-泥岩-砂岩-砾岩建造。侵入岩主要为海西中期花岗闪长岩、斜长花岗岩及海西晚期二长花岗岩侵入岩。

本区地质矿产工作程度总体较低。

区内已知热液型型铜矿床及矿点 4 个，矿床规模以小型为主，有小型矿床 1 个，探明铜矿总储量约 1624t。本次铜矿预测（2000m 以浅），在该区内共预测 A 级资源量 4500t，B 级资源量 23 200t，C 级资源量 11 000t。

目前，虽然本区保有铜资源量较低，由于地处内蒙古自治区西部边远地区，地质矿产工作程度低，但是，本区区域成矿地质条件优越、化探异常强度高、范围大，有巨大的铜矿资源潜力较大，完全可以作为中长期铜矿开发基地。

结 论

一、主要成果

内蒙古自治区铜单矿种 19 个预测工作区总面积约 238 694 km²，约占内蒙古自治区全区国土面积的 21%，约占基岩出露面积的 36%。在系统研究内蒙古自治区全区铜成矿地质背景的基础上，通过典型矿床和预测工作区成矿规律研究，划分了内蒙古自治区与铜有关的主要成矿系列，建立了华北成矿省和大兴安岭成矿省成矿谱系。在此基础上，合理提取成矿要素和预测要素，进行了定位预测及资源量定量估算，共圈定出 388 个最小预测区，预测资源总量为 1190.36×10^4 t。其中，A 级最小预测区 68 个，预测资源量为 500.77×10^4 t；B 级最小预测区 139 个，预测资源量为 266.56×10^4 t；C 级最小预测区 181 个，预测资源量为 423.03×10^4 t。对内蒙古自治区铜矿查明及预测资源量进行了系统分析，预测铜矿未来开发基地 7 处。

二、质量评述

本次矿产预测所使用的典型矿床资料和预测工作区地质底图，物探、化探、遥感及自然重砂资料，均为目前最新资料，编图方法及依据符合相关技术要求。

本次矿产预测成果中，预测资源量是查明资源量的 2.33 倍，查明资源量与预测资源量数量比较合理，可信程度较高。

总之，由于内蒙古自治区总体地质矿产勘查程度低，因此提高勘查程度就有可能发现更多的资源储量，对低勘查程度区的铜资源储量进行类比预测，估算铜资源量是切实可行的。

三、存在的问题

(1) 部分图件由于区域地质调查填图与矿产勘查单位工作区比例尺和地质体划分不一致，造成典型矿床地质图与预测工作区所在位置地质单元无法对应，在预测底图上无法找到或只能牵强附会地找到目标层，影响了矿产预测的可靠性。

(2) 内蒙古自治区中部草原区部分无化探资料。

(3) 矿产预测工作的基础是成矿地质背景及区域成矿规律研究，而目前全国范围内基础地质编图工作尚未开展，既增加了工作量又增加了难度。全国矿产资源潜力评价项目总体可能超前，因此，建议以后此类项目应基础工作先行。

主要参考文献

白大明,王彦鹏,牛颖智.内蒙古珠斯楞海尔罕斑岩型铜矿综合找矿方法[C]//第八届全国矿床会议论文集.2006.
陈德潜,赵平.论小坝梁铜矿床的海底火山热液成因[J].地球学报,1995,16(2):190-203.
陈殿芬,艾永德,李荫清.乌努格吐山斑岩铜钼矿床中金属矿物的特征[J].岩石矿物学杂志,1996(4):346-352.
陈晋镳,武铁山,等.华北区区域地层[M].武汉:中国地质大学出版社,1997.
陈森煌,刘道荣,包志伟,等.华北地台北缘几个超基性岩带的侵位年代及其演化[J].地球化学,1991(2):128-133.
陈旺.小南山铜镍矿区及外围地质地球物理特征及其找矿方法试验研究[J].矿产与地质,1997(5):347-152.
陈义贤,陈文寄,等.辽西及邻区中生代火山岩——年代学、地球化学和构造背景[M].北京:地震出版社,1997.
褚少雄,曾庆栋,刘建明,等.西拉木伦钼矿带车户沟斑岩型钼-铜矿床成矿流体特征及其地质意义[J].岩石学报,2010,26(8):2465-2481.
崔文元,王长秋,孙承志,等.辽西—赤峰一带太古宙变质岩中锆石U-Pb年龄[J].北京大学学报,1991,27(2):229-237.
方曙,朱洪森,朱慧忠,等.华北地台北缘喀喇沁断隆隆升机制[J].中国地质,2001,28(3):5-11.
费红彩,董普,安国英,等.内蒙古霍各乞铜多金属矿床的含矿建造及矿床成因分析[J].现代地质,2004,18(1):32-40.
葛昌宝,张振法,冯贞,等.阿拉善地区找矿新进展——珠斯楞海尔罕铜多金属矿[J].内蒙古地质,2002(2):15-19.
郭峰,范蔚茗,王岳军,等.大兴安岭南段晚中生代双峰式火山作用[J].岩石学报,2001,17(1):161-168.
韩杰.内蒙古自治区四子王旗白乃庙铜矿床地质特征及成矿规律研究[M].内蒙古:内蒙古自治区101地质队,1987.
韩庆军,邵济安.内蒙古喀喇沁地区早中生代闪长岩中麻粒岩捕掳体矿物化学及其变质作用温压条件[J].地球科学,2000,25(1):21-26.
韩庆军,邵济安.内蒙古喀喇沁早中生代闪长岩的岩石学、地球化学及其成因[J].岩石学报,2000,16(3):385-391.
黑龙江省地质局.大兴安岭及其邻区区域地质与成矿规律[M].北京:地质出版社,1959.
黑龙江省地质矿产局.黑龙江省区域地质志[M].北京:地质出版社,1993.
胡晓,等.华北地台北缘早古生代大陆边缘演化[M].北京:北京大学出版社,1990.
吉林省地质矿产局.吉林省区域地质志[M].北京:地质出版社,1990.
江思宏,聂凤军,刘妍,等.内蒙古小南山铂-铜-镍矿区辉长岩地球化学特征及成因[J].地球学报,2003,24(2):121-126.
金力夫,孙风兴.内蒙古乌努格吐山斑岩铜钼矿床地质及深部预测[J].长春地质学院院报,1990,120(1):61-67.
李诺,孙亚莉,李晶,等.内蒙古乌努格吐山斑岩铜钼矿床辉钼矿铼锇等时线年龄及其成矿地球动力学背景[J].岩石学报,2007,23(11):2881-2888.
辽宁省地质矿产局.辽宁省区域地质志[M].北京:地质出版社,1978.
辽宁省区域地层表编写组.东北地区区域地层表·辽宁省分册[M].北京:地质出版社,1978.
刘光海,白大明.综合方法在勘查一个特殊的斑岩型铜银锡矿中的应用[J].物探与化探,1994,18(2):121-130.
陆松年,杨春亮.华北地台前寒武纪变质基底的Sm-Nd同位素地质信息[J].华北地质矿产杂志,1995,10(2):143-153.
吕蓉,郝俊峰,王彦鹏,等.内蒙古北山东段珠斯楞铜金矿床的基本特征[D].上海:中国科学院上海冶金研究所,2004.
孟祥化.沉积建造及沉积矿产分析[M].北京:地质出版社,1979.
内蒙古地质矿产局.内蒙古自治区区域地质志[M].北京:地质出版社,1991.
内蒙古地质矿产局.内蒙古自治区岩石地层[M].武汉:中国地质大学出版社,1996.
内蒙古自治区地矿局.全国地层多重划分对比研究内蒙古自治区岩石地层[M].武汉:中国地质大学出版社,1996.
聂凤军,孙浩.内蒙古别鲁乌图铜矿区电气石岩的发现及其意义[J].地质评论,1990,36(5):467-472.

聂凤军,裴良土.内蒙古别鲁乌图晚古生代火山岩Sm-Nd同位素研究[J].岩石矿物学杂志,1994,13(4):289-296.

裴荣富,等.华北地块北缘及其北侧金属矿床成矿系列与勘查[M].北京:地质出版社,1998.

秦克章,李惠民,李伟实,等.内蒙古乌努格吐山斑岩铜钼矿床的成岩、成矿时代[J].地质评论,1999,45(2):180-185.

秦克章,王之田,潘龙驹.满洲里-新巴尔虎右旗铜、钼、铅、锌、银带成矿条件与斑岩体含矿性评价标志[J].地质论评,1990(6):3-12.

秦克章,王之田.内蒙古乌努格吐山铜-钼矿床稀土元素的行为及意义[J].地质学报,1993(4):323-335.

芮宗瑶,等.华北陆块北缘及邻区有色金属矿床地质[M].北京:地质出版社,1994.

邵济安,张履桥,贾文,等.内蒙古喀喇沁变质核杂岩及其隆升机制探讨[J].岩石学报,2001,17(2):283-290.

邵济安,张履桥,牟保磊.大兴安岭中南段中生代的构造热演化[J].中国科学(D辑),1998,28(3):193-200.

邵济安,张履桥,牟保磊.大兴安岭中生代伸展造山过程中的岩浆作用[J].地学前缘,1999,6(4):339-346.

邵济安,张履桥,肖庆辉,等.中生代大兴安岭的隆起——一种可能的陆内造山机制[J].岩石学报,2005,21(3):789-794.

邵济安,赵国龙,王忠,等.大兴安岭中生代火山活动构造背景[J].地质论评,1999,45(增刊):422-430.

邵济安.中朝板块北缘中段地壳演化[M].北京:北京大学出版社,1991.

沈阳地质矿产研究所.中国北方板块构造文集[M].北京:地质出版社,1987.

盛继福,李岩,范书义.大兴安岭中段铜多金属矿床矿物微量元素研究[J].矿床地质,1999,18(2):153-160.

盛继福,张德全.大兴安岭中南段金属矿床流体包裹体研究[J].地质学报,1995(1):56-66.

史维鑫,徐国,谢燕,等.内蒙古自治区新巴尔虎左旗罕达盖林场南东火山碎屑沉积岩归属之讨论[J].内蒙古科技与经济,2009(6):5-6.

孙艳霞,张达,张寿庭,等.内蒙古小坝梁铜金矿床的硫、铅同位素特征和喷流沉积成因[J].地质找矿论丛,2009,24(4):282-285.

陶奎元.火山岩相构造学[M].南京:江苏科学技术出版社,1994.

王长明,邓军,张寿庭,等.内蒙古小坝梁铜金矿床的地质特征与喷流沉积成因[J].黄金地质,2007,28(6):9-12.

王鸿祯,刘本培,李思田.中国及邻区大地构造划分和构造发展阶段[C]//中国及邻区构造古地理和生物古地理.武汉:中国地质大学出版社,1990.

王荃,刘雪亚,李锦轶.中国华夏与安加拉古陆间的板块构造[M].北京:北京大学出版社,1991.

王荃.内蒙古中部中朝与西伯利亚古板块间缝合线的确定[J].地质学报,1986,60(1):33-45.

王莹.大兴安岭侏罗、白垩系研究新进展[J].地层学杂志,1985,9(3):46-52.

王忠,朱洪森.大兴安岭中南段中生代火山岩特征及演化[J].中国区域地质,1999,18(4):351-358.

魏家庸,卢金明,等.沉积岩区1:5万区域地质填图方法指南[M].武汉:中国地质大学出版社,1991.

吴福元.东北地区显生宙花岗岩的成因与地壳增生[J].岩石学报,1999,15(2):181-189.

徐毅,赵鹏大,张寿庭,等.内蒙古小坝梁铜金矿地质特征与综合找矿模型[J].黄金地质,2008,29(1):12-16.

晏惕非,吕福生.某细粒嵌布原生银锡矿的综合利用试验[J].矿产综合利用,1990(1):16-18.

余金杰,杨海明.霍各乞铜多金属矿床的地质-地球化学特征及矿质来源[J].矿床地质,1993,12(1):67-76.

张德全.敖脑达巴斑岩型锡多金属矿床地质特征[J].矿床地质,1993,4(1):10-19.

张连昌,吴华英,相鹏,等.中生代复杂构造体系的成矿过程与成矿作用——以华北大陆北缘西拉木伦钼铜多金属成矿带为例[J].岩石学报,2010,26(5):1351-1362.

张旗.蛇绿岩与地球动力学研究[M].北京:地质出版社,1996.

张万益,聂凤军,刘妍,等.内蒙古奥尤特乌拉铜-锌矿床绢云母$^{40}Ar-^{39}A$同位素年龄地质意义[J].地球导报,2008,29(5):592-598.

张振法.内蒙古东部区地壳结构及大兴安岭和松辽大型移置板块中生代构造演化的地球动力学环境[J].内蒙古地质,1993,16(2):70-73.

赵明玉.得尔布干成矿带中段八大关-新峰山成矿地质条件分析[J].矿产与地质,2002,16(2):70-73.

Wan,et al. Rb-Sr geochronology of chalcopyrite from the Chehugou porphyry Mo-Cu deposit (Northeast China) and geochemical constraints on the origin of hosting granites(华北地台北缘西拉木伦河成矿带存在印支期侵入岩体型钼铜矿床)[J]. Economic Geology,2009,104:351-363.

内部参考资料

查干哈达庙铜矿普查报告[R].内蒙古:内蒙古地质矿产勘查院,2001.
陈琦.白乃庙-镶黄旗斑岩-绿片岩铜钼金矿成矿机制及隐伏矿床预测[Z].1989.
高长林.内蒙古自治区白乃庙岛弧型火成岩和铜钼矿床成因及地球化学研究[Z].1982.
内蒙赤峰市效区车户沟铜钼矿详查地质报告[R].内蒙古:内蒙古113探矿工程队,1992.
内蒙古、黑龙江、吉林省地质矿产.内蒙古大兴安岭铜多金属成矿带成矿远景区划——内蒙古大兴安岭铜多金属成矿带成矿地质条件、成矿规律及找矿方向总结(下册)[R].内蒙古、黑龙江、吉林:内蒙古、黑龙江、吉林省地质矿产局,2008.
内蒙古白乃庙-朱日卡铜矿Ⅳ级成矿区划说明书[R].内蒙古:内蒙古103地质队,1980.
内蒙古潮格旗霍各乞铜多金属矿区一号矿床地质勘探总结报告[R].内蒙古:华北冶金勘探公司511队,1971.
内蒙古达茂联合旗宫胡洞铜矿最终普查评价报告[R].内蒙古:内蒙地质局204队,1962,3.
内蒙古呼伦贝尔盟科尔沁右翼中旗布敦花铜矿地质普查报告[R].内蒙古:内蒙古地质局呼盟地质队,1962.
内蒙古喀喇沁旗明干山铜矿详细普查报告[R].内蒙古:内蒙古重工业厅地质勘探公司第5地质勘探队,1963.
内蒙古突泉县永安乡闹牛山铜矿床普查地质报告[R].内蒙古:内蒙古有色地质勘探公司第7队,1989.
内蒙古乌拉特后旗霍各乞铜多金属矿区1号矿床3—16线(1630米标高以上)勘探地质报告[R].内蒙古:有色内蒙古地勘局第1队,1992.
内蒙古乌拉特后旗欧布拉格及其外围斑岩型铜、金矿普查总结报告[R].内蒙古:内蒙古华域地矿勘查公司、北京矿产地质研究所,2002.
内蒙古乌拉特前旗红壕地区铜多金属矿产初步普查地质报告[R].内蒙古:内蒙古自治区105地质队,1985.
内蒙古锡盟北部小坝梁-朝不楞地区铜、多金属成矿地质条件及找矿方向研究报告[R].内蒙古:内蒙地矿局地质研究所,1994.
内蒙古自治区阿鲁科尔沁旗敖脑达巴矿区多金属矿普查地质报告[R].内蒙古:内蒙古地矿局115地质队,1993.
内蒙古自治区敖汉旗白马石沟矿区铜矿详查报告[R].内蒙古:内蒙古物化天宝矿物资源有限公司,2006.
内蒙古自治区敖汉旗白音沟矿区铜矿普查报告[R].内蒙古:中国非金属矿协矿物利用专委会赤峰工作部,2005.
内蒙古自治区达尔罕茂明安联合旗查干哈达庙矿区铜矿详查报告[R].内蒙古:达茂联合旗鹏飞铜锌选矿有限责任公司,2007.
内蒙古自治区达尔罕茂明安联合旗查干哈达庙矿区铜矿详查报告[R].内蒙古:内蒙古地质矿产勘查开发局,2007.
内蒙古自治区达茂旗黄花滩铜镍矿地质普查总结报告[R].内蒙古:内蒙古华域地质矿产勘查有限责任公司,2005.
内蒙古自治区磴口县盖沙图铜金矿普查总结报告[R].内蒙古:巴彦淖尔市岭原地质矿产勘查有限责任公司,2005.
内蒙古自治区磴口县盖沙图铜矿区详细普查报告[R].内蒙古:中国有色金属总公司内蒙古地勘公司第1队,1986.
内蒙古自治区东乌珠穆沁旗奥尤特乌拉铜多金属矿地质成果报告[R].内蒙古:内蒙古有色地质矿产有限公司,2008.
内蒙古自治区东乌珠穆沁旗奥尤特乌拉铜多金属矿地质普查总结报告[R].内蒙古:内蒙古华域地质矿产勘查有限责任公司,2005.
内蒙古自治区东乌珠穆沁旗小坝梁矿区铜矿资源储量核实报告[R].内蒙古:赤峰兴源矿业技术咨询服务有限责任公司,2007.
内蒙古自治区额济纳旗珠斯楞海尔罕矿区铜银铅金多金属矿普查报告[R].内蒙古:内蒙古国土资源勘查开发院,2006.
内蒙古自治区科尔沁右翼中旗布敦花铜矿田隐伏铜矿成矿规律和成矿预测研究报告[R].内蒙古:内蒙古地矿局115地质队,1994.
内蒙古自治区四子王旗白乃庙铜矿北矿带(八矿段)铜钼矿普查报告[R].内蒙古:内蒙古自治区103地质队,1977.
内蒙古自治区四子王旗白乃庙铜矿床地质特征及成矿规律研究[R].内蒙古:内蒙古自治区103地质队,1987.
内蒙古自治区四子王旗小南山铜镍矿地质普查总结报告[R].内蒙古:内蒙古华域地质矿产勘查有限责任公司,2005.
内蒙古自治区四子王旗小南山铜镍矿综合勘探报告[R].内蒙古:内蒙古自治区103地质队,1974.

内蒙古自治区苏尼特右旗别鲁乌图铜多金属矿矿产资源储量核实报告[R].内蒙古:内蒙古第四地勘院,2004.

内蒙古自治区突泉县闹牛山铜矿床普查报告[R].内蒙古:内蒙古有色地勘局108队,1997.

内蒙古自治区乌拉特后旗宝格太庙地区铜多金属矿普查报告及下一步工作设计[R].内蒙古:内蒙古巴盟岭原地质矿产勘查有限责任公司,2003.

内蒙古自治区乌拉特后旗霍各乞及外围铜多金属矿普查地质报告[R].内蒙古:内蒙古巴盟岭原地质矿产勘查有限责任公司,2002.

内蒙古自治区乌拉特后旗霍各乞矿区一号矿床深部铜多金属矿详查报告[R].北京:北京西蒙矿产勘查有限责任公司,2007.

内蒙古自治区乌拉特后旗霍各乞铜多金属矿区一号矿床——1—19线1834～1400米标高铜矿资源储量核实报告[R].内蒙古:内蒙古巴盟岭原地质矿产勘查有限责任公司,2004.

内蒙古自治区乌拉特后旗欧布拉格铜金矿普查总结报告[R].内蒙古:内蒙古华域地质矿产勘查有限责任公司,2005.

内蒙古自治区乌拉特后旗乌兰呼都格铜多金属矿普查报告及下一步工作设计[R].内蒙古:内蒙古巴盟岭原地质矿产勘查有限责任公司,2003.

内蒙古自治区西乌珠穆沁旗道伦达坝铜多金属矿普查地质工作阶段总结[R].内蒙古:内蒙古第九地质矿产勘查开发院,2001.

内蒙古自治区西乌珠穆沁旗道伦达坝铜多金属矿区7—15勘探线详查报告[R].内蒙古:内蒙古赤峰地质矿产勘查开发院,2004.

内蒙古自治区新巴尔虎右旗乌努格吐山矿区铜钼矿勘探报告[R].北京:北京金有地质勘查有限责任公司,2006.

聂凤军.内蒙古自治区白乃庙地区岩浆活动与金属成矿作用[Z].1994.

裴荣富,吕凤翔,等.华北板块北缘及其北侧金属矿床成矿系列与勘查专题[Z].1997.

邵和明,张履桥.内蒙古自治区主要成矿区(带)和成矿系列[Z].2002..

孙振江,张福江,赵向东,等.内蒙古自治区陈巴尔虎旗八八一金铜多金属矿普查报告[R].黑龙江:黑龙江省有色金属勘查局706队,2008.

王建平,李继洪,孙振江,等.内蒙古自治区陈巴尔虎旗八大关矿区铜钼矿资源储量核实报告[R].黑龙江:黑龙江省有色金属勘查局706队,2005.

王卫国,等.内蒙古大兴安岭中南段遥感地质构造特征及找矿预测研究[Z].1991.

乌努格吐山铜钼矿床地质调查报告[R].黑龙江:中国有色金属工业总公司黑龙江地质勘查局702队,1992,10.

吴淦国.内蒙古自治区白乃庙矿田构造演化与叠加成矿[Z].1982.

薛君治,等.内蒙古自治区白乃庙金矿矿物学找矿标志[Z].1989.

严连生,等.内蒙古大兴安岭中段中生代岩浆作用与内生金属矿产关系的研究报告[Z].1990.

张鹏程,卢树东,付友山,等.内蒙古自治区新巴尔虎右旗乌努格吐山矿区铜钼矿勘探报告[Z].内蒙古:内蒙古金予矿业有限公司,2003.

赵国龙,等.《大兴安岭中南部中生代火山岩》专题[Z].1989.

赵仑山.内蒙古自治区四子王旗白乃庙铜矿地质地球化学特征及化探找矿研究[Z].1982.